中国劳动关系学院精品课系列教材

事故应急与救援导论

主　编　王起全

副主编　叶周景

内容提要

事故应急与救援是突发事件应急响应行动中的重要环节，也是在突发事件应对处置中减少人员伤亡和财产损失，将突发事件危害降到最低限度的关键步骤。

本书从科学与技术、理论与实践、基础与应用相结合的角度，对事故应急与救援基础概念、基本任务及特点、法规体系框架、建设原则范围、危险源辨识、隐患排查、风险分析、应急能力评估、预案编制、应急处置、培训及演练、情景构建等方面进行系统阐述。本书突出新法规、新标准要求，关注新方法、新技能、新成果的引入和实践，每章均设置学习目标和复习思考题。

本书可作为安全工程专业学生掌握应急管理知识、提升综合实践能力的专业学习用书，也可作为企业安全管理人员开展应急救援工作、编制应急预案的参考资料。

图书在版编目(CIP)数据

事故应急与救援导论/王起全主编. —上海：上海交通大学出版社，2015(2023 重印)
ISBN 978-7-313-12363-3

Ⅰ. 事…　Ⅱ. 王…　Ⅲ. ①事故处理 ②事故—救援　Ⅳ. X928

中国版本图书馆 CIP 数据核字(2014)第 277987 号

事故应急与救援导论

主　　编：王起全
出版发行：上海交通大学出版社　　地　　址：上海市番禺路 951 号
邮政编码：200030　　电　　话：021-64071208
印　　制：苏州市古得堡数码印刷有限公司　　经　　销：全国新华书店
开　　本：710mm×1000mm　1/16　　印　　张：25.5
字　　数：478 千字
版　　次：2015 年 1 月第 1 版　　印　　次：2023 年 8 月第 4 次印刷
书　　号：ISBN 978-7-313-12363-3
定　　价：58.00 元

前　言

“十二五”时期，是全面建设小康社会的重要战略机遇期，是深化改革、扩大开放、加快转变经济发展方式的攻坚阶段，也是实现安全生产状况根本好转的关键时期。党的十八大明确提出“强化公共安全体系和企业生产基础建设，遏制重特大安全事故”要求，为加强安全生产工作，强化应急救援管理明确了工作重点。此后，《安全生产法(修正案)》补充生产安全事故应急救援的规定，要求建立全国统一的生产安全事故应急救援信息系统、明确国家加强应急能力建设、政府储备必要的应急救援物资、生产经营单位制定应急预案和演练等；国家安全监督管理总局也先后发布《生产安全事故应急预案管理办法(修订稿)》、《生产安全事故应急处置评估暂行办法》等文件，对应急管理提出进一步的要求。

安全生产应急管理具有长期性、艰巨性、复杂性和紧迫性的特点，2013年发生的吉林“6·3”特大火灾，2013年山东青岛中石化的黄潍输油管线“11·22”特别重大泄漏爆炸事故表明我国目前的安全生产形势仍然十分严峻，重特大事故尚未得到有效遏制。只有熟悉国家应急法规体系框架、系统掌握应急救援知识，预案编制、应急处置、培训及演练，才能在面对突发公共事件时，及时采取切实有效措施，预防和减少突发公共事件及其负面影响，使安全生产形势得以好转，更好地保障人民群众的生命财产安全、社会秩序和社会稳定，促进经济社会的全面、协调、可持续发展。

为适应安全工程专业学生提升事故应急救援实际应用操作水平需求和安全从业人员提高应急救援管理能力要求，本书从基础理论、实践过程、技术方法、应用实例多个维度阐述事故应急与救援，突出新法律法规、新标准要求，引入新型管理方法，关注方法的准确综合实践运用。本书共分为八章，系统讲述事故应急与救援的基础概念、基本任务及特点、法规体系框架、建设原则范围、危险源辨识、隐患排查、风险分析、应急能力评估、预案编制、应急处置、培训及演练、情景构建等，每章均设置学习目标和复习思考题，明确学习目的和学习重点。

本书由王起全担任主编，叶周景担任副主编，参与编写的人员还有郑乐、张超、王力、梅朝辉及吕喜祥等人。在此对各位作者的辛勤劳作表示诚挚的谢意。

本书在编写过程中，参考和引用了国内外同行专家、学者的研究成果和参考文献中部分研究成果，在此深表谢意。同时，感谢中国劳动关系学院安全工程系各位老师在编写本书过程中给予的指导和帮助。因编者水平有限，错误和不足之处在所难免，敬请读者不吝指正。

作　者

目　　录

第一章　绪　论

本章学习目标

1. 熟悉现代安全管理与应急救援关系。
2. 了解应急救援内涵。熟悉应急救援的原则，掌握应急救援的任务。
3. 了解应急法规体系的发展，熟悉事故应急救援相关法律法规的要求，掌握突发事件分级、分类。

第一节　事故应急救援概述

一、背景

据国际劳工组织(ILO)统计，目前全世界就业总人数为27亿人，全球每年发生的各类伤亡事故大约为2.5亿起，这意味着每天发生68.5万起，每小时发生2.8万起，每分钟发生475.6起。全世界每年死于工伤事故和职业病危害的人数约为130万(其中约25%为职业病引起的死亡)，初步估算每天有3 000人死于工作场所，国际劳工组织估计劳动疾病到2020年将翻一番。由职业事故和职业危害引发的财产损失、赔偿、工作日损失、生产中断、培训和再培训、医疗费用等损失，约占全球国内生产总值的4%。我国安全生产事故总量大，特大事故多，中小企业事故多，应急管理薄弱，导致事故蔓延和扩大，带来了巨大的经济损失。近十年我国平均每年发生各类事故70多万起，死亡12万多人，伤残70多万人；直接和间接经济损失约在1800亿～2800亿元，相当于我国GDP的1.5%～2.0%。虽然比国际公认的4%偏低，但是对于国家可持续发展的影响巨大。

2013年发生的吉林“6·3”特大火灾，120人丧生；2013年山东青岛中石化黄潍输油管线“11·22”特别重大泄漏爆炸事故，造成重大人员伤亡和财产损失。这些事故都暴露出一些地方和一些企业对安全生产重视不够、意识不强，行为失范，安全隐患较多，而且许多重大隐患还没有完全得到根本消除，在应急处置上存在漏洞，安全生产监管监察及应急救援能力亟待提升。

从1995年至2013年事故死亡人数的统计分析图1-1和2001年至2013年重特大事故起数分布图1-2来看，我国目前的安全生产形势十分严峻，事故总量仍然

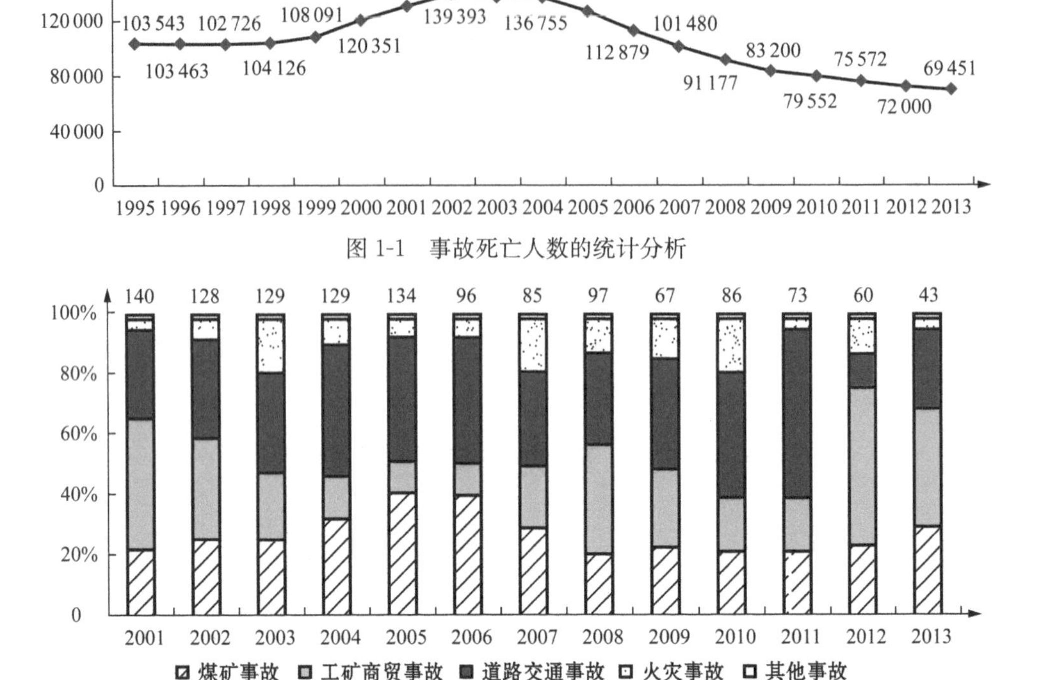

图 1-1 事故死亡人数的统计分析

图 1-2 重特大事故起数分布

较大，重特大事故尚未得到有效遏制，近十年期间年均发生重特大事故 80 余起，且呈波动起伏态势。面对严峻的安全生产形势，一方面要坚持“安全第一、预防为主、综合治理”的方针，采取各种措施加强事故预防工作，深入开展事故隐患排查与治理，有效地避免和减少事故发生，从根本上保障人民群众生命财产安全。另一方面，针对当前事故总量大和重特大事故多发的现实情况，必须加强安全生产应急管理，有效应对各种重大事故灾难，将事故灾难造成的人员伤亡和财产损失尽可能降低到最低程度。

党的十六届三中、四中和五中全会明确提出，要建立健全社会预警体系和应急机制、保障公共安全，提高处置突发公共事件能力。党中央的这一要求，为做好我国应急管理工作指明了方向。国务院按照党中央的决策和要求，迅速对我国的应急管理工作进行全面规划和部署。国务院做出《关于实施国家突发公共事件总体应急预案的决定》，并召开两次全国应急管理工作会议，对全国的应急体系建设工作和应急管理工作进行全面部署。2006 年 1 月以来，国务院相继发布了国家突发公共事件总体应急预案，以及 25 个专项应急预案和 80 个部门应急预案。“十一五”期间，在党中央、国务院的高度重视和正确领导下，各地区、各有关部门和单位牢固确立安全发展的理念，始终坚持“安全第一、预防为主、综合治理”的方针，安全生产应急管理工作取得了长足进步，具体如下：

一是应急管理体系初步建立。全国31个省（区、市）、新疆生产建设兵团和215个市（地）、部分县（市、区），以及安全生产任务较重的54家中央企业建立了安全生产应急管理机构。建立了国家和区域安全生产应急救援协调机制。

二是应急管理规章标准建设稳步推进。制定颁布了《矿山救护规程》（AQ1008—2007）、《生产经营单位安全生产事故应急预案编制导则》（AQ/T9002—2006）、《生产安全事故应急预案管理办法》（国家安全监管总局令第17号）和《生产安全事故应急演练指南》（AQ/T9007—2011），以及应急救援队伍建设、应急平台体系建设、宣传教育培训等一系列规章、标准和指导性文件，为加强安全生产应急管理提供了依据。各省（区、市）制订的部分地方性法规和规章也对安全生产应急管理工作进行了规范。

三是应急救援队伍体系建设成效明显。各地区、有关高危行业企业加强了应急救援队伍建设，救援人员增加了40%，初步形成了国家（区域）、骨干、基层救援队伍相结合的应急救援队伍体系。通过开展培训演练和技能比武等工作，应急救援队伍素质不断提高，救援能力明显加强，在矿山和危险化学品事故灾难的应急救援，以及汶川、玉树地震等重大自然灾害救援中发挥了重要作用。

四是应急救援装备水平不断提高。国家级矿山和危险化学品救援队伍增配各类救援车辆700余台，配备个体防护、救援、侦检、通信等装备8 000余台（套）。骨干队伍和基层队伍所在地方政府和依托单位加大了救援装备投入力度，部分省（区、市）建立了安全生产应急物资装备储备库。

五是应急预案和演练工作进一步加强。在国家层面，制定颁布了事故灾难应急预案42个。地方各级政府、中央企业以及煤矿、非煤矿山、危险化学品、烟花爆竹等高危行业（领域）企业实现了应急预案全覆盖。各级地方政府和高危行业企业经常举行应急预案培训和演练。

六是应急平台建设全面启动。制定了国家安全生产应急平台体系建设指导意见。国家安全生产应急平台已经开始建设，部分省（区、市）、市（地）和中央企业安全生产应急平台基本建成并投入运行。

七是应急管理培训和宣教工作深入开展。修订完善了安全生产应急管理培训和宣教工作制度，制定了应急管理和指挥人员培训大纲，全国每年培训30多万人次。宣教工作内容日益丰富，宣教形式不断创新，应急知识普及面不断扩大。

八是应急科技支撑不断增强。各地区均成立了安全生产应急救援专家组。安全生产应急救援科研项目投入明显加大，科技部下达的19个应急救援重点项目研究已经完成，在煤矿瓦斯、危险化学品等事故灾难的应急救援和预测预警方面形成了一批新技术、新装备。

九是国际交流合作不断深入。通过组织救援指战员及应急管理人员赴发达国家学习交流、参加国际矿山救援技术竞赛以及举办国际性安全生产应急管理论坛和展会等方式,加强了安全生产应急管理领域国际交流与合作。

“十二五”时期,是全面建设小康社会的重要战略机遇期,是深化改革、扩大开放、加快转变经济发展方式的攻坚阶段,也是实现安全生产状况根本好转的关键时期。安全生产工作既要解决长期积累的深层次、结构性和区域性问题,又要积极应对新情况、新挑战。由于安全生产应急救援体系初步建立,基础相对薄弱,还存在一些制约安全生产应急管理工作进一步发展的因素。主要是:《安全生产应急管理条例》尚未出台;许多市(地)和大部分重点县没有建立安全生产应急管理机构,已经建立的应急管理机构人员、经费等没有落实到位;救援队伍布局已经不能满足经济社会发展的需要,缺乏处置重特大和复杂事故灾难的救援装备;应急预案的针对性和可操作性不强;应急救援经费保障困难,救援人员待遇、奖励、抚恤等政策措施缺失;重大危险源普查工作尚未全面展开,监控、预警体系建设相对滞后;缺乏高效的科技支撑,应急救援技术装备研发、应用和推广的产业链尚未形成,装备的机动性、成套性、可靠性还亟待提高;应急培训演练与实际需求还有较大差距。总体来说,应对重大、复杂事故的能力不足,与党中央、国务院的要求以及人民群众的期盼还有很大差距。

安全生产应急管理工作具有长期性、艰巨性、复杂性和紧迫性的特点,及时有效地应对各种突发公共事件,尽可能地预防和减少突发公共事件及其负面影响,必须采取切实有效措施,全面提升应急能力,从而实现安全生产形势根本好转的目标,更好地保障人民群众的生命财产安全、社会秩序和社会稳定,促进经济社会的全面、协调、可持续发展提供有力保障。

二、典型案例

案例一

某日,某钻井队在天然气矿井施工过程中,因违章作业,未按规定保证泥浆灌注量和循环时间,导致钻井发生井喷。钻井队长迅速组织采取了一系列的紧急关井措施,但是由于回压阀违规卸掉,井喷无法控制。井场设备价值千万元,钻井队长未敢下令点火,并立即向上级主管公司上报,但也没有请示点火。公司应急中心主任迅速带队从 A 市出发赶往事故现场。由于喷出气体中含有大量 H_2S,井喷半小时后钻井队员开始撤离,并派出 2 名员工通知附近村民疏散,但是大多数熟睡的村民没有被他们的呼喊惊醒,这 2 名员工不幸中毒身亡。井喷 1 小时左右,钻井队长派人回井场关闭柴油机、发电机等，并对井场实施警戒，并向A市政府报告事故情况，A市政府立即通报所在县政府。而此时离事故1公里远的当地镇政府却没有接到任何事故上报。次日11时，钻井队接到上级点火指示，而之前，公司应急中心主任在途中就有人向其建议点火，到达镇上后知道有人员中毒伤亡的情况下也未能做出点火的决定，错过了点火最佳时机，直到12:30左右，钻井队员意外发现井口停喷，才开始组织点火准备。14时左右，派人核实后，16时左右点火成功，险情得到初步控制，第三天上午10时，数百名公安干警及武警组成的搜救队进入村庄，展开全面搜救，发现大量人员死亡。

事后，新闻媒体进行大量走访报道。一农夫见到慰问领导就哭了，我家的牛死了！某村长叹息道，如果村里面有一个高音喇叭，也不至于死那么多人啊！有些人就不听劝告，不肯离开，有的回去锁门，取存折，拦都拦不住！一位心有余悸的村民说：他家离井场就50米，自己因为和钻井队长比较熟悉，曾在闲谈时无意中听说过那气体有毒，才拼命跑了出来，否则后果不堪设想。当地政府官员说，事发后1个多小时，当地政府即组织警车及救护车鸣警笛在公路上行驶，呼叫周围山上的群众撤离，但是正值深夜，交通通讯不便，现场有毒气体浓度太高，虽然经多次努力，仍然很难保证灾区群众转移，并坦言：别说老百姓，连我们也不知道这竟是个毒气筒。

案例二

A市某化工厂发生猛烈爆炸起火，现场火光一片，浓烟滚滚。爆炸燃烧当即摧毁了苯胺装置、硝基苯储罐和多个苯储罐，并直接威胁到旁边十几个储罐的安全。为了遏止火势蔓延、防止更大的连锁爆炸，消防队员用数千吨水和几十吨泡沫进行灭火和冷却。长时间的灭火战斗后，地上产生了大量有毒的积水。经过十几个小时的扑救，终于将大火彻底扑灭，然而大量夹带着有毒苯类物质的消防水，绕过该厂污水处理厂而进入了市政排雨管线，直接流入甲江。3天后，处于甲江下游的B市开始停水。又过了几天，处于甲江下游C市检测到水中苯类污染严重超标。随后，C政府向市民发出紧急公告，全市将临时停止供水4天，恢复供水时间另行公告。出于某些方面的考虑，公告没有告知停水的真实原因，而是称将对市区市政供水管网设施进行全面的检修。而此时，C市正流传爆发大地震的说法，尽管该市地震局发言人否定了近期发生大地震的说法，但该公告的停水时间和停水原因解释加重了市民的猜疑，各超市人群拥挤，出现了饮用水、食物等抢购风潮，两天内离开该市的火车票、飞机票全面告急。旋即，C市政府又发出一则紧急公告，称停水的原因是甲江水质可能因A市化工厂爆炸事故受到污染。两次公告不同的停水原因解释引起了市民的困惑，而A市化工厂负责人曾在接受某报社采访时强调，该事故不会造成水污染。与此同时，C市中小学放假7天，并进行安全和抗震知识教育。至此，地震传言在C市造成的恐慌达到顶峰，许多市民冒着严寒，带着帐篷，夜宿街头。C市政府不得不发布第3次紧急公告，并经过一系列有效的应急措施，终于化解了这场危机。

通过上面的案例分析，目前应急管理方面存在的问题主要包括：一是统一高效的应急救援工作机制尚未建立。安全生产应急救援力量比较分散，条块分割、资源不能得到最大化的合理利用，部门之间、预防与处置之间衔接不够紧密，其领导机构也大多是临时从相关部门抽调人员组成的应急处理小组。尽管由于行政权威的力量，这样的小组也能较好地完成任务，但是这种组织形式本身就带有不可避免的缺陷。二是应急处置的公众力量配合和参与不够。企事业单位专兼职应急队伍和志愿者队伍等社会力量参与突发事件灾难预防和处置的机制尚不健全。社会公众危机意识不强，自救互救能力较弱，尤其是社区、农村、学校、小个体工商户等，自发地组织和行动起来防范危机、应对危机以及灾后的恢复和重建的主动性和积极性不足，不能很好地从事前、事中和事后三个阶段配合政府开展工作，这些都严重地制约了社会公民组织力量的发挥，也就加重了政府的负担。三是企事业单位虽然基本上都制定了预案，但不规范、不完整，过于原则化，可操作性不强。有的预案没有形成体系，上下脱节、不对应。有的企业预案与政府和部门预案不衔接。对预案进行演练不够认真，部分员工对预案内容不熟悉，存在较大的盲目性，更谈不上根据实践修订完善预案。部分生产经营单位制定应急预案和演练难度较大，尤其是一些只有几个人的个体工商户，文化水平和素质不高，人员相对分散，这些方面存在的问题，导致事故发生后，人员伤亡和财产损失比较严重。事故应急救援是经历惨痛事故后得出的教训。各国在工业不断发展的同时，重特大事故也与日俱增。事实告诉我们，要重视对重大事故的预防和控制的研究，建立应急救援的各项措施，及时有效地实施应急救援行动。这样不但可以预防重大灾害的出现，而且一旦紧急情况出现，还可以按照计划和步骤来进行行动，有效地减少经济损失和人员伤亡。如果对应急救援的计划和行动不够重视，将受到更大事故的惩罚，而且有关资料统计表明有效的应急救援系统可将事故损失降低到无应急系统的6%。

三、现代安全管理与应急救援关系

安全生产管理科学首先涉及的是常规安全管理，有时也称为传统安全管理，例如在宏观管理方面有安全生产方针、安全生产工作体制、安全行政管理、安全监督检查、安全设备设施管理、劳动环境及卫生条件管理、事故管理等；在微观的综合管理方法方面有安全生产“五大原则”、“全面安全管理”、“三负责制”、“安全检查制”、“四查工程”、安全检查表、“0123管理法”、“01467”全管理法等，还有专门性的管理技术，如“5S”活动、“五不动火”管理、审批火票的“五信五不信”、“四查五整顿”、“巡检挂牌制”、防电气误操作“五步操作管理法”、人流物流定置管理、“三点控制”、“八查八提高”活动、班组安全活动、安全班组建设等。

随着现代企业制度的建立和安全科学技术的发展，现代企业更需要发展科学、合理、有效的现代安全管理方法和技术。现代安全管理是现代社会和现代企业实现安全生产和安全生活的必由之路。一个具有现代技术的生产企业必然需要相适应的现代安全生产管理科学。目前，现代安全生产管理是安全生产管理工程中最活跃、最前沿的研究和发展领域。现代安全生产管理的理论和方法有：安全管理哲学、安全系统论、安全控制论、安全信息论、安全经济学、安全协调学、安全思维模式、事故预测与预防理论、事故突变理论、事故致因理论、事故模型学、安全法制管理、安全目标管理法、无隐患管理法、安全行为抽样技术、安全经济技术与方法、安全评价、安全行为科学、安全管理的微机应用、安全决策、事故判定技术、本质安全技术、危险分析方法、风险分析方法、系统安全分析方法、系统危险分析、故障树分析、“PDCA”循环法、危险控制技术、事故应急管理、安全文化建设等。

安全管理充分运用这些管理理论和方法，形成自身的管理特点，即：要变传统的纵向单因素安全管理为现代的横向综合安全管理；变传统的事故管理为事件分析与隐患管理（变事后型为预防型）；变传统的被动的安全管理对象为安全管理动力；变传统的静态安全管理为安全动态管理；变过去企业只顾生产经济效益的安全辅助管理为效益、环境、安全与卫生的综合效果的管理；变传统的被动、辅助、滞后的安全管理程式为主动、本质、超前的安全管理程式；变传统的外迫型安全指标管理为内激型的安全目标管理。

现代安全管理过程（见图 1-3），突出事前的预防、事中控制、事后处理，是全员、

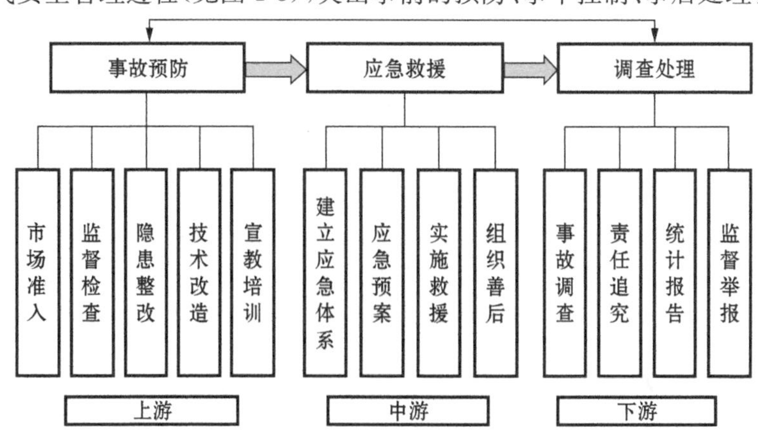

图 1-3　现代安全管理过程

全方位、全过程的风险控制，体现了现代安全管理由静态管理向动态管理，由被动管理向主动管理的特点。现代安全管理过程中的事故中游——应急与救援，在事故发生过程中，对于有效降低人员伤亡和财产损失具有非常重要的作用和价值，是现代安全管理过程中不可缺少的有机组成部分。

第二节　事故应急救援的基本任务及特点

应急救援是突发事件应急响应行动中的重要一环，也是在突发事件应对处置中减少人员伤亡和财产损失，将突发事件危害降到最低限度的关键一步，建立应急救援体系，加强应急救援工作，是提高各级政府及企业应对突发事件的能力，加强应急管理工作的现实需要。

一、应急救援的内涵

应急救援是指突发事件责任主体采用预定的现场抢险和抢救方式，在突发事件应急响应行动中迅速、有效保护人员的生命和财产安全，指导公众防护，组织公众撤离，减少人员伤亡。在各类突发事件中，自然灾害和事故灾难破坏力惊人，人员伤亡和财产损失巨大，需要迅速有效地控制危害，其中道路交通事故、火灾、爆炸等事故灾难更为严重，发生地点又多为工矿企业、大中城镇等人员密集地，因而成为应急救援的主要对象。我国应急救援的组织体系、救援队伍、物资储备、应急机制建设等也都主要是针对这两类突发事件、特别是事故灾难进行的。因此，一般意义上的应急救援即指自然灾害、事故灾难、社会安全事件以及公共卫生事件的应急救援。

二、事故应急救援的必要性

20 世纪以来，随着工业化进程的迅猛发展，特别是二次世界大战以后，各种工业事故呈不断上升的趋势，危及到社会安全的多人重大事故时有发生，给人民生命安全、国家财产和环境构成重大威胁。重大工业事故的应急救援是近年来国内外开展的一项社会性减灾救灾工作。应急救援可以加强对重大工业事故的处理能力，根据预先制定的应急处理的方法和措施，一旦重大事故发生，做到临变不乱，高效、迅速做出应急反应，尽可能缩小事故危害，减小事故后果对生命、财产和环境造成的危害。

1984 年 12 月 3 日，美国碳化物联合公司在印度博帕尔的农药厂发生了异氰酸甲酯毒气泄漏事故，导致 4 000 人死亡，20 万人中毒，5 万人的眼睛严重损害，印度总理拉・甘地向该公司要求 150 亿美元的赔偿。1993 年 8 月 5 日，深圳市东北部罗湖区的清水河危险品仓库发生特大火灾爆炸事故。这次事故经历了2次大爆炸,7次小爆炸,损坏、烧毁各种车辆120余台,死亡18人,受伤873人,其中重伤136人,烧毁炸毁建筑物面积39000平方米。仅该市消防支队就损坏、炸毁消防车辆38台,41人受伤。直接经济损失达2.5亿元。在这次火灾事故中,有着深刻的教训:①库区选址不当;②未经批准,擅自改变储存物性质;③管理不善,水源严重缺乏;④对消防机构提出隐患的整改,凡认为整改难度大、需要投资的,均未认真整改,结果造成重大的灾难。

1997年6月27日21时30分,北京市东方化工厂罐区着火,区内共有2.1万吨易燃易爆危险品。在发生爆炸后,北京市政府有关机构和领导立即启动应急救援计划,在第一时间迅速做出反应,调动消防队、救援组织和应急队伍,用尽一切方法保证了对救援行动的支援。经过40多个小时的艰苦奋战,终于扑灭了大火。在这次行动中,成功地把经济损失降到了最小,而且全体人员没有重伤或死亡。因此,要重视对重大事故的预防和控制的研究,建立应急救援的各项措施,及时有效地实施应急救援行动。这样不但可以预防重大灾害的出现,而且一旦紧急情况出现,就可以按照计划和步骤来进行行动,有效地减少经济损失和人员伤亡。

从国内外近年发生的一些应急救援的实际案例可以看出,现有的事故营救救援机制很难满足实际需求,因而事件的处理需要从系统论的角度在目标的层面引进新方法、新技术,应对当今复杂的各类生产安全事故。随着现代事故的复杂化、全球化的加剧,我国现有的风险管理机制渐渐不能适应不断出现的新问题、新情况,与国际上先进的突发事件应急救援体制相比,现有的应对机制主要存在以下不足:

(1) 管理体制以分领域、分部门的分散管理为主,缺乏统一的组织协调。当今事故越来越朝着多因性、系统性和不可预期性发展,分散的管理体制很难适应现代事故系统化、跨学科、跨部门和全球化的管理需要。例如,2004年7月10日,一场突降的暴雨让北京市城区上百个路段积水,整个城市交通几乎处于瘫痪状态。这是因为各个机构缺乏相互协作,比如气象是气象,市政是市政,交通是交通。信息、资源、人力等可以共享的东西太少,都是自己搞自己的一套,有的东西可能还较多重复,相互沟通得不够,所以应急的时候就出现很多困难。

(2) 重点放在事故发生后的“救灾”,缺乏对事故全过程的管理。原有的机制主要着眼于突发事故发生后的应对和恢复,重视事后的补救性措施,而缺乏对事故发生前的全过程管理。救灾是应急管理中最基本的要求,进一步的要求是减灾,而最终希望达到的目标是免灾。事故应急与救援应该是一个有机的整体,包括事故内在规律的研究、预案的编制、突发事件的评估和预警、事故的应对和灾害恢复及应急管理保障体系自身的循环完善。仅仅着眼于事后的“救灾”只能陷于被动的地位。

(3) 处理的事故范围相对狭小，面对新类型的多行业多领域的事故，已有的应对措施很难进行有效的组合。以前的事故应对主要集中在几种高发性的事故处理上，在中国可能是矿难、台风等，对于由现代科技和社会发展带来的新问题没有能力处理。加上原来的用于应对其他相似突发公共事件的各种系统功能模块和措施又不具备可重构性，无法快速整合为有能力应对这些新型事故应急救援的新系统。

在经历过许许多多的事故后，开始进行总结经验，并且把这些经验和教训以案例的形式记录下来，经过一定形式的加工形成案例库。案例库中既包括过去发生各种事故时处理过程的完整记录，也包括经过事后总结得出的成功经验及失败教训。在遇到类似的事故时，人们通常可以从案例库中找到相似的案例，并根据案例中所记录的处理方法和经验教训去应对当前发生的事故。然而，只有案例库并不能完成应对现代复杂的各类事故。

面对现代高复杂性的各类突发事件，许多国家纷纷成立应急机构，这是应对当今形势，保障国家安全、社会稳定的必然措施。从国家甚至国际合作的角度进行应急管理，实施全局统一的指挥调度，人力和物资资源的全局调配和保障，建立完善的信息管理系统和专家决策系统，构建从突发公共事件应急管理体系平时状态、警戒状态、运作过程和事后处置的一整套解决方案，将能使各类事故得到长效的解决。

随着世界的一体化趋势越来越强，人们生活的流动性、相互之间的依赖性也在增加，这样，一些事故的发生就容易导致大范围人群的日常生活、经济活动受到消极影响，商业环境受到改变和破坏。因此，事故应急与救援的研究是当前社会发展的需要。应急救援的根本任务就是对突发公共事件做出快速有效的应对。这里的有效指的是应对方案的可操作性、准确性、经济性。因此，面对复杂多变的各类突发事件，怎样组织社会各方面的资源，快速有效地防范和控制事故的发生和蔓延，是事故应急与救援需要解决的主要问题。

突发事件在不同领域发生具有不同的表现形式和特征，发生的原因、发展的规律各种各样，要找到能应对一切突发事件的方法是比较困难的。但是，各类突发事件仍然可以找到其普遍性特征。比如，突发事件的发生具有潜在性、先兆性，事件的影响范围具有扩散性，事件对人、财物具有伤害性、破坏性。因此人们可以根据一些普遍性的特征建立应对突发公共事件的一般措施。再加上一些各领域的专业知识，就可以形成一整套应对体系，发挥积极作用。通过研究突发事件的发生和发展的规律，增加对一些事件的了解和认识，为未来能够成功地应对事故建立理论基础。因此事故应急与救援对于实际工作具有指导意义，从宏观上讲，事故应急与救援对社会的作用有以下两点：

(1) 保障安全。各类事故应急救援在实施过程中,通过对突发事件的早预警、早做准备,能够避免一些事件的发生,或者极大限度地降低事件带来的危害性,从而达到保障人类生命财产安全的目的。另外通过对事故的研究,增加安全管理方面的知识,可以促使人类加强和树立安全意识,保证各类社会活动的安全。这些都为安全管理带来了保障。

(2) 加强社会稳定。由于突发事件的危害性和扩散性,影响的范围会从发生点扩展到其他区域,会造成社会的不稳定。如SARS疾病的爆发,不但对人类的生命安全带来了伤害,并且给社会带来了恐慌,一段时间内使人们生活在一个人人自危的环境中,社会各行各业受到冲击,这给社会各个方面带来了巨大的影响。如果突发事件的控制保障措施得当,能够把事件的影响限定在一个局部区域,就不会对社会的其他区域带来消极影响,从而保障社会的稳定性。

三、应急救援的基本原则和任务

1. 应急救援的基本原则

应急救援工作应在坚持预防为主的前提下,切实贯彻统一指挥、分级负责、区域为主、单位自救和社会救援相结合的原则。应急救援的基础和前提是预防,在做好平时的预防工作,避免和减少突发事件发生的同时,要落实好救援工作的各项准备措施,做到预先准备,一旦发生突发事件就能及时实施救援。重大突发事件特别是重大事故灾难的发生具有突发性,且扩散性强、危害范围广,应急救援行动必须迅速、准确和有效,因此应急救援必须实行统一指挥,高效运转;按照我国行政属地管理要求,应急救援也相应采取分级负责制,以区域为主,并根据突发事件的具体情况,自救和社会救援相结合,充分发挥事故单位及地区的优势和作用,迅速、有效地组织和实施应急救援;同时应急救援又是一项涉及面广、专业性很强的工作,单靠某一个部门很难完成,需要各相关部门密切配合、协同作战,尽可能地避免和减少损失。另外,应急救援要充分体现"以人为本"的价值观,在救援行动中先抢救受害人员后,应尽一切努力将突发事件对外部环境的损害控制到最小,保持生态环境和社会环境的可持续发展,减轻社会压力。

2. 事故应急救援的基本任务

事故应急救援工作中预防工作是事故应急救援工作的基础,除平时做好事故的预防工作,避免或减少事故的发生外,落实好救援工作的各项准备措施,做到预有准备,一旦发生事故就能及时实施救援。重大事故所具有的发生突然、扩散迅速、危害范围广的特点,也决定了救援行动必须达到迅速、准确和有效,因此,救援工作只能实行统一指挥下的分级负责制,以区域为主,并根据事故发展情况,采取单位自救和社会救援相结合的形式,充分发挥事故单位及地区的优势和作用。

事故应急救援又是一项涉及面广、专业性强的工作，靠某一个部门是很难完成的，必须把各方面的力量组织起来，形成统一的救援指挥部，在指挥部的统一指挥下，安全、救护、公安、消防、环保、卫生、质检等部门密切配合，协同作战，迅速、有效地组织和实施应急救援，尽可能地避免和减少损失。事故应急救援的总目标是通过有效的应急救援行动，尽可能地减少事故的不良后果，包括人员伤亡、财产损失和环境破坏等。事故应急救援的基本任务包括下述几个方面：

（1）立即组织营救受害人员，组织撤离或者采取其他措施保护危害区域内的其他人员。抢救受害人员是应急救援的首要任务，在应急救援行动中，快速、有序、有效地实施现场急救与安全转送伤员是降低伤亡率，减少事故损失的关键。由于重大事故发生突然、扩散迅速、涉及范围广、危害大，应及时指导和组织群众采取各种措施进行自身防护，必要时迅速撤离出危险区或可能受到危害的区域。在撤离过程中，应积极组织群众开展自救和互救工作。

（2）迅速控制事态，并对事故造成的危害进行检测、监测，确定事故的危害区域、危害性质及危害程度。及时控制造成事故的危险源是应急救援工作的重要任务，只有及时地控制住危险源，防止事故的继续扩展，才能及时有效进行救援。

（3）消除危害后果，做好现场恢复。针对事故对人体、动植物、土壤、空气等造成的现实危害和可能的危害，迅速采取封闭、隔离、洗消、监测等措施，防止对人的继续危害和对环境的污染。及时清理废墟和恢复基本设施，将事故现场恢复至一相对稳定的基本状态。

（4）查清事故原因，评估危害程度。事故发生后应及时调查事故的发生原因和事故性质，评估出事故的危害范围和危险程度，查明人员伤情况，从事故应急角度做好事故调查，进一步完善应急系统和应急预案，为下一次预防事故提供技术支持。

四、事故应急救援的特点

事故应急救援工作涉及技术事故、自然灾害、城市生命线、重大工程、公共活动场所、公共交通、公共卫生和人为突发事件等多个公共安全领域，构成一个复杂巨系统，具有不确定性、突发性、复杂性以及后果、影响易猝变、激化、放大的特点。

1. 不确定性和突发性

不确定性和突发性是各类公共安全事故、灾害与事件的共同特征，大部分事故都是突然爆发，爆发前基本没有明显征兆，而且一旦发生，发展蔓延迅速，甚至失控。因此，要求应急行动必须在极短的时间内在事故的第一现场作出有效反应，在事故产生重大灾难后果之前采取各种有效的防护、救助、疏散和控制事态等措施。

为保证迅速对事故作出有效的初始响应，并及时控制住事态，应急救援工作应坚持属地化为主的原则，强调应急准备工作，包括建立全天候的昼夜值班制度，确保报警、指挥通信系统始终保持完好状态，明确各部门的职责，确保各种应急救援的装备、技术器材、有关物资随时处于完好可用状态，制定科学有效的突发事件应急预案，保证在事故发生后能有效采取措施，把事故损失降到最低。

2. 应急活动的复杂性

应急活动的复杂性主要表现在：事故、灾害或事件影响因素与演变规律的不确定性和不可预见的多变性；众多来自不同部门参与应急救援活动的单位，在信息沟通、行动协调与指挥、授权与职责、通信等方面的有效组织和管理，以及应急响应过程中公众的反应、恐慌心理、公众过激等突发行为的复杂性等。这些复杂因素的影响，给现场应急救援工作带来了严峻的挑战，应对应急救援工作中各种复杂的情况作出足够的估计，制定随时应对各种复杂变化的相应方案。

应急活动的复杂性另一个重要特点是现场处置措施的复杂性。重大事故的处置措施往往涉及较强的专业技术支持，包括易燃、有毒危险物质、复杂危险工艺以及矿山井下事故处置等，对每一行动方案、监测以及应急人员防护等都需要在专业人员的支持下进行决策。因此，针对生产安全事故应急救援的专业化要求，必须高度重视建立和完善重大事故的专业应急救援力量、专业检测力量和专业应急技术与信息支持等的建设。

3. 后果、影响易猝变、激化和放大

公共安全事故、灾害与事件虽然是小概率事件，但后果一般比较严重，能造成广泛的公众影响，应急处理稍有不慎，就可能改变事故、灾害与事件的性质，使平稳、有序、和平状态向动态、混乱和冲突方面发展。引起事故、灾害与事件波及范围扩展，卷入人群数量增加和人员伤亡与财产损失后果加大，猝变、激化与放大造成的失控状态，不但迫使应急响应升级，甚至可导致社会性危机出现，使公众立即陷入巨大的动荡与恐慌之中。因此，重大事故的处置必须坚决果断，而且越早越好，防止事态扩大。

因此，为尽可能降低重大事故的后果及影响，减少重大事故所导致的损失，要求应急救援行动必须做到迅速、准确和有效。所谓迅速，就是要求建立快速的应急响应机制，能迅速准确地传递事故信息，迅速地调集所需的大规模应急力量和设备、物资等资源，迅速地建立起统一指挥与协调系统，开展救援活动。所谓准确，要求有相应的应急决策机制，能基于事故的规模、性质、特点、现场环境等信息，正确地预测事故的发展趋势，准确地对应急救援行动和战术进行决策。所谓有效，主要指应急救援行动的有效性，很大程度上它取决于应急准备的充分性与否，包括应急队伍的建设与训练、应急设备（施）、物资的配备与维护、预案的制定与落实以及有效的外部增援机制等。

第三节 事故应急救援相关法律法规要求

一、应急法规体系框架

由于事故发生往往会给公民的人身财产安全造成巨大威胁，给社会秩序造成巨大破坏，因此，对事故紧急状态进行相关的立法是非常有必要的。特别是在紧急状态时期，由于社会秩序混乱，侵犯公民权利，危害社会公共利益的事情更容易发生，不论是政府，还是一般的社会公众，都需要一定的行为规范来约束自身的行为，才能建立起有效的应急机制控制局势，尽早恢复社会秩序。当前，我国安全生产事故应急管理法制建设依然滞后，安全生产应急救援法律法规体系还不完善，一些方面的工作尚处在无法可依、无章可循的状况，不能适应应急救援工作的实际需要。目前还没有形成全面、系统、统一和明确的安全生产应急管理法律法规体系，不能为应急管理提供强有力的法律支持。因此，应当进一步加强安全生产应急管理法制建设，逐步形成规范的安全生产事故灾难预防和应急处置工作的法律法规和标准体系。

认真贯彻《安全生产法》和《突发公共事件应对法》，严格执行国务院《关于全面加强应急管理工作的意见》、《国家突发公共事件总体应急预案》及《生产安全事故应急预案管理办法》，尽快颁布实施《安全生产应急管理条例》；各地区、各有关部门要结合实际，抓紧研究制定安全生产应急预案管理、救援资源管理、信息管理、队伍建设、培训教育等配套规章规程和标准，生产经营单位要建立和完善内部应急管理的规章制度和标准，尽快形成科学、系统的安全生产应急管理法规和标准体系。通过法治手段，明确各级政府、有关部门、组织和人员在应急管理工作中的职能和责任，规范有关应急预防、准备、响应和恢复的各项制度，以使安全生产应急管理工作有法可依、有章可循，增强安全生产事故应急救援工作的权威性和一致性，把安全生产事故应急管理工作纳入健全的法制轨道。我国安全生产应急管理法律法规体系层级框架见图 1-4，应主要由以下五个层次构成。

1. 法律层面

《宪法》是我国安全生产法律的最高层级，《宪法》提出的“加强劳动保护，改善劳动条件”的规定，是我国安全生产方面最高法律效力的规定。应急管理法制建设已引起党和国家的高度重视。有关部门在认真总结我国应对各种突发事件经验教训、借鉴其他国家成功做法的基础上，颁布实施《中华人民共和国突发事件应对法》，以规范应对各类突发事件的共同行为。这对于进一步建立和完善我国的突发事件应急管理体制、机制和法制，预防、控制和消除突发事件的社会危害，提高政府

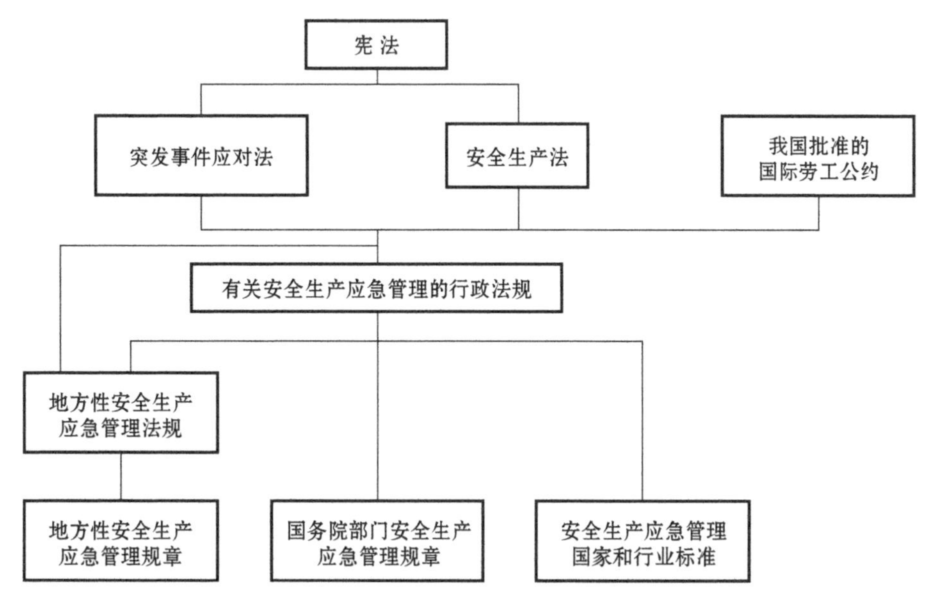

图 1-4　我国安全生产应急管理法律法规体系层级框架

应对突发事件的能力，落实执政为民的要求，促进经济和社会的协调发展，构建社会主义和谐社会，都具有重要意义。

2. 行政法规层面

《突发事件应对法》颁布实施后，应加快制定《安全生产应急管理条例》，根据国家机构设置情况，明确事故应急管理过程中各项具体任务，明确应急指挥与功能的分配。同时，涉及各专业应急救援的相关部门也应积极推动国务院制定有关突发性事故灾难应急的行政法规，在应急预防、准备、响应和恢复阶段应贯彻的具体制度和措施，包括联席会议制度，预案编制、审核和备案制度，资格认定制度，培训和演练制度，救援费用补偿制度，事故指挥系统，多机构协调系统和公众动员系统等。

3. 地方性法规层面

地方政府应根据本地潜在事故灾难的风险性质与种类，结合本地应急资源的实际情况，制定相应的地方法规，对突发性事故应急预防、准备、响应和恢复等各阶段的制度和措施提出针对性的规定与具体要求。

4. 行政规章层面

行政规章包括部门规章和地方政府规章。有关部门应根据有关法律和行政法规在各自权限范围内制定有关事故灾难应急管理的规范性文件，内容应是对具体管理制度和措施的进一步细化，说明详细的实施办法。各省（区、市）人民政府、省（区）人民政府所在地的市人民政府及国务院批准的计划单列市应根据有关法律、行政法规、地方性法规和本地实际情况，制定本地区关于事故灾难应急管理制度和措施的详细实施办法。

5. 标准层面

涉及专业应急救援的相关管理部门应制定有关事故灾难应急的标准，内容应覆盖事故应急管理的各阶段与过程，主要包括：应急救援体系建设、应急预案基本格式与核心要素、应急程序、应急救援预案管理与评审、应急救援人员培训考核、应急演习与评价、危险分析和应急能力评估、应急装备配备、应急信息交流与通讯网络建设、应急恢复等标准规范。

二、事故应急救援相关法律法规的要求

面对突发事件发生频率加快、规模扩大的趋势，许多国家纷纷加强应急管理法制建设，逐步形成了规范各类突发公共事件，应对、涵盖应急管理整个过程的完备的法律体系。以美国为例，其应急管理法律制度以宪法和全国紧急状态法为核心，涉及国家安全、事故灾难和自然灾害、经济危机、突发公共卫生事件等方面，数量达近百部。实践证明，将应急管理纳入法制化轨道，有利于保证突发事件应对措施的正当性和有效性，从而做到既有效地控制和克服突发公共事件，又能够将国家和社会应对突发事件的损失代价降到最低。

国际劳工组织(ILO)在起草制定有关公约时，对安全生产事故应急管理做了一些具体的要求。

第 155 号公约《职业安全和卫生及工作环境公约》第 18 条明确指出“雇主在必要时采取应付紧急情况和事故的措施，包括急救安排”。

第 167 号公约《建筑业安全和卫生公约》第 31 条指出：“雇主应负责保证随时提供包括训练有素人员在内的急救。应采取措施保证遭遇事故或得急病的工人送院就医。”

第 170 号公约《作业场所安全使用化学品公约》第 13 条第二款明确指出“雇主应做好处置紧急情况的安排”。

第 174 号公约《预防重大工业事故公约》则对应急救援有关事宜作了较为详细而明确的要求。其中，第 9 条明确指出“雇主应为每一重大危害设置建立并保持关于重大危害控制的成文制度，包括规定应急计划和步骤”，并要求“制定一旦发生重大事故或出现事故危险时应予实施的有效的现场应急计划和步骤，包括应急医护措施，定期检验和评估其有效程度，并做出修订”；第 20 条指出工人代表须参与、协商应急计划和程序编写，并能接触到应急计划和程序；第 21 条要求“重大危害设置现场工作的工人必须了解和掌握一旦发生重大事故时应遵循一切应急程序”。这些国际劳工公约，形成一个共同遵循的安全生产应急管理工作约定，对安全生产应

急管理起步较晚的国家起到了指导和促进作用。

近年来，我国政府高度重视突发事件应对的法制建设，加快了应急管理立法工作步伐，先后制定或者修订了《防洪法》、《防震减灾法》、《安全生产法》、《消防法》、《职业病防治法》、《特种设备安全法》、《传染病防治法》、《动物防疫法》、《道路交通安全法》、《治安管理处罚法》等40余部法律，核电厂核事故应急管理条例、突发公共卫生事件应急条例、信访条例、粮食流通管理条例等40余部行政法规，铁路行车事故处理规则、民航总局重大飞行事故应急处理程序等60余部部门规章；一些地方政府及其部门也结合实际，制定了相关地方法规和规章，为预防和处置相关突发公共事件提供了法律依据和法制保障。

《中华人民共和国安全生产法》第18条规定，生产经营单位的主要负责人具有组织制定并实施本单位的生产安全事故应急救援预案的职责；第37条规定："生产经营单位对重大危险源应当制定应急救援预案，并告知从业人员和相关人员在紧急情况下应当采取的应措施。"第77条规定："县级以上地方各级人民政府应当组织有关部门制定本行政区域内特大生产安全事故应急救援预案，建立应急救援体系。"

《中华人民共和国职业病防治法》规定："用人单位应当建立、健全职业病危害事故应急救援预案。"

《中华人民共和国消防法》规定："消防安全重点单位应当制定灭火和应急疏散预案，定期组织消防演练。"

《中华人民共和国特种设备安全法》规定：国务院负责特种设备安全监督管理的部门应当依法组织制定特种设备重特大事故应急预案，报国务院批准后纳入国家突发事件应急预案体系。县级以上地方各级人民政府及其负责特种设备安全监督管理的部门应当依法组织制定本行政区域内特种设备事故应急预案，建立或者纳入相应的应急处置与救援体系。特种设备使用单位应当制定特种设备事故应急专项预案，并定期进行应急演练。

《危险化学品安全管理条例》第69条规定：县级以上地方人民政府安监部门应当会同工信、环保、公安、卫生、交通、铁路、质检等部门，根据本地区实际情况，制定危险化学品事故应急预案，报本级人民政府批准。第70条规定：危险化学品单位应当制定本单位危险化学品事故应急预案，配备应急救援人员和必要的应急救援器材、设备，并定期组织应急救援演练。危险化学品单位应当将其危险化学品事故应急预案报所在地设区的市级人民政府安监部门备案。

在《关于特大安全事故行政责任追究的规定》第7条规定："市(地、州)，县(市、区)人民政府必须制定本地区特大安全事故应急处理预案。"

国务院《特种设备安全监察条例》第31条规定："特种设备使用单位应当制定

特种设备的事故应急措施和救援预案。”

国务院《使用有毒物品作业场所劳动保护条例》规定：“从事使用高毒物品作业的用人单位，应当配备应急救援人员和必要的应急救援器材、设备，制定事故应急救援预案，并根据实际情况变化对应急预案适时进行修订，定期组织演练。事故应急救援预案和演练记录应当报当地卫生行政部门、安全生产监督管理部门和公安部门备案。”

2006 年 1 月，国务院发布了《国家突发公共事件总体应急预案》明确各类突发公共事件分级分类和预案框架体系，规定了国务院应对特别重大突发事件的组织体系、工作机制等内容，是指导预防和处置各类突发公共事件的规范性文件。

2007 年 8 月 30 日全国人大常委会通过了《中华人民共和国突发事件应对法》，2007 年 11 月 1 日起实施，该法明确规定了突发事件的预防与应急准备、监测与预警、应急处置与救援、事后恢复与重建等活动中，政府单位及个人的权利与义务。

2009 年，国家安全生产监督管理总局发布了《生产安全事故应急预案管理办法》(安监总局 17 号令)，《生产经营单位生产安全事故应急预案评审指南》(安监总厅应急〔2009〕73 号)、《安全生产应急演练指南》等相关法规和文件，对安全生产应急管理工作的相关事宜做出了明确规定。这些法律、法规对加强安全生产应急管理工作，提高防范、应对安全生产重特大事故的能力，保护人民群众生命财产安全发挥了重要作用。

2010 年，国务院下发了《国务院关于进一步加强企业安全生产工作的通知》(国发[2010]23 号)。通知提出了建设更加高效的应急救援体系，主要包括加快国家安全生产应急救援基地建设，建设完善企业安全生产预警机制，完善企业应急预案等内容。关于应急预案，通知强调企业应急预案要与当地政府应急预案保持衔接，并定期进行演练。

2011 年，国家安全生产应急救援指挥中心关于切实做好中央企业应急预案工作的通知(应指信息〔2011〕14 号)指出：做好应急预案管理工作是降低事故风险，完善应急机制，提高应急能力，促进安全生产形势稳定好转的重要措施。各中央企业要认真贯彻落实《生产安全事故应急预案管理办法》，完善企业应急预案相关管理制度，规范应急预案管理，组织所属企业做好应急预案备案评审工作。要结合企业实际，重点解决目前应急预案针对性不强、可操作性差，相互不衔接、缺少现场处置方案等问题；要制定工作计划，组织所属企业开展不同层次的应急预案演练和培训，检验应急预案，磨合工作机制，使有关人员切实掌握应急预案或现场处置方案的内容和应急处置技能，切实提高企业安全生产应急管理水平。

2013 年，根据国家安全监管总局 2013 年立法计划，国家安全生产应急救援指挥中心组织对《生产安全事故应急预案管理办法》(安全监管总局令第 17 号)进行了修改，形成了修订稿，同年，出台国家标准化委员会发布了《生产经营单位生产安全事故应急预案编制导则》(GB/T 29639—2013)，相关标准和法规的发布为企业建立完善的应急管理体系，提高应急管理水平奠定了坚实的基础。

三、突发事件分级、分类

突发事件，是指突然发生，造成或者可能造成重大人员伤亡、财产损失、生态环境破坏和严重社会危害，危及公共安全的紧急事件。1997 年亚洲金融危机、1998 年夏天中国的大洪水、2001 年美国发生的“9・11”事件、2003 年春天发生的 SARS 事件、2005 年的“11・13”事故等，都是突发事件。突发事件的研究范围比生产安全事故的范围要大，了解突发事件特征、分类及分级对于科学的认识事故应急救援具有重要的意义。突发公共事件往往具有共同特征：

(1) 不确定性。即事件发生的时间、形态和后果往往无规则，难以准确预测。许多突发公共事件，如各种事故、火灾等，人们还难以准确预见其在什么时候，在什么地方，以什么样的形式发生；有些突发公共事件，如地震、台风、旱灾、水灾、疫情等虽能做出一定的预报，但对这些灾害风险发生的具体形式及其所造成的影响或后果，还难以完全准确预见。

(2) 紧急性。即事件的发生突如其来或者只有短时预兆，必须立即采取紧急措施加以处置和控制，否则将会造成更大的危害和损失，如化学品泄漏、爆炸等事故发生后可能造成人员财产损失，如不能立即采取紧急救助，人员财产损失将会不断扩大。

(3) 威胁性。即事件的发生威胁到公众的生命财产、社会秩序和公共安全，具有公共危害性。在社会生活中，一般性的针对个体的突发性事件，如工伤事故、交通事故、疾病突然发作，打架斗殴等情况每时每刻都可能发生，如果没有对公共安全或公共秩序构成威胁，就不属于这里所说的突发公共事件的范畴。当然对实际事件如何区分还需要具体分析。

从不同的角度出发，人们可以将突发事件划分为许多种类型。按照突发事件是否与人的行为有关，突发事件分为自然灾害和人为灾害两大类。突发公共事件既可能是自然原因造成的，如地震、洪水等；也可能是技术原因造成的，如危险化学品泄漏、火灾、爆炸等，也可能是公共卫生原因造成的，如“非典”、禽流感等；还可能是社会原因造成的，如暴力、民族冲突、宗教械斗等。突发公共事件尽管起因千差万别，但有一点是共同的，即它们涉及的对象不是单个的个人，而是社会大众，至少是一个特定单位或地域中的一群人。突发公共事件发生时，受影响的是公众，所以防范突发公共事件需要取得公众的共识，需要公众的参与并团结一致，采取必要的措施阻止事态的继续扩大和发展。

近年来,各类突发公共事件频繁发生,给社会造成了巨大损失。反思突发公共事件处理不力的事实,主要原因之一在于不能快速有效地识别灾情的类别和级别,导致处置方案的选择出现偏差,资源调配不当,从而延误救援时机。所以进行快速有效的突发公共事件分类分级是应急管理的基础工作之一。突发公共事件分类是根据事件的特征,把各种突发公共事件划分为不同的类别。例如危险品运输过程中发生危险品泄漏事故,首先就需要确认泄漏的危险品属于哪个类别,有何种性质,因为不同类型的危险品需要采取的救助措施不同,所用的应急资源也不同。目前,从不同的角度出发,人们可以将突发公共事件划分为许多种类型。

通常,根据突发公共事件的发生过程、性质和机理,突发公共事件主要分为以下四类:

(1) 自然灾害。指由于自然原因而导致的事件,主要包括水旱灾害、气象灾害、地震灾害、地质灾害、海洋灾害、生物灾害和森林草原火灾等。

(2) 事故灾难。指由人为原因造成的事件,涵盖由于人类活动或者人类发展所导致的计划之外的事件或事故,主要包括工矿商贸等企业的各类安全事故、交通运输事故、公共设施和设备事故、环境污染和生态破坏事件等。

(3) 公共卫生事件。指由病菌病毒引起的大面积的疾病流行等事件,主要包括传染病疫情、群体性不明原因疾病、食品安全和职业危害、动物疫情,以及其他严重影响公众健康和生命安全的事件。

(4) 社会安全事件。指由人们主观意愿产生,会危及社会安全的事件,主要包括恐怖袭击事件、经济安全事件和涉外突发事件等。

按照世界各地突发事件应急管理的通常做法,在突发公共事件分类的基础上,还应进行突发公共事件的分级。相对而言,对突发公共事件的分类比较直观,例如火灾和桥梁坍塌,就是不同类型的突发事件。而由于突发公共事件具有多样性,影响因素复杂众多,突发公共事件分级需要更加复杂的技术。

根据《国家突发公共事件总体应急预案》,各类突发公共事件按照其性质、严重程度、可控性和影响范围等因素,一般分为四级:Ⅰ级(特别重大)、Ⅱ级(重大)、Ⅲ级(较大)和Ⅳ级(一般)。特别重大或重大突发公共事件发生后,省级人民政府、国务院有关部门要在4个小时内向国务院报告,同时通知有关地区和部门。同时,《国家突发公共事件总体应急预案》规定:各地区、各部门要针对各种可能发生的突发公共事件,完善预测预警机制,建立预测预警系统,开展风险分析,做到早发现、早报告、早处置。根据预测分析结果,对可能发生和可以预警的突发公共事件进行预警。

依据突发公共事件可能造成的危害程度、紧急程度和发展势态,预警级别一般划分为四级:Ⅰ级(特别严重)、Ⅱ级(严重)、Ⅲ级(较重)和Ⅳ级(一般),依次用红色、橙色、黄色和蓝色表示。《国家突发公共事件总体应急预案》发布后，国家安监总局发布了《国家安全生产事故灾难应急预案》，该预案适用于特别重大安全生产事故灾难、超出省级人民政府处置能力或者跨省级行政区、跨多个领域(行业和部门)的安全生产事故灾难以及需要国务院安全生产委员会处置的安全生产事故灾难等。

突发公共事件通常对经济社会有很大的负面影响，如给人民生命财产造成巨大损失，对生态和人类生存环境产生破坏，对正常的社会秩序和公共安全形成不良影响等，乃至引发社会和政治的不稳定。而且，随着城市化、全球化、科技运用、社会矛盾和环境气候等诸多因素的变化和影响，突发公共事件的种类、形式、发生概率和影响程度日益扩大。另一方面，面对危机，如果善于总结反思，正视并解决突发公共事件所反映出来的问题，可以使危机转化为动力，化危机为转机。如"非典"事件给我国经济社会造成了巨大损失，但通过这一危机暴露出来的问题，引起了政府和全社会对应急工作的高度重视，应急体系和应急管理工作得到显著增强。

复习思考题

1. 简述应急救援的内涵。
2. 简述事故应急救援的任务包括哪些。
3. 简述现有的应急救援机制存在的不足。
4. 简述事故应急救援的特点。
5. 简述事故应急与救援对社会的作用。
6. 试述事故应急救援相关法律法规包括哪些。
7. 简述突发事件的分级、分类。
8. 简述突发事件的预警级别。

第二章　事故应急救援体系

本章学习目标

1. 了解与应急相关的基本概念。掌握本质安全功能、风险内涵、事故与事件的关系，事故隐患与危险源的关系。掌握应急与应急预案的概念，理解安全、危险源、事故隐患、事故及应急的关系。
2. 了解事故应急管理的特点，熟悉事故应急管理范围，掌握事故应急管理主要内容。
3. 了解建立事故应急救援体系的目的，掌握应急管理体系的内容，掌握现场应急指挥系统的结构，掌握事故应急救援响应程序及分级，熟悉应急法律基础，掌握事故应急保障系统的构成。

第一节　应急管理相关基本概念

安全与健康是人类生存和发展活动永恒的主题，在其长期的发展历程中产生了一些基本概念。本节讲到的基本概念对于后面理解应急方面的理论、方法有着重要的指导意义。

一、安全与本质安全

1. 安全

顾名思义，安全为“无危则安，无缺则全”，安全意味着不危险，这是人们传统的认识。系统工程中安全的概念，认为世界上没有绝对安全的事物，任何事物中都包含有不安全因素，具有一定的危险性。安全和危险是一对互为存在前提的术语，主要是指人和物的安全和危险。在系统整个寿命期间内，安全性与危险性互为补数。

按照系统安全工程观点，科学的定义安全是指生产系统中人员免遭不可承受危险的伤害。

2. 本质安全

本质安全是指设备、设施或技术工艺含有内在的能够从根本上防止发生事故的功能。具体包括三方面的内容：

(1) 失误—安全功能。指操作者即使操作失误，也不会发生事故或伤害，或者说设备、设施和技术工艺本身具有自动防止人的不安全行为的功能；

(2) 故障—安全功能。指设备、设施或技术工艺发生故障或损坏时，还能暂时维持正常工作或自动转变为安全状态；

(3) 上述两种安全功能应该是设备、设施和技术工艺本身固有的，即在它们的规划设计阶段就被纳入其中，而不是事后补偿的。

本质安全是生产中"预防为主"的根本体现，也是安全生产的最高境界。实际上，由于技术、资金和人们对事故的认识等原因，目前还很难做到本质安全，只能作为追求的目标。

二、危险、危险度和风险

根据系统安全工程的观点，危险是指系统中导致发生不期望后果的可能性超过了人们可承受的程度。从危险的概念来看，危险是人们对事物的具体认识，必须明确对象，如危险环境、危险条件、危险物质、危险因素等。危险度一般是指危险的度量，危险一般不能定量，而危险度则可定量，等价于风险。

风险是危险、危害事故发生的可能性与危险、危害事故严重程度的综合度量。风险通常用字母 R 表示，它等于事故发生的概率(频率)(P)与事故损失严重程度(后果)(S)的乘积：即：$R=PS$。

三、事故与事件

在生产过程中，事故是指造成人员死亡、伤害、职业病、财产损失或其他损失的意外事件。事故是意外事件，是人们不期望发生的，同时该事件产生了违背人们意愿的后果。

事件的发生可能造成事故，也可能并未造成任何损失。事件包括事故事件，也包括未遂事件。对于没有造成职业病、死亡、伤害、财产损失或其他损失的事件可称之为"未遂事件"或"未遂过失"。导致事故发生的事件称为事故事件。

海因里希法则揭示出事故和事件之间的关系。美国著名安全工程师海因里希提出的 300∶29∶1法则。这个法则是说，当一个企业有 300 个隐患或违章，必然要发生 29 起轻伤或故障，在这 29 起轻伤事故或故障当中，必然包含有一起重伤、死亡重大事故。"海因里希法则"是美国人海因里希通过分析工伤事故的发生概率，为保险公司的经营提出的法则。这一法则可以用于企业的安全管理上，即在一件重大的事故背后必有 29 件"轻度"的事故，还有 300 件潜在的隐患。可怕的是对潜在性事故毫无觉察，或是麻木不仁，结果导致无法挽回的损失。

这个法则是 1941 年美国的海因里西从统计许多灾害开始得出的。当时，海因里希统计了 55 万件机械事故，其中死亡、重伤事故 1 666 件，轻伤 48 334 件，其余则为无伤害事故。从而得出一个重要结论，即在机械事故中，死亡、重伤、轻伤和无伤害事故的比例为1:29:300，国际上把这一法则叫事故法则。这个法则说明，在机械生产过程中，每发生330起意外事件，有300件未产生人员伤害，29件造成人员轻伤，1件导致重伤或死亡。

对于不同的生产过程，不同类型的事故，上述比例关系不一定完全相同，但这个统计规律说明了在进行同一项活动中，无数次意外事件，必然导致重大伤亡事故的发生。要防止重大事故的发生必须减少和消除无伤害事故，要重视事故的苗头和未遂事故，否则终会酿成大祸。例如，某机械师企图用手把皮带挂到正在旋的皮带轮上，因未使用拨皮带的杆，且站在摇晃的梯板上，又穿了一件宽大长袖的工作服，结果被皮带轮绞入碾死。事故调查结果表明，他这种上皮带的方法使用已有数年之久。查阅四年病志，发现他有33次手臂擦伤后治疗处理记录，他手下工人均佩服他手段高明，结果还是导致死亡。这一事例说明，重伤和死亡事故虽有偶然性，但是不安全因素或动作在事故发生之前已暴露过许多次，如果在事故发生之前，抓住时机，及时消除不安全因素，许多重大伤亡事故是完全可以避免的。

四、事故隐患与危险源

事故隐患是指作业场所、设备及设施的不安全状态，人的不安全行为和管理上的缺陷，是引发安全事故的直接原因。

从安全生产角度解释，危险源是指可能造成人员伤害、疾病、财产损失、作业环境破坏或其他损失的根源或状态。它的实质是具有潜在危险的源点或部位，是能量、危险物质集中的核心，是爆发事故的源头。

危险源存在于确定的系统中，不同的系统范围，危险源的区域也不同。例如，从全国范围来说，对于危险行业（如石油、化工等）具体的一个企业（如炼油厂）就是一个危险源。而从一个企业系统来说，可能是某个车间、仓库就是危险源，一个车间系统可能是某台设备是危险源，因此，分析危险源应按系统的不同层次来进行。根据危险源在事故发生、发展中的作用，把危险源划分为两大类，即第一类危险源和第二类危险源。

根据能量意外释放论，事故是能量或危险物质的意外释放，作用于人体的过量的能量或干扰人体与外界能量交换的危险物质是造成人员伤害的直接原因。于是，把系统中存在的、可能发生意外释放的能量或危险物质称作第一类危险源。

一般的，能量被解释为物体做功的本领。做功的本领是无形的，只有在做功时才显现出来。因此，实际工作中往往把产生能量的能力源或拥有能量的能力载体看做第一类危险源来处理。例如，带电的导体、奔驰的车辆等。可以列举常见的第一类危险源如下：

（1）产生、供给能量的装置、设备；

（2）使人体或物体具有较高势能的装置、设备、场所；

（3）能量载体；

（4）一旦失控可能产生能量积蓄或突然释放的装置、设备、场所，如各种压力容器等；

（5）一旦失控可能产生巨大能量的装置、设备、场所，如强烈放热反应的化工装置等；

（6）危险物质，如各种有毒、有害、可燃烧爆炸的物质等；

（7）生产、加工、储存危险物质的装置、设备、场所；

（8）人体一旦与之接触将导致人体能量以外释放的物体。

在生产和生活中，为了利用能量，让能量按照人们的意图在系统中流动、转换和做功，必须采取措施约束、限制能量，即必须控制危险源。约束、限制能量的屏蔽应该可靠地控制能量，防止能量以外释放。实际上，绝对可靠的控制措施并不存在。在许多因素的复杂作用下，约束、限制能量的控制措施可能失效，能量屏蔽可能被破坏而发生事故。导致约束、限制能量措施失效或破坏的各种不安全因素称为第二类危险源。

人的不安全行为和物的不安全状态时造成能量或危险物质以外释放的直接原因。从系统安全的观点来考察，使能量或危险物质的约束、限制措施失效、破坏的原因，即第二类危险源，包括人、物、环境三个方面的问题。第二类危险源往往是一些围绕第一类危险源随机发生的现象，它们出现的情况决定事故发生的可能性。第二类危险源出现得越频繁，发生事故的可能性越大。在企业安全管理工作中，第一类危险源客观上已经存在并且在设计、建设时已经采取了必要的控制措施，因此，企业安全工作的重点是第二类危险源的控制。

事故隐患与危险源不是等同的概念，事故隐患是指作业场所、设备及设施的不安全状态，人的不安全行为和管理上的缺陷。它实质是有危险的、不安全的、有缺陷的“状态”，这种状态可在人或物上表现出来，如人走路不稳、路面太滑都是导致摔倒致伤的隐患；也可表现在管理的程序、内容或方式上，如检查不到位、制度的不健全、人员培训不到位等。

一般来说，危险源可能存在事故隐患，也可能不存在事故隐患，对于存在事故隐患的危险源一定要及时加以整改，否则随时都可能导致事故。

现实中的危险源实际上处于各自的受控状态或监控状态，由于不同的人为干预，即便是同一类的危险源，现实危险度会截然不同。最典型的例子是核电站，从危险源的角度讲，核反应堆是极其重大的危险源，但是由于管理严密，多重保护和预警、反馈技术的有效控制，安全性很高，因此，不一定形成事故隐患。实际中，对事故隐患的控制管理总是与一定的危险源联系在一起，因为没有危险的隐患也就谈不上要去控制它；而对危险源的控制，实际就是消除其存在的事故隐患或防止其出现事故隐患。

五、重大危险源与重大事故隐患

广义上说，可能导致重大事故发生的危险源就是重大危险源。但各国政府部门为了对重大危险源进行安全生产监察，对重大危险源做出了规定。我国标准《重大危险源辨识》(GB18218—2009)和《中华人民共和国安全生产法》对重大危险源做出了明确的规定。《中华人民共和国安全生产法》解释是：重大危险源，是指长期地或者临时地生产、搬运、使用或者储存危险物品，且危险物品的数量等于或者超过临界量的单元(包括场所和设施)。

事故隐患分为一般事故隐患和重大事故隐患。一般事故隐患，是指危害和整改难度较小，发现后能够立即整改排除的隐患。重大事故隐患，是指危害和整改难度较大，应当全部或者局部停产停业，并经过一定时间整改治理方能排除的隐患，或者因外部因素影响致使生产经营单位自身难以排除的隐患。加强对重大事故隐患的控制管理，对于预防特大安全事故有重要的意义。2007 年 12 月 22 日国家安全生产监督管理总局局长办公会议审议通过《安全生产事故隐患排查治理暂行规定》(国家安全生产监督管理总局令第 16 号)，2008 年 2 月 1 日起施行。此规定中对重大事故隐患的评估、组织管理、整改等要求作了具体规定。

六、应急与应急救援预案

应急中的急即紧迫、严重；应即应对、应付；应急即应付迫切的需要。

应急救援预案(计划)是针对具体设备、设施、场所或环境，在安全评价的基础上，评估了事故形式、发展过程、危害范围和破坏区域的条件下，为降低事故造成的人身、财产与环境损失，就事故发生后的应急救援机构和人员，应急救援的设备、设施、条件和环境，行动的步骤和纲领，控制事故发展的方法和程序等，预先做出的、科学而有效的计划和安排。

《生产经营单位生产安全事故应急预案编制导则》(GB/T 29639—2013)规定：应急预案是为有效预防和控制可能发生的事故，最大程度减少事故及其造成损害而预先制定的工作方案。应急救援是指在应急响应过程中，为最大限度地降低事故造成的损失或危害，防止事故扩大，而采取的紧急措施或行动。

把上述概念形成的体系，绘制出危险源、事故隐患、事故及应急的关系如图 2-1 所示。

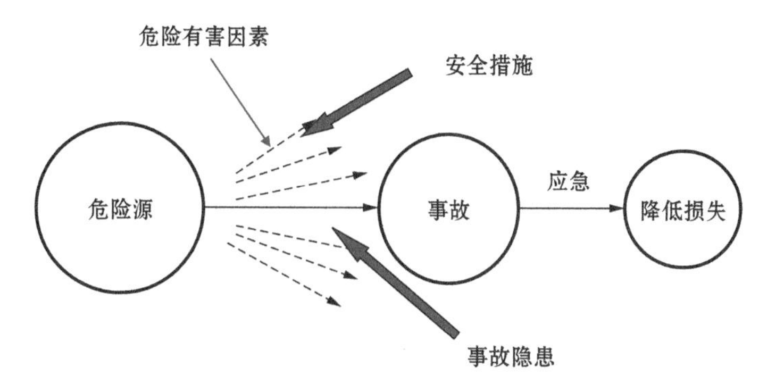

图 2-1　事故、危险源、安全措施、事故隐患、事故及应急之间的关系

第二节　事故应急管理的特点、范围及主要内容

安全生产事关人民群众生命财产安全，事关改革发展和社会稳定的大局，是贯彻落实科学发展观的必然要求。党中央、国务院始终高度重视安全生产工作。党的十六届五中全会明确提出要坚持节约发展、清洁发展、安全发展，把安全发展作为重要理念纳入我国社会主义现代化建设的总体战略。

事故应急管理是安全管理工作的重要组成部分。了解、掌握事故应急管理的特点、范围及主要内容是全面做好事故应急管理工作，提高事故防范和应急处置能力的基础和前提。

一、事故应急管理特点

与自然灾害、公共卫生事件和社会安全事件相比，事故应急管理更显示其复杂性、长期性和艰巨性等特点，是一项长期而艰巨的工作。

首先，事故应急管理本身是一个复杂的系统工程。从时间序列来看，事故应急管理在事前、事中及事后三个过程中都有明确的目标和内涵，贯穿于预防、准备、响应和恢复的各个过程；从涉及的部门来看，事故应急管理涉及安全监督管理、消防、卫生、交通、物资、市政、财政等政府的各个部门，以及诸多社会团体或机构如新闻媒体、志愿者组织、生产经营单位等；从应急管理涉及的领域来看，则更为广泛，如工业、交通、通讯、信息、管理、心理、行为、法律等；从应急对象来看，种类繁多，涉及各种类型的事故灾难；从管理体系构成来看，涉及应急法制、体制、机制到保障系统，从层次上来看，则可划分为国家、省、市、县及生产经营单位应急管理。由此可见，事故应急管理涉及的内容十分广泛，在时间、空间和领域等方面构成了一个复杂的系统工程。

其次，因为重大事故发生具有偶然性和不确定性，事故应急管理又是一个容易忽视或放松警惕的工作。重大事故发生所表现出的偶然性和不确定性，往往给事故应急管理工作带来消极的心态影响：一是侥幸心理，主观认为或寄希望于这样的事故不会发生，对应急管理工作淡漠，而应急管理工作在事故灾难发生前又不能带来看得见、摸得着的实际效益，这也使得事故应急管理工作难以得到应有的重视；二是麻痹心理，经过长时间的应急准备，而重大事故却一直没有发生，易滋生麻痹心理而放松应急工作要求和警惕性，若此时突然发生重大事故，则往往导致应急管理工作前功尽弃，在关键时刻掉链子。重大事故的不确定性和突发性，要求事故应急管理常备不懈，一刻也不能放松，且任重道远。

事故应急管理是事故工作的重要组成部分。全面做好事故应急管理工作，提高事故防范和应急处置能力，尽可能避免和减少事故造成的伤亡和损失，是坚持“以人为本”、贯彻落实科学发展观的必然要求，也是维护广大人民群众的根本利益、构建社会主义和谐社会的具体体现。为此，必须从多方面充分认识加强事故应急管理工作的重要性和紧迫性。

(1) 加强事故应急管理，是落实中央领导指示精神、加强事故工作的重要举措。党中央、国务院高度重视事故。中央领导同志多次发表重要讲话，对事故以及应急管理、应急救援工作提出要求。在中央政治局第30次集体学习会上，总书记强调要“加大政府对事故基础设施的投入，增加企业对事故的投入，建立重特大安全事故监测预警系统，全面加强事故建设”。一些特大和特别重大事故发生后，中央领导同志及时做出批示和指示，要求做好事故的抢险救援工作，全力抢救涉难人员，减少事故损失。《国民经济和社会发展第十一个五年规划纲要》已经把“建设国家、省、市三级事故应急救援指挥中心和国家、区域、骨干应急救援体系”列为公共服务重点工程，为加强事故应急管理工作提供了保障。在《国家突发公共事件总体应急预案》以及专项预案、部门预案中，事故应急预案约占应急预案总数的30%。随着事故应急管理各项工作的逐步落实，事故工作势必得到进一步的加强。

(2) 工业化进程中存在的重大事故灾难风险迫切需要加强事故应急管理。目前我国正处在工业化加速发展阶段，是各类事故灾难的“易发期”。社会生产规模和经济总量的急剧扩大，增加了事故的发生概率；企业生产集中化程度的提高和城市化进程的加快，也加大了事故灾难的波及范围，加重了其危害程度。由于非法违法生产问题没有真正得到解决，加上经济发展速度偏快，粗放式经济增长方式尚未改变，工矿企业超能力、超强度、超定员生产，交通运输超载、超限、超负荷运行现象比较普遍。面对依然严峻的事故形势和重特大事故多发的现实，迫切需要加强事故应急管理工作，有效防范事故灾难，最大限度地减少事故给人民群众生命财产造成的损失。

(3) 加强事故应急管理，提高防范、应对重特大事故的能力，是坚持以人为本、执政为民的重要体现，也是全面履行政府职能，进一步提高行政能力的重要方面。首先，安全需求是人的最基本的需求，安全权益是人民群众最重要的利益。从这个意义上说，“以人为本”首先要以人的生命为本，科学发展首先要安全发展，和谐社会首先要关爱生命。落实科学发展观，构建社会主义和谐社会，就要高度重视、切实抓好事故工作，强化事故应急管理，最大限度地减少事故及其造成的人员伤亡和经济损失。其次，在社会主义市场经济条件下，社会管理和公共服务是政府的重要职能。应急管理是社会管理和公共服务的重要内容。贯彻落实科学发展观和建设社会主义和谐社会，更需要把包括事故在内的应急管理作为政府十分重要的任务。

总之，加强事故应急管理，是加强事故、促进事故形势进一步稳定好转的得力举措，既是当前一项紧迫的工作，也是一项需要付出长期努力的艰巨任务。

二、事故应急管理范围

做好事故应急管理工作，首先要从事故应急管理的客体出发，进行机理分析，搞清楚各种事故的内在规律，然后对其进行分类分级，以便进行后续处置预案的选择和调整，最终形成处置方案，为开展应对工作做好准备。同时，事故应急管理的参与者可能来自不同领域，彼此之间的协调联动除了进行统一指挥之外，还要规章制度的保证，也就是要建立一套有效的应急管理机制。以上工作的开展可以为事故预防起到支持作用。此外，还需要建立一套切实可行的预案。事故应急管理最终目标是有效地预防和处置各种事故事件，最大限度地降低和减轻事故造成的人员伤亡和财产损失。

1. 应急机理分析

机理就是事故发展过程中所遵循的原理和规律，它包含两个方面的内容：一是指各种事故发生、发展、衍生及其影响扩散的自身规律；二是指事故应急管理主体自身的运作规律。这是因为事故应急管理是管理主体对事故的介入和应急处置，因此，必须对事故(称之为客体)和管理者(称之为主体)这两个因素进行全面研究分析，把它作为事故应急管理工作的起点，从而明确各类事故的特性，以便根据机理进行预防、设计和调整应急预案，根据事故发生的机理和环境来确定预防重点，把预防与处置结合起来。

机理分析是开展事故应急管理的基础。因为事故应急救援与处置面对的是突发性的事故灾难，是可能对人的生命和财产造成严重威胁的事件，必须从客观规律出发来进行事故应急救援和处置工作。

2. 应急管理机制建设

应急管理机制是机理的外延，是指构成机体的结构和相互关系，可以分为两个层次：一个是要素，一个是要素之间的联系规则。由于事故应急救援涉及安全监管、消防、卫生、交通、物资、市政、财政等政府的各个部门，以及诸多社会团体或机构如新闻媒体、志愿者组织、生产经营单位等，因此，事故应急管理的参与者来自多个不同的行业领域。

在我国已经发生过的几起高速公路液氯泄漏事件中，事故应急管理的最高领导主体是当地政府，参与者有安全监管、消防、公安、医院、武警、交通、环保部门以及当地的基层行政组织。所有这些来自不同领域的处置力量的共同目标就是减小液氯泄漏造成的人员伤亡和经济损失，但是他们的工作必须在统一领导之下才能有效地展开。所以，事故应急管理体系的高效运转必须有一定的规章制度来保障。这些规章制度都是事故“应急管理机制”的组成部分。完善的应急管理机制是保障事故应急管理体系正常运转的基础。事故应急管理体系应当包括体系运行机制、预防预警机制、平战切换机制、应急处置机制、资源保障机制、评估机制、善后处理机制等。

3. 应急救援体系建设

事故应急管理是一个完整的体系，大体上可分为组织体制、运行机制、法制基础、应急保障系统 4 大部分。建设好每一部分，使之相互协作服务于整个事故应急管理工作，是有效进行事故应急救援与处置的核心内容。具体的事故应急救援体系建设在本章第三节中详细讲述。

4. 事故分类分级

不同类型事故的机理不同，其处置过程也不相同，火灾与危险化学品泄漏的处置过程是不同的。另外，同种类型的事故如果级别不同，需要采取的措施也不尽相同。例如同样是危险化学品泄漏，如果一个是在人口稠密的城市附近发生，另一个是在人烟稀少的戈壁发生，两者的处置过程也就不尽相同。因此，在机理分析之后，事故应急管理应当是根据事故的机理对事故进行分类分级。在对事故进行分类分级的同时，要对处置机构进行分类分级，使其和事故的分类分级对应。这是因为分类分级的目的是为了更好地指导事故应急救援与处置，如果只单纯对事故进行分类分级，不对处置机构分类分级的话，就不能使处置机构在事故应急管理中“才尽其用”，甚至会出现盲目指挥，某些应急处置机构被指派处理与自己能力不相符的事故，不但不会减小灾害，相反会加大损失。

5. 应急预案管理

事故具有不确定性，但是一旦发生就会造成重大损失，因此，针对这种情况，最有效的方法除了平时积极预防之外，还要制定事故一旦发生时的应对方案，即应急预案。要针对不同类型的事故而编制相应的应急预案，同时不同级别的应急处置机构应当编制相应的应急预案。由于事故的种类很多，级别也各不相同，不同类型不同级别的事故需要不同的应急预案来处置,这就需要建立事故应急预案数据库。

6. 应急资源管理与过程动态管理

在事故应急救援过程中,应急资源的需求是否能够及时满足是影响事故应急管理成败的关键因素之一。应急资源管理就是要在平时做好应急资源的评估以及优化布局,战时则要根据处置结果的不断发展变化调度应急资源,满足事故对应急资源的需求,战后则要对应急资源做重新评估,进行补充或调整。与普通的决策过程不同,事故突然发生时的应急决策,不仅要考虑到前面实施的应对措施达到了什么效果,同时要考虑到周围环境的状态,例如在应急资源调度中,不仅要考虑到当时的应急资源需求,而且要考虑到处置效果初步显现后的应急资源需求。因此,即使有相应的应急预案,也不能照搬照抄过来,而是要根据实际情况做出相应的决策,因此,事故应急管理是一种过程动态管理。

三、事故应急管理内容

应急管理是应对于特重大事故灾害的危险问题提出的。应急管理是指政府及其他公共机构在突发事件的事前预防、事发应对、事中处置和善后恢复过程中,通过建立必要的应对机制,采取一系列必要措施,应用科学、技术、规划与管理等手段,保障公众生命、健康和财产安全;促进社会和谐健康发展的有关活动。

根据风险控制原理,风险大小是事故发生的可能性及其后果严重程度决定的,一个事故发生的可能性越大,后果越严重,则该事故的风险就越大。因此,事故灾难风险控制的根本途径有两条:第一条就是通过事故预防,来防止事故的发生或降低事故发生的可能性,从而达到降低事故风险的目的。然而,由于受技术发展水平、人的不安全行为以及自然灾害等因素影响,要将事故发生的可能性降至零,即做到绝对安全,是不现实的。事实上,无论事故发生的频率降至多低,事故发生的可能性依然存在,而且有些事故一旦发生,后果将是灾难性的。如何控制这些发生概率虽小、后果却非常严重的重大事故风险呢?应急管理成为第二条重要的风险控制途径。

在事故领域,应急管理与事故预防是相辅相成的,事故预防以"不发生事故"为目标,应急管理则是以"发生事故后,如何降低损失"为己任,两者共同构成了风险控制的完整过程。因而,应急管理与事故预防一样,是风险控制的一个必不可少的关键环节,它可以有效地降低事故灾难所造成的影响和后果。例如,2004年6月,北京市大兴区庞各庄镇某涂料厂发生火灾,消防队伍有效地控制了火势的扩大蔓延,拯救了周围1500名村民的生命和财产安全,避免了重大人员伤亡。2004年8月,广东省梅州市城北镇某煤矿爆炸火灾事故中,穗、汕、梅三地消防官兵经过连续27小时的奋战,成功救出了56人。然而,由于应急管理工作存在缺陷,应急救援不力或不当，导致人员伤亡扩大的教训也相当惨痛。

在突发公共事件发生的种类、规模、频率和影响持续增强的时代背景下，应急管理的任务更趋艰巨而复杂，应急管理的内涵和外延也在不断更新变化。以事故领域为例，从历史的角度看，传统上的事故应急管理注重事故发生后的即时响应、指挥和控制，带有较大的被动性和局限性。从 20 世纪 70 年代后期起，一种更加全面更具综合性的现代应急管理理论逐步形成，并在许多国家的实践中取得了重大成功。无论在理论上还是实践上，现代应急管理主张对突发事件实施综合性应急管理，具体而言，一是将应急管理作为预防、准备、响应和恢复组成的完整过程；二是在各个不同阶段应当采取相应的应对措施。

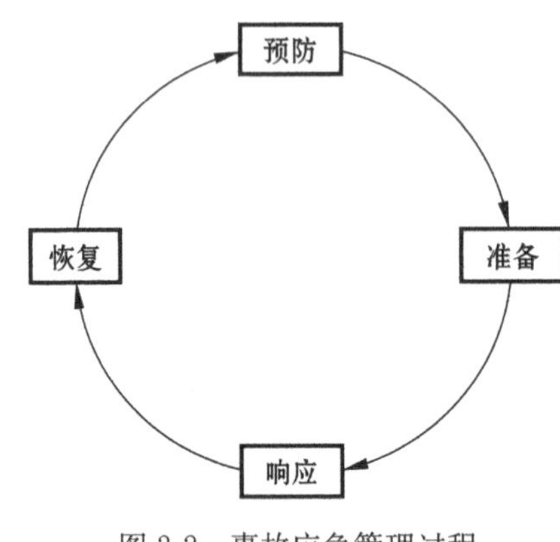

图 2-2 事故应急管理过程

事故应急管理是对事故的全过程管理，贯穿于事故发生前、中、后的各个过程，充分体现了“预防为主，常备不懈”的应急思想。应急管理是一个动态的过程，包括预防、准备、响应和恢复四个阶段。尽管在实际情况中，这些阶段往往是交叉的，但每一阶段都有自己明确的目标，而且每一阶段又是构筑在前一阶段的基础之上，因而预防、准备、响应和恢复的相互关联，构成了重大事故应急管理的循环过程。事故应急管理过程图如图 2-2 所示。

1. 预防

又称缓解、减少，是指在事故发生之前，为了消除事故发生的机会或者为了减轻事故可能造成的损害所做的各种预防性工作。在事故应急管理中，预防有两层含义：一是事故的预防工作，即通过安全管理和安全技术等手段，尽可能地防止事故的发生，实现本质安全；二是在假定事故必然发生的前提下，通过预先采取一定的预防措施，达到降低或减缓事故的影响或后果的严重程度，如加大建筑物的安全距离、工厂选址的安全规划、减少危险物品的存量、设置防护墙以及开展员工和公众应急自救知识教育等。从长远看，低成本、高效率的预防措施是减少事故损失的关键。由于事故应急管理的对象是重大事故或紧急情况，其前提是假定重大事故发生的可能性依然存在，因此，事故应急管理中的预防更侧重于第二层含义。经验表明，在这个阶段尤其要注重重大危险源普查和重大事故隐患排查等风险评估工作，尽可能预测和事先考虑到在哪些地方会出现哪些风险，并采取相应的预防措施以减少风险，防患于未然，避免盲目自信、麻痹大意。

2. 准备

应急准备是针对可能发生的事故，为迅速、科学、有序地开展应急行动而预先进行的思想准备、组织准备和物资准备。“居安思危，思则有备，有备无患”。因而，充分准备是应急管理的一项主要原则。应急准备是应急管理过程中一个极其关键的过程。应急准备的主要措施包括：利用现代通讯信息技术建立重大危险源、应急队伍、应急装备等信息系统；组织制定应急预案，并根据情况变化随时对预案加以修改完善；按照预先制定的应急预案组织模拟演习和人员培训；建立事故应急响应级别和预警等级；与各个政府部门、社会救援组织和企业等订立应急互助协议，以落实应急处置时的场地设施装备使用、技术支持、物资设备供应、救援人员等事项，其目标是保证重大事故应急救援所需的应急能力，为应对重大事故做好准备。准备得越充分，事故应急救援就会越有成效。

3. 响应

应急响应是针对发生的事故，有关组织或人员采取的应急行动。及时响应是应急管理的又一项主要原则。应急响应的主要措施包括：进行事故报警与通报，启动应急预案，开展消防和工程抢险，实施现场警戒和交通管制，紧急疏散事故可能影响区域的人员，提供现场急救与转送医疗，评估事故发展态势，向公众通报事态进展等一系列工作，其目标是尽可能地抢救受害人员，保护可能受威胁的人群，尽可能控制并消除事故。

应急响应是应对重大事故的关键阶段、实战阶段，考验着政府和企业的应急处置能力，尤其需要解决好以下几个问题：一是要提高快速反应能力。反应速度越快，意味着越能减少损失。由于事故发生突然、扩散迅速，只有及时响应，控制住危险状况，防止事故的继续扩展，才能有效地减轻事故造成的各种损失。经验表明，建立统一的指挥中心或系统将有助于提高快速反应能力。二是应对事故，特别是重大、特大事故，需要政府具有较强的组织动员能力和协调能力，使各方面的力量都参与进来，相互协作，共同应对突发事件。三是要为一线应急救援人员配备必要的防护装备，以提高危险状态下的应急处置能力，并保护好一线应急救援人员。

4. 恢复

应急恢复指事故的影响得到初步控制后，为使生产、工作、生活和生态环境尽快恢复到正常状态所进行的各种善后工作。应急恢复应在事故发生后立即进行。它首先应使事故影响区域恢复到相对安全的基本状态，然后逐步恢复到正常状态。要求立即进行的恢复工作包括：评估事故损失，进行事故原因调查，清理事发现场废墟，提供事故保险理赔等。在短期恢复工作中，应注意避免出现新的紧急情况。长期恢复包括：重建被毁设施和工厂，重新规划和建设受影响区域等。在长期恢复工作中，应吸取事故和应急救援的经验教训，开展进一步的事故预防工作和减灾行动。恢复阶段应注意：一是要强化有关部门，如市政、民政、医疗、保险、财政等部门的介入，尽快做好灾后恢复重建；二是要进行客观的事故调查，分析总结应急救援与应急管理的经验教训，这不仅可以为今后应对类似事故奠定新的基础，而且也有助于促进制度和管理革新，化危机为转机。

第三节　事故应急救援体系

由于潜在的重大事故风险多种多样，所以相应每一类事故灾难的应急救援措施可能千差万别，但其基本应急模式是一致的。构建应急救援体系，应贯彻顶层设计和系统论的思想，以事件为中心，以功能为基础，分析和明确应急救援工作的各项需求，在应急能力评估和应急资源统筹安排的基础上，科学地建立规范化、标准化的应急救援体系，保障各级应急救援体系的统一和协调。

一、事故应急救援体系建立的目的

总体上看，全国各地、各部门安全生产应急救援工作都已有一定的基础，在消防、地震、洪水、核事故、森林火灾、海上搜救、矿山和化学等领域不同程度地建立了一些应急救援体系。然而，在救援能力上以及整体综合协调能力上仍存在不少问题，严重影响了我国近年来的一些重大救援活动。

对于应急救援体系建设，党和政府给予了高度重视。十届全国人大二次会议《政府工作报告》要求各级政府“要更加注重履行社会管理和公共服务职能。特别要加快建立健全各种突发事件应急机制，提高政府应对公共危机的能力”。2004年初，国务院颁布《关于进一步加强安全生产工作的决定》，要求“加快生产安全应急救援体系建设，尽快建立国家安全生产应急救援指挥中心”。党的十六届三中全会提出“建立健全各种预警和应急机制，提高政府应对突发事件和风险的能力”。十六届四中全会指出，“建立健全社会预警体系，形成统一指挥、功能齐全、反应灵敏、运转高效的应急机制，提高保障公共安全和处置突发事件的能力”。2005年7月，国务院召开了全国应急管理工作会议，温家宝总理出席会议并作了重要讲话，国务委员华建敏对包括安全生产应急管理在内的整个应急管理工作做了具体部署。《国民经济和社会发展第十一个五年规划纲要》把加强应急能力建设（包括安全生产应急救援体系建设）作为重要任务加以明确。2006年国务院又出台了《关于全面加强应急管理工作的意见》，明确了应急管理工作（包括安全生产）的指导思想、主要任务和政策措施。目前，事故应急救援体系建设已提上各级政府的重要议事日程。事故应急救援体系建设的目的可以归纳为如下几点。

(1) 严峻的安全生产形势迫切需要建立健全事故应急救援体系。目前，我国安全生产事故涉及的行业和领域多、覆盖地域广、发生频度高，特别是我国尚处于社会主义初级阶段，生产力水平还较低，发展不平衡，安全生产基础薄弱，劳动保护能力低下，应急体制、机制、法制还不完善，且正处于事故易发期，从根本上扭转安全生产严峻局面是一项长期而艰巨的任务。为此，建立覆盖重特大事故多发行业和地区、运转协调、反应快速的安全生产应急救援体系，提高安全生产事故应对能力，减少事故造成的生命和财产损失，不论在当前还是今后较长时期内都是一项十分必要而紧迫的任务。

(2) 建立健全事故应急救援体系是完善安全生产监管体系的要求。安全生产工作包括事故预防、应急救援和事故调查处理三个主要方面，其中应急救援承上启下，与事故预防和事故调查处理密切联系。事故应急救援体系是安全生产监管体系的重要组成部分，它的运行状态直接关系到安全生产工作体系的完整性和有效性。长期以来，我国在事故预防和事故调查处理方面打下了较好的工作基础，但应急救援相对滞后，一直是安全生产监管体系的一个薄弱环节。加强和完善我国安全生产监管体系，迫切需要建立健全事故应急救援体系。

(3) 建立健全事故应急救援体系是提高政府应对突发事件和风险的能力的要求。建立健全安全生产应急救援体系，是完善国家应急管理体系、提高政府应对突发事件能力的要求，也有利于合理配置资源、实现资源共享、避免重复建设，符合提高行政效率的原则。对此，《国民经济和社会发展第十一个五年规划纲要》、《国家突发公共事件总体应急预案》、《安全生产"十一五"规划》、《安全生产法》、《国务院关于进一步加强安全生产工作的决定》和《国务院关于全面加强应急管理工作的意见》等法律法规也有明确的规定。事故应急救援体系与公共卫生、自然灾害、社会安全等应急体系共同构成国家应急体系，是国家应急管理的重要支撑和主要组成部分。

(4) 建立健全事故应急救援体系是全面建设小康社会的要求。重特大事故的频繁发生造成了重大人员伤亡和财产损失，严重影响了人民群众安居乐业，破坏了正常的经济和社会秩序。但长期以来，我国的事故应急救援体系建设严重滞后于生产力的发展和国民经济的持续快速增长，应对事故灾难的能力与经济发展水平极不协调。党的十六届三中全会提出了以人为本，保持经济社会协调发展，全面建设小康社会的要求。建立健全事故应急救援体系，就是要努力保障广大人民群众的生命和健康，保证社会生产和生活的正常进行，不断提高社会管理水平和保障能力，促进经济社会协调发展。这既是建设小康社会的重要内容，也是建设小康社会的重要保障条件。

以上这些充分显示，作为一个有机的整体和安全生产监管体系的重要组成部分，建设安全生产应急救援体系是十分必要的，也是非常紧迫的。

二、事故应急救援体系建设的原则

为实现政府的有序运作，保障经济社会协调发展，借鉴近年来国际上应急管理的成功经验，吸取“非典”等突发事件的教训，事故应急救援体系定位于国家应急管理的重要支撑和总体应急救援体系的主要组成部分。安全生产事故应急救援体系与公共卫生应急体系、社会安全应急体系、自然灾害应急体系并列共同组成国务院直接领导下的应急救援体系。按照《国务院关于进一步加强安全生产工作的决定》的要求，逐步建立健全全国安全生产事故应急救援体系，增强安全生产事故灾难应急救援能力，最大限度地减少国家和人民生命财产的损失。事故应急救援体系建设过程中，应遵循以下建设原则：

(1) 统一领导，分级管理。国务院安委会统一领导全国安全生产事故应急管理和事故灾难应急救援协调指挥工作，地方各级人民政府统一领导本行政区域内的安全生产应急管理和事故灾难应急救援协调指挥。国务院安委会办公室、国家安全生产监督管理总局管理的国家安全生产应急救援指挥中心，负责全国安全生产应急管理工作和事故灾难应急救援协调指挥的具体工作，国务院有关部门所属各级应急救援指挥机构、地方各级安全生产应急救援指挥机构分别负责职责范围内的安全生产应急管理工作和事故灾难应急救援协调指挥的具体工作。

(2) 条块结合，属地为主。有关行业和部门应当与地方政府密切配合，按照属地为主的原则，进行应急救援体系建设。各级地方人民政府对本地安全生产事故灾难的应急救援负责，要结合实际情况建立完善安全生产事故灾难应急救援体系，满足应急救援工作需要。国家依托行业、地方和企业骨干救援力量在一些危险性大的特殊行业、领域建立专业应急救援体系，发挥专业优势，有效应对特别重大事故的应急救援。

(3) 统筹规划，合理布局。根据产业分布、危险源分布、事故灾难类型和有关交通地理条件，对应急指挥机构、救援队伍以及应急救援的培训演练、物资储备等保障系统的布局、规模和功能等进行统筹规划。有关企业按规定标准建立企业应急救援队伍，省(自治区、直辖市)根据需要建立骨干专业救援队伍，国家在一些危险性大、事故发生频度高的地区或领域建立国家级区域救援基地，形成覆盖事故多发地区、事故多发领域分层次的安全生产应急救援队伍体系，适应经济社会发展对事故灾难应急救援的基本要求。

(4) 依托现有，资源共享。以企业、社会和各级政府现有的应急资源为基础，对各专业应急救援队伍、培训演练、装备和物资储备等系统进行补充完善，建立有效机制实现资源共享、避免资源浪费和重复建设。国家级区域救援基地、骨干专业救援队伍原则上依托大中型企业的救援队伍建立，根据所承担的职责分别由国家和地方政府加以补充和完善。

(5) 一专多能，平战结合。尽可能在现有的专业救援队伍的基础上加强装备和多种训练，各种应急救援队伍的建设要实现一专多能；发挥经过专门培训的兼职应急救援队伍的作用，鼓励各种社会力量参与到应急救援活动中来。各种应急救援队伍平时要做好应对事故灾难的思想准备、物资准备、经费准备和工作准备，不断地加强培训演练，紧急情况下能够及时有效地施救，真正做到平战结合。

(6) 功能实用，技术先进。应急救援体系建设以能够实现及时、快速、高效地开展应急救援为出发点和落脚点，根据应急救援工作的现实和发展的需要设定应急救援信息网络系统的功能，采用国内外成熟的、先进的应急救援技术和特种装备，保证安全生产应急救援体系的先进性和适用性。

(7) 整体设计，分步实施。根据规划和布局对各地、各部门应急救援体系的应急机构、区域应急救援基地和骨干专业救援队伍、主要保障系统进行总体设计，并根据轻重缓急分期建设。具体建设项目，要严格按照国家有关要求进行，注重实效。

三、事故应急救援体系的内容

根据有关应急救援体系基本框架结构理论，并针对我国目前安全生产应急救援方面存在的主要问题，通过各级政府、企业和全社会的共同努力，努力建设一个统一协调指挥、结构完整、功能齐全、反应灵敏、运转高效、资源共享、保障有力、符合国情的安全生产应急救援体系，以有效应对各类安全生产事故灾难，并为应对其他灾害提供有力的支持。安全生产事故应急救援体系总的目标是：控制突发安全生产事故的事态发展，保障生命财产安全，恢复正常状况。这三个总体目标也可以用减灾、防灾、救灾和灾后恢复来表示。由于各种事故灾难种类繁多，情况复杂，突发性强，覆盖面大，应急救援活动又涉及从高层管理到基层人员各个层次，从公安、医疗到环保、交通等不同领域，这都给应急救援日常管理和应急救援指挥带来了许多困难。解决这些问题的唯一途径是建立起科学、完善的应急救援体系和实施规范有序的运作程序。一个完整的事故应急救援体系由组织体制、运作机制、法制基础和保障系统 4 个部分构成，如图 2-3 所示。

1. 组织体制

组织体制是安全生产事故应急救援体系的基础，主要包括管理机构、功能部门、应急指挥和应急救援队伍。

应急救援体系组织体制中的管理机构是指维持应急日常管理的负责部门，负责组织、管理、协调和联络等方面的工作。国务院是应急管理工作的最高行政领导机构，在国务院总理领导下，由国务院常务会议和国家相关应急指挥机构负责应急

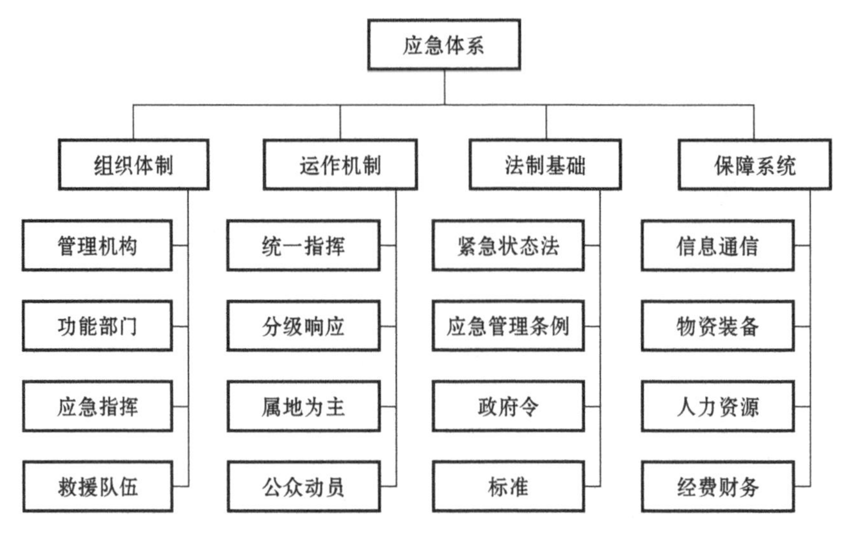

图 2-3 应急救援体系框架结构

管理工作；必要时，派出国务院工作组指导有关工作。国务院办公厅设国务院应急管理办公室，履行值守应急、信息汇总和综合协调职责，发挥运转枢纽作用；国务院有关部门依据有关法律、行政法规和各自职责，负责应急管理工作；地方各级人民政府是本行政区域应急管理工作的行政领导机构。同时，根据实际需要聘请有关专家组成专家组，为应急管理提供决策建议。国家安全生产应急救援指挥中心在国务院安委会及国务院安委会办公室的领导下，负责综合监督管理全国安全生产应急救援工作。各地安全生产应急管理与协调指挥机构在当地政府的领导下负责综合监督管理本地安全生产应急救援工作。各专业安全生产应急管理与协调指挥机构在所属部门领导下负责监督管理本行业或领域的安全生产应急救援工作。各级、各专业安全生产应急管理与协调指挥机构在应急准备、预案制定、培训和演练等救援业务上接受上级应急管理与协调指挥机构的监督检查和指导，应急救援时服从上级应急管理与协调指挥机构的协调指挥。目前，生产经营单位没有明确要求建立专职的应急管理机构，但作为应急工作的日常管理必须明确由相应的组织和人员承担，并明确职责。

应急救援体系组织体制中的功能部门包括与应急活动有关的各类组织机构，如公安、消防、医疗、通讯机构等。这些机构在应急行动中承担着不同的事故应急救援任务，是应急救援的主要实施力量。而针对生产经营单位来说，不同企业发生事故风险也不同，应急救援采取的活动也不同，但在发生事故后，企业需要有一些基本的应急功能，应急功能的实施和完成控制事故蔓延和扩大，有效减少人员伤亡和事故损失具有非常重要的指导意义。

指挥中心是在应急预案启动后，负责应急救援活动场外与场内指挥系统。最高管理者有权指挥所有应急救援行动，确定事故发展态势及应急活动的先后顺序，由于事故发生的现场情况往往十分复杂，且汇集了各方面的应急力量与大量的资源，应急救援行动的组织、指挥和管理成为重大事故应急工作所面临的一个严峻挑战。对事故势态的管理方式决定了整个应急行动的效率。为保证现场应急救援工作的有效实施，必须对事故现场的所有应急救援工作实施统一的指挥和管理，即建立事故指挥系统(ICS)，形成清晰的指挥链，以便及时地获取事故信息、分析和评估势态，确定救援的优先目标，决定如何实施快速、有效的救援行动和保护生命的安全措施，指挥和协调各方应急力量的行动，高效地利用可获取的资源，确保应急决策的正确性和应急行动的整体性和有效性。

现场应急指挥系统的结构应当在紧急事件发生前就已建立，预先对指挥结构达成一致意见，将有助于保证应急各方明确各自的职责，并在应急救援过程中更好地履行职责。现场指挥系统模块化的结构由指挥、行动、策划、后勤以及资金/行政5个核心应急响应职能组成，如图2-4所示。

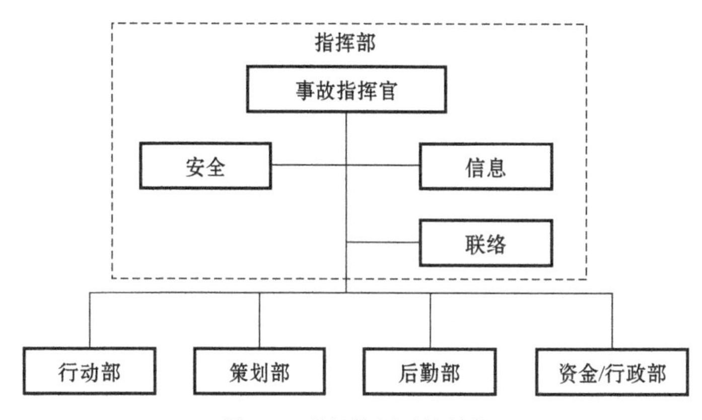

图2-4　现场指挥系统结构

(1) 事故指挥官。事故指挥官负责现场应急响应所有方面的工作，包括确定事故目标及实现目标的策略，批准实施书面或口头的事故行动计划，高效地调配现场资源，落实保障人员安全与健康的措施，管理现场所有的应急行动。事故指挥官可将应急过程中的安全问题、信息收集与发布以及与应急各方的通信联络分别指定相应的负责人，如信息负责人、联络负责人和安全负责人。各负责人直接向事故指挥官汇报。其中，信息负责人负责及时收集、掌握准确完整的事故信息，包括事故原因、大小、当前的形势、使用的资源和其他综合事务，并向新闻媒体、应急人员及其他相关机构和组织发布事故的有关信息；联络负责人负责与有关支持和协作机构联络，包括到达现场的上级领导、地方政府领导等；安全负责人负责对可能遭受的危险或不安全情况提供及时、完善、详细、准确的危险预测和评估，制定并向事故指挥官建议确保人员安全和健康的措施，从安全方面审查事故行动计划，制定现场安全计划等。

(2) 行动部。行动部负责所有主要的应急行动，包括消防与抢险、人员搜救、医疗救治、疏散与安置等。所有的战术行动都依据事故行动计划来完成。

(3) 策划部。策划部负责收集、评价、分析及发布事故相关的战术信息，准备和起草事故行动计划，并对有关的信息进行归档。

(4) 后勤部。后勤部负责为事故的应急响应提供设备、设施、物资、人员、运输、服务等。

(5) 资金/行政部。资金/行政部负责跟踪事故的所有费用并进行评估，承担其他职能未涉及的管理职责。

事故现场指挥系统的模块化结构的一个最大优点是允许根据现场的行动规模，灵活启用指挥系统相应的部分结构，因为很多的事故可能并不需要启动策划、后勤或资金/行政模块。需要注意的是，对没有启用的模块，其相应的职能由现场指挥官承担，除非明确指定给某一负责人。当事故规模进一步扩大，响应行动涉及跨部门、跨地区或上级救援机构加入时则可能需要开展联合指挥，即由各有关主要部门代表成立联合指挥部，该模块化的现场系统则可以很方便地扩展为联合指挥系统。

事故应急救援队伍则由专人和兼职人员组成。国家安全生产应急救援指挥中心和国务院有关部门的专业安全生产应急救援指挥中心制定行业或领域各类企业安全生产应急救援队伍配备标准，对危险行业或领域的专业应急救援队伍实行资质管理，确保应急救援安全有效地进行。有关企业应当依法按照标准建立应急救援队伍，按标准配备装备，并负责所属应急队伍的行政、业务管理，接受当地政府安全生产应急管理与协调指挥机构的检查和指导。省级安全生产应急救援骨干队伍接受省级政府安全生产应急管理与协调指挥机构的检查和指导。国家级区域安全生产应急救援基地接受国家安全生产应急救援指挥中心和国务院有关部门的专业安全生产应急管理与协调指挥机构的检查和指导。

2. 运作机制

应急运作机制主要由统一指挥、分级响应、属地为主和公众动员 4 个基本机制组成。

统一指挥是应急活动最基本的原则。应急指挥一般分为集中指挥与现场指挥，或场外指挥与场内指挥等。无论采用哪一种指挥系统，都必须实行统一指挥的模式，无论应急救援活动涉及单位的行政级别高低还是隶属关系不同，都必须在应急指挥部的统一协调下行动。

应急救援指挥坚持条块结合、属地为主的原则，由地方政府负责，根据事故灾难的可控性、严重程度和影响范围按照预案由相应的地方政府组成现场应急救援指挥部，由地方政府负责人担任总指挥，统一指挥应急救援行动。某一地区或某一专业领域可以独立完成的应急救援任务，地方或专业应急指挥机构负责组织；发生专业性较强的事故，由国家级专业应急救援指挥中心协同地方政府指挥，国家安全生产应急救援指挥中心跟踪事故的发展，协调有关资源配合救援；发生跨地区、跨领域的事故，国家安全生产应急救援指挥中心协调调度相关专业和地方应急管理与协调指挥机构调集相关专业应急救援队伍增援，现场的救援指挥仍由地方政府负责，有关专业应急救援指挥中心配合。

各级地方政府安全生产应急管理与协调指挥机构根据抢险救灾的需要有权调动辖区内的各类应急救援队伍实施救援，各类应急救援队伍必须服从指挥。需要调动辖区以外的应急救援队伍报请上级安全生产应急管理与协调指挥机构协调。按照分级响应的原则，省级安全生产应急救援指挥中心响应后，调集、指挥辖区内各类相关应急救援队伍和资源开展救援工作，同时报告国家安全生产应急救援指挥中心并随时报告事态发展情况；专业安全生产应急救援指挥中心响应后，调集、指挥本专业安全生产应急救援队伍和资源开展救援工作，同时报告国家安全生产应急救援指挥中心并随时报告事态发展情况；国家安全生产应急救援指挥中心接到报告后进入戒备状态，跟踪事态发展，通知其他有关专业、地方安全生产应急救援指挥中心进入戒备状态，随时准备响应。根据应急救援的需要和请求国家安全生产应急救援指挥中心协调指挥专业或地方安全生产应急救援指挥中心调集、指挥有关专业和有关地方的安全生产应急救援队伍和资源进行增援。涉及范围广、影响特别大的事故灾难的应急救援，经国务院授权由国家安全生产应急救援指挥中心协调指挥，必要时，由国务院安委会领导组织协调指挥。需要部队支援时，通过国务院安委会协调解放军总参作战部和武警总部调集部队参与应急救援。

分级响应是指在初级响应到扩大应急的过程中实行的分级响应机制。扩大或提高应急级别的主要依据是事故灾难的危害程度，影响范围和控制事态能力。影响范围和控制事态能力是"升级"的最基本条件。扩大应急救援主要是提高指挥级别、扩大应急范围等。应急救援体系应根据事故的性质、严重程度、事态发展趋势和控制能力实行分级响应机制，对不同的响应级别，相应地明确事故的通报范围、应急中心的启动程度、应急力量的出动和设备、物资的调集规模、疏散的范围、应急总指挥的职位等。典型的响应级别通常可分为三级。

(1) 一级紧急情况。必须利用所有有关部门及一切资源的紧急情况，或者需要各个部门同外部机构联合处理的各种紧急情况，通常要宣布进入紧急状态。在该级别中，作出主要决定的职责通常是紧急事务管理部门。现场指挥部可在现场作出保护生命和财产以及控制事态所必需的各种决定。解决整个紧急事件的决定,应该由紧急事务管理部门负责。

(2) 二级紧急情况。需要两个或更多个部门响应的紧急情况。该事故的救援需要有关部门的协作,并且提供人员、设备或其他资源。该级响应需要成立现场指挥部来统一指挥现场的应急救援行动。

(3) 三级紧急情况。能被一个部门正常可利用的资源处理的紧急情况。正常可利用的资源指在该部门权力范围内通常可以利用的应急资源,包括人力和物力等。必要时,该部门可以建立一个现场指挥部,所需的后勤支持、人员或其他资源增援由本部门负责解决。

事故应急救援系统的应急响应程序按过程可分为接警、响应级别确定、应急启动、救援行动、应急恢复和应急结束等几个过程,如图 2-5 所示。

企业在编写事故应急预案时,可以参考事故应急救援响应程序设置应急响应的内容,图 2-6 是结合企业实际设计的某大厦应急响应程序图。

属地为主强调"第一反应"的思想和以现场应急、现场指挥为主的原则。在国家的整个应急救援体系中,地方政府和地方应急力量是开展事故应急救援工作的主力军,地方政府应充分调动地方的应急资源和力量开展应急救援工作。现场指挥以地方政府为主,部门和专家参与,充分发挥企业的自救作用。按照属地为主的原则,安全生产事故发生后,生产经营单位应当及时向当地政府主管部门报告。生产经营单位和个人对突发安全生产事故不得隐瞒、缓报、谎报。在建立安全生产事故应急报告机制的同时,还应当建立与当地其他相关机构的信息沟通机制。根据安全生产事故的情况,当地政府主管部门应当及时向当地应急指挥部机构报告,并向当地消防等有关部门通报情况。长期以来,一些大型央企只归自己的主管部门负责,与地方政府缺少沟通和交流,对属地为主认识不足,导致发生一些重大事故后没有及时上报,导致与当地政府在信息沟通方面存在问题,进而引起事故不断蔓延和扩大,留下了血的教训和宝贵经验。强调属地为主,主要是因为属地对本地区的自然情况、气候条件、地理位置、交通灯比较熟悉,能够提交及时、有效快速的救援,并能协调本地区的个应急功能部门,优化资源,协调作战,法规应急救援的最佳作用。

事故发生后,企业和属地政府首先组织实施救援并按照分级响应的原则报当地及上级安全生产应急管理与协调指挥机构。如:重大以上安全生产事故发生后,当地(市、区、县)政府应急管理与协调指挥机构应立即组织应急救援队伍开展事故救援工作,并立即向省级安全生产应急救援指挥中心报告。省级安全生产应急救援指挥中心接到特大安全生产事故的险情报告后,立即组织救援并上报国家安全生产应急救援指挥中心和有关国家级专业应急救援指挥中心。国家安全生产应急

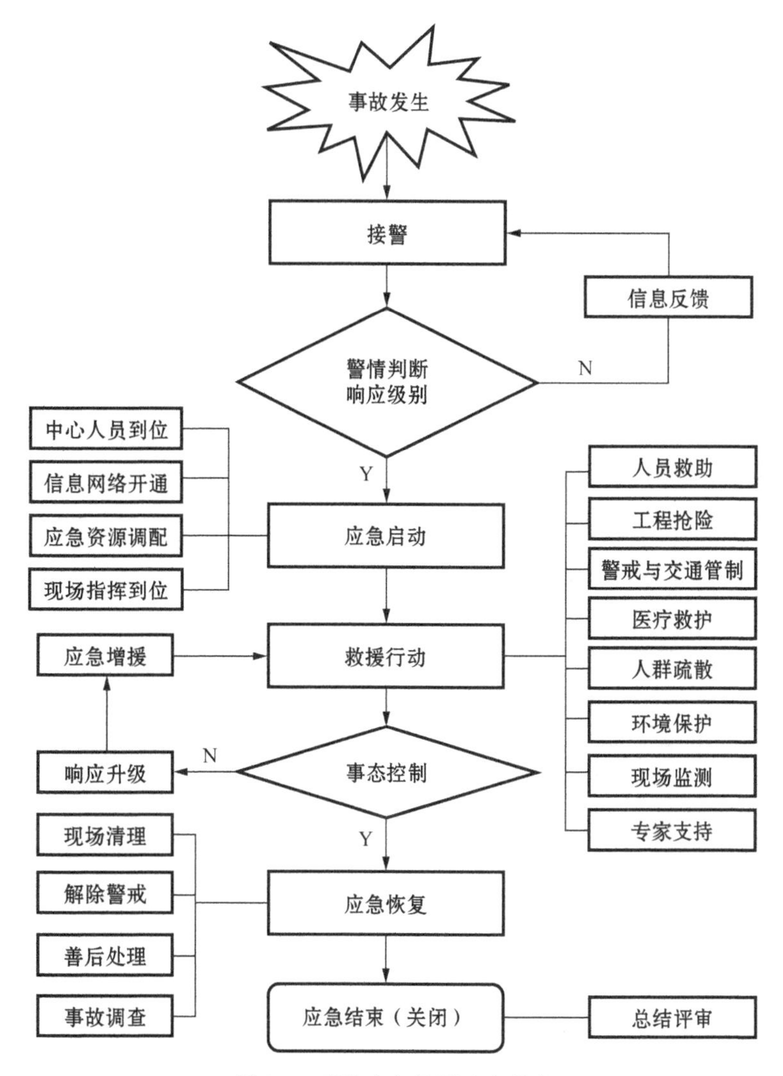

图 2-5　事故应急救援响应程序

救援指挥中心和国家级专业应急救援指挥中心接到事故险情报告后通过智能接警系统立即响应，根据事故的性质、地点和规模，按照相关预案，通知相关的国家级专业应急救援指挥中心、相关专家和区域救援基地进入应急待命状态，开通信息网络系统，随时响应省级应急中心发出的支援请求，建立并开通与事故现场的通信联络与图像实时传送。事故险情和支援请求的报告原则上按照分级响应的原则逐级上报，必要时，在逐级上报的同时可以越级上报。

公众动员既是应急机制的基础，也是整个应急体系的基础。在应急体系的建

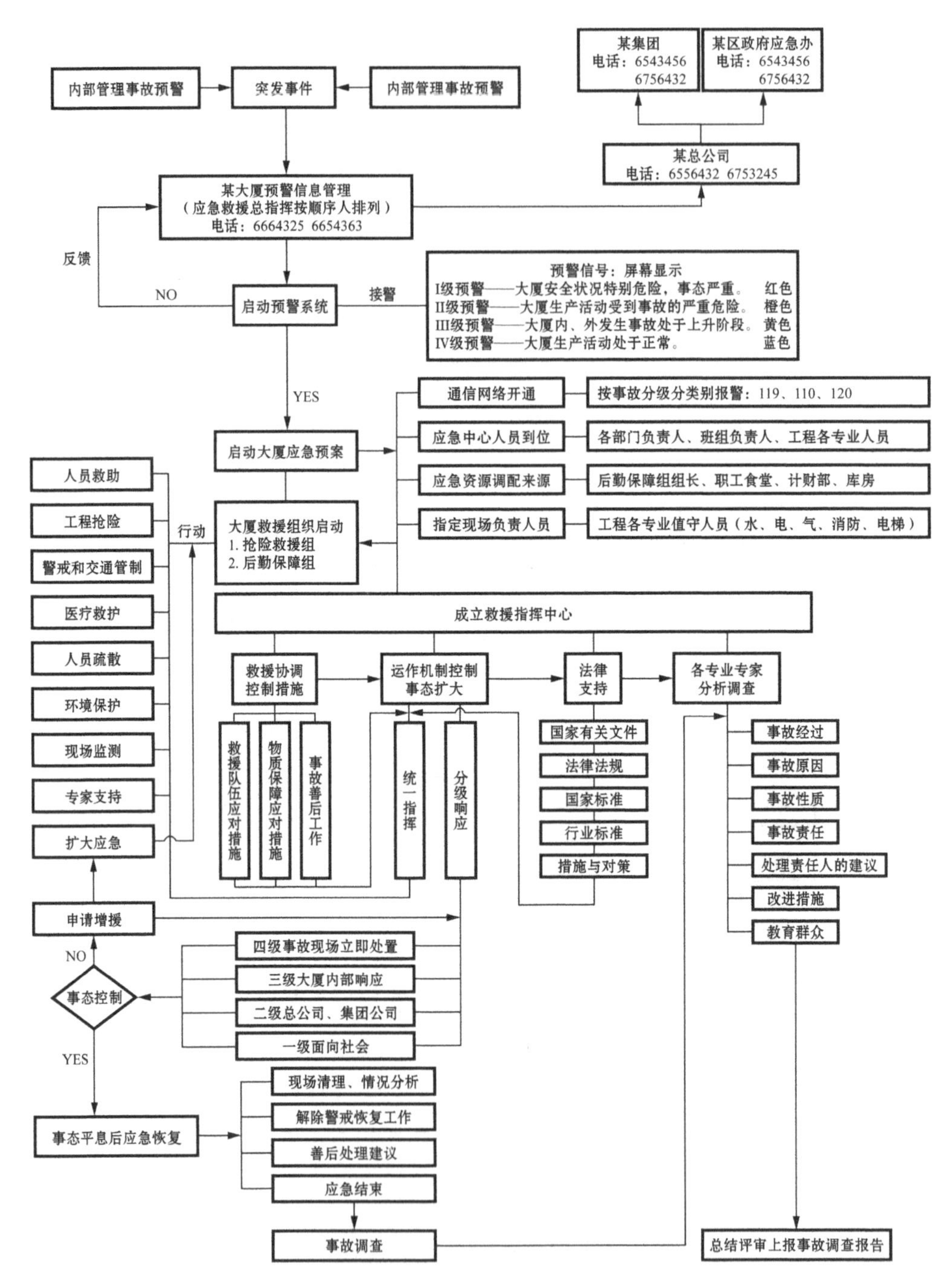

注：此图根据事故应急管理过程的四个要素："预防、准备、响应、恢复"的原理编制

图 2-6 某大厦事故应急救援响应程序

立及应急救援过程中要充分考虑并依靠民间组织、社会团体以及个人的力量，营造良好的社会氛围，使公众都参与到救援过程，人人都成为救援体系的一部分。当然，并不是要求公众去承担事故救援的任务，而是希望充分发挥社会力量的基础性作用，建立健全组织和动员人民群众参与应对事故灾难的有效机制，增强公众的防灾减灾意识，加强公众应急能力方面培训，提高公众应急反应能力，掌握应急处置基本方法，在条件允许的情况下发挥应有的作用。

按照统一指挥、分级响应、属地为主、公众动员的原则，建立应急管理、应急响应、经费保障和有关管理制度等关键性运行机制，形成统一指挥、反应灵敏、协调有序、运转高效的应急管理工作机制，以保证应急救援体系运转高效、应急反应灵敏、取得良好的抢救效果。

3. 法律基础

应急法律基础是应急体系的基础和保障，也是开展各项应急活动的依据，与应急有关的法规可分为4个层次：由立法机关通过的法律，如紧急状态法、公民知情法和紧急动员法等；由政府颁布的规章，如应急救援管理条例等；包括预案在内的以政府令形式颁布的政府法令、规定等；与应急救援活动直接有关的标准或管理办法等。

应急法制是事故应对机制的法律法规体系。按照法学概念的通常逻辑，可以将之定位为：一国或地区针对如何应对突发事件及其引起的紧急情况而制定或认可的各种法律规范和原则的总称。应急管理法制体现的是对事故的法律应对，目的在于实现非常时期的法治。应急救援法律法规是法律规范中的重要组成部分，它与其他法律法规相比，主要有以下特征：

(1) 应急法律法规主要是调整应急时期政府机关如何行使紧急权力，相对于其他法律法规，应急法律法规一般都授予政府机关，特别是行使紧急权力的政府机关以较大的自由裁量权。

(2) 应急法律法规在保护公民权利方面更注重对社会公共利益的保护，因此，它一般会对公民个人的权利作出一定的限制，并且规定公民个人在应急时期应当承担的应急法律义务。应急法律法规具有较强的时效性，一般仅仅用于应急时期，一旦应急时期终止，应急法律法规随之不再适用。

(3) 应急法律法规一般都具有强制性，法律法规调整的对象，不论是行使紧急权力的政府机关，还是一般的公民，都必须无条件地服从应急法律法规的规定，而不能像平常时期那样可以享有法律上的某些自由选择权。应急法律法规具有高于其他法律法规的法律效力，具有适用上的优先性等。

4. 保障系统

应急保障系统是安全生产事故应急救援体系的有机组成部分，是体系运转的物质条件和手段，主要包括通信信息系统、物资装备系统、人力资源系统系统、财务经费系统等。

应急保障系统的第一位是通信信息系统，构建集中管理的信息通讯平台是应急体系最重要的基础建设。应急信息通讯系统保证所有预警、报警、警报、报告、指挥等活动的信息交流快速、顺畅、准确，以及信息资源共享。

一般而言，应急救援信息系统主要包括：基础设施、信息资源系统、应用服务系统、信息技术标准体系及信息安全保障体系等五个部分。其中，基础设施由计算机软硬件、网络系统、通讯集成等部件组成，是信息系统运行的物理平台；信息资源系统由支持应急管理的数据库、知识库、专家系统和管理与支持的软件等构成；应用服务系统是直接面对各类用户的界面，也是内外部信息交互的端口；而技术标准和规范以及安全保障系统则是上述三个部分运行的保障，其体系结构见图 2-7。应急管理的各个阶段根据事件类型不同有不同的功能要求，这些功能需要应急信息管理系统模块的支持，应急救援信息系统服务于应急预防、准备、响应和恢复等应急管理的全过程，如图 2-8 所示。应急救援信息系统的信息链是连接各项应急活动

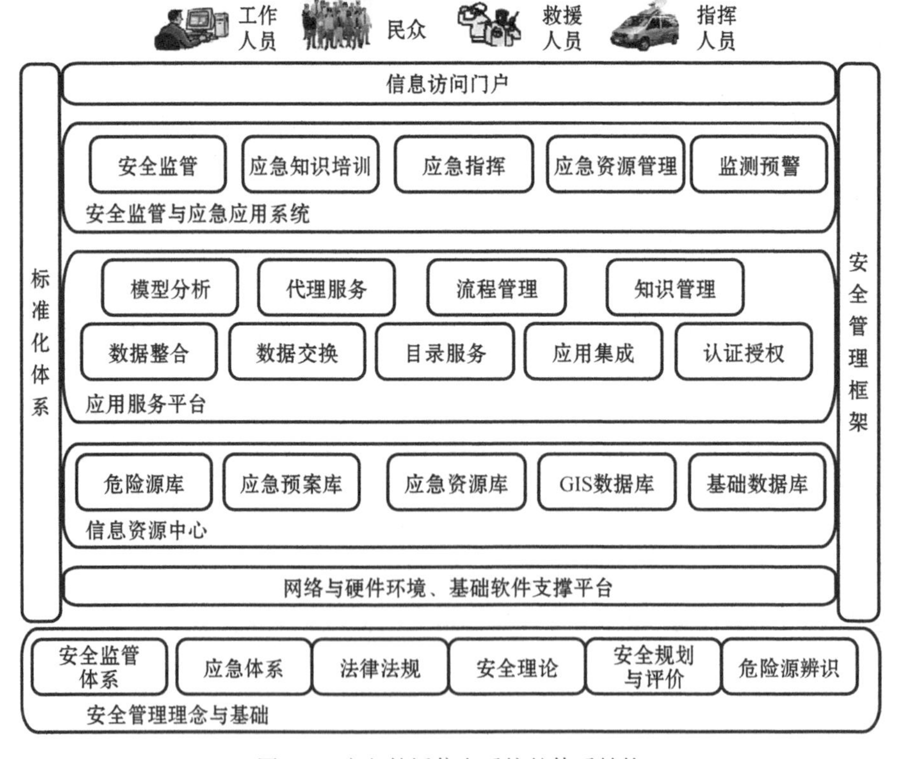

图 2-7　应急救援信息系统的体系结构

的纽带,对不同阶段或时期的应急管理都能提供快速、高效和安全的保障。

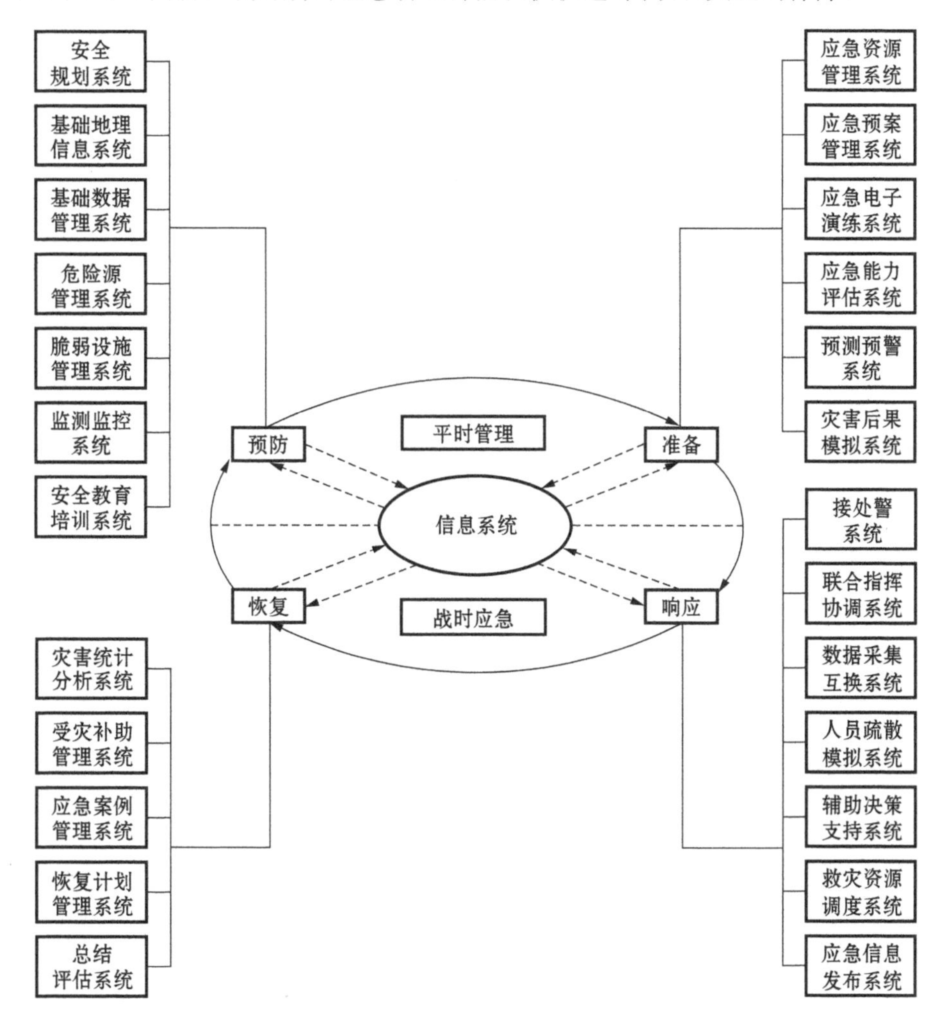

图 2-8　应急救援信息系统在应急管理过程中的保障

物资与装备不但要保证足够资源,而且要快速、及时供应到位。地方各级人民政府应根据有关法律、法规和应急预案的规定,做好物资储备工作。各企业按照有关规定和标准针对本企业可能发生的事故特点在本企业内储备一定数量的应急物资,各级地方政府针对辖区内易发重特大事故的类型和分布,在指定的物资储备单位或物资生产、流通、使用企业和单位储备相应的应急物资,形成分层次、覆盖本区域各领域各类事故的应急救援物资保障系统,保证应急救援需要。

应急救援队伍根据专业和服务范围按照有关规定和标准配备装备、器材;各地在指定应急救援基地、队伍或培训演练基地内储备必要的特种装备,保证本地应急救援特殊需要。国家在国家安全生产应急救援培训演练基地、各专业安全生产应急救援培训演练中心和国家级区域救援基地中储备一定数量特种装备,特殊情况下对地方和企业提供支援。建立特种应急救援物资与装备储备数据库,各级、各专业安全生产应急管理与协调指挥机构可在业务范围内调用应急救援物资和特种装备实施支援。特殊情况下,依据有关法律、规定及时动员和征用社会相关物资。条件如果允许,要建立健全应急物资监测网络、预警体系和应急物资生产、储备、调拨及紧急配送体系,完善应急工作程序,确保应急所需物资和生活用品的及时供应,并加强对物资储备的监督管理,及时予以补充和更新。

人力资源保障包括队伍建设、专业队伍加强、志愿人员以及其他有关人员,通过应急方面教育培训,使得他们能作为人力保证的支撑,参与救援。如:公安(消防)、医疗卫生、地震救援、海上搜救、矿山救护、森林消防、防洪抢险、核与辐射、环境监控、危险化学品事故救援、铁路事故、民航事故、基础信息网络和重要信息系统事故处置,以及水、电、油、气等工程抢险救援队伍都是应急救援的专业队伍和骨干力量。地方各级人民政府和有关部门、单位要加强应急救援队伍的业务培训和应急演练,建立联动协调机制,提高装备水平;动员社会团体、企事业单位以及志愿者等各种社会力量参与应急救援工作;增进国际间的交流与合作。要加强以乡镇和社区为单位的公众应急能力建设,发挥其在应对突发公共事件中的重要作用。中国人民解放军和中国人民武装警察部队是处置突发公共事件的骨干和突击力量,按照有关规定参加应急处置工作。生产经营单位应根据企业实际,结合企业可能发生事故的特点,设置相应的事故应急人力保障资源,以便事故发生后能有效地参与救援,减少人员伤亡和事故损失。

应急财务保障是要保证所需事故应急准备和救援工作资金。对受事故影响较大的行业、企事业单位和个人要及时研究提出相应的补偿或救助政策。并要对事故财政应急保障资金的使用和效果进行监管和评估。应急财务保障应建立专项应急科目,如应急基金等,以及保障应急管理运行和应急反应中的各项开支。安全生产应急救援工作是重要的社会管理职能,属于公益性事业,关系到国家财产和人民生命安全,有关应急救援的经费按事权划分应由中央政府、地方政府、企业和社会保险共同承担。根据《国家总体应急预案》的规定,各级财政部门要按照现行事权、财权划分原则,分级负担预防与处置突发生产安全事件中需由政府负担的经费,并纳入本级财政年度预算,健全应急资金拨付制度,对规划布局内的重大建设项目给予重点支持,建立健全国家、地方、企业、社会相结合的应急保障资金投入机制,适应应急队伍、装备、交通、通信、物资储备等方面建设与更新维护资金的要求。

国家安全生产应急救援指挥中心和矿山、危险化学品、消防、民航、铁路、核工业、水上搜救、电力、特种设备、旅游、医疗救护等专业应急管理与协调指挥机构、事业单位的建设投资从国家正常基建或国债投资中解决，运行维护经费由中央财政负担，列入国家财政预算。地方各级政府安全生产应急管理与协调指挥机构、事业单位的建设投资按照地方为主国家适当补助的原则解决，其运行维护经费由地方财政负担，列入地方财政预算。

建立企业安全生产的长效投入机制，企业依法设立的应急救援机构和队伍，其建设投资和运行维护经费原则上由企业自行解决；同时承担省内应急救援任务的队伍的建设投资和运行经费由省政府给予补助；同时承担跨省任务的区域应急救援队伍的建设投资和运行经费由中央财政给予补助。积极探索应急救援社会化、市场化的途径，逐步建立和完善经费相关的法律法规、制定相关政策，鼓励企业应急救援队伍向社会提供有偿服务，鼓励社会力量通过市场化运作建立应急救援队伍，为应急救援服务，逐步探索和建立安全生产应急救援体系建设与运行的长效机制。在应急救援过程中，各级应急管理与协调指挥机构调动应急救援队伍和物资必须依法给予补偿，资金来源首先由事故责任单位承担，参加保险的由保险机构依照有关规定承担；按照以上方法无法解决的，由当地政府财政部门视具体情况给予一定的补助。

复习思考题

1. 简述事故隐患和危险源的关系。
2. 简述应急与应急预案。
3. 试述事故应急管理主要内容。
4. 简述应急管理体系内容。
5. 简述现场应急指挥系统的结构及事故应急保障系统的构成。
6. 简述应急响应分级及应急响应的程序。

第三章　危险源辨识、隐患排查与风险分析

本章学习目标

1. 了解危险有害因素辨识的内容。掌握危险有害因素分类方法，能使用 GB/T13861—2009 及 GB6441—86 对企业进行危险源辨识。熟悉危险有害因素分类方法。
2. 了解重大危险源辨识的标准，能使用危险化学品重大危险源辨识(GB18218—2009)进行重大危险源辨识定量计算。熟悉重大危险源分级方法。熟悉可容许的风险标准。了解重大危险源监督管理。
3. 了解隐患排查基本要求。掌握事故隐患分类，熟悉事故隐患产生原因。掌握隐患排查分类，了解治理事故隐患的对策措施及监督管理要求。
4. 了解安全检查表定义及特点。熟悉安全检查表的使用范围和编制步骤，能使用安全检查表进行评价应用。了解预先危险性分析方法的基本原理和特点；熟悉分析步骤和分析要点；掌握分析的基本内容和适用条件。掌握作业条件危险性评价法的基本概念、特点、适用条件和应用。
5. 了解脆弱性区域范围的确定，熟悉脆弱性目标确定方法，掌握脆弱性风险等级的划分。
6. 了解泄漏、火灾、爆炸、扩散及中毒评价模型的特点，能运用相应数学公式和模型进行脆弱性风险分析。

危险分析与应急能力评估是应急预案编制的基础和关键过程。危险分析的结果不仅有助于确定需要重点考虑的危险与紧急状况，即明确应急的对象，提供划分应急预案编制优先顺序的依据；同时，依据危险分析结果和相关应急救援标准，对应急资源进行需求分析，评估所需的和现有的应急能力，从而为应急预案的编制、应急准备和应急响应提供必要的信息和资料。本章将对危险分析涉及的危险有害因素辨识、隐患排查及脆弱性风险等核心内容进行详述。

第一节　危险源辨识

为了区别客体对人体不利作用的特点和效果，通常分为危险因素（强调突发性和瞬间作用）和危害因素（强调在一定时间范围内的积累作用）。客观存在的危险、危害物质或能量超过临界值的设备、设施和场所，都可能成为危险因素。危险有害因素辨识及其风险分析是确认危险、危害的存在并确定其特性的过程，即找出可能引发事故导致不良后果的材料、系统、生产过程或工厂的特征，辨识有两个关键任务：识别可能存在的危险因素，辨识可能发生的事故后果。

一、危险、有害因素的辨识主要内容

在危险、有害因素的辨识过程中，应对如下主要方面存在的危险、危害因素进行分析与评价。

1. 厂址

从厂址的工程地质、地形、自然灾害、周围环境、气象条件、资源交通、抢险救灾支持条件等方面进行分析。

2. 厂区平面布局

（1）总图：功能分区（生产、管理、辅助生产、生活区）布置；高温、危害物质、噪声、辐射、易燃、易爆、危险品设施布置；工艺流程布置；建筑物、构筑物布置；风向、安全距离、卫生防护距离等。

（2）运输线路及码头：厂区道路、厂区铁路、危险品装卸区、厂区码头等。

3. 建(构)筑物

结构、防火、防爆、朝向、采光、运输、（操作、安全、运输、检修）通道、开门，生产卫生设施。

4. 生产工艺过程

物料（毒性、腐蚀性、燃爆性）温度、压力、速度、作业及控制条件、事故及失控状态。

5. 生产设备、装置

（1）化工设备、装置：高温、低温、腐蚀、高压、振动、关键部位的备用设备、控制、操作、检修和故障、失误时的紧急异常情况。

（2）机械设备：运动零部件和工件、操作条件、检修作业、误运转和误操作。

（3）电气设备：断电、触电、火灾、爆炸、误运转和误操作，静电、雷电。

（4）危险性较大设备、高处作业设备。

（5）特殊单体设备、装置：锅炉房、乙炔站、氧气站、石油库、危险品库等。

6. 粉尘、毒物、噪声、振动、辐射、高温、低温等有害作业部位

7. 工时制度、女职工劳动保护、体力劳动强度

8. 管理设施、事故应急抢救设施和辅助生产、生活卫生设施

二、危险、危害因素的类别

对危险、危害因素进行分类，是为了便于进行危险、危害因素分析。危险、危害因素的分类方法有许多种。这里介绍按导致事故、危害的直接原因进行分类的方法以及参照事故类别、职业病类别进行分类的方法。

1. 按导致事故和职业危害的直接原因进行分类

根据GB/T13861—2009《生产过程危险和危害因素分类与代码》的规定，将生产过程中的危险、危害因素分为四类。

1）人的因素

11 心理生理性危险和有害因素

1101 负荷超限

110101 体力负荷超限

110102 听力负荷超限

110103 视力负荷超限

110199 其他负荷超限

1102 健康状况异常

1103 从事禁忌作业

1104 心理异常

110401 情绪异常

110402 冒险心理

110403 过度紧张

110499 其他心理异常

1105 辨识功能缺陷

110501 感知延迟

110512 辨识错误

110599 其他辨识功能缺陷

1199 其他心理、生理性危险和有害因素

12 行为性危险和有害因素

1201 指挥错误

120101 指挥失误

120102 违章指挥

120199　其他指挥错误

1202　操作错误

120201　误操作

120202　违章作业

120299　其他操作错误

1203　监护失误

1299　其他行为性危险和有害因素

2）物的因素

21　物理性危险和有害因素

2101　设备、设施、工具、附件缺陷

210101　强度不够

210102　刚度不够

210103　稳定性差

210104　密封不良

210105　耐腐蚀性差

210106　应力集中

210107　外形缺陷

210108　外露运动件

210109　操纵器缺陷

201010　制动器缺陷

210111　控制器缺陷

210199　其他设备、设施、工具、附件缺陷

2102　防护缺陷

210201　无防护

210202　防护装置、设施缺陷

210203　防护不当

210204　支撑不当

210205　防护距离不够

210299　其他防护缺陷

2103　电伤害

210301　带电部位裸露

210302　漏电

210303　静电和杂散电流

210304　电火花

210399　其他电伤害
2104　噪声
210401　机械性噪声
210402　电磁性噪声
210403　流体动力性噪声
210499　其他噪声
2105　振动危害
210501　机械性振动
210502　电磁性振动
210503　流体动力性振动
210599　其他振动危害
2106　电离辐射
2107　非电离辐射
210701　紫外辐射
210702　激光辐射
210703　微波辐射
210704　超高频辐射
210705　高频电磁场
210706　工频电场
2108　运动物伤害
210801　抛射物
210802　飞溅物
210803　坠落物
210804　反弹物
210805　土、岩滑动
210806　料堆(垛)滑动
210807　气流卷动
210899　其他运动物伤害
2109　明火
2110　高温物质
211001　高温气体
211002　高温液体
211003　高温固体
211099　其他高温物质

2111　低温物质
211101　低温气体
211102　低温液体
211103　低温固体
211199　其他低温物质
2112　信号缺陷
211201　无信号设施
211202　信号选用不当
211203　信号位置不当
211204　信号不清
211205　信号显示不准
211299　其他信号缺陷
2113　标志缺陷
211301　无标志
211302　标志不清晰
211303　标志不规范
211304　标志选用不当
211305　标志位置缺陷
211399　其他标志缺陷
2114　有害光照
2199　其他标志缺陷
22　化学性危险和有害因素
2201　爆炸品
2202　压缩气体和液化气体
2203　易燃液体
2204　易燃固体、自然物品体和遇湿易燃物品
2205　氧化剂和有机过氧化物
2206　有毒品
2207　放射性物品
2208　腐蚀品
2209　粉尘与气溶胶
2299　其他化学性危险和有害因素
23　生物性危险和有害因素
2301　致病微生物

230101　细菌
230102　病毒
230103　真菌
230199　其他致病微生物
2302　传染病媒介物
2303　致害动物
2304　致害植物
2399　其他生物性危险和有害因素
3）环境因素
31　室内作业场所环境不良
3101　室内地面滑
3102　室内作业场所狭窄
3103　室内作业场所杂乱
3104　室内地面不平
3105　室内梯架缺陷
3106　地面、墙和天花板上的开口缺陷
3107　房屋基础下沉
3108　室内安全通道缺陷
3109　房屋安全出口缺陷
3110　采光照明不良
3111　作业场所空气不良
3112　室内温度、湿度、气压不适
3113　室内给、排水不良
3114　室内涌水
3199　其他室内作业场所环境不良
32　室外作业场地环境不良
3201　恶劣气候与环境
3202　作业场地和交通设施湿滑
3203　作业场地狭窄
3204　作业场地杂乱
3205　作业场地不平
3206　航道狭窄，有暗礁或险滩
3207　脚手架、阶梯和活动架缺陷
3208　地面开口缺陷

3209　建筑物和其他结构缺陷
3210　门和围栏缺陷
3211　作业场地基础下沉
3212　作业场地安全通道缺陷
3213　作业场地安全出口缺陷
3214　作业场地光照不良
3215　作业场地空气不良
3216　作业场地温度、湿度、气压不适
3217　作业场地涌水
3299　其他室外作业场地环境不良
33　地下（含水下）作业环境不良
3301　隧道/矿井顶面缺陷
3302　隧道/矿井正面或侧壁缺陷
3303　隧道/矿井地面缺陷
3304　地下作业面空气不良
3305　地下火
3306　冲击地压
3307　地下水
3308　水下作业供氧不当
3399　其他地下作业环境不良
39　其他作业环境不良
3901　强迫体位
3902　综合性作业不良
3999　以上未包括的其他作业环境不良
4）管理因素
41　职业安全卫生组织机构不健全
42　职业安全卫生责任制未落实
43　职业安全卫生管理规章制度不完善
4301　建设项目“三同时”制度未落实
4302　操作规程不规范
4303　事故应急预案与响应缺陷
4304　培训制度不完善
4399　其他职业安全卫生管理规章制度不完善
44　职业安全卫生投入不足

45 职业健康管理不完善

49 其他管理因素缺陷

2. 参照《企业职工伤亡事故分类》(GB6441—86)进行分类

参照《企业职工伤亡事故分类》(GB6441—86),综合考虑起因物、引起事故的诱导性原因、致害物、伤害方式等,将危险因素分为20类。此种分类方法所列的危险、危害因素与企业职工伤亡事故处理(调查、分析、统计)、职业病处理和职工安全教育的口径基本一致,为安监部门、行业主管部门安全管理人员和企业广大职工、安全管理人员所熟悉,易于接受和理解,便于实际应用。

(1) 物体打击,是指物体在重力或其他外力的作用下产生运动,打击人体造成人身伤亡事故,不包括因机械设备、车辆、起重机械、坍塌等引发的物体打击;

(2) 车辆伤害,是指企业机动车辆在行驶中引起的人体坠落和物体倒塌、下落、挤压伤亡事故,不包括起重设备提升,牵引车辆和车辆停驶时发生的事故;

(3) 机械伤害,是指机械设备运动(静止)部件、工具、加工件直接与人体接触引起的夹击、碰撞、剪切、卷入、绞、碾、割、刺等伤害,不包括车辆、起重机械引起的机械伤害;

(4) 起重伤害,是指各种起重作业(包括起重机安装、检修、试验)中发生的挤压、坠落、(吊具、吊重)物体打击和触电;

(5) 触电,包括雷击伤亡事故;

(6) 淹溺,包括高处坠落淹溺,不包括矿山、井下透水淹溺;

(7) 灼烫,是指火焰烧伤、高温物体烫伤、化学灼伤(酸、碱、盐、有机物引起的体内外灼伤)、物理灼伤(光、放射性物质引起的体内外灼伤),不包括电灼伤和火灾引起的烧伤;

(8) 火灾;

(9) 高处坠落,是指在高处作业中发生坠落造成的伤亡事故,不包括触电坠落事故;

(10) 坍塌,是指物体在外力或重力作用下,超过自身的强度极限或因结构稳定性破坏而造成的事故,如挖沟时的土石塌方、脚手架坍塌堆置物倒塌等,不适用于矿山冒顶片帮和车辆、起重机械、爆破引起的坍塌;

(11) 冒顶片帮;

(12) 透水;

(13) 放炮,是指爆破作业中发生的伤亡事故;

(14) 火药爆炸,是指火药、炸药及其制品在生产、加工、运输、贮存中发生的爆炸事故;

(15) 瓦斯爆炸;

(16) 锅炉爆炸；

(17) 容器爆炸；

(18) 其他爆炸；

(19) 中毒和窒息；

(20) 其他伤害。

3. 参照卫生部、原劳动部、总工会等颁发的《职业病范围和职业病患者处理办法的规定》及《职业病分类和目录》分类

参照卫生部、原劳动部、总工会等颁发的《职业病范围和职业病患者处理办法的规定》，将有害因素分为生产性粉尘、毒物、噪声与振动、高温、低温、辐射(电离辐射、非电离辐射)、其他有害因素等七类。

2013年12月23日，国家卫生计生委、人力资源社会保障部、安全监管总局、全国总工会四部门联合印发《职业病分类和目录》。该《职业病分类和目录》将职业病分为职业性尘肺病及其他呼吸系统疾病、职业性皮肤病、职业性眼病、职业性耳鼻喉口腔疾病、职业性化学中毒、物理因素所致职业病、职业性放射性疾病、职业性传染病、职业性肿瘤、其他职业病10类132种。2002年4月18日原卫生部和原劳动保障部联合印发的《职业病目录》予以废止。

三、危险、有害因素的辨识和分析方法

许多系统安全评价方法，都可用来进行危险、危害因素的辨识。常用的辨识方法大致可分为两大类：

1. 直观经验法

(1) 对照、经验法。对照有关标准、法规、检查表或依靠分析人员的观察分析能力，借助于经验和判断能力直观地评价对象危险性和危害性的方法。经验法是辨识中常用的方法，其优点是简便、易行，其缺点是受辨识人员知识、经验和占有资料的限制，可能出现遗漏。

对照事先编制的检查表辨识危险、危害因素，可弥补知识、经验不足的缺陷，具有方便、实用、不易遗漏的优点，但须有事先编制的、适用的检查表。美国职业安全卫生局(OHSA)制定、发行了各种用于辨识危险、危害因素的检查表，我国一些行业的安全检查表、事故隐患检查表也可作为借鉴。

(2) 类比方法。利用相同或相似系统或作业条件的经验和安全生产事故的统计资料来类推、分析评价对象的危险、危害因素。多用于危害因素和作业条件危险因素的辨识过程。

2. 系统安全分析方法

应用系统安全工程评价方法的部分方法进行危害辨识。系统安全分析方法常

用于复杂系统、没有事故经验的新开发系统。常用的系统安全分析方法有预先危险性分析法(PHA)、事件树(ETA)及事故树(FTA)等。

第二节 重大危险源辨识

重大危险源一般由政府主管部门或权威机构在物质毒性、燃烧、爆炸特性基础上,确定危险物质及其临界量标准(即重大危险源辨识标准)。通过危险物质及其临界量标准,就可以确定哪些是可能发生重大事故的潜在危险源。

一、重大危险源的辨识标准

关于重大危险源的辨识标准及分级方法,参考国外同类标准,结合我国工业生产的特点和火灾、爆炸、毒物泄漏重大事故的发生规律,以及1997年由原劳动部组织实施的重大危险源普查试点工作中对重大危险源辨识进行试点的情况,国家经贸委安全科学技术研究中心(现国家安全生产监督管理局安全科学技术研究中心)和中国石油化工股份有限公司青岛安全工程研究院起草提出了国家标准GB18218—2000《重大危险源辨识》,此标准自2001年4月1日实施。2009年3月,由国家安全生产监督管理总局提出,中华人民共和国国家质量监督检验检疫总局,中国国家标准化管理委员会联合发布新的重大危险源标准:GB18218—2009《危险化学品重大危险源辨识》,代替GB18218—2000《重大危险源辨识》,新标准于2009年12月起实施。

我国重大危险源的辨识、申报登记工作按此标准进行,该标准规定了辨识危险化学品重大危险源的依据和方法。适用于危险化学品的生产、使用、储存和经营等各企业或组织。不适用于:

(1) 核设施和加工放射性物质的工厂,但这些设施和工厂中处理非放射性物质的部门除外;

(2) 军事设施;

(3) 采矿业,但涉及危险化学品的加工工艺及储存活动除外;

(4) 危险化学品的运输;

(5) 海上石油天然气开采活动。

1. 危险化学品重大危险源的辨识依据

对危险化学品重大危险源的辨识依据是危险化学品的危险特性及其数量,在表3-1范围内的危险化学品,其临界量按表3-1确定;未在表3-1范围内的危险化学品,依据其危险性,按表3-2确定临界量;若一种危险化学品具有多种危险性,按其中最低的临界量确定。

表 3-1　危险化学品名称及其临界量

序号	类别	危险化学品名称和说明	临界量(T)
1	爆炸品	叠氮化钡	0.5
2		叠氮化铅	0.5
3		雷酸汞	0.5
4		三硝基苯甲醚	5
5		三硝基甲苯	5
6		硝化甘油	1
7		硝化纤维素	10
8		硝酸铵(含可燃物>0.2%)	5
9	易燃气体	丁二烯	5
10		二甲醚	50
11		甲烷,天然气	50
12		氯乙烯	50
13		氢	5
14		液化石油气(含丙烷、丁烷及其混合物)	50
15		一甲胺	5
16		乙炔	1
17		乙烯	50
18	毒性气体	氨	10
19		二氟化氧	1
20		二氧化氮	1
21		二氧化硫	20
22		氟	1
23		光气	0.3
24		环氧乙烷	10
25		甲醛(含量>90%)	5
26		磷化氢	1
27		硫化氢	5
28		氯化氢	20
29		氯	5
30		煤气(CO,CO 和 H_2、CH_4 的混合物等)	20
31		砷化三氢(胂)	12
32		锑化氢	1
33		硒化氢	1
34		溴甲烷	10
35	易燃液体	苯	50
36		苯乙烯	500
37		丙酮	500
38		丙烯腈	50
39		二硫化碳	50

（续表）

序号	类别	危险化学品名称和说明	临界量(T)
40	易燃液体	环己烷	500
41		环氧丙烷	10
42		甲苯	500
43		甲醇	500
44		汽油	200
45		乙醇	500
46		乙醚	10
47		乙酸乙酯	500
48		正己烷	500
49	易于自燃的物质	黄磷	50
50		烷基铝	1
51		戊硼烷	1
52	遇水放出易燃气体的物质	电石	100
53		钾	1
54		钠	10
55	氧化性物质	发烟硫酸	100
56		过氧化钾	20
57		过氧化钠	20
58		氯酸钾	100
59		氯酸钠	100
60		硝酸(发红烟的)	20
61		硝酸(发红烟的除外，含硝酸>70%)	100
62		硝酸铵(含可燃物≤0.2%)	300
63		硝酸铵基化肥	1 000
64	有机过氧化物	过氧乙酸(含量≥60%)	10
65		过氧化甲乙酮(含量≥60%)	10
66	毒性物质	丙酮合氰化氢	20
67		丙烯醛	20
68		氟化氢	1
69		环氧氯丙烷(3-氯-1,2-环氧丙烷)	20
70		环氧溴丙烷(表溴醇)	20
71		甲苯二异氰酸酯	100
72		氯化硫	1
73		氰化氢	1
74		三氧化硫	75
75		烯丙胺	20
76		溴	20
77		乙撑亚胺	20
78		异氰酸甲酯	0.7

表 3-2　未在表 3-1 中列举的危险化学品类别及其临界量

类　别	危险性分类及说明	临界量(T)
爆炸品	1.1A 项爆炸品	1
	除 1.1A 项外的其他 1.1 项爆炸品	10
	除 1.1 项外的其他爆炸品	50
气体	易燃气体：危险性属于 2.1 项的气体	10
	氧化性气体：危险性属于 2.2 项非易燃无毒气体且次要危险性为 5 类的气体	200
	剧毒气体：危险性属于 2.3 项且急性毒性为类别 1 的毒性气体	5
	有毒气体：危险性属于 2.3 项的其他毒性气体	50
易燃液体	极易燃液体：沸点≤35℃且闪点<0℃的液体；或保存温度一直在其沸点以上的易燃液体	10
	高度易燃液体：闪点<23℃的液体(不包括极易燃液体)；液态退敏爆炸品	1 000
	易燃液体：23℃≤闪点<61℃的液体	5 000
易燃固体	危险性属于 4.1 项且包装为Ⅰ类的物质	200
易于自燃的物质	危险性属于 4.2 项且包装为Ⅰ或Ⅱ类的物质	200
遇水放出易燃气体的物质	危险性属于 4.3 项且包装为Ⅰ或Ⅱ的物质	200
氧化性物质	危险性属于 5.1 项且包装为Ⅰ类的物质	50
	危险性属于 5.1 项且包装为Ⅱ或Ⅲ类的物质	200
有机过氧化物	危险性属于 5.2 项的物质	50
毒性物质	危险性属于 6.1 项且急性毒性为类别 1 的物质	50
	危险性属于 6.1 项且急性毒性为类别 2 的物质	500

注：以上危险化学品危险性类别及包装类别依据 GB12268 确定，急性毒性类别依据 GB20592 确定。

2. 重大危险源的辨识指标

单元内存在危险化学品的数量等于或超过表 3-1、表 3-2 规定的临界量，即被定为重大危险源。单元内存在的危险化学品的数量根据处理危险化学品种类的多少区分为以下两种情况：

(1) 单元内存在的危险化学品为单一品种，则该危险化学品的数量即为单元内危险化学品的总量，若等于或超过相应的临界量，则定为重大危险源。

(2) 单元内存在的危险化学品为多品种时，则按式(3-1)计算，若满足式(3-1)，则定为重大危险源：

$$q_1/Q_1 + q_2/Q_2 + \cdots + q_n/Q_n \geqslant 1 \tag{3-1}$$

式中，$q_1, q_2, \cdots, q_n$——每种危险化学品实际存在量，单位为吨(t)；

$Q_1, Q_2, \cdots, Q_n$——与各危险化学品相对应的临界量，单位为吨(t)。

二、重大危险源评价分级

危险化学品单位应当对重大危险源进行安全评估并确定重大危险源等级。危险化学品单位可以组织本单位的注册安全工程师、技术人员或者聘请有关专家进行安全评估，也可以委托具有相应资质的安全评价机构进行安全评估。依照法律、行政法规的规定，危险化学品单位需要进行安全评价的，重大危险源安全评估可以与本单位的安全评价一起进行，以安全评价报告代替安全评估报告，也可以单独进行重大危险源安全评估。重大危险源根据其危险程度，分为一级、二级、三级和四级，一级为最高级别。危险化学品重大危险源分级方法如下：

1. 分级指标

采用单元内各种危险化学品实际存在（在线）量与其在《危险化学品重大危险源辨识》(GB18218)中规定的临界量比值，经校正系数校正后的比值之和 R 作为分级指标。

2. R 的计算方法

$$R=\alpha\left(\beta_1\frac{q_1}{Q_1}+\beta_2\frac{q_2}{Q_2}+\cdots+\beta_n\frac{q_n}{Q_n}\right)$$

式中，$q_1,q_2,\cdots,q_n$——每种危险化学品实际存在（在线）量（单位：吨）；

$Q_1,Q_2,\cdots,Q_n$——与各危险化学品相对应的临界量（单位：吨）；

$\beta_1,\beta_2\cdots,\beta_n$——与各危险化学品相对应的校正系数；

α——该危险化学品重大危险源厂区外暴露人员的校正系数。

3. 校正系数 β 的取值

根据单元内危险化学品的类别不同，设定校正系数 β 值，见表 3-3 和表 3-4。

表 3-3 校正系数 β 取值表

危险化学品类别	毒性气体	爆炸品	易燃气体	其他类危险化学品
β	见表 3-4	2	1.5	1

注：危险化学品类别依据《危险货物品名表》中分类标准确定。

表 3-4 常见毒性气体校正系数 β 值取值表

毒性气体名称	一氧化碳	二氧化硫	氨	环氧乙烷	氯化氢	溴甲烷	氯
β	2	2	2	2	3	3	4
毒性气体名称	硫化氢	氟化氢	二氧化氮	氰化氢	碳酰氯	磷化氢	异氰酸甲酯
β	5	5	10	10	20	20	20

注：未在表 3-4 中列出的有毒气体可按 $\beta=2$ 取值，剧毒气体可按 $\beta=4$ 取值。

4. 校正系数 α 的取值

根据重大危险源的厂区边界向外扩展 500 米范围内常住人口数量，设定厂外暴露人员校正系数 α 值，见表 3-5。

表 3-5　校正系数 α 取值表

厂外可能暴露人员数量	α
100 人以上	2.0
50 人～99 人	1.5
30 人～49 人	1.2
1～29 人	1.0
0 人	0.5

5. 分级标准

根据计算出来的 R 值，按表 3-6 确定危险化学品重大危险源的级别。

表 3-6　危险化学品重大危险源级别和 R 值的对应关系

危险化学品重大危险源级别	R 值
一级	$R \geqslant 100$
二级	$100 > R \geqslant 50$
三级	$50 > R \geqslant 10$
四级	$R < 10$

三、可容许风险标准

1. 可容许个人风险标准

个人风险是指因危险化学品重大危险源各种潜在的火灾、爆炸、有毒气体泄漏事故造成区域内某一固定位置人员的个体死亡概率，即单位时间内（通常为年）的个体死亡率。通常用个人风险等值线表示。通过定量风险评价，危险化学品单位周边重要目标和敏感场所承受的个人风险应满足表 3-7 中可容许风险标准要求。

表 3-7　可容许个人风险标准

危险化学品单位周边重要目标和敏感场所类别	可容许风险（/年）
1. 高敏感场所（如学校、医院、幼儿园、养老院等） 2. 重要目标（如党政机关、军事管理区、文物保护单位等） 3. 特殊高密度场所（如大型体育场、大型交通枢纽等）	$<3\times10^{-7}$
1. 居住类高密度场所（如居民区、宾馆、度假村等） 2. 公众聚集类高密度场所（如办公场所、商场、饭店、娱乐场所等）	$<1\times10^{-6}$

2. 可容许社会风险标准

社会风险是指能够引起大于等于 N 人死亡的事故累积频率(F)，也即单位时间内(通常为年)的死亡人数。通常用社会风险曲线(F-N 曲线)表示。

可容许社会风险标准采用 ALARP(As Low As Reasonable Practice)原则作为可接受原则。ALARP 原则通过两个风险分界线将风险划分为 3 个区域，即：不可容许区、尽可能降低区(ALARP)和可容许区。

(1) 若社会风险曲线落在不可容许区，除特殊情况外，该风险无论如何不能被接受。

(2) 若落在可容许区，风险处于很低的水平，该风险是可以被接受的，无需采取安全改进措施。

(3) 若落在尽可能降低区，则需要在可能的情况下尽量减少风险，即对各种风险处理措施方案进行成本效益分析等，以决定是否采取这些措施。

通过定量风险评价，危险化学品重大危险源产生的社会风险应满足图 3-1 中可容许社会风险标准要求。

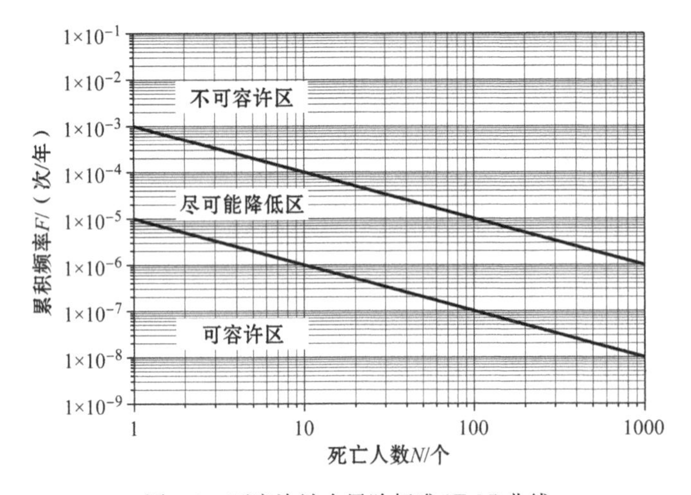

图 3-1 可容许社会风险标准(F-N)曲线

四、重大危险源的安全管理与监督

1. 重大危险源技术监控

1) 重大危险源宏观监控系统

安全生产监督管理部门依据有关法规对存在重大危险源的企业实施分级管理，针对不同级别的企业确定规范的现场监督方法，督促企业执行有关法规，建立监控机制，并督促隐患整改。建立健全新建、改建企业重大危险源申报、分级制度，使重大危险源管理规范化、制度化。同时与技术中介组织配合，根据企业的行业、规模等具体情况提供监控的管理及技术指导。在各地开展工作的基础上，逐步建立全国范围内的重大危险源信息系统；以便各级安全生产监督管理部门及时了解、掌握重大危险源状况。从而建立企业负责，安全生产监督管理部门监督的重大危险源监控体系。

重大危险源的安全监督管理工作主要由区县一级安全部门进行。信息网络建成之后，市级安全部门可以通过网络针对一、二级危险源的情况和监察信息进行了解，有重点地进行现场监察；国家安全监督管理部门可以通过网络对各城市的一级危险源的监察情况进行监督。

2）重大危险源实时监控预警技术

重大危险源对象大多数时间运行在安全状况下。监控预警系统的目的主要是监视其正常情况下危险源对象的运行情况及状态，并对其实时和历史趋势作一个整体评判，对系统的下一时刻做出一种超前（或提前）的预警行为。因而在正常工况下和非正常工况下应该有对危险源对象及参数的记录显示、报表等功能。

（1）正常运行阶段。正常工况下危险源运行模拟流程和进行主要参数（温度、压力、浓度、油/水界面、泄漏检测传感器输出等）的数据显示、报表、超限报警，并根据临界状态判据自动判断是否转入应急控制程序。

（2）事故临界状态。被实时监测的危险源对象的各种参数超出正常值的界限，向事故生成方向转化，如不采取应急控制措施就会引发火灾、爆炸及重大毒物泄漏事故。

在这种状态下，监控系统一方面给出声、光或语言报警信息，由应急决策显示排除故障系统的操作步骤，指导操作人员正确、迅速恢复正常工况，同时发出应急控制指令（例如，条件具备时可自动开启喷淋装置使危险源对象降温，自动开启泄放阀降压，关闭进料阀制止液位上升等）；或者当可燃气体传感器检测到危险源对象周围空气中的可燃气体浓度达到阈值时，监控预警系统将及时报警，同时还能根据检测的可燃气体的浓度及气象参数（风速、风和、气温、气压、温度等）传感器的输出信息，快速绘制出混合气云团在电子地图上的覆盖区域、浓度预测值，以便采取相应的措施，防止火灾、毒物的进一步扩大。

（3）事故初始阶段。如果上述预防措施全部失效，或因其他原因致使危险源及周边空间已经起火，为及时控制火势以及与消防措施紧密结合，可从两个方面采取补救措施：①应用“早期火灾智能探测与空间定位系统”及时报告火灾发生的准确位置，以便迅速扑救；②自动启动应急控制系统，将事故抑制在萌芽状态。

2. 生产经营单位重大危险源安全管理

新的危险化学品重大危险源标准（GB18218—2009）出台后，国家安全生产监督管理部门颁布实施《危险化学品重大危险源监督管理暂行规定》(安监总局 40 号令),对政府和企业如何对重大危险源监督和管理方面及提出了一些科学合理的法定基本要求,为有效预防和控制重大危险源工业事故奠定了良好的基础。

生产经营单位应建立健全重大危险源安全管理制度,制定重大危险源安全管理技术措施。危险物品的生产、经营、储存以及矿山、建筑施工等生产经营单位应当建立应急救援组织,配备必要的应急救援器材、设备,并进行经常性维护、保养,保证正常运转;生产经营规模较小的,可以不建立应急救援组织,应当指定兼职的应急救援人员。

生产经营单位应按照国家相关法律、法规和标准规定制定并及时完善重大危险源事故应急预案。生产经营单位应针对重大危险源每年至少开展一次综合应急演练或专项应急演练,每半年至少开展一次现场处置应急演练。生产经营单位应对涉及重大危险源的从业人员进行应急管理培训,使其全面掌握本岗位的安全操作技能和在紧急情况下应当采取的应急措施。生产经营单位应将重大危险源可能发生事故的后果及应急措施等信息告知可能受影响的单位和人员。

生产经营单位应在重大危险源现场设置明显的安全警示标志。生产经营单位应根据重大危险源的等级,建立健全相应的安全监控系统或安全监控设施,保证安全监控系统或监控设施有效运行,并落实监控责任。生产经营单位应依据国家相关规定对重大危险源进行定期的检测,并做好检测、检验记录。生产经营单位应对重大危险源、有重大危险源的建筑物、构筑物及其周边环境开展隐患排查,及时采取措施消除隐患。生产经营单位主要负责人应保证重大危险源安全管理所需资金的投入。

危险化学品单位应当依法制定重大危险源事故应急预案,建立应急救援组织或者配备应急救援人员,配备必要的防护装备及应急救援器材、设备、物资,并保障其完好和方便使用;配合地方人民政府安全生产监督管理部门制定所在地区涉及本单位的危险化学品事故应急预案。对存在吸入性有毒、有害气体的重大危险源,危险化学品单位应当配备便携式浓度检测设备、空气呼吸器、化学防护服、堵漏器材等应急器材和设备;涉及剧毒气体的重大危险源,还应当配备两套以上(含本数)气密型化学防护服;涉及易燃易爆气体或者易燃液体蒸气的重大危险源,还应当配备一定数量的便携式可燃气体检测设备。危险化学品单位应当对辨识确认的重大危险源及时、逐项进行登记建档。重大危险源档案应当包括下列文件、资料:

(1) 辨识、分级记录;

(2) 重大危险源基本特征表;

(3) 涉及的所有化学品安全技术说明书;

(4) 区域位置图、平面布置图、工艺流程图和主要设备一览表;

(5) 重大危险源安全管理规章制度及安全操作规程；

(6) 安全监测监控系统、措施说明、检测、检验结果；

(7) 重大危险源事故应急预案、评审意见、演练计划和评估报告；

(8) 安全评估报告或者安全评价报告；

(9) 重大危险源关键装置、重点部位的责任人、责任机构名称；

(10) 重大危险源场所安全警示标志的设置情况；

(11) 其他文件、资料。

3. 重大危险源监督

地方各级人民政府应当针对本行政区域内的重大危险源或受重大危险源威胁的周边生产经营单位和社区、乡镇等，按照分级管理的原则，组织有关部门和单位制定针对性的应急预案，建立应急救援体系，并责令有关单位采取安全防范措施。地方各级人民政府安全生产监督管理部门对本行政区域内生产经营单位重大危险源的辨识、评估、登记建档、备案、核销、安全管理等工作实行综合监管。其他负有安全生产监督管理职责的部门对本行业(领域)内的重大危险源的辨识、评估、登记建档、备案、核销、安全管理等工作实施日常监督管理。

县级人民政府安全生产监督管理部门应当每季度将辖区内的一级、二级重大危险源备案材料报送至设区的市级人民政府安全生产监督管理部门。设区的市级人民政府安全生产监督管理部门应当每半年将辖区内的一级重大危险源备案材料报送至省级人民政府安全生产监督管理部门。危险化学品单位新建、改建和扩建危险化学品建设项目，应当在建设项目竣工验收前完成重大危险源的辨识、安全评估和分级、登记建档工作，并向所在地县级人民政府安全生产监督管理部门备案。

地方各级人民政府安全生产监督管理部门应建立重大危险源信息管理系统，对重大危险源备案等实施动态监管，并制定重大危险源监督检查计划，对生产经营单位重大危险源的安全管理情况进行专项监督检查。地方各级人民政府安全生产监督管理部门和其他负有安全生产监督管理职责的部门在检查中发现重大危险源存在事故隐患，应当责令生产经营单位立即整改，不能立即整改的，必须坚持整改措施、资金、期限、责任单位、应急预案“五落实”；在整改前或者整改中无法保证安全的，应当责令生产经营单位从危险区域内撤出作业人员，暂时停产、停业或者停止使用。事故隐患排除后，方可恢复生产经营。

第三节　事故隐患排查

《安全生产法》第17条第4款规定：“企业主要负责人应督促、检查本单位的安全生产工作，及时消除生产安全事故隐患。”为建立安全生产事故隐患排查治理长效机制，强化安全生产主体责任，加强事故隐患监督管理，防止和减少事故，保障人民群众生命财产安全，进一步贯彻落实“安全第一，预防为主，综合治理”的安全生产方针，促进和强化对各类安全生产事故隐患（以下简称事故隐患）的排查和整治，彻底消除事故隐患，有效防止和减少各类事故发生，全面提升安全管理基础工作的水平，国家从2007年开始提出要求企业把事故隐患排查与治理列入企业安全管理的一个重要组成部分。事故应急救援是在危险源在受控状态下发生事故所采取的应急，因此，加强对危险源进行隐患排查，把事故隐患消灭到萌芽状态，对科学预防事故发生具有一定的指导意义。

一、事故隐患排查基本要求

最早，劳动部于1995年10月在《重大事故隐患管理规定》中，对生产经营单位在隐患排查和管理方面提出了要求。近几年，国家对事故隐患排查的相关要求主要有：

国务院办公厅关于在重点行业和领域开展安全生产隐患排查治理专项行动的通知（国办发明电〔2007〕16号）要求：通过开展隐患排查治理专项行动，进一步落实企业的安全生产主体责任和地方人民政府的安全监管主体责任，全面排查治理事故隐患和薄弱环节，认真解决存在的突出问题，建立重大危险源监控机制和重大隐患排查治理机制及分级管理制度，有效防范和遏制重特大事故的发生，促进全国安全生产状况进一步稳定好转。

国务院办公厅关于进一步开展安全生产隐患排查治理工作的通知（国办发明电〔2008〕15号）要求，在2007年开展隐患排查治理专项行动的基础上，全面排查治理各地区、各行业领域事故隐患，狠抓隐患整改工作，进一步深化重点行业领域安全专项整治，推动安全生产责任制和责任追究制的落实，完善安全生产规章制度，建立健全隐患排查治理及重大危险源监控的长效机制，强化安全生产基础，提高安全管理水平，为实现安全生产状况明显好转的目标奠定坚实基础。

安全生产事故隐患排查治理暂行规定（安监总局16号令，2007年12月22日审议通过，2008年2月1日起施行）要求：生产经营单位主要负责人对本单位事故隐患排查治理工作全面负责，并对生产经营单位如何开展事故隐患排查、治理和防控提出了一些基本要求，规范了事故隐患排查。

二、事故隐患的分类及产生原因

1. 事故隐患分类

安全生产事故隐患排查治理暂行规定提出事故隐患，是指生产经营单位违反安全生产法律、法规、规章、标准、规程和安全生产管理制度的规定，或者因其他因素在生产经营活动中存在可能导致事故发生的物的危险状态、人的不安全行为和管理上的缺陷。

1) 按隐患危害程度划分

事故隐患分为一般事故隐患和重大事故隐患。一般事故隐患，是指危害和整改难度较小，发现后能够立即整改排除的隐患。重大事故隐患，是指危害和整改难度较大，应当全部或者局部停产停业，并经过一定时间整改治理方能排除的隐患，或者因外部因素影响致使生产经营单位自身难以排除的隐患。

2) 按隐患特征划分

(1) 固有隐患。它是系统投入运行就存在的隐患，是系统中的残留危险，是由于技术原因或人为失误，在工业建筑物、机械设备和仪器仪表的设计、制造、布置、安装等过程中有缺陷或工艺流程及操作程序有问题。如设计中产生的事故隐患，材料性质及质量与使用事件不符，强度计算的错误及结构上的缺陷；制造上出现的加工方法、工艺和技能上的缺陷；安全卫生未与主体工程相匹配和安全装置、防护装置的缺陷等。如：法国夏尔·戴高乐机场坍塌事故就是质量不过关引起事故。

(2) 渐生隐患。系统在运行期间内，实现系统功能过程中出现的隐患。由于使用或维护保养不当或年久失修，使系统元件原有性能下降，出现磨损、裂纹、老化损坏等，降低了系统的可靠性。如机轴裂纹和起重设备钢丝绳变形、断丝、安全装置缺损等。中国体育博物馆地基出现不均匀下沉，85%以上的地板与墙体已经出现贯通性开裂，承重钢梁断裂，存在重大事故隐患。

(3) 随机隐患。同样出现于系统运行期间，具有突发性，难以预测，它是由于外界环境的不断变动或人为误动作等引起的缺陷，随机隐患的控制主要是提高操作者的安全素质，执行安全规章的自觉性和自我保护能力。如：一名男子在办公室内用汽油引燃了自制炸药包，当时在办公室里的6人全部受伤，飞溅出去的碎玻璃还将10余名工人和路人扎伤。

3) 综合事故起因、行业分类和事故性质划分

一般分为21类：火灾、爆炸、中毒和窒息、水害、坍塌、滑坡、泄漏、腐蚀、触电、坠落、机械伤害、煤与瓦斯突出、公路设施伤害、公路车辆伤害、铁路设施伤害、铁路车辆伤害、水上运输伤害、港口码头伤害、空中运输伤害、航空港伤害及其他类隐患。

2. 事故隐患生产原因

在生产中，人们通过工艺和工艺装备使能量、物质(包括危害物质)按人们的意愿在系统中流动、转换，进行生产；同时又必须约束和控制这些能量及危害物质，消除、减弱产生不良后果的条件，使之不能发生危险、危害后果。事故隐患产生主要体现在设备故障(或缺陷)、人员失误和管理缺陷三个方面，并且三者之间是相互影

响的;它们大部分是一些随机出现的现象或状态。

1) 故障(包括生产、控制、安全装置和辅助设施等)

故障(含缺陷)是指系统、设备、元件等在运行过程中由于性能(含安全性能)低下而不能实现预定功能(包括安全功能)的现象。故障的发生具有随机性、渐近性或突发性,故障的发生是一种随机事件。造成故障发生的原因很复杂(认识程度、设计、制造、磨损、疲劳、老化、检查和维修保养、人员失误、环境、其他系统的影响等),但故障发生的规律是可知的,通过定期检查、维修保养和分析总结可使多数故障在预定期间内得到控制(避免或减少)。

系统发生故障并导致事故发生隐患主要表现在发生故障、误操作时的防护、保险、信号等装置缺乏、缺陷和设备在强度、刚度、稳定性、人机关系上有缺陷两方面。

2) 人员失误

人员失误泛指不安全行为中产生不良后果的行为(即职工在劳动过程中,违反劳动纪律、操作程序和方法等具有危险性的做法)。人员失误在一定经济、技术条件下,是引发危险、危害因素的重要因素。

由于不正确态度、技能或知识不足、健康或生理状态不佳和劳动条件(设施条件、工作环境、劳动强度和工作时间)影响造成的不安全行为,各国根据以往的事故分析、统计资料将某些类型的行为各自归纳为不安全行为。我国 GB6441—86 附录中将不安全行为归纳为操作失误(忽视安全、忽视警告)、造成安全装置失效、使用不安全设备、手代替工具操作、物体存放不当、冒险进入危险场所、攀坐不安全位置、在吊物下作业(停留)、机器运转时加油(修理、检查、调整、清扫等)、有分散注意力行为、忽视使用必须使用的个人防护用品或用具、不安全装束、对易燃易爆等危险品处理错误等 13 类隐患。

3) 管理缺陷

管理缺陷是引起隐患发生的重要因素。

(1) 管理缺陷可以造成事故隐患,可以激发危险因素而发生事故和导致事故的扩大。从宏观角度分析,对危险因素的辨认或处理不当,在系统中形成事故隐患,都是管理缺陷造成的。

(2) 管理缺陷由人的错误指令(规划、设计、劳动、组织、规章制度、命令指挥)和错误操作组成,包括组织者、指挥者、操作者三方面的责任在内。通常情况下,在劳动生产过程中发生的事故都是因错误操作和错误行为激发了危险因素而造成的。

(3) 管理缺陷是构成事故的活动因素,管理缺陷对危险因素的激发而形成事故,属于随机事件,不能因在一定时间内盲目蛮干并未发生事故而掉以轻心。

(4) 管理缺陷对危险因素的作用时间和频数与发生事故的频数成正比。

3. 当前安全生产领域主要的事故隐患

(1) 国有企业设备老化、工艺技术落后。具体表现在设备和危险物质(能量)未得到有效控制,如无控制、防护措施或措施失效,安全装置的缺陷、设备设施质量安全性能欠缺等。物体本身的缺陷、个人保护用品、用具的缺陷、防护措施、作业方法的缺陷、工作场所的缺陷、作业环境的缺陷等。

(2) 三高企业隐患突出。危险物品生产经营企业安全距离不足;煤矿企业"三超"现象;建筑施工企业低价中标现象突出,现场安全设施投入不足,施工设备老化,施工工艺落后。

(3) 企业安全投入不足。

(4) 企业管理过程中存在的"三违"现象。具体表现在违章操作、冒险蛮干、违章指挥、非法进入、疏忽大意、渎职脱岗。生产经营单位员工不了解整个工艺过程中存在的主要危险、有害因素以及存在部位。一些员工安全意识淡薄,明明知道这样做不对,但是总觉得事故不会发生,为了节省人力或节省资金就这样做了,而偏偏事故就这样发生了。

(5) 企业的安全管理不到位。具体表现在劳动组织不合理、安全生产责任不落实、规章制度及操作规程欠缺或不健全、教育培训不到位、管理监控没有或失效、人员素质存在问题、要害岗位未考虑人的适用性、工作安排不合理等。如:①对企业员工的再教育少或根本没有而导致一部分员工根本不知道他所从事的工艺环节的正确操作是什么,就随心所欲,以至于企业的很多事故都是由于误操作或操作不正确而引起的;②一些特殊的工艺所需要的保障企业安全的特殊检测仪表安装不全或基本未安装,导致事故发生前时察觉不到,非等事故发生不可了。

三、隐患排查范围、内容

1. 排查治理范围

各地区、各行业(领域)的全部生产经营单位。主要包括:

(1) 煤矿、金属和非金属矿山、冶金、有色、石油、化工、烟花爆竹、建筑施工、民爆器材、电力等工矿企业及其生产、储运等各类设备设施;

(2) 道路交通、水运、铁路、民航等行业(领域)的企业、单位、站点、场所及设施,以及城市基础设施等;

(3) 渔业、农机、水利等行业(领域)的企业、单位、场所及设施;

(4) 商(市)场、公共娱乐场所(含水上游览场所)、旅游景点、学校、医院、宾馆、饭店、网吧、公园、劳动密集型企业等人员密集场所;

(5) 锅炉、压力容器、压力管道、电梯、起重机械、客运索道、大型游乐设施、厂(场)内机动车辆等特种设备;

(6) 易受台风、风暴潮、暴雨、洪水、暴雪、雷电、泥石流、山体滑坡等自然灾害影响的企业、单位和场所；

(7) 近年来发生较大以上事故的单位。

2. 排查治理内容

(1) 安全生产法律法规、规章制度、规程标准的贯彻执行情况；

(2) 安全生产责任制建立及落实情况；

(3) 高危行业安全生产费用提取使用、安全生产风险抵押金交纳等经济政策的执行情况；

(4) 企业安全生产重要设施、装备和关键设备、装置的完好状况及日常管理维护、保养情况，劳动防护用品的配备和使用情况；

(5) 危险性较大的特种设备和危险物品的存储容器、运输工具的完好状况及检测检验情况；

(6) 对存在较大危险因素的生产经营场所以及重点环节、部位重大危险源普查建档、风险辨识、监控预警制度的建设及措施落实情况；

(7) 事故报告、处理及对有关责任人的责任追究情况；

(8) 安全基础工作及教育培训情况，特别是企业主要负责人、安全管理人员和特种作业人员的持证上岗情况和生产一线职工(包括农民工)的教育培训情况，以及劳动组织、用工等情况；

(9) 应急预案制定、演练和应急救援物资、设备配备及维护情况；

(10) 新建、改建、扩建工程项目的安全"三同时"(安全设施与主体工程同时设计、同时施工、同时投产和使用)执行情况；

(11) 道路设计、建设、维护及交通安全设施设置等情况；

(12) 对企业周边或作业过程中存在的易由自然灾害引发事故灾难的危险点排查、防范和治理情况等。

四、治理事故隐患的对策措施及监督管理

1. 事故应对治理对策

(1) 坚持与加强企业安全管理和技术进步结合起来，强化安全标准化建设和现场管理，加大安全投入，推进安全技术改造，夯实安全管理基础；

(2) 深入开展重点行业(企业)安全生产专项整治，狠抓薄弱环节，发现隐患及时整改；

(3) 坚持与日常安全监管监察执法结合起来，严格安全生产许可，加大打"三非"(非法建设、生产、经营)、反"三违"(违章指挥、违章作业、违反劳动纪律)、治"三超"(生产企业超能力、超强度、超定员，运输企业超载、超限、超负荷)工作力度，消

除隐患滋生根源；

（4）鼓励企业结合实际推行 HSE、OHSAS 等现代安全生产管理方法，提升企业的基础管理水平；

（5）建立企业重大事故隐患排查整改网络信息监管系统；

（6）坚持与加强应急管理结合起来，建立健全应急管理制度，完善事故应急救援预案体系，落实隐患治理责任与监控措施，严防整治期间发生事故。

2. 事故隐患排查监督管理

生产经营单位及其主要负责人未履行事故隐患排查治理职责，导致发生生产安全事故的，依法给予行政处罚。生产经营单位违反隐患排查相关规定，有下列行为之一的，由安全监管监察部门给予警告，并处三万元以下的罚款：

（1）未建立安全生产事故隐患排查治理等各项制度的；

（2）未按规定上报事故隐患排查治理统计分析表的；

（3）未制定事故隐患治理方案的；

（4）重大事故隐患不报或者未及时报告的；

（5）未对事故隐患进行排查治理擅自生产经营的；

（6）整改不合格或者未经安全监管监察部门审查同意擅自恢复生产经营的。

第四节　定性风险分析方法

生产经营单位编制应急预案时通常需要采用一些风险分析方法对确定存在或可能发生的事故风险种类、发生的可能性以及严重程度及影响范围等进行分析。本节讲述常用的定性风险分析方法。

一、安全检查表

1. 安全检查表定义

安全检查表是利用检查条款按照相关的法律、法规和标准等对已知的危险类别、设计缺陷以及与一般工艺设备、操作、管理有关的潜在危险性和有害性进行判别检查。通常安全检查表被称为是一种法律、法规、标准的符合性审查。

通过安全检查表分析能及时了解和掌握系统的安全工作情况，查找物的不安全状态和人的不安全行为，采取措施加以改进，总结经验，指导工作，是安全工作人员或企业安全管理部门防止事故、保护职工安全与健康的好方法。

2. 安全检查表的特点

安全检查表是安全系统工程最初的也是最基础的手段，对有计划解决安全问题是很有效的，主要优、缺点如下：

1）安全检查表的优点

（1）能够事先编制检查表，有充分的时间组织有经验的人员来编写，做到系统化、完整化，不至于遗漏能导致危险的关键因素。

（2）安全检查表可以根据现有的规章制度、法律、法规和标准规范等检查执行情况，评价结果客观、准确。

（3）安全检查表采用提问的方式，有问有答，给人的印象深刻，能使人知道如何做才是正确的，因而可起到安全教育的作用。

（4）编制安全检查表的过程本身就是一个系统安全分析的过程，使检查人员对系统的认识更深刻，更便于发现危险因素。

（5）简明易懂、易于掌握。

2）安全检查表的缺点

（1）安全检查表只能进行定性评价，不能进行定量评价。

（2）安全检查表的质量受编制人员的知识水平和经验影响。

3. 安全检查表应用范围

安全检查表是进行安全检查，发现潜在危险的一种实用而简单可行的安全评价分析方法。可适用于项目建设、运行过程的各个阶段。安全检查表可以评价物质、设备和工艺，可用于专门设计的评价，也可用在新工艺（装置）的早期开发阶段，判定和估测危险，还可以对已经运行多年的在役装置的危险进行检查。在安全评价中，安全检查表常用于安全验收评价、安全现状评价、专项安全评价，而很少推荐用于安全预评价（预评价中有时是在企业选址、平面布局评价分析中可以使用安全检查表）。

4. 安全检查表的编制步骤

安全检查表为了系统地找出系统中的不安全因素，把系统加以剖析，查出各层次的不安全因素，确定检查项目，以提问的方式把检查项目按系统的组成顺序编制成表，以便进行检查或评审。安全检查表编制步骤如下：

（1）熟悉系统：包括系统的结构、功能、工艺流程、主要设备、操作条件、布置和已有的安全设施等。

（2）搜集资料：搜集有关的安全法律法规、标准、制度及本系统过去发生过事故的资料，作为编制安全检查表的依据。

（3）划分单元：按功能或结构将系统划分成子系统或单元，逐个分析潜在的危险因素。

（4）编制检查表：针对危险因素，依据有关法律法规、标准规定，参考过去事故的教训和经验确定安全检查表的检查要点、内容和为达到安全指标应采取的措施。安全检查表编制程序见图 3-2。

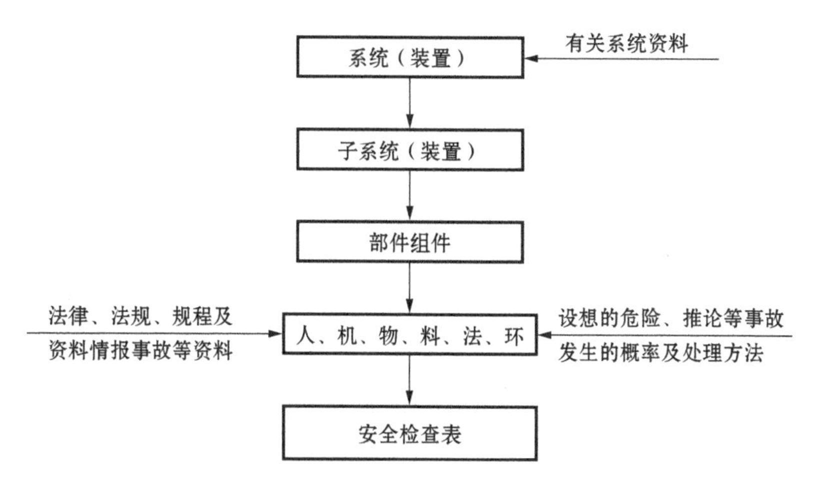

图 3-2 安全检查表编制程序

5. 常用的安全检查表格式

安全检查表是为安全检查而设计的一种便于工作的表格，表格的格式没有统一的规定，可以根据不同的要求，设计不同需要的安全检查表，但原则上要求安全检查表应条目清晰、内容全面、要求详细具体。常用的安全检查表（综合各种安全检查表的优点设计的一种格式）见表 3-8，供评价人员参考和使用。

表 3-8 安全检查表

序　号	检查项目和内容	检查结果		依　据	备注
		是	否		

被检查单位：　　　　　　　　　　检查日期：
检查人签字：　　　　　　　　　　被检查单位负责人签字：

注：安全检查表应列举需查明的所有导致事故的不安全因素，检查项目和内容通常采用提问方式，并以“是”或“否”来回答，“是”表示符合要求，“否”表示还存在问题，有待于进一步改进，回答是的符号表示为：“√”，表示否的符号“×”。安全检查表的评价依据主要包括①有关标准、规程、规范及规定；②国内外事故案例；③系统安全分析事例；④研究的成果等有关资料。备注中可以填写现场发现的实际问题和进一步需要改进的措施，每个检查表均需要注明检查单位、检查时间、检查人员等，以便分清责任，落实整改措施。

此外，在以上安全检查表基础上，还可以变换成打分模式的安全检查表，如表 3-9和表 3-10 所示。

表 3-9 打分法的安全检查表

序号	检查项目和内容	检查结果		依据	备注
		可判分数	判给分数		
	检查条款	0-1-2-3(低度危险) 0-1-3-5(中度危险) 0-1-5-7(高度危险)			
		总的满分	总的判分		
	百分比＝总的分数÷总的可能的分数＝判分/满分				

注:选取 0-1-2-3 时条款属于低危险程度,对条款的要求为“允许稍有选择,在条件许可的条件下首先应该这样做”;0-1-3-5 时条款属于中等危险程度,对条款的要求为“严格,在正常的情况下均应这样”;0-1-5-7 时条款属于高危险程度,对于条款的要求为“很严格,非这样做不可”。

表 3-10 气柜安全评价检查

序号	评价内容	依据	评价标准	应得分	结果(实得分)
1	气柜各节及柜顶无泄漏		一处泄漏扣 2 分	10	
2	各节水封槽保持满水,水槽保持少量溢流水		一节不符合扣 5 分	20	
3	导轮、导轨运行正常,油盖有油		达不到要求不得分	20	
4	各节之间防静电连接完好、可靠		不符合要求不得分	10	
5	气柜接地线完好无损,电阻不大于 10 欧		达不到要求不得分	10	
6	配备可燃性气体检测报警器,定期校验,保证完好		一个不好不得分	10	
7	高低液位报警准确完好		一个不准确不得分	20	
合计				100	

二、预先危险性分析

1. 预先危险性分析法定义

预先危险性分析(Preliminary Hazard Analysis,简称 PHA)又称初步危险分析,是在进行某项工程活动(包括设计、施工、生产、维修等)之前,项目存在的各种危险有害因素(类别、分布)出现条件和事故可能造成的后果进行宏观、概略分析的系统安全分析方法。通过 PHA 分析,力求达到以下四个目的:

(1) 大体识别与系统有关的主要危险;

(2) 鉴别产生危险的原因;

(3) 估计事故出现对人体及系统产生的影响;

(4) 判定已识别的危险性等级；并提出消除或控制危险性的措施。

预先危险性分析主要用于对危险物质和装置的主要工艺区域等进行分析。它常常用于项目装置等在开发的初期阶段分析物料、装置、工艺过程以及能量失控时可能出现的危险性类别、条件及可能造成的后果，作宏观的概略分析，其目的是辨识系统中存在的潜在危险，确定其危险等级，防止这些危险发展成事故。

2. 预先危险性分析法特点

预先危险性分析是进一步进行危险分析的先导、宏观的概略分析，是一种定性方法。在项目发展的初期使用 PHA 有如下优点：

(1) 它能识别可能的危险、用较少的费用或时间就能进行改正；

(2) 它能帮助项目开发组分析和(或)设计操作指南；

(3) 该方法不受行业的限制，任何行业都可以使用；

(4) 方法简单易行、经济、有效。

预先危险性分析的缺点是定性分析，评估危险等级的分析结果受人的主观性影响比较大。

3. 预先危险性分析法的适用范围

预先危险性分析适用于各类系统设计、施工、生产、维修前的概略分析和评价，也适用于固有系统中采取新的方法，接触新的物料、设备和设施的危险性评价。该法一般在项目的发展初期使用。

4. 预先危险性分析法编制步骤

(1) 通过经验判断、技术诊断或其他方法调查确定危险源(即危险因素存在于哪个子系统中)，对所需分析系统的生产目的、物料、装置及设备、工艺过程、操作条件以及周围环境等进行充分详细的调查了解；

(2) 根据过去的经验教训及同类行业生产中发生的事故(或灾害)情况，对系统的影响、损坏程度，类比判断所要分析的系统中可能出现的情况，查找能够造成系统故障、物质损失和人员伤害的危险性，分析事故(或灾害)的可能类型；

(3) 对确定的危险源分类，制成预先危险性分析表；

(4) 转化条件，即研究危险因素转变为危险状态的触发条件和危险状态转变为事故(或灾害)的必要条件，并进一步寻求对策措施，检验对策措施的有效性；

(5) 进行危险性分级，排列出重点和轻、重、缓、急次序，以便处理。

在分析系统危险性时，为了衡量危险性的大小及其对系统破坏性的影响程度，可以将各类危险性划分为 4 个等级，危险性等级越大，危险程度越高，危险性等级划分参见表 3-11。

表 3-11 危险性等级划分表

级别	危险程度	可能导致的后果
Ⅰ	安全的	不会造成人员伤亡及系统损坏
Ⅱ	临界的	处于事故的边缘状态，暂时还不至于造成人员伤亡、系统损坏或降低系统性能，但应予以排除或采取控制措施
Ⅲ	危险的	会造成人员伤亡和系统损坏，要立即采取防范对策措施
Ⅳ	灾难性的	造成人员重大伤亡及系统严重破坏的灾难性事故，必须予以果断排除并进行重点防范

(6) 制定事故(或灾害)的预防性对策措施。

5. 预先危险性分析法常用的表格格式

进行预先危险性分析所采用的格式和方法在很大程度上取决于所分析系统或设备的复杂性、时间与费用的约束、可用信息的种类、分析的深度以及分析人员的习惯及经验。

通过列表分析是目前预先危险性分析最常用的分析格式，也是最经济有效的分析格式。这种格式用于系统地查找和记录分析系统或设备中的危险，使用方便、简单，便于评价人员发现问题。列表的形式和内容随着分析系统或设备以及分析评价人员的不同而有变化。表格的格式和内容可根据实际情况确定。目前使用的预先危险性分析表格种类很多，但大部分内容都相似。表 3-12、表 3-13、表 3-14 为三种基本的格式。评价人员可以根据经验及兴趣爱好选择适合项目评价的预先危险性分析表格。

表 3-12 PHA 工作表格表

危险	原因	后果	危险等级	改进措施/预防方法

注：本工作表格要求划分整个系统为若干子系统(单元)；参照同类产品或类似的事故教训及经验，查明分析单元可能出现的危险因素；确定危险的起因、后果；分析危险等级；并提出消除或控制危险的对策，当危险不能控制的情况下，分析最好的损失预防的方法。

表 3-13 PHA 工作的典型格式表

危险/意外事故	阶 段	原因	危险等级	对 策
简要的事故名称	危害发生的阶段，如生产、试验、运输、维修、运行等	产生危害的原因	对人员及设备的危害	消除、减少或控制危害的措施

表 3-14　预先危险分析表通用格式

潜在事故	危险因素	触发事件	现象	形成事故原因事件	事故后果	危险等级	防范措施	备注

注：本表要求分析系统/子系统可能发生的潜在事故及存在的危险因素；产生潜在危险因素的触发事件，引发事故的现象；形成事故的原因事件；事故发生的后果、危险等级和防范措施（其中包括对装置、人员、操作程序等几方面的考虑）等。

三、作业条件危险性评价法（LEC 法）

1. 作业条件危险性评价分析法定义

作业条件危险性评价法（LEC 法）是一种简便易行的衡量人们在某种具有潜在危险的环境中作业的危险性的评价方法，具有一定的科学性和适用性。它是由美国安全专家格雷厄姆和金尼提出的。

该方法以与系统风险有关的三种因素（发生事故的可能性大小；人体暴露在危险环境中的频繁程度；一旦发生事故可能会造成的损失后果）指标值之积来评价系统人员伤亡风险的大小，并将所得作业条件危险性数值与规定的作业条件危险性等级相比较，从而确定作业条件的危险程度。

2. 作业条件危险性评价分析法特点

（1）作业条件危险性评价分析法优点。作业条件危险性评价法评价人们在某种具有潜在危险的作业环境中进行作业的危险程度，该方法简单易行，危险程度级别划分比较清楚、醒目。

（2）作业条件危险性评价分析法缺点。此方法只能定性不能定量，方法中影响危险性因素的分数值主要是根据经验来确定的，因此具有一定的主观性和局限性。

3. 作业条件危险性评价分析法应用范围

该方法一般用于企业作业现场的局部性评价（如员工抱怨作业环境差），不能普遍适用于整体、系统的完整的评价。

4. 作业条件危险性评价分析法步骤

（1）以类比作业条件比较为基础，由熟悉类比条件的设备、生产、安技人员组成专家组。

（2）对于一个具有潜在危险性的作业条件，确定事故的类型，找出影响危险性的主要因素：发生事故的可能性大小；人体暴露在这种危险环境中的频繁程度；一旦发生事故可能会造成的损失后果。

（3）由专家组成员按规定标准对 L、E、C 分别评分，取分值集的平均值作为 L、

E、C 的计算分值，用计算的危险性分值（D）来评价作业条件的危险性等级。用公式来表示，则为：

$$D = LEC$$

式中，L——发生事故的可能性大小，取值见表 3-15；

E——人员暴露于危险环境中的频繁程度，取值见表 3-16；

C——发生事故产生的后果，取值见表 3-17；

D——风险值，确定危险等级的划分标准见表 3-18。

表 3-15 发生事故的可能性(*L*)

分数值	事故发生的可能性	分数值	事故发生的可能性
10	完全可以预料	0.5	很不可能，可以设想
6	相当可能	0.2	极不可能
3	可能，但不经常	0.1	实际上不可能
1	可能性小，完全意外		

表 3-16 暴露于危险环境的频繁程度(*E*)

分数值	人员暴露于危险环境的频繁程度	分数值	人员暴露于危险环境的频繁程度
10	连续暴露	2	每月一次暴露
6	每天工作时间内暴露	1	每年几次暴露
3	每周一次，或偶然暴露	0.5	非常罕见地暴露

表 3-17 发生事故可能产生的后果(*C*)

分数值	发生事故可能会造成的损失后果	分数值	发生事故可能会造成的损失后果
100	大灾难，许多人死亡，或造成重大财产损失	7	严重，重伤，或较小财产损失
40	灾难，数人死亡，或造成很大财产损失	3	很大，致残，或很小财产损失
15	非常严重，一人死亡，或造成一定财产损失	1	引人注目，不利于基本的安全卫生要求

表 3-18 危险等级划分标准(*D*)

D 值	危 险 程 度	危险等级
＞320	极其危险，不能继续作业，停产整改	5
160～320	高度危险，需立即整改	4
70～160	显著危险，需要整改	3
20～70	一般危险，需要注意	2
＜20	稍有危险，可以接受，注意防止	1

一般情况下，事故发生的可能性，风险越大；暴露于危险环境的频繁程度越大，风险越大；事故产生的后果越大，风险越大。运用作业条件危险评价法进行分析时，危险等级为1级、2级的，可确定为属于可接受的风险；危险等级为3级、4级、5级的，则确定为属于不可接受的风险。

第五节　脆弱性风险分析

为了确定事故应急的对象，在危险源辨识基础上，要进行脆弱性分析。脆弱性分析的主要内容是一旦发生事故，哪些区域更容易受到事故后果影响。事故影响范围内的脆弱性目标包括人员、财产、生态环境三大类。确定事故潜在影响区域的有效方法是后果分析。通过危险源辨识，在确认可能的事故情况后，可使用事故后果模型技术评价事故的后果，即基于各种事故后果伤害模型和伤害准则，通过事故后果模型得到热辐射、冲击波超压或毒物浓度等随距离变化的规律，然后与相应的伤害准则进行比较，得出事故后果影响的范围，以及事故发生后能够造成人员伤亡、财产损失和环境破坏等多种后果。后果分析主要是评价各种事故发生后造成的后果，并转换为相同的危害指标。后果分析具体包括：对潜在事故情景的描述（容器破裂，管道破裂，安全阀失灵等）；危险物质泄漏量的计算（有毒、易燃、爆炸）；危险物质泄漏后扩散进行计算；事故后果影响的评估（毒性、热辐射、爆炸冲击波）。

脆弱性分析一般包括以下两个步骤：首先是根据各种事故后果模型，用一定范围内的爆炸冲击波超压、热辐射通量、毒物浓度等参数表示事故后果，确定脆弱区范围；把计算出的事故后果度量参数与伤害标准结合，从而分析每种事故后果对人员、财产和环境的影响程度，进而确定脆弱性目标。

一、脆弱区性范围确定

对于危险化学品来讲，其事故后果一般包括火灾、爆炸和毒物泄漏扩散三种事故类型。火灾又可细分为池火灾、喷射火、闪火和沸腾液体扩展蒸气爆炸（BLEVE）等；爆炸也可细分为凝聚相爆炸、蒸气云爆炸和物理爆炸等；毒物泄漏扩散也可细分为中性气体扩散和重气扩散等。

很多情况下，工业火灾的主要影响后果是财产损失，如果因火灾而把有毒化学物质挥发到空气中或泄漏到水体中，那么对环境的影响也是很严重的。爆炸对员工和公众的直接影响更为严重，许多文献记载的重特大死亡事故大多为爆炸事故。毒物泄漏扩散对人的影响最难预测。完整的后果分析要求知道泄漏区地面毒气浓度随时间变化的整个过程，以及不同浓度的毒物对人员生命和健康影响的毒理学知识，在此基础上才可以确定出脆弱区。

目前，用于计算事故后果的数学模型有很多，本章第六节列出了一些常用的事故后果计算模型。在应用这些模型时，要充分认识到这些模型的复杂性，尤其是泄漏扩散问题更为复杂，影响因素很多。首先，确定泄漏源模型就非常困难，因为泄漏时存在不同类型。泄漏过程也可分为连续泄漏和瞬时泄漏两种。此外，泄漏物质的动量也随泄漏率或泄漏速度变化，这使模型更为复杂。如果泄漏物质为液体，在泄漏点会形成液池，液池会以一定速度蒸发，这与液体热力学性质、热源和周围大气的流体力学性质（如风速、风向、湍流度）有关。毒性气体的扩散问题更为复杂，中性气体和重气的扩散模式是完全不同的，同时还要考虑地形条件和气象条件等因素的影响等。通过事故后果模型，结合各种类型事故后果的伤害标准，就可以确定出事故可能造成的影响范围，即脆弱区。

二、脆弱性目标的确定

根据伤害标准和区域内的人员数量和类型，周边环境情况，如医院、学校、疗养院、托儿所、办公楼的分布、周边居民区的人数等，可以计算出不同伤害程度下的人员伤害脆弱区的范围；最简便的方法是按最坏情况考虑，即假定该区域生活和工作的人员总出现在这里，会受到事故的影响。当然要计算事故影响的相应数值，也需要考虑每天的人员出入情况。使用概率方法也能确定一个人在事故时出现在该区域的概率。

根据财产破坏标准，可以计算不同破坏程度下的财产破坏脆弱区的范围。财产损失包括：居民财产、建筑物、基础设施（如水、食物、电、医疗）和运输线路、变配电站、主要交通道路（国家铁路线、国道等）、Ⅰ、Ⅱ级国家架空通讯线路等。

火灾、爆炸、毒物泄漏等也会对大气、动植物以及生态系统造成影响。特别是一些化学危险品泄漏进入土壤、水体等会造成更大的影响，根据事故后果的计算，以及脆弱区内的土地及水体情况，可初步判定出事故对环境的影响。要进行深入细致的分析，可采用环境影响评价中的土壤污染、水体污染等评价模型进行专业性的评价。

三、脆弱性风险等级划分

脆弱性风险分析是对危险源可能发生事故的后果严重程度和可能性的综合描述。通过脆弱性风险分析，可以明确应急对象，使应急预案能够针对风险最大的事故进行处置。比较适用于脆弱性风险评估的方法是风险矩阵法，风险矩阵法是根据事故发生的可能性及其可能造成的损失的乘积来衡量风险的大小，其计算公式是：

$$风险值:D = P \times S$$

式中，P 表示事故发生可能性；S 表示事故可能造成的损失。

其具体的衡量方式和赋值方法见表 3-19 和表 3-20。

表 3-19 脆弱性分析衡量方式和赋值方法表

	风险矩阵	中等风险（III级）	重大风险（IV级）		特别重大风险（V级）		有效类别	赋值	可能造成的损失				
									人员伤害程度及范围	由于伤害估算的损失(元)	环境污染	法规及规章制度符合状况	公司形象受损程度或范围
一般风险（II级）	6	12	18	24	30	36	A	6	多人死亡	5000万以上	发生省级及以上有影响的污染事件	违反法律法规、强制性标准	产生国内及国际影响
一般风险（II级）	5	10	15	20	25	30	B	5	一人死亡	1000万到5000万	发生市级有影响的污染事件	不符合行政法律法规	影响限于省级范围内
一般风险（II级）	4	8	12	16	20	24	C	4	多人受严重伤害	300万到1000万	污染波及相邻公司	不符合部门规章制度	影响限于城市范围内
一般风险（II级）	3	6	9	12	15	18	D	3	一人受严重伤害	100万到300万	污染限于厂区，紧急措施能处理	不符合集团公司规章制度	影响限于集团公司范围内
低风险（I级）		4	6	8	10	12	E	2	一人受到伤害，需要急救；或多人受轻微伤害	20万到100万	设备局部、作业过程局部受污染，正常治污手段能处理	不符合公司规章制度	影响限于公司范围内
低风险（I级）		2	3	4	5	6	F	1	一人受轻微伤害	0到20万	没有污染	完全符合	无影响

1	2	3	4	5	6	赋值
L	K	J	I	H	G	有效类别
不可能	极不可能发生	过去偶尔发生	过去曾经发生、或在异常情况下发生	常发生或在预期情况下发生	在正常情况下经常发生	发生的可能性
估计从不发生	10年以上可能发生一次	10年内可能发生一次	5年内可能发生一次	每年可能发生一次	1年内能发生10次或以上	发生可能性的衡量(发生频
时时检查，有操作规程，并严格执行	每日检查；有操作规程，并执行	每周检查；有操作规程、但偶尔不执行	每月检查；有操作规程，只是部分执行	偶尔检查或大检查；有操作规程，但只是偶尔执行（或操作规程内容不完善）	从来没有检查；没有操作规程	管理措施
高度胜任（培训充分，经验丰富，意识强）	较胜任，偶然出差错	能胜任，出差错频次一般	一般胜任（有上岗证，有培训，但经验不足，多次出差错）	不够胜任（有上岗资格证，但没有接受有效培训）	不胜任（无任何培训、无任何经验、无上岗资格证）	员工胜任程度
运行优秀	运行良好，基本不出故	运行后期，可能出故障	过期未检、偶尔出故障	超期服役、经常出故障，不符合公司规定	带病运行，不符合国家、行业规范	设备设施现状
有效防范控制措施	有，偶尔失去作用或出差错	有，仍然存在失去作用或出差错	有，但没有完全使用（如个人防护用品）	防范、控制措施不完善	无任何防范或控制措施	监测、控制、报警、联锁、补救措施

风险等级划分		
风险值	风险等级	备注
30～36	特别重大风险	V级
18～25	重大风险	IV级
9～16	中等风险	III级
3～8	一般风险	II级
1～2	低风险	I级

表 3-20 脆弱性风险等级汇总表

特别重大风险 V级(30～36)			重大风险 Ⅳ级(18～24)			中等风险 Ⅲ级(9～16)			一般风险 Ⅱ级(3～8)			低风险 Ⅰ级(1～2)		
序号	工作/任务名称	风险值	序号	工作/任务名称	风险值	序号	工作/任务名称	风险值	序号	工作/任务名称	风险值	序号	工作/任务名称	风险值
1			1			1			1			1		
2			2			2			2			2		
3			3			3			3			3		
4			4			4			4			4		
5			5			5			5			5		
6			6			6			6			6		
7			7			7			7			7		
8			8			8			8			8		
9			9			9			9			9		
10			10			10			10			10		

表中将损失分为 6 类(即 A—F),依次递减赋值为(6～1);事故发生的可能性也分为 6 类(即 G—L),依次递减赋值为(6～1)。

根据风险值的大小,可将风险分为 5 个等级。

说明:

(1) 事故发生"可能性"的确定方法。对于事故发生"可能性"的确定需要根据以往事故统计或经验来模糊判断。

(2) "损失"的确定方法。对"可能造成的损失"的确定需要在建立假设的基础上,即假设在事故实际发生的情况下,估计会造成什么样的损失。事故发生后可能造成的后果是多个,按照风险管理的要求,取各种后果中最为严重的一个来确定"可能造成的损失"。对照风险矩阵及风险等级划分表,赋予相应的值。

(3) 风险值的确定方法。风险值=可能性×损失。

(4) 风险等级的确定方法。将计算得出风险值与风险矩阵及风险等级划分表右下方的"风险等级划分"对照即可得到相应的风险等级。

通过危险源辨识、脆弱性分析和风险分析,对政府或企业的危险源的基本情况、可能的事故后果、事故风险大小进行分析,对每个危险源分析的结果可以用表 3-21的形式进行最终的分析结果汇总,便于编制应急预案时使用。

表 3-21　危险分析结果汇总表

危险源名称	
1. 危险源辨识	
①危险化学品名称	
②位置	
③数量	
④可能的泄漏量	
⑤危险化学品危险特性	
2. 脆弱性分析	
①脆弱区范围	
②脆弱区内的人口数量	
③可能被破坏的财产	
④可能被破坏的公共工程	
⑤可能造成的环境影响	
3. 风险分析	
①事故发生的可能性	
②人员伤害类型	
③财产破坏类型	
④环境破坏类型	
⑤事故后果的严重程度	
⑥风险等级	

第六节　定量风险分析技术模型及方法

火灾、爆炸、中毒是常见的重大事故，经常造成严重的人员伤亡和巨大的财产损失，影响社会安定。本节运用在一系列的假设前提下建立的数学模型，计算实际事故发生伤害的范围，为脆弱性分析以及编制应急预案提供技术参考。

一、爆炸

爆炸是物质的一种非常急剧的物理、化学变化，也是大量能量在短时间内迅速释放或急剧转化成机械功的现象。它通常是借助于气体的膨胀来实现。

从物质运动的表现形式来看，爆炸就是物质剧烈运动的一种表现。物质运动急剧增速，由一种状态迅速地转变成另一种状态，并在瞬间内释放出大量的能。

一般说来，爆炸现象具有以下特征：①爆炸过程进行得很快；②爆炸点附近压力急剧升高，产生冲击波；③发出或大或小的响声；④周围介质发生震动或邻近物质遭受破坏。

一般将爆炸过程分为两个阶段：第一阶段是物质的能量以一定的形式（定容、绝热）转变为强压缩能；第二阶段强压缩能急剧绝热膨胀对外做功，引起作用介质变形、移动和破坏。

按爆炸性质可分为物理爆炸和化学爆炸。物理爆炸就是物质状态参数（温度、压力、体积）迅速发生变化，在瞬间放出大量能量并对外做功的现象。其特点是在爆炸现象发生过程中，造成爆炸发生的介质的化学性质不发生变化，发生变化的仅是介质的状态参数。例如锅炉、压力容器和各种气体或液化气体钢瓶的超压爆炸以及高温液体金属遇水爆炸等。化学爆炸就是物质由一种化学结构迅速转变为另一种化学结构，在瞬间放出大量能量并对外做功的现象。如可燃气体、蒸气或粉尘与空气混合形成爆炸性混合物的爆炸。化学爆炸的特点是：爆炸发生过程中介质的化学性质发生了变化，形成爆炸的能源来自物质迅速发生化学变化时所释放的能量。化学爆炸有三个要素，所反应的放热性、反应的快速性和生成气体产物。

从工厂爆炸事故来看，有以下几种化学爆炸类型：①蒸气云团的可燃混合气体遇火源突然燃烧，是在无限空间中的气体爆炸；②受限空间内可燃混合气体的爆炸；③化学反应失控或工艺异常所造成压力容器爆炸；④不稳定的固体或液体爆炸。

总之，发生化学爆炸时会释放出大量的化学能，爆炸影响范围较大；而物理爆炸仅释放出机械能，其影响范围较小。

1. 物理爆炸的能量

物理爆炸如压力容器破裂时，气体膨胀所释放的能量（即爆破能量）不仅与气体压力和容器的容积有关，而且与介质在容器内的物性相态相关。因为有的介质以气态存在，如空气、氧气、氢气等；有的以液态存在，如液氨、液氯等液化气体、高温饱和水等。容积与压力相同而相态不同的介质，在容器破裂时产生的爆破能量也不同，而且爆炸过程也不完全相同，其能量计算公式也不同。

1）压缩气体与水蒸气容器爆破能量

当压力容器中介质为压缩气体，即以气态形式存在而发生物理爆炸时，其释放的爆破能量为：

$$E_g = \frac{PV}{k-1}\left[1-\left(\frac{0.1013}{P}\right)^{\frac{k-1}{k}}\right]\times 10^3 \tag{3-2}$$

式中，E_g——气体的爆破能量，kJ；

P——容器内气体的绝对压力，MPa；

V——容器的容积，m^3；

k——气体的绝热指数，即气体的定压比热与定容比热之比。

常用气体的绝热指数数值见表 3-22。

表 3-22　常用气体的绝热指数

气体名称	空气	氮	氧	氢	甲烷	乙烷	乙烯	丙烷	一氧化碳
k 值	1.4	1.4	1.397	1.412	1.316	1.18	1.22	1.33	1.395
气体名称	二氧化碳	一氧化氮	二氧化氮	氨气	氯气	过热蒸气	干饱和蒸气		氢氰酸
k 值	1.295	1.4	1.31	1.32	1.35	1.3	1.135		1.31

从表中可看出，空气、氮、氧、氢及一氧化氮、一氧化碳等气体的绝热指数均为 1.4 或近似 1.4，若用 $k=1.4$ 代入式(3-3)中，

$$E_g = 2.5PV\left[1-\left(\frac{0.1013}{P}\right)^{0.2857}\right]\times 10^3 \tag{3-3}$$

令

$$c_g = 2.5P\left[1-\left(\frac{0.1013}{P}\right)^{0.2857}\right]\times 10^3$$

则式(3-3)可简化为：

$$E_g = C_g V \tag{3-4}$$

式中，C_g——常用压缩气体爆破能量系数，kJ/m^3。

压缩气体爆破能量 C_g 是压力 P 的函数，各种常用压力下的气体爆破能量系数列于表 3-23 中。

表 3-23　常用压力下的气体容器爆破能量系数(k=1.4 时)

表压力 P(MPa)	0.2	0.4	0.6	0.8	1.0	1.6	2.5
爆破能量系数 C_g(kJ/m^3)	2×10^2	4.6×10^2	7.5×10^2	1.1×10^3	1.4×10^3	2.4×10^3	3.9×10^3
表压力 P(MPa)	4.0	5.0	6.4	15.0	32	40	
爆破能量系数 C_g(kJ/m^3)	6.7×10^3	8.6×10^3	1.1×10^4	2.7×10^4	6.5×10^4	8.2×10^4	

若将 $k=1$ 代入式(3-3)，可得干饱和蒸气容器爆破能量为：

$$E_s = 7.4PV\left[1-\left(\frac{0.1013}{P}\right)^{0.1189}\right]\times 10^3 \tag{3-5}$$

用上式计算有较大的误差，因为没有考虑蒸气干度的变化和其他的一些影响，但它可以不用查明蒸气热力性质而直接计算，对危险性评价是可提供参考的。

对于常用压力下的干饱和蒸气容器的爆破能量可按下式计算：

$$E_s = C_s V \tag{3-6}$$

式中，E_s——水蒸气的爆破能量，kJ；

V——水蒸气的体积，m^3；

C_s——干饱和水蒸气爆破能量系数 kJ/m^3。

各种常用压力下的干饱和水蒸气容器爆破能量系数列于表 3-24 中。

表 3-24 常用压力下干饱和水蒸气容器爆破能量系数

表压力 P(MPa)	0.3	0.5	0.8	1.3	2.5	3.0
爆破能量系数	4.37×10^2	8.31×10^2	1.5×10^3	2.75×10^3	6.24×10^3	7.77×10^3

2）介质全部为液体时爆破能量

通常用液体加压时所做的功作为常温液体压力容器爆炸时释放的能量，计算公式如下：

$$E_L = \frac{(P-1)^2 V\beta_t}{2} \tag{3-7}$$

式中，E_L——常温液体压力容器爆炸时释放的能量，kJ；

P——液体的压力(绝)，Pa^{-1}；

V——容器的体积，m^3；

β_t——液体在压力 P 和 T 正气压缩系数，Pa^{-1}。

3）液化气体与高温饱和水的爆破能量

液化气体和高温饱和水一般在容器内以气液两态存在，当容器破裂发生爆炸时，除了气体的急剧膨胀做功外，还有过热液体激烈的蒸发过程。在大多数情况下，这类容器内的饱和液体占有容器介质重量的绝大部分，它的爆破能量比饱和气体大得多，一般计算时考虑气体膨胀做的功。过热状态下液体在容器破裂时释放出爆破能量可按下式计算：

$$E = [(H_1 - H_2) - (S_1 - S_2)T_1]W \tag{3-8}$$

式中，E——过热状态液体的爆破能量，kJ；

H_1——爆炸前液化游人析焓，kJ/kg；

H_2——在大气压力下饱和液体的焓，kJ/kg；

S_1——爆炸前饱和液体的熵，kJ/kg·℃；

S_2——在大气压力下饱和液体的熵，kJ/kg·℃；

T_1——介质在大气压力下的沸点，kJ/kg·℃；

W——饱和液体的质量，kg。

饱和水容器的爆破能量按下式计算：

$$E_W = C_W V \tag{3-9}$$

式中，E_W——饱和水容器的爆破能量，kJ；

V——容器内饱和水所占的容积，m^3；

C_W——饱和水爆破能量系数，kJ/m^3，其值见表 3-25。

表 3-25　常用压力下饱和水爆破能量系数

表压力 P(MPa)	0.3	0.5	0.8	1.3	2.5	3.0
CW(kJ/m^3)	2.38×10^4	3.25×10^4	4.56×10^4	6.35×10^4	9.56×10^4	1.06×10^4

2. 爆炸冲击波及其伤害、破坏作用

压力容器爆破时，爆破能量在向外释放时以冲击波能量、碎片能量和容器残余变形能量三种形式表现出来。根据介绍，后两者所消耗的能量只占总爆破能量的3%～15%，也就是说大部分能量是产生空气冲击波。

1）爆炸冲击波

冲击波是由压缩波叠加形成的，是波阵面以突进形式在介质中传播的压缩波。容器破裂时，器内的高压气体大量冲出，使它周围的空气受到冲击波而发生扰动，使其状态（压力、密度、温度等）发生突跃变化，其传播速度大于扰动介质的声速，这种扰动在空气中传播就成为冲击波。在离爆破中心一定距离的地方，空气压力会随时间发生迅速而悬殊的变化。开始时，压力突然升高，产生一个很大的正压力，接着又迅速衰减，在很短时间内正压降至负压。如此反复循环数次，压力渐次衰减下去。开始时产生的最大正压力即是冲击波波阵面上的超压 ΔP。多数情况下，冲击波的伤害、破坏作用是由超压引起的。超压 ΔP 可以达到数个甚至数十个大气压。

冲击波伤害、破坏作用准则有：超压准则、冲量准则、超压-冲量准则等。为了便于操作，下面仅介绍超压准则。超压准则认为，只要冲击波超压达到一定值时，便会对目标造成一定的伤害或破坏。超压波对人体的伤害和对建筑物的破坏作用见表 3-26 和表 3-27。

表 3-26　冲击波超压对人体的伤害作用

超压 ΔP(MPa)	伤 害 作 用
0.02～0.03	轻微损伤
0.03～0.05	听觉器官或骨折
0.05～0.10	内脏严重损伤或死亡
>0.10	大部分人员死亡

表 3-27 冲击波超压对建筑的破坏作用

超压 ΔP(MPa)	伤害作用
0.005～0.006	门、窗玻璃部分破碎
0.006～0.015	受压面的门窗玻璃大部分破碎
0.015～0.02	窗框损坏
0.02～0.03	墙裂缝
0.04～0.05	墙大裂缝，屋瓦掉下
0.06～0.07	木建筑厂房房柱折断，房架松动
0.07～0.10	硅墙倒塌
0.10～0.20	防震钢筋混凝土破坏，小房屋倒塌
0.20～0.30	大型钢架结构破坏

2）*冲击波的超压*

冲击波波阵面上的超压与产生冲击波的能量有关，同时也与距离爆炸中心的远近有关。冲击波的超压与爆炸中心距离的关系：

$$\Delta P \propto R^{-n} \tag{3-10}$$

式中，ΔP——冲击波波阵面上的超压，MPa；

R——距爆炸中心的距离，m；

n——衰减系数。

衰减系数在空气中随着超压的大小而变化，在爆炸中心附近内为 2.5～3；当超压在数个大气压以内时，$n=2$；小于 1 个大气压 $n=1.5$。

实验数据表明，不同数量的同类炸药发生爆炸时，如果距离爆炸中心的距离 R 之比与炸药量 q 三次方根之比相等，则所产生的冲击波超压相同，用公式表示如下：

若 $$\frac{R}{R_0} = \sqrt[3]{\frac{q}{q_0}} = \alpha \qquad 则\ \Delta P = \Delta P_0 \tag{3-11}$$

式中，R——目标与爆炸中心距离，m；

R_0——目标与基准爆炸中心的相当距离，m；

q_0——基准爆炸能量，TNT，kg；

q——爆炸时产生冲击波所消耗的能量，TNT，kg；

ΔP——目标处的超压，Mpa；

ΔP_0——基准目标处的超压，Mpa；

α——炸药爆炸试验的模拟比。

上式也可写成为：

$$\Delta P(R) = \Delta P_0(R/\alpha) \quad (3\text{-}12)$$

利用式(3-12)就可以根据某些已知药量的试验所测得的超压来确定任意药量爆炸时在各种相应距离下的超压。

表3-28是1 000kg TNT炸药在空气中爆炸时所产生的冲击波超压。

表3-28　1 000kg TNT爆炸时的冲击波超压

距离R_0(m)	5	6	7	8	9	10	11	12
超压ΔP_0(Mpa)	2.94	2.06	1.67	1.27	0.95	0.76	0.50	0.33
距离ΔR_0(m)	16	18	20	25	30	35	40	45
超压ΔP_0(Mpa)	0.235	0.17	0.126	0.079	0.057	0.043	0.033	0.027
距离ΔR_0(m)	50	55	60	65	70	75		
超压ΔP_0(Mpa)	0.023 5	0.020 5	0.018	0.016	0.014 3	0.013		

综上所述，计算压力容器爆破时对目标的伤害、破坏作用，可按下列程序进行。

(1) 首先根据容器内所装介质的特性，分别选用式(3-2)至式(3-9)计算出其爆破能量E。

(2) 将爆破能量q换算成TNT当量q。因为1kg TNT爆炸所放出的爆破能量为4 230kJ/kg～4 836kJ/kg，一般取平均爆破为4 500kJ/kg，故其关系为：

$$q = E/q_{\text{TNT}} = E/4\,500 \quad (3\text{-}13)$$

(3) 按式(3-11)求出爆炸的模拟比α，即

$$\alpha = (q/q_0)^{\frac{1}{3}} = (1/1\,000)^{\frac{1}{3}} = 0.1q^{\frac{1}{3}} \quad (3\text{-}14)$$

(4) 求出在1 000kg TNT爆炸试验中的相当距离R_0，即$R_0 = R/\alpha$。

(5) 根据R_0值在表3-11中找出距离为R_0处的超压ΔR_0(中间值用插入法)，此即所求距离为R处的超压。

(6) 根据超压ΔR值，从表3-26、表3-27中找出对人员和建筑场的伤害、破坏作用。

3) 蒸气云爆炸的冲击波伤害、破坏半径

爆炸性气体液态储存，如果瞬间泄漏后遇到延迟点火或气态储存时泄漏到空气中，遇到火源，则可能发生蒸气云爆炸。导致蒸气云形成的力来自容器内含有的能量或可燃物含有的内能，或两者兼而有之。"能"主要形式是压缩能、化学能或热能。一般说来，只有压缩能和热量才能单独导致形成蒸气云。

根据荷兰应用科研院(TNO(1979))建议，可按下式预测蒸气云爆炸的冲击波的损害半径：

$$R = C_S(NE)^{\frac{1}{3}} \quad (3\text{-}15)$$

式中，R——损害半径，m；

E——爆炸能量，kJ，可按下式取；

$$E = V \cdot H_c \tag{3-16}$$

V——参与反应的可燃气体的体积，m^3；

H_c——可燃气体的高燃烧热值，kJ/m^3，取值情况见表 3-29；

N——效率因子，其值与燃烧浓度持续展开所造成损耗的比例和燃料燃烧所得机械能的数量有关，一般取 $N=10\%$；

C_S——经验常数，取决于损害等级，其取值情况见表 3-30。

表 3-29 某些气体的高燃烧热值(kJ/m^3)

气体名称		高热值	气体名称	高热值
氢气		12 770	乙烯	64 019
氨气		17 250	乙炔	58 985
苯		47 843	丙烷	101 828
一氧化碳		17 250	丙烯	94 375
硫化氨	生成 SO_2	25 708	正丁烷	134 026
	生成 SO_3	30 146	异丁烷	132 016
甲烷		39 860	丁烯	121 883
乙烷		70 425		

表 3-30 损害等级表

损害等级	$Cs(mJ^{-1/3})$	设备损坏	人员伤害
1	0.03	重创建筑物的加工设备	1%死亡于肺部伤害 >50%耳膜破裂 >50%被碎片击伤
2	0.06	损坏建筑物外表可修复性破坏	1%耳膜破裂 1%被碎片击伤
3	0.15	玻璃破碎	被碎玻璃击伤
4	0.4	10%玻璃破碎	

3. 实例分析

以***煤化企业为例，评价分析该企业的空气压缩机压缩空气储罐爆炸及蒸汽锅炉锅筒爆炸后果。

1）压缩空气储罐

（1）缩机压缩空气储罐爆炸后果分析。

本评价对仪表空气压力储罐进行定量分析。

爆炸能量(以工作压力计算爆炸能量)：

压缩空气储罐工作压力　$P=0.6$MPa(表压力)

单台压缩空气储罐容积　$V=200\text{m}^3$

0.8MPa 下压缩空气的爆炸能量系数　$C_p=7.5\times10^2\text{kJ/m}^3$

爆炸能量　$L=C_pV=7.5\times10^2\times200=1.5\times10^5\text{kJ}$

TNT 爆热值　$q_{TNT}=4.23\times10^3\text{kJ/kg}$

200m^3 压缩空气储罐的爆炸能量的 TNT 当量值　$Q=L/q_{TNT}=35.5$kg(TNT)。

(2) 物理爆炸冲击波超压可能的伤害范围。

标准炸药量　$Q_0=1\,000$kg

模拟比　$\alpha=(Q/Q_0)^{1/3}=(35.5/1\,000)^{1/3}=0.329$

1 000kg 的标准炸药，距离爆炸中心 $R_0=42.5$m 范围内可致人重伤，最小冲击波超压为 $\Delta P_0=0.03$MPa。压缩空气储罐爆炸致人重伤的实际距离 $R=\alpha R_0=0.329\times42.5=14.0$m。压缩空气储罐爆炸致人重伤的圆面积 $S=\pi R^2=\pi\times14.0^2=613.9\text{m}^2$。

1 000kg 标准炸药致人死亡的最小冲击波超压 $\Delta P_0=0.05$MPa，离爆炸中心的标准距离 $R_0=32.5$m。空气压缩机储罐爆炸导致人死亡的实际距离 $R=\alpha R_0=0.329\times32.5=10.7$m，压缩空气储罐爆炸致人死亡的圆面积 $S=\pi R^2=\pi\times10.7^2=359.0\text{m}^2$。

1 000kg 标准炸药导致防震钢筋混凝土破坏的最小冲击波超压 $\Delta P_0=0.1$MPa，离爆炸中心的标准距离 $R_0=22.3$m。压缩空气储罐爆炸导致防震钢筋混凝土破坏的实际距离 $R=\alpha R_0=0.329\times22.3=7.3$m。压缩空气储罐爆炸导致防震钢筋混凝土破坏的圆面积 $S=\pi R^2=\pi\times7.3^2=169.0\text{m}^2$。

如果 200m^3 的压缩空气储罐爆炸，以压缩空气储罐为中心，在半径 $R=14.0$m 的圆形面积 $S=613.9\text{m}^2$ 之内，均可能因储气罐爆炸的冲击波超压而致重伤；在半径 $R=10.7$m 的圆形面积 $S=359.0\text{m}^2$ 之内，均可能因压缩空气储罐爆炸的冲击波超压而致死；在半径 $R=7.3$m 的圆形面积 $S=169.0\text{m}^2$ 之内，致防震钢筋混凝土破坏。

压缩空气储罐爆炸后碎片对人和设备都会造成很大的破坏作用。

2) 蒸汽锅炉

(1) 锅炉锅筒爆炸后果分析。

由于蒸汽锅炉锅筒的爆炸能量最大，本评价报告仅对蒸汽锅炉锅筒爆炸后果进行定量分析。

锅筒爆炸能量：

锅炉额定工作压力　$P=3.82$MPa(表压力)

取出气流动阻力为 0.5MPa

锅筒在正常工作压力下的绝对压力为 4.42MPa

锅炉汽容积　$V_1=6.0\text{m}^3$

锅炉水容积　$V_2=6.0\text{m}^3$

饱和汽的爆炸能量系数　$C_{p1}=1.3\times10^4\text{kJ/m}^3$

饱和水的爆炸能量系数　$C_{p2}=1.3\times10^5\text{kJ/m}^3$

锅炉总爆炸能量　$L=C_{p1}V_1+C_{p2}V_2=8.58\times10^5\text{kJ}$

TNT 爆热值　$q_{\text{TNT}}=4.23\times10^3\text{kJ/kg}$

锅炉爆炸能量的 TNT 当量　$Q=L/q_{\text{TNT}}=202.8$kg(TNT)

(2) 物理爆炸冲击波超压可能的伤害范围。

标准炸药量　$Q_0=1\,000$kg

模拟比　$\alpha=(Q/Q_0)^{1/3}=(202.8/1\,000)^{1/3}=0.59$

1 000kg 的标准炸药,距离爆炸中心 $R_0=42.5$m 范围内可致人重伤,最小冲击波超压为 $\Delta P_0=0.03$MPa。锅炉锅筒爆炸致人重伤的实际距离 $R=\alpha R_0=0.59\times42.5=25.1$m。锅炉锅筒爆炸致人重伤的圆面积 $S=\pi R^2=\pi\times25.1^2=1974.3\text{m}^2$。

1 000kg 标准炸药致人死亡的最小冲击波超压 $\Delta P_0=0.05$MPa,离爆炸中心的标准距离 $R_0=32.5$m。锅炉锅筒爆炸导致人死亡的实际距离 $R=\alpha R_0=0.59\times32.5=19.2$m。锅炉锅筒爆炸致人死亡的圆面积 $S=\pi R^2=\pi\times19.8^2=1\,154.5\text{m}^2$。

1 000kg 标准炸药导致防震钢筋混凝土破坏的最小冲击波超压 $\Delta P_0=0.1$MPa。

离爆炸中心的标准距离 $R_0=22.3$m。锅炉锅筒爆炸导致防震钢筋混凝土破坏的实际距离 $R=\alpha R_0=0.59\times22.3=13.2$m。锅炉锅筒爆炸导致防震钢筋混凝土破坏的圆面积 $S=\pi R^2=\pi\times13.2^2=543.6\text{m}^2$。

(3) 锅炉爆炸后湿热蒸汽伤害范围。

表压力为 4.42MPa 的饱和汽的膨胀系数为 $C_{L1}=30.2$,饱和水的膨胀系数为 $C_{L2}=338.4$。当锅炉爆炸时,锅炉内压力为 4.42MPa 的饱和水和饱和汽瞬间在大气压力下蒸发或膨胀,锅筒中的汽体积为 $V_1=6.0\text{m}^3$,水体积为 $V_2=6.0\text{m}^3$,汽化和膨胀后的体积为 $V_L=V_1C_{L1}+V_2C_{L2}=2\,211.6\text{m}^3$,被蒸汽笼罩的半径(以锅筒为中心)为:

$$R_L=\sqrt[3]{\frac{3}{4\pi}V_L}=8.1\text{m}$$

如果锅炉锅筒发生爆炸,以锅筒为中心,在半径 $R=25.1$m 的圆形面积 $S=1\,974.3\text{m}^2$之内,均可能因锅炉爆炸的冲击波超压而致重伤;在半径 $R=19.2$m 的圆形面积 $S=1\,154.5\text{m}^2$ 之内,均可能因锅筒爆炸的冲击波超压而致死;在半径$R=13.2$m 的圆形面积 $S=543.6\text{m}^2$ 之内,致防震钢筋混凝土破坏;在半径为 $R_L=$

8.1m半球形范围内造成人员烫伤。

注：以上计算为在额定压力下爆炸造成的危害后果计算，如果设备爆炸时的压力超过额定压力时，其爆炸能量及破坏力将超过以上计算值。

二、火灾

火灾事故酿成的灾害最为常见。可燃液体或气体泄漏造成的火灾，在重大事故中占有相当高的比例。火灾后果分析涉及燃烧速度、燃烧时间、火焰几个尺寸、热辐射强度、人和设备接受热辐射程度等。火灾的形态大致可分：池火、喷射火、火球和突发火四种。

1. 池火

池火灾的主要危害在于易燃液体剧烈燃烧能够释放出巨大的热能，产生强烈的热辐射，对人员以及加工设备、设施、厂房、建筑物等造成伤害和破坏。池火灾的特征可以用世界银行国际信贷公司（IFC）编写的《工业污染事故评价技术手册》中提出的池火灾伤害模型来估计。

1）池直径的计算

当危险单元为油罐或油罐区时，可根据防护堤所围池面积 S（m^2）计算池直径 D（m）：

$$D = \frac{4S}{\pi} \tag{3-17}$$

当危险单元为输有管道且无防护堤时，假定泄露的液体无蒸发、并已充分蔓延、地面无渗透，则根据泄漏的液体量 W（kg）和地面性质，按下式计算最大的池面积 S：

$$S = \frac{W}{H_{min}\rho} \tag{3-18}$$

式中，H_{min}——最小油层厚度，与地面性质和状态有关；

ρ——油的密度，kg/m^3。

知道可能最大池面积后，按上式可计算池直径。

表 3-31　不同地面的最小油层厚度

地面性质	最小油层厚度 H_{min}（m）
草　地	0.020
粗糙地面	0.025
平整地面	0.010
混凝土地面	0.005
平静的水面	0.0018

2）燃烧速率的计算

当液池中的可燃液体的沸点高于周围环境温度时，液体表面上单位面积的燃

烧速率 m_f 为：

$$m_f = \frac{\mathrm{d}m}{\mathrm{d}t} = \frac{0.001H_c}{C_p(T_b - T_0) + H} \tag{3-19}$$

式中，C_p——液体的定压比热容，J/(kg·K)；

H_c——液体燃烧热，J/kg；

T_b——液体的沸点，K；

T_0——环境温度，K；

H——液体的气化热，J/K。

当液体的沸点低于环境温度时，如加压液化气或冷冻液化气，起单位面积的燃烧速度 $\frac{\mathrm{d}m}{\mathrm{d}t}$ 为：

$$\frac{\mathrm{d}m}{\mathrm{d}t} = \frac{0.001H_c}{H} \tag{3-20}$$

式中符号意义同前。

3）火焰高度

设液池为一直径 D 的圆池子，其火焰高度可按下式计算：

$$h = 42D\left[\frac{m_f}{\rho_0\sqrt{gD}}\right]^{0.6} \tag{3-21}$$

式中，h——火焰高度，m；

D——液池直径，m；

ρ_0——周围空气密度，kg/m^3；

g——重力加速度，g=9.8m/s^2；

m_f——燃烧速度，kg/(m^2·g)。

上式是在木垛试验的基础上推导出来的，因此，预测的火焰高度比池火灾的实际值稍微偏高。

4）热辐射通量

当液池燃烧时放出的总热辐射通量为：

$$Q = (\pi r^2 + 2\pi r)m_f\eta H_c/[72m_f^{0.61} + 1] \tag{3-22}$$

式中，Q——总热辐射通量，W；

η——效率因子，可取 0.13～0.35。

r——液池半径。

其他符号意义同前。

5）目标入射热辐射强度

假设全部辐射热量由液池中心点的小球面辐射出来，则在距液池中心某一距离 x 处的入射热辐射强度为：

$$I = \frac{Qt_c}{4\pi x^2} \tag{3-23}$$

式中，I——热辐射强度，W/m^2；

Q——总热辐射通量，W；

t_c——热传导系数，在无相对理想的数据时，可取为 1；

x——目标点到液池中心距离，m。

伤害半径有一度烧伤半径、二度烧伤半径、死亡半径三种，定义如下：

(1) 一度(二度)烧伤半径指人体出现一度(二度)烧伤的概率为 0.5(对应百分率 50%)，或者一群人中 50%的人出现一度(二度)烧伤时，人体(群)所在位置与液化气容器之间的水平距离；

(2) 死亡半径指人死亡概率为 0.5(对应百分率 50%)，或者一群人中有 50%的人死亡时，人体(群)所在位置与液化气容器之间的水平距离。

设备财产泛指工艺设备设施、建构筑物等。关于火灾热辐射对设备财产的破坏作用，国内外开展的研究较少。热辐射对附近的设备设施会产生不利影响，例如造成设备表面油漆剥落、设备内部介质温度升高、结构变形甚至着火燃烧等。正常情况下，这些建构筑物及设备具有较好的耐火性能，受热辐射的危害较轻。相对而言，木材受火灾热辐射的影响较明显。在近距离内，当热辐射强度足够强时，木材有可能被引燃。热剂量等于热辐射强度与作用时间的乘积，它表示物体单位面积发射或吸收的能量。在热辐射作用下，引燃木材所需的临界热剂量由下式决定：

$$q = 6\,730t^{-4/5} + 25\,400 \tag{3-24}$$

式中，t——热辐射作用时间，s。

对于池火灾来说，建议取火灾最大持续时间：

$$t = W/M_c \tag{3-25}$$

式中，W——可燃物质量，kg；

M_c——单位时间烧掉的可燃物质量，kg/s。

将该式与其他公式联立求解，即可得到引燃半径。

2. 喷射火

加压的可燃物质泄漏时形成射流，如果在泄漏裂口处被点燃，则形成喷射火。这里所用的喷射火辐射热计算方法是一种包括气流效应在内的喷射扩散模式的扩展。把整个喷射火看成是由沿喷射中心线上的所有几个点热源组成，每个点热源的热辐射通量相等。

点热源的热辐射通量按下式计算：

$$q = \mu Q_0 H_c \tag{3-26}$$

式中，q——点热源热辐射通量，W；

η——效率因子，可取 0.35；

Q_0——泄漏速度，kg/s；

H_c——燃烧热，J/kg。

从理论上讲，喷射火的火焰长度等于从泄漏口到可燃混合气燃烧下限（LFL）的射流轴线长度。对表面火焰热通量，则集中在 LFL/1.5 处。N 点的划分可以是随意的，对危险评价分析一般取 $n=5$ 就可以了。

射流轴线上某点热源 i 到距离该点 x 处一点的热辐射强度为：

$$I_i = \frac{q \cdot R}{4\pi x^2} \tag{3-27}$$

式中，I_i——点热源 i 至目标点 x 处的热辐射强度，W/m^2；

q——点热源的辐射通量，W；

x——点热源到目标点的距离，m。

某一目标点处的入射热辐射强度等于喷射火的全部点热源对目标的热辐射强度的总和：

$$I = \sum_{i=1}^{n} I_i \tag{3-28}$$

式中，n——计算时选取的点热源数，一般取 $n=5$。

3. 火球

低温可燃液化气由于过热，容器内压增大，使容器爆炸，内容物释放并被点燃，发生剧烈的燃烧，产生强大的火球，形成强烈的热辐射。

(1) 火球半径，m

$$R = 2.665M^{0.327} \tag{3-29}$$

式中，R——火球半径，m；

M——急剧蒸发的可燃物质的质量，kg。

(2) 火球持续时间

$$t = 1.089M^{0.327} \tag{3-30}$$

式中，t——火球持续时间，s。

(3) 火球燃烧时释放出的辐射热通量

$$Q = \frac{\eta H_c M}{t} \tag{3-31}$$

式中，Q——火球燃烧时辐射热通量，W；

H_c——燃烧热，J/kg；

η——效率因子，取决于容器内可燃物质的饱和蒸气压 P，$\eta=0.27P^{0.32}$。其他符号同前。

（4）目标接受到的入射热辐射强度

$$I=\frac{QT_c}{4\pi x^2} \tag{3-32}$$

式中，T_c——传导系数，保守取值为1；

x——目标距火球中心的水平距离，m。

其他符号同前。

4. 固体火灾

固体火灾的热辐射参数按点源模型估计。此模型认为火焰射出的能量为燃烧的一部分，并且辐射强度与目标至火源中心距离的平方成反比，即

$$q_r=\frac{fM_cH_c}{4x^2} \tag{3-33}$$

式中，q_r——目标接受到的辐射强度，W/m^2；

f——辐射系数，可取 $f=0.25$；

M_c——燃烧速率，kg/s；

H_c——燃烧热，J/kg；

X——目标至火源中心间的水平距离，m。

5. 突发火

泄漏的可燃气体、液体蒸发的蒸气在空中扩散，遇到火源发生突然燃烧而没有爆炸。此种情况下，处于气体燃烧范围内的室外人员将会全部烧死；建筑物内将有部分人被烧死。

突发火后果分析，主要是确定可燃混合气体的燃烧上、下极限的廓线及其下限随气团扩散到达的范围。为此，可按气团扩散模型计算气团大小和可燃混合气体的浓度。

6. 火灾损失

火灾通过辐射热的方式影响周围环境，当火灾产生的热辐射强度足够大时，可使周围的物体燃烧或变形，强烈的热辐射可能烧毁设备甚至造成人员伤亡等。

火灾损失估算建立在辐射通量与损失等级的相应关系的基础上，表3-32为不同入射通量造成伤害或损失的情况。

表3-32　热辐射的不同入射通量所造成的损失

入射通量 kW/m^2	对设备的损害	对人的伤害
37.5	操作设备全部损坏	1%死亡/10s 100%死亡/1min
25	在无火焰、长时间辐射下，木材燃烧的最小能量	重大烧伤/10s 100%死亡/1min

（续表）

入射通量 kW/m^2	对设备的损害	对人的伤害
12.5	有火焰时，木材燃烧，塑料熔化的最低能量	1度烧伤/10s 1%死亡/1min
4.0		20s以上感觉疼痛，未必起泡
1.6		长期辐射无不舒服感

从表中可看出，在较小辐射等级时，致人重伤需要一定的时间，这时人们可以逃离现场或掩蔽起来。

7. 实例分析

实例分析一：以某化工企业油罐区作为评价对象，分析评价其发生池火灾对人体的伤害及周围设施的破坏程度。

原油和汽油的一些理化特性见表3-33。

表3-33 原油和汽油的一些理化特性

物料名称	原 油	汽 油
燃烧热(kJ/kg)	39 504.4	43 728.8
密度(kg/m^3)	900	720

原油罐区有3座50 000m^3的外浮顶式油罐，成品油罐区内有4座15 000m^3内浮顶式储罐。各储罐启动压力可认为是大气压。

因为多个储罐同时发生爆炸事故的可能性较小，本次评价将分别考虑单个50 000m^3原油罐、单个15 000m^3汽油罐发生池火灾及蒸气云爆炸事故时的破坏情况。池火灾计算中，油罐的工作容积取一半，平均温度为12℃，相对湿度为55%。

本例将死亡半径、重伤半径、轻伤半径记为R_{b1}、R_{b2}和R_{b3}，将木材引燃半径记为R_w。

池火灾热通量危害评价：将数据代入模型公式，可得池火灾热辐射对人体的伤害及周围设施的破坏情况见表3-34。

表3-34 池火灾热辐射伤害范围

	死亡半径 R_{b1}	重伤半径 R_{b2}	轻伤半径 R_{b3}	财产损失半径 R_w
单个原油罐	190.2	264.1	536.8	84.6
单个汽油罐	178.1	249.3	511	75.6

实例分析二：某煤化工企业二甲醚储罐泄漏蒸气云爆炸冲击波伤害/破坏半径

预测。

二甲醚，属第2.1类易燃气体，在空气中的爆炸范围为3.4%～27%，与空气混合能形成爆炸性混合物，接触热、火星、火焰或氧化剂易燃烧爆炸。接触空气或在光照条件下可生成具有潜在爆炸危险性的过氧化物。气体比空气重，能在较低处扩散到相当远的地方，遇火源会着火回燃。若遇高热，容器内压增大，有开裂和爆炸的危险。《石油化工企业设计防火规范》(GB50160—92，1999年版)将其火灾危险性定为“甲”类。

二甲醚球罐以液态形式贮存于容器内，但在其贮存过程中，如果由于操作失误、容器质量不良或受外界撞击等因素可能导致二甲醚大量外泄，泄漏的二甲醚与空气形成爆炸性混合物，遇到明火、高热等会立即被引爆，即二甲醚蒸气云爆炸。

1）蒸气云爆炸冲击波伤害/破坏半径预测模型

采用荷兰应用科学研究院(TNO，1979)建议，可按下式预测二甲醚蒸气云爆炸的冲击波损害半径：

$$R = C_s(NE)^{\frac{1}{3}}$$
$$E = VH_c$$

式中，R——损害半径，m；

E——爆炸能量，kJ；

V——参与反应的可燃气体的体积，m^3；

H_c——可燃气体的高燃烧热值，kJ/m^3；

N——效率因子，一般取$N=10\%$；

C_s——经验常数，取决于损害等级，具体取值查表3-35。

表3-35　损害等级表

损害等级	$C_s(mJ^{-1/3})$	设备损坏	人员伤害
1	0.03	重创建筑物的加工设备	1%死亡于肺部伤害 >50%耳膜破裂 >50%被碎片击伤
2	0.06	损坏建筑物外表可修复性破坏	1%耳膜破裂 1%被碎片击伤
3	0.15	玻璃破碎	被玻璃击伤
4	0.4	10%玻璃破碎	

2）二甲醚蒸气云爆炸冲击波伤害/破坏半径预测模型

(1) 相关数据如表3-36所示。

表 3-36　二甲醚相关数据表

贮罐形式	单罐容积 $V(m^3)$	操作温度 t(℃)	操作压力 P(MPa)	高燃烧热值 H(kJ/kg)	效率因子 N
球罐	3000	40	0.887	28000	10%

(2) 计算过程如下：

$$H_c = H \times 661 = 28000 \times 661 = 1.85 \times 10^7$$

$$E = VH_c = 3000 \times 1.85 \times 10^7 = 5.55 \times 10^{10}$$

分别取 C_s 值为 0.03,0.06,0.15,0.4,预测相应损害等级的伤害/破坏半径：

$$R_1 = C_s(NE)^{\frac{1}{3}} = 0.03 \times (0.1 \times 5.55 \times 10^{10})^{\frac{1}{3}} = 53.12$$

$$R_2 = C_s(NE)^{\frac{1}{3}} = 0.06 \times (0.1 \times 5.55 \times 10^{10})^{\frac{1}{3}} = 106.24$$

$$R_3 = C_s(NE)^{\frac{1}{3}} = 0.15 \times (0.1 \times 5.55 \times 10^{10})^{\frac{1}{3}} = 265.60$$

$$R_4 = C_s(NE)^{\frac{1}{3}} = 0.4 \times (0.1 \times 5.55 \times 10^{10})^{\frac{1}{3}} = 708.27$$

将预测伤害/破坏半径结果汇总如表 3-37。

表 3-37　二甲醚蒸气云爆炸损害半径汇总表

损害等级	设备损坏	人员伤害	损害半径 R(m)
1	重创建筑物的加工设备	1%死亡于肺部伤害 >50%耳膜破裂 >50%被碎片击伤	53.12
2	损坏建筑物外表可修复性破坏	1%耳膜破裂 1%被碎片击伤	106.24
3	玻璃破碎	被玻璃击伤	265.60
4	10%玻璃破碎		708.27

(3) 后果分析。

该建设项目库区共设置二甲醚球罐 4 个,公称容积均为 3000m³。假设其中 1 个贮罐意外破裂使二甲醚大量泄漏,与空气形成爆炸性混合物,遇明火、高热等立即引起燃烧爆炸,即蒸气云爆炸。公司应用 TNO 模型进行事故后果模拟预测,结果表明:在距离预测球罐中心 53.12m 范围内 1%人员死亡于肺部伤害,106.24m 范围内 1%人员耳膜破裂,265.60m 范围内人员可能被玻璃击伤,对建筑物的破坏情况具体如表 3-37。该结果虽然是在假设基础上采用数学模型进行模拟计算得出的,但仍可为加强二甲醚球罐的安全管理和事故应急救援预案的提供科学依据和创造条件,具有现实的指导意义。

三、泄露

在化工、石化工业中由于设备损坏或操作失误，大量易燃、易爆、有毒物质会向空中释放，并在空中扩散。一般将泄漏气体或蒸汽与空气的混合物称为气云，瞬间泄露形成的气云称为云团，连续泄漏形成的气云称为云羽。倘若泄漏物质易燃、易爆，在极限浓度和有火源条件下，气云就会在空中燃烧或爆炸；若泄漏物质有毒，人暴露在这种环境中就会中毒。

由于泄漏物质的性质不同，泄漏造成的灾害也不同。可燃气体从容器中泄出，如果立即点燃，就会发生扩散燃烧，形成喷射性火焰或火球；如果可燃气体泄出后与空气混合形成可燃蒸汽云团，并随风漂移，遇火源就会发生爆炸或爆轰，具有强大的破坏力。

对于易燃液体泄漏后造成的灾害，随液体性质和工作条件的不同而异。常温、常压下液体泄漏，容易形成液池，液体在液池表面缓慢蒸发，如果遇到火源，就会发生池火灾。对于带压液化气体的泄漏，一部分液体泄漏后会瞬时蒸发，另一部分液体将形成液池；对于低温液体泄漏，一般都形成液池，吸收热量蒸发。蒸发的蒸气与空气混合，在一定条件下遇到火源，就会发生火灾或爆炸。

当发生泄漏设备的裂口是规则的，而且裂口尺寸及泄漏物质的有关热力学、物理化学性质及参数已知时，可根据流体力学中的有关方程式计算泄漏量。当裂口不规则时，可采取等效尺寸代替；当遇到泄漏过程中压力变化等情况时，往往采用经验公式计算。

1. 液体泄漏量

液体泄漏速度可用流体力学的柏努利方程计算，其泄漏速度为：

$$Q_0 = C_d A \rho \sqrt{\frac{2(P + P_0)}{\rho} + 2gh} \tag{3-34}$$

式中，Q_0——液体泄漏速度，kg/s；

C_d——液体泄漏系数，按表 3-17 选取 s；

A——裂口面积，m^2；

ρ——泄漏液体密度，kg/m^3；

P——容器内介质压力，Pa；

P_0——环境压力，Pa；

g——重力加速度，9.8m/s^2；

h——裂口之上液位高度，m。

表 3-38 液位泄漏系数 C_d

雷诺娄(Re)	裂口形状		
	圆形(多边形)	三角形	长方形
>100	0.65	0.60	0.55
≤100	0.50	0.45	0.40

对于常压下的液体泄漏速度，取决于裂口之上液位的高低；对于非常压下的液体泄漏速度，主要取决于窗口内介质压力与环境压力之差和液位高低。

当容器内液体是过热液体，即液体的沸点低于周围环境温度，液体流过裂口时由于压力减小而突然蒸发。蒸发所需热量取自于液体本身，而容器内剩下的液体温度将降至常压沸点。在这种情况下，泄漏时直接蒸发的液体所占百分比 F 可按下式计算：

$$F = C_P \frac{T - T_0}{H} \tag{3-35}$$

式中，C_p——液体的定压比热，J/kg·K；

T——泄漏前液体的温度，K；

T_0——液体在常压下的沸点，K；

H——液体的气化热，J/kg。

按式(3-35)计算的结果，几乎总是在 0～1 之间。事实上，泄漏时直接蒸发的液体将以细小烟雾的形式形成云团，与空气相混合而吸收热蒸发。如果空气传给液体烟雾的热量不足以使其蒸发，由一些液体烟雾将凝结成液滴降落到地面，形成液池。根据经验，当 $F>0.2$ 时，一般不会形成液池；当 $F<0.2$ 时，F 与带走液体之比，有线性关系，即当 $F=0$ 时，没有液体带走(蒸发)；当 $F=0.1$ 时，有 50%的液体被带走。

2. 气体泄漏量

气体从裂口泄漏的速度与其流动状态有关。因此，计算泄漏量时首先要判断泄漏时气体流动属于音速还是亚音速流动，前者称为临界流，后者称为次临界流。

当下式成立时，气体流动属音速流动：

$$\frac{P_0}{P} \leqslant \left(\frac{2}{k+1}\right)^{\frac{k}{k-1}} \tag{3-36}$$

当下式成立时，气体流动属亚音速流动：

$$\frac{P_0}{P} > \left(\frac{2}{k+1}\right)^{\frac{k}{k-1}} \tag{3-37}$$

式中，P_0、P——符号意义同前；

k——气体的绝热指数，即定压比热 C_p 与定容比热 C_V 之比。

气体呈音速流动时，其泄漏量为：

$$Q_0 = C_d AP \sqrt{\frac{Mk}{RT}\left(\frac{2}{k+1}\right)^{\frac{k+1}{k-1}}} \tag{3-38}$$

气体呈亚音速流动时，其泄漏量为：

$$Q_0 = YC_d AP \sqrt{\frac{Mk}{RT}\left(\frac{2}{k+1}\right)^{\frac{k+1}{k-1}}} \tag{3-39}$$

上两式中，C_d——气体泄漏系数，当裂口形状为圆形时取 1.00，三角形时取 0.95，长方形时取 0.90；

Y——气体膨胀因子，它由下式计算：

$$Y = \sqrt{\left(\frac{1}{k-1}\right)\left(\frac{k+1}{2}\right)^{\frac{k+1}{k-1}}\left(\frac{P}{P_0}\right)^{\frac{2}{k}}\left[1-\left(\frac{P_0}{P}\right)^{\frac{k-1}{k}}\right]} \tag{3-40}$$

M——分子量；

k——气体密度，kg/m^3；

R——气体常数，J/mol·K；

T——气体温度，K。

当容器内物质随泄漏而减少或压力降低而影响泄漏速度时，泄漏速度的计算比较复杂。如果流速小或时间短，在后果计算中可采用最初排放速度，否则应计算其等效泄漏速度。

3. 两相流动泄漏量

在过热液体发生泄漏时，有时会出现气、液两相流动。均匀两相流动的泄漏速度可按下式计算：

$$Q_0 = C_d A\sqrt{2\rho(P-P_c)} \tag{3-41}$$

式中，Q_0——两相流泄漏速度，kg/s；

C_d——两相流泄漏系数，可取 0.8；

A——裂口面积，m^2；

P——两相混合物的压力，Pa；

P_c——临界压力，Pa，可取 P_c=0.55Pa；

ρ——两相混合物的平均密度，kg/m^3，它由下式计算：

$$\rho = \frac{1}{\dfrac{F_v}{\rho_1}+\dfrac{1-F_v}{\rho_2}} \tag{3-42}$$

这里 ρ_1——液体蒸发的蒸气密度，kg/m^3；

ρ_2——液体密度，kg/m^3；

F_v——蒸发的液体占液体总量的比例，它由下式计算：

$$F_v = \frac{C_p(T - T_c)}{H} \quad (3\text{-}43)$$

这里，C_p——两相混合物的定压比热，J/kg·K；

T——两相混合物的温度，K；

T_c——临界温度，K；

H——液体的气化热，J/lg。

当 $F>1$ 时，表明液体将全部蒸发成气体，这时应按气体泄漏公式计算；如果 F_v 很小，则可近似按液体泄漏公式计算。

四、扩散

如前所述，泄漏物质的特性多种多样，而且还受原有条件的强烈影响，但大多数物质从容器中泄漏出来后，都可发展成弥散的气团向周围空间扩散。对可燃气体若遇到引火源会着火。这里仅讨论气团原形释放的开始形式，即液体泄漏后扩散、喷射扩散和绝热扩散。关于气团在大气中的扩散属环境保护范畴，在此不予考虑。

1. 液体的扩散

液体泄漏后立即扩散到地面，一直流到低洼处或人工边界，如防火堤、岸墙等，形成液池。液体泄漏出来不断蒸发，当液体蒸发速度等于泄漏速度时，液池中的液体量将维持不变。

如果泄漏的液体是低挥发度的，则从液池中蒸发量较少，不易形成气团，对厂外人员没有危险；如果着火则形成池火灾；如果渗透进土壤，有可能对环境造成影响，如果泄漏的是挥发性液体或低温液体，泄漏后液体蒸发量大，大量蒸发在液池上面后会形成蒸气云，并扩散到厂外，对厂外人员有影响。

1）液池面积

如果泄漏的液体已达到人工边界，则液池面积即为人工边界成的面积。如果泄漏的液体未达到人工边界，则将假设液体的泄漏点为中心呈扁圆柱形在光滑平面上扩散，这时液池半径 r 用下式计算：

瞬时泄漏（泄漏时间不超过 30s）时，

$$r = \left(\frac{8gm}{\pi\rho}\right)^{\frac{1}{4}} \cdot t^{\frac{1}{2}} \quad (3\text{-}44)$$

连续泄漏（泄漏持续 10min 以上）时，

$$r = \left(\frac{32gmt^3}{\pi\rho}\right)^{\frac{1}{4}} \quad (3\text{-}45)$$

上述两式中，r——液池半径，m；

m——泄漏的液体量，kg；

g——重力加速度，9.8m/s^2；

P——设备中液体压力，Pa；

t——泄漏时间，s。

2）蒸发量

液池内液体蒸发按其机理可分为闪蒸、热量蒸发和质量三种，下面分别介绍。

（1）闪蒸：过热液体泄漏后由于液体的自身热量而直接蒸发称为闪蒸。发生闪蒸时液体蒸发速度 Q_1 可由下式计算：

$$Q_1 = F_v \cdot m/t \tag{3-46}$$

式中，F_v——直接蒸发的液体与液体总量的比例；

m——泄漏的液体总量，kg；

t——闪蒸时间，s。

（2）热量蒸发：当 $F_v<1$ 或 $Q_t<$m 时，则液体闪蒸不完全，有一部分液体在地面形成液池，并吸收地面热量而气化称为热量蒸发，其蒸发速度 Q_2 按下式计算：

$$Q_2 = \frac{KA_1(T_0 - T_b)}{H\sqrt{\pi\alpha T}} + \frac{KN_uA_1}{HL}(T_0 - T_b) \tag{3-47}$$

式中，A_1——液池面积，m^2；

T_0——环境温度，K；

T_b——液体沸点，K；

H——液体蒸发热，J/kg；

L——液池长度，m；

α——热扩散系数，m^2/s，见表 3-39；

K——导热系数，J/m·K，见表 3-39；

t——蒸发时间，s；

N_u——努舍尔特(Nusselt)数。

表 3-39　某些地面的热传递性质

地面情况	K(J/m·K)	α(m^2/s)
水泥	1.1	1.29×10^{-7}
土地(含水 8%)	0.9	4.3×10^{-7}
干涸土地	0.3	2.3×10^{-7}
湿地	0.6	3.3×10^{-7}
砂砾地	2.5	11.0×10^{-7}

（3）质量蒸发：当地面传热停止时，热量蒸发终了，转而由液池表面之上气流运动使液体蒸发称为质量蒸发。其蒸发速度 Q_3 为：

$$Q_3 = \alpha Sh \frac{A}{L}\rho_1 \tag{3-48}$$

式中，α——分子扩散系数，m^2/s；

Sh——舍伍德(Sherwood)数；

A——液池面积，m^2；

L——液池长度，m；

ρ_1——液体的密度，kg/m^3。

2. 喷射扩散

气体泄漏时从裂口喷出形成气体喷射。大多数情况下气体直接喷出后，其压力高于周围环境大气压力，温度低于环境温度。在进行喷射计算时，应以等价喷射孔口直径计算。等价喷射的孔口直径按下式计算：

$$D = D_0\sqrt{\frac{\rho_0}{\rho}} \tag{3-49}$$

式中，D——等价喷射孔径，m；

D_0——裂口孔径，m；

ρ_0——泄漏气体的密度，kg/m^3；

ρ——周围环境条件下气体的密度 kg/m^3。

如果气体泄漏能瞬时间达到周围环境的温度、压力状况，即 $\rho=\rho_0$，则 $D=D_0$。

1）喷射的浓度分布

在喷射轴线上距孔口 x 处的气体浓度 $C(x)$ 为：

$$C(x) = \frac{\dfrac{b_1 + b_2}{b_1}}{0.32\dfrac{x}{D}\cdot\dfrac{\rho}{\sqrt{\rho_0}} + 1 - \rho} \tag{3-50}$$

式中，b_1、b_2——分布函数，其表达式如下：

$b_1 = 50.5 + 48.2\rho - 9.95\rho^2$

$b_2 = 23 + 41\rho$

其余符号意义同前。

如果把 x 改写是 $C(x)$ 的函数形式，则给定某浓度值 $C(x)$，就可算出具有浓度的点至孔口的距离 x。

在过喷射轴线上点 x 且垂直于喷射轴线的平面内任一点处的气体浓度为：

$$\frac{C(x、y)}{C(x)} = e^{-b_2(y/x)^2} \tag{3-51}$$

式中，$C(x、y)$——距裂口距离 x 且垂直于喷射轴线的平面内 Y 点的气体浓度，kg/m^3；

$C(x)$——喷射轴线上距裂口 x 处的气体浓度，kg/m^3；

b_2——分布参数，同前；

y——目标点到喷射轴线的距离，m。

2）喷射轴线上的速度分布

喷射速度随着轴线距离增大而减少，直到轴线上的某一点喷射速度等于风速为止，该点称为临界点，临界点以后的气体运动不再符合喷射规律。沿喷射轴线的速度分布由下式得出：

$$\frac{V(x)}{V_0}=\frac{\rho_0}{\rho}\cdot\frac{b_1}{4}\left[0.32\frac{x}{D}\cdot\frac{\rho}{\rho_0}+1-\rho\right]\left(\frac{D}{x}\right)^2 \tag{3-52}$$

式中，ρ_0——泄漏气体的密度，kg/m^3；

ρ——周围环境条件下气体的密度，kg/m^3。

D——等价喷射孔径，m；

b_1——分布参数，同前；

x——喷射轴线上距裂口某点的距离，m；

$V(x)$——喷射轴线上距裂口 x 处一点的速度，m/s；

V_0——喷射初速，等于气体泄漏时流裂口时的速度，m/s，按下式计算：

$$V_0=\frac{Q_0}{C_d\rho\pi\left(\frac{D_0}{2}\right)^2} \tag{3-53}$$

其中，Q_0——气体泄漏速度，kg/s；

C_d——气体泄漏系数；

D_0——裂口直径，m。

当临界点处的浓度小于允许浓度（如可燃气体的燃烧下限或者有害气体最高允许浓度）时，只需按喷射来分析；若该点浓度大于允许浓度时，则需要进一步分析泄漏气体在大气中扩散的情况。

3. 绝热扩散

闪蒸液体或加压气体瞬时泄漏后，有一段快速扩散时间，假定此过程相当快以致在混合气团和周围环境之间来不及热交换，则此扩散称为绝热扩散。

根据 TNO（1979 年）提高的绝热扩散模式，泄漏气体（或液体闪蒸形成的蒸气）的气团呈半球形向外扩散。根据浓度分布情况，把半球分成内外两层，内层浓度均匀分布，且具有 50％的泄漏量；外层浓度呈高斯分布，具有另外 50％的泄漏量。

绝热扩散过程分为两个阶段，第一阶段气团向外扩散至大气压力，在扩散过程中，气团获得动能，称为“扩散能”；第二阶段，扩散能再将气团向外推，使紊流混合空气进入气团，从而使气团范围扩大。当内层扩散速度降到一定值时，可以认为扩散过程结束。

1）气团扩散能

在气团扩散的第一阶段，扩散的气体（或蒸气）的内能一部分用来增加动能，对周围大气做功。假设该阶段的过程为可逆绝热过程，并且是等熵的。

（1）气体泄漏扩散能。

根据内能变化得出扩散能计算公式如下：

$$E = C_V(T_1 - T_2) - 0.98P_0(V_2 - V_1) \tag{3-54}$$

式中，E——气体扩散能，J；

C_V——定容比热，J/kg·K；

T_1——气团初始温度，K；

T_2——气团压力降至大气压力时的温度，K；

P_0——环境压力，Pa；

V_1——气团初始体积，m^3；

V_2——气团压力降至大气压力时的体积，m^3。

（2）闪蒸液泄漏扩散能。

蒸发的蒸气团扩散能可以按下式计算：

$$E = [H_1 - H_2 - T_b(S_1 - S_2)]W - 0.98(P_1 - P_0)V_1 \tag{3-55}$$

式中，E——闪蒸液体扩散能，J；

H_1——泄漏液体初始焓；J/kg；

H_2——泄漏液体最终焓；J/kg；

T_b——液体的沸点，K；

S_1——液体蒸发前的熵，J/kg·K；

S_2——液体蒸发量，J/kg·K；

W——液体蒸发量，kg；

P_1——初始压力，Pa；

P_0——周围环境压力，Pa；

V_1——初始体积，m^3。

2）气团半径与浓度

在扩散能的推动下气团向外扩散并与周围空气发生紊流混合。

（1）内层半径与浓度。

气团内层半径 R_1 和浓度 C 是时间函数，表达如下：

$$R_1 = 2.72\sqrt{K_d} \cdot t \tag{3-56}$$

$$C = \frac{0.0059V_0}{\sqrt{(K_d \cdot t)}^3} \tag{3-57}$$

式中，t——扩散时间，s；

V_0——在标准温度、压力下气体体积，m^3；

K_d——紊流扩散系数，按下式计算：

$$K_d = 0.0137\sqrt[3]{V_0}\cdot\sqrt{E}\cdot\left[\frac{\sqrt[3]{V_0}}{t\sqrt{E}}\right]^{\frac{1}{4}} \quad (3\text{-}58)$$

如上所述，当中心扩散速度（dR/dt）降到一定值时，第二阶段才结束。临界速度的选择是随机且不稳定的。设扩散结束时扩散速度为 1m/s，则在扩散结束时内层半径 R_1 和浓度 C 可按下式计算：

$$R_1 = 0.08837E^{03}V_0^{\frac{1}{3}} \quad (3\text{-}59)$$

$$C = 172.95E^{-0.9} \quad (3\text{-}60)$$

(2) 外层半径与浓度。

第二阶段末气团外层的大小可根据试验观察得出，即扩散终结时外层气团半径 R_2 由下式求得：

$$R_2 = 1.456R_1 \quad (3\text{-}61)$$

式中，R_2、R_1——分别为气团内层、外层半径，m。

外层气团浓度自内层向外呈高斯分布。

五、中毒

有毒物质泄漏后生成有毒蒸气云，它在空气中飘移、扩散、直接影响现场人员并可能波及居民区。大量剧毒物质泄漏可能带来严重的人员伤亡和环境污染。

毒物对人员的危害程度取决于毒物的性质、毒物的浓度和人员与毒物接触时间等因素。有毒物质泄漏初期，其毒气形成气团密集在泄漏源周围，随后由于环境温度、地形、风力和湍流等影响气团飘移、扩散，扩散范围变大，浓度减小。在后果分析中，往往不考虑毒物泄漏的初期情况，即工厂范围内的现场情况，主要计算毒气气团在空气中飘移、扩散的范围、浓度、接触毒物的人数等。

1. 毒物泄漏后果的概率函数法

概率函数法是通过人们在一定时间接触一定浓度毒物所造成影响的概率来描述毒物泄漏后果的一种表示法。概率与中毒死亡百分率有直接关系，两者可以互相换算，见表 3-40。概率值在 0～10 之间。

表 3-40　概率与死亡百分率的换算

死亡百分率(%)	0	1	2	3	4	5	6	7	8	9
0		2.67	2.95	3.12	3.25	3.36	3.45	3.52	3.59	3.66
10	3.72	3.77	3.82	3.87	3.92	3.96	4.01	4.05	4.08	4.12

（续表）

死亡百分率(%)	0	1	2	3	4	5	6	7	8	9
20	4.16	4.19	4.23	4.26	4.29	4.33	4.26	4.39	4.42	4.45
30	4.48	4.50	4.53	4.56	4.59	4.61	4.64	4.67	4.69	4.72
40	4.75	4.77	4.80	4.82	4.85	4.87	4.90	4.92	4.95	4.97
50	5.00	5.03	5.05	5.08	5.10	5.13	5.15	5.18	5.20	5.23
60	5.25	5.28	5.31	5.33	5.36	5.39	5.41	5.44	5.47	5.50
70	5.52	5.55	5.58	5.61	5.64	5.67	5.71	5.74	5.77	5.81
80	5.84	5.88	8.92	5.95	5.99	6.04	6.08	6.13	6.18	6.23
90	6.28	6.34	6.41	6.48	6.55	6.64	6.75	6.88	7.05	7.33
99	0.0	0.1	0.2	0.3	0.4	0.5	0.6	0.7	0.	0.9
	7.33	7.37	7.41	7.46	7.51	7.58	7.58	7.65	7.88	8.09

概率值 Y 与接触毒物浓度及接触时间的关系如下：

$$Y = A + B\ln(C^n \cdot t) \tag{3-62}$$

式中，A、B、n——取决于毒物性质的常数；

C——接触毒物的浓度，ppm；

t——接触毒物的时间，min。

2. 有毒液化气容器破裂时毒害区域估算

液化介质在容器破裂时会发生蒸气爆炸。当液化介质为有毒物质，如液氯、液氨、二氧化硫、氢氰化硫、氢氰酸等，爆炸后若不燃烧，会造成大面积的毒害区域。

设有毒液化氧化重量为 W(kg)，容器破裂前器内介质温度为 t(℃)，液体介质比热容为 C(kJ/kg・℃)，当容器破裂时，器内压力降至大气压，处于过热状态的液化气温度迅速降至标准沸点 t_0(℃)，此时全部液体所放出的热量为：

$$Q = W \cdot C(t - t_0) \tag{3-63}$$

设这些热量全部用于器内液体的蒸发，如它的气化热为 q(kJ/kg)，则其蒸发量：

$$W' = \frac{Q}{q} = \frac{W \cdot C(t - t_0)}{q} \tag{3-64}$$

如介质的分子量为 M，则在沸点下蒸发蒸气的体积 Vg(m^3)为：

$$\begin{aligned} Vg &= \frac{22.4W}{M} \cdot \frac{273 + t_0}{273} \\ &= \frac{22.4W \cdot C(t - t_0)}{Mq} \cdot \frac{273 + t_0}{273} \end{aligned} \tag{3-65}$$

为便于计算，现将压力容器最常用的液氨、液氯、氢氰酸等的有关物理化学性能列于表 3-41 中。关于一些有毒气体的危险浓度见表 3-42。

表 3-41 一些有毒物质的有关物化性能

物质名称	分子量 M	沸点 t_0(℃)	液体平均比热 C(kJ/kg·℃)	汽化热 q(kJ/kg)
氨	17	−33	4.6	1.37×10^2
氯	71	−34	0.96	2.89×10^2
二氧化硫	64	−10.8	1.76	3.938×10^2
丙稀醛	56.06	52.8	1.88	5.736×10^2
氢氰酸	27.03	25.7	3.35	9.753×10^2
四氯化碳	153.8	76.8	0.85	1.958×10^2

表 3-42 有毒气体的危险浓度

物质名称	吸入 5～10min 致死的浓度,%	吸入 0.5～1h 致死的浓度,%	吸入 0.5～1h 致重病的浓度,%
氨	0.5		
氯	0.09	0.0035～0.005	0.014～0.0021
二氧化硫	0.05	0.053～0.065	0.015～0.019
丙稀醛	0.027	0.011～0.014	0.01
氢氰酸	0.08～0.1	0.042～0.06	0.036～0.05
四氯化碳	0.05	0.032～0.053	0.011～0.021

若已知某种有毒物质的危险浓度,则可求出其危险浓度下的有毒空气体积。如二氧化硫在空气中的浓度达到 0.05%时,人吸入 5～10min 即致死,则 V_g(m^3)的二氧化硫可以产生令人致死的有毒空气体积为

$$V = V_g \times 100/0.05 = 2\,000V_g (m^3)$$

假设这些有毒空气以半球形向地面扩散,则可求出该有毒气体扩散半径为

$$R = \sqrt[3]{\frac{V_g/C}{\frac{1}{2}\times\frac{4}{3}\pi}} = \sqrt[3]{\frac{V_g/C}{2.0944}} \tag{3-66}$$

式中,R——有毒气体的半径,m;

V_g——有毒介质的蒸气体积,m^3;

C——有毒介质在空气中危险浓度值,%。

3. 有毒介质喷射泄漏时毒害区域浓度估算

有毒介质喷射泄漏,在喷射轴线上距孔口 x 处的气体浓度 $C(x)$为:

$$C(x)=\frac{\frac{b_1+b_2}{b_1}}{0.32\frac{x}{D}\cdot\frac{\rho}{\sqrt{\rho_0}}+1-\rho} \tag{3-67}$$

$$b_1=50.5+48.2\rho-9.95\rho^2 \tag{3-68}$$

$$b_2=23+41\rho \tag{3-69}$$

式中,$C(x)$——喷射轴线上距裂口 x 处的气体浓度,kg/m^3;

D——孔口当量直径,$D=D_0\sqrt{\frac{\rho_0}{\rho}}$,m;

D_0——裂口孔径,m;

b_1、b_2——分布函数;

x——与 $C(x)$ 值对应的浓度点距孔口的距离,m;

ρ_0——泄漏气体的密度,kg/m^3;

ρ——周围环境条件下气体的密度 kg/m^3。

4. 实例分析:液氨贮槽破裂泄漏毒害区域范围预测

某建设项目吸收制冷工段设置液氨贮槽两座,如果其液氨贮槽由于自身或外界原因意外破裂,大量的液氨将急剧气化为氨气,并随风漂移到很远的地方,造成大面积的毒害区域。

采用科学的数学模型对该工段贮槽破裂泄漏进行模拟分析,预测其毒害区域范围,为其安全管理和事故应急救援预案疏散距离的确定提供科学的参考依据,模拟评价程序如下:

1) 基本假设

(1) 假设在同一时刻只有 1 台贮槽发生泄漏,根据最大危险性原则,此仅液氨贮槽(ϕ2 000×6 500)破裂泄漏扩散进行后果模拟;

(2) 假设模拟贮槽中的液氨全部转化为氨气,并形成云团;

(3) 根据 TNO 的绝热扩散模型,泄漏后的氨气呈半圆形覆盖于近地面。然后沿风向水平扩散和垂直扩散,假设 t 秒后,气团形成标准长方体。

2) 当地气象概况

液氨贮槽所处区域属温带干旱、半干旱大陆性高原气候,气候干燥,雨量稀少日照充分,蒸发强烈。年平均最高气温 23.6℃,极端最高和最低气温分别为37.5℃和−26.5℃。夏季主导风向为东南风,最大和最小平均风速为 1.8~3.9m/s,冬季主导风向为北风,最大和最小平均风速为 2.1~5.0m/s,全年平均风速为 2.4m/s。

3) 模拟分析程序

(1) 气团半径 r_g 计算。

$$m_L = \rho_L \times V_L = 0.82 \times 10^3 \times \pi \times 6.5 = 16\,746.86$$

$$m_g = m_L = 16\,746.86$$

$$V_g = \frac{m_g}{\rho_g} = \frac{16\,746.86}{0.78} = 21\,470.33$$

$$r_g = \sqrt[3]{\frac{V_g}{\frac{1}{2} \times \frac{4}{3}\pi}} = \sqrt[3]{\frac{21\,470.33}{\frac{1}{2} \times \frac{4}{3}\pi}} = 21.7$$

（2）瞬时中毒范围预测。

实验表明，人员吸入氨气 5～10min 致死浓度为 0.5%，现对其液氨贮槽临近区域瞬时中毒范围预测。

氨气泄漏后由于受气体浮力（浮力作用下的加速度为 a）和风速（u）的双重作用

$$a = \frac{g \times (\rho_{空气} - \rho_{氨气})}{\rho_{氨气}} = \frac{9.8 \times (1.293 - 0.78)}{0.78} = 6.4$$

假设 t 秒后气团浓度降至 0.5%，此时气团为长方体，则有

$$V = 2 \times r_g \times L \times H$$

式中，L——气团在水平方向扩散的距离；

H——气团上升高度。

① 夏季主导风向为东南风，最大平均风速为 3.9m/s。

$$L = ut = 3.9t$$

$$H = 0.5at^2 = 0.5 \times 6.4 \times t^2$$

$$V = 2 \times r_g \times L \times H$$

$$= 2 \times 21.7 \times 3.9t \times 3.2 \times t^2 = 21\,470.33/0.005$$

$$t = \sqrt[3]{\frac{21\,470.33/0.005}{21.7 \times 3.2 \times 2 \times 3.9}} = 20$$

此时可以计算气团在水平方向扩散的距离 L

$$L = ut = 3.9t = 3.9 \times 20 = 78$$

即在液氨贮罐的下风向 78m 范围内将会在 20s 内浓度达到致死浓度 0.5%（吸入 5～10min），此范围内的有关人员应立即撤离。

② 冬季主导风向为北风，最大平均风速为 5m/s。

$$L = ut = 5t$$

$$H = 0.5at^2 = 0.5 \times 6.4 \times t^2$$

$$V = 2 \times r_g \times L \times H$$

$$= 2 \times 21.7 \times 5t \times 3.2 \times t^2 = 21\,470.33/0.005$$

$$t=\sqrt[3]{\frac{21\,470.33/0.005}{21.7\times 3.2\times 2\times 5}}=18.4$$

此时可以计算气团在水平方向扩散的距离 L

$$L=ut=5t=5\times 18.4=92$$

即在液氨贮罐的下风向 92m 范围内将会在 18.4s 内浓度达到致死浓度 0.5%(吸入 5～10min),此范围内的有关人员应立即撤离。

(3) 应急疏散范围预测。

我国规定车间空气中时间加权平均容许浓度(PC-TWA,8 小时)为 20mg/m³,假设氨气团扩散后浓度呈均匀分布,可以对其浓度超标范围 V 进行如下估算

$$V=\frac{m_g}{30\times 10^{-6}}=\frac{16\,746.86}{20\times 10^{-6}}=8.37\times 10^{8}$$

假设 t 秒后气团浓度降至 20mg/m³,则有

$$V=2\times r_g\times L\times H$$

① 夏季主导风向为东南风,最大平均风速为 3.9m/s。

$$L=ut=3.9t$$
$$H=0.5at^2=0.5\times 6.4\times t^2$$

因此

$$\begin{aligned}V&=2\times r_g\times L\times H\\&=2\times 21.7\times 3.9t\times 3.2\times t^2=8.37\times 10^{8}\end{aligned}$$

$$t=\sqrt[3]{\frac{8.37\times 10^{8}}{21.7\times 3.2\times 2\times 3.9}}=115.6$$

此时可以计算气团在水平方向扩散的距离 L

$$L=ut=3.9t=3.9\times 115.6=451$$

即在液氨贮罐的下风向 451m 范围内,将会在 115.6s 内浓度达到我国规定的车间空气容许浓度,此范围内的人员应及时撤离。

② 冬季主导风向为北风,最大平均风速为 5m/s。

$$L=ut=5t$$
$$H=0.5at^2=0.5\times 6.4\times t^2$$

因此

$$\begin{aligned}V&=2\times r_g\times L\times H\\&=2\times 21.7\times 5t\times 3.2\times t^2=8.37\times 10^{8}\end{aligned}$$

$$t=\sqrt[3]{\frac{8.37\times 10^{8}}{21.7\times 3.2\times 2\times 5}}=106.4$$

此时可以计算气团在水平方向扩散的距离 L

$$L = ut = 5t = 5 \times 106.4 = 532$$

即在液氨贮罐的下风向532m范围内将会在106.4s内浓度达到我国规定的车间空气容许浓度，此范围内的人员应及时撤离。

复习思考题

1. 简述《生产过程危险和有害因素分类与代码》中的危险有害因素的分类，包括的具体类型。

2. 简述《企业职工伤亡事故分类》(GB6441—86)危险有害因素的类别。

3. A是甲工厂的，B/C/D是乙工厂的。甲工厂A装置、乙工厂B/C/D装置平面示意图已给出，距离已经标出，几个装置的实际数量和临界量已经给出。运用重大危险源辨识方法，分析甲乙工厂是否构成重大危险源。

生产装置	存在量(t)	临界量(t)
A	300	200
B	106	200
C	16	50
D	200	500

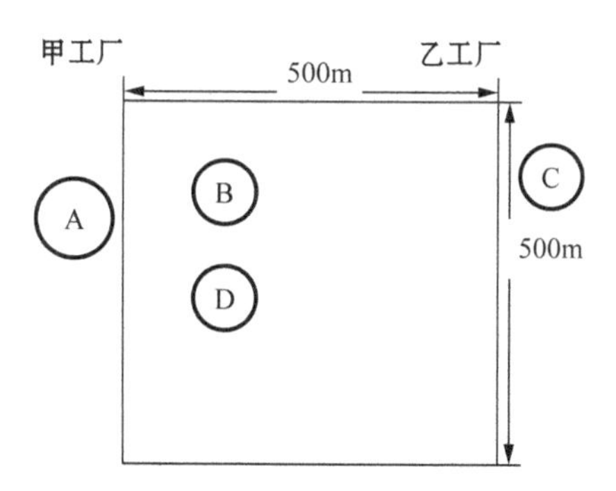

4. 简述事故隐患的分类。

5. 简述安全检查表的编制步骤。

6. 采用作业条件危险性评价的方法，计算某装置巡检作业人员在现场作业时，若不慎吸入现场逸散的硫化氢气体，将致使作业人员急性中毒的可能性。发生事故或危险事件的可能性为3；作业人员暴露于危险环境飞频率为6；可能发生重大人员伤害事故为3。请计算生产作业条件的危险性D值。

7. 简述预先危险性分析的特点及步骤。

8. 试述脆弱性风险等级划分的方法。

9. 某企业有玻璃器皿生产车间。该企业的玻璃器皿制造分为烧制玻璃熔液、吹制成型和退火处理三道主要工序，烧制玻璃溶液的主要装置是玻璃熔化池炉。烧制时，从炉顶部侧面人工加入石英砂（二氧化硅）、纯碱（氢氧化钠）、三氧化二砷等原料，用重油和煤气作燃料烧至1 300～1 700℃，从炉底侧面排出玻璃熔液。玻璃器皿的生产车间厂房为钢筋混凝土框架结构，房顶是水泥预制板。厂房内有46t玻璃熔化池炉1座，炉高6m，炉顶距厂房钢制房梁1.7m，炉底高出地面15m。距炉出料口3m处是玻璃器皿自动吹制成型机和退火炉。煤气调压站距厂房直线距离15m，重油储罐距厂房直线距离15m。房内有员工20人正在工作。由于熔化池炉超期服役，造成炉顶内拱耐火砖损坏，烈焰冲出炉顶近1m，炉两侧的耐火砖也已变形，随时有发生溃炉的可能。2008年6月11日，当地政府安全生产监督管理部门在进行监督检查时；发现该炉存在重大安全隐患；当即向企业发出暂时停炉、停产的指令。

提问：根据《生产过程危险和有害因素分类与代码》(GB/T13861—2009)的规定，指出该车间存在的危险和有害因素。

10. 某企业为小型货车生产厂，地处我国华北地区，年产小型货车5万辆，现有职工1 100余人。厂区主要建筑物有冲压车间、装焊车间、涂装车间、扳金车间、装配车间、外协配套仓库、半成品库和办公楼。冲压车间设有三条冲压生产线。库房和车间使用6台5吨单梁桥式起重机吊装原材料，装配生产线上设置多台地面操作式单梁电动葫芦和多台小吨位的平衡式起重机，在汽车板材冲压生产线上设置4台大吨位桥式起重机。车身涂装工艺采用三涂层三烘干的涂装，涂装运输采用自动化运输方式。漆前表面处理和电泳采用悬挂运输方式，中层涂层和面漆涂装线采用地面运输方式。生产线设中央控制室监控设备运行状况。喷漆室采用上送风、下排风的通风方式。喷漆室外附设有调漆室。整车总装配采用强制流水装配线。车身装焊线机选用悬挂点焊机、固定焊机、二氧化碳气体保护焊机等。车身装焊工艺主要设备包括各类焊机、夹具、检具、车身总成调整线和输送设备。车架装焊机采用胎具集中装配原则、组合件和小型部件预先装焊好与其他零件一起进入总装胎具焊接线。焊接方法采用二氧化碳气体保护焊。装焊设备主要包括焊机、总成焊接胎具、部件焊接胎具、小件焊接胎具以及输送系统设备等。装焊车间通风系统良好。该企业采用无轨运输，全厂原材料、配套件、成品和燃料等的运输采用汽车运输，厂内半成品运输以车运输为主，全厂现有小客车8辆，货车16辆，车15辆。厂区道路采用环形布局，主干道宽度8米，转弯半径大于9米，次干道宽度5米、转弯半径大于6米，厂区主要道路两侧进行了绿化、种植有草坪、灌木、松树和杨树。该企业主要公用和辅助设施有变电站、锅炉房和空压站、变配电压等级为35KW，内设5台变压器，总装机容量为3 900KVA，厂区高、低压供电系统均采用电缆放射式直埋或电缆沟敷式，厂区道路设路灯照明。锅炉房内设3台4T/H燃煤炉，为厂区生产和生活提供蒸汽。空压站安装有4台容量为20M3/MIN的空气压缩机，为全厂生产提供压缩空气。某日，冲压车间进行起重机吊装板材作业，工人甲、乙挂上吊钩后，示意天车司机开始起吊。随着板材徐徐升起，工人甲发现板材倾斜，与工人乙商议是否需要停车调整，工人乙说："不必停车，我扶着就行。"作业场所地面物品摆放杂乱，工人乙手扶板材侧身而行，被脚下物品绊倒，板材随之倾斜、脱钩砸在工人乙身上，造成工人乙死亡。

提问：按照《企业职工伤亡事故分类》标准，辨识出该企业生产过程中引发事故的主要危险因素，并指出所辨识出的危险因素存在于哪些设备、设施或场所。

第四章　事故应急能力评估

本章学习目标

1. 熟悉事故应急能力定性评估物资要素包括的内容，了解人员要素、管理要素和环境要素涉及内容。能够根据企业实际设计事故应急能力定性评估表。
2. 了解事故应急能力定量评估常用的模型，能使用定量评估数学模型进行人员疏散。
3. 了解事故应急能力综合评估体系建立的原则，了解典型行业以及应急能力评估重点单位的应急能力评估指标体系，熟悉事故应急能力评估指标权重的确定方法，能使用模糊综合评价法或灰色层次分析法进行事故应急能力综合评估。

为了能够有效地保护人民的生命安全财产、生态环境和社会经济建设的成果，必须在突发事件发生前进行合理的防范和预警，提前做好应急准备。在事件发生后及时、有序、高效地开展应急救援活动。这就需要对可能发生的事件进行应急能力评估，以确保事件发生后，能够高效应急，控制事态发展。对事故应急能力的有效评估直接影响应急预案实施的深度和广度。

事故应急能力评估可分为对事故的定性评估、定量评估以及综合评估三个方面。在应急能力定性评估方面，主要从物资要素、人员要素、管理要素及环境要素进行定性的对照评估，明确应急资源是否充足，应急队伍是否合理、应急管理是否周到，应急环境是否友善等。在应急能力定量评估方面，主要对应急疏散能力的定量评估，通过仿真模拟，计算得出需用安全疏散时间，与可用安全疏散时间相比较进行评估。在应急能力综合评估方面，通过对应急能力评估对象的研究，明确影响其应急能力的各类指标及其权重，通过相应的方法，如层次分析法、模糊综合评价法、神经网络分析法等对其进行综合评估。本章从事故应急能力定性评估、定量评估和综合评估三个方面进行介绍，并用实例辅以说明。

第一节　事故应急能力定性评估

当企业发生紧急情况时，需要相应的应急物资，应急指挥及救援人员，高效的应急组织体系以及友善的应急环境来保障应急处置行动的顺利开展。对事故应急能力进行定性评估，主要从“人—物—管—环”四个方面结合企业自身特点，明确应急能力影响要素，通过编制对照评估表进行应急能力对照评估。

一、物资要素

影响企业应急能力的物资要素主要包括医疗物资、消防设施器材、通信设备以及应急工具等。应急物资的配备是开展应急救援工作必不可少的条件，为保证应急工作的有效实施，企业可根据自身可能发生的事故类型来明确所需配备的应急资源，做到有的放矢，既可节省资源又能有效应对事故。

1. 医疗物资

企业内常用的医疗物资包括以下 9 类。包扎止血用品类：纱布、吸血垫、纱布绷带、弹性网帽、弹性绷带、橡皮止血带、三角巾、创可贴等；消毒药品类：碘伏、酒精、生理盐水、过氧化氢、新洁尔灭等；药品类：速效救心丸、沙丁胺醇、藿香正气软胶囊、人丹等；器械类：听诊器、血压计、剪刀、镊子、止血钳、手术刀片等；生命支持类：氧气、简易呼吸器等；固定类：卷式夹板、颈托、约束带等；检伤分类：伤票等；个人防护类：外科口罩、手套、防护服、反光衣等；包装类：急救包或急救箱等。

2. 消防设施器材

企业内常用的消防设施器材包括建筑物、构筑物中设置的安全疏散系统、消防给水系统、防排烟、防火卷帘系统、自动喷淋灭火系统、火灾自动报警系统、气体灭火系统、水喷雾灭火系统、低、中、高倍数泡沫灭火系统、各种消火栓、消防井、消防水泵、消防蓄水池、消防应急通道、各种灭火器材等。

3. 通信设备

企业内常用的通信设备包括电报、电话、传真机、对讲机、扩音喇叭、公共广播系统、卫星电话等，应急通信设备的配置必须实现事故及时上报、通告及指挥功能。多数企业的应急通信系统基于公共网络，一旦发生自然灾害或是重大事故时，可能造成通信瘫痪，因此，各企业应综合利用各种通信资源和技术，保障救援、紧急救助和必要通信。企业通信与信息系统保障清单如表 4-1 所示。清单内容可以根据实际情况调整。

表 4-1 通信与信息系统保障清单

	类 型	位 置	数 量	性 能
通信与信息系统保障	应急广播	在每个安全出口处	每个安全出口处 2 个	正常使用
	网络通信	机房、电子预览室	150 台	正常使用
	……	……		

4. 应急工具

企业内常用的应急工具包括各类小型应急工具，如照明工具：手电筒、照明灯等;营救设备:滑轮、空中绳索、保护绳、尖头工具等;防护设备:防护服、手套、靴子、呼吸保护装置等;危险物质泄漏控制设备:泄漏控制工具、探测设备、封堵设备、解除封堵设备等。此外,还包括挖掘机、铲车、拖车、吊车、起重机等大型应急工具设备。

企业综合应急资源保障清单如表 4-2 所示。清单内容可以根据实际情况调整。

表 4-2 应急物资保障清单

			设备	位置	数量	性能	管理人员
应急物资	消防	建筑情况	防火门	主要通道	100	阻断火焰的蔓延	
			防火卷帘	防火分区	110	阻断火焰蔓延	
			消防通道		6	逃生	
			应急照明	安全出口附近	50	提供光线	
			消防电梯	安全出口附近	10	逃生	
		水灭火设施	消防栓	安全出口	510	灭火	
			喷头	天花板	600	灭火	
			报警阀	墙壁上	500		
		防排烟系统	防火阀		510		
			排烟防火阀		510		
			送风机	楼板上	50	交换空气	
			排烟机		60	排烟	
			感烟探测器	楼板上	500	感应烟气	
			感温探测器	天花板	510	感应温度	
			应急广播	天花板	20	通知	
			手动报警按钮	墙壁上	50	报警	
		灭火器	A类	E类	210	灭火	
	抢险人员防护工具以及相关设备	防护工具	全身防护衣	医务室	200	阻火	
			塑料围裙	医务室	200		
			胶鞋	医务室	200	绝缘	
			防毒面具	医务室	100	防毒	
			急救包	医务室	120		
		相关装备	手电筒	后勤办公室	200	照明	
			头灯	后勤办公室	200	照明	
		设备	冷冻设备	后勤办公室	200	保护书籍	
			运输转运工具	后勤办公室	300	运输	

总之,应急物资品种繁多,功能多样,可按照其用途分为防护用品、生命救助、生命支持、救援运载、临时食宿、污染清理、动力燃烧、工程设备、器材工具、照明设备、通讯广播、交通运输、工程材料 13 类,具体的应急物资分类可见附录 1。

二、人员要素

影响企业应急能力的人员要素主要包括安全管理人员和应急救援队伍。其中，应急救援队伍包括应急指挥人员和救援人员。安全管理人员能在应急准备、预警阶段做好事故预防工作，应急救援队伍能在应急响应、恢复阶段迅速反应，高效处置，控制事态发展。根据企业性质及规模大小的不同，救援队伍可分为专业救援队伍和志愿救援队伍。专业救援队伍，如消防、医疗、防泄漏、工程抢险等。志愿救援队伍在企业里一般是指那些受过一定培训和教育的应急人员，大多是兼职的安全人员、义务消防员和红十字救护员等。根据企业风险水平和特点，针对性地培养一批有经验、有不同应急功能的应急救援人员，在应急响应中将起到重要作用。

对企业应急人员要素的评估，应综合考虑人员配置、人员业务素质、劳动纪律观念以及风险意识。可通过日常考核、培训及资质等方面量化指标进行评估。在日常考核方面，企业应当根据日常的生产经营、岗位要求及人员配置进行日常考核，如考察安全管理人员与救援人员的出勤率、工作状态。出勤率包括迟到、早退、旷工、事假等；工作状态包括干私活、睡觉、喧哗打闹、玩游戏、聊天等。

在人员培训方面，企业应当根据安全生产应急救援事故、灾害类型和应急救援队伍的实际情况，制定培训工作计划，并建立培训档案，记录人员接受培训的情况。安全管理人员应当掌握相关的法律法规知识、交流安全管理经验、提升风险分析与隐患排查的能力。应急救援人员应当掌握救援过程中的安全防护措施，应急装备、工具操作规程，异常情况的鉴别和紧急处置方法，自救互救知识，应急联络通信方法，应急救援案例等知识技能。

在人员资质方面，企业应该根据相关法律法规要求，配备满足资质的安全管理人员和应急救援队伍，如根据企业性质和规模，明确注册安全工程师的配置数量，明确应急救援队伍的救护资质等级等。表 4-3 是应急人员能力评估表，企业可以根据实际情况调整内容。

表 4-3　应急人员能力评估

		组织体系是否健全	制度及措施	备　注
应急队伍	医疗小队	健全	定期培训演练	
	保安小队	健全	无	
	纠纷处理小队	健全	无	经常处理突发问题
	治安保障	是	轮流班巡查	
	医疗保障	是	医疗室配备	
	交通运输保障	是	有自己的消防车等	
	后勤保障	是	物资及时更新更换	

三、管理要素

影响企业应急能力的管理要素主要包括组织机构、预案管理、应急资金保障、应急培训、救援协议管理等。合理的应急管理组织体系能够确保企业应急管理工作的制度化、流程化，有助于企业实现科学管理，提高企业的应急处置能力。严密的应急预案体系是企业成功处置各类突发事件的前提和基础，有利于掌握作战行动的主动权、增强演练的针对性，有利于对事故规律及处置对策的研究。充足的安全资金投入是企业具备安全生产条件的必要物质基础。科学的救援协议管理可充分发挥属地优势、专业优势，为企业周边创造良好的安全生产氛围，保障企业的安全生产。

1. 组织机构

企业内应急组织机构是否发挥作用主要体现在应急组织机构设置是否合理，组织机构职责划分是否明确，组织机构之间的沟通协调性是否畅通，及制定的相关应急制度是否合理。企业可根据自身情况制定相关的应急制度及应急管理组织机构，所设立的应急组织机构应科学合理，明确各自职责，从而高效地应对突发情况。企业内的应急组织机构通常为临时性组织机构，在事故发生时才成立，常由企业法人代表担任总指挥，企业安全生产管理委员会成员担任副总指挥，并根据所涉及的应急任务设置各个应急小组，如综合协调组、工程抢险组、风险评估组、后勤供应组、安全疏散组、灭火救援组、医疗救护组、善后处置组以及事故调查组等。随着事故的扩大，由企业层面事故上升至属地政府层面，应急组织机构及组成人员也会随之发生变化，企业的应急组织结构将并入属地政府的应急组织体系中。企业应急救援组织机构职责分工可参考附录 2。

2. 预案管理

企业内的应急预案体系主要由综合应急预案、专项应急预案和现场处置方案构成。企业应根据本单位组织管理体系、生产规模、危险源的性质以及可能发生的事故类型确定应急预案体系，并可根据本单位的实际情况，确定是否编制专项应急预案，风险因素单一的小微型企业可只编写现场处置方案。企业应及时对预案进行修订，组织人员进行演练等。企业编制的应急预案的要素和内容应符合《生产经营单位生产安全事故应急预案编制导则》(GB/T 29639—2013)中的相关内容。企业可根据《生产经营单位生产安全事故应急预案评审指南》开展相关预案评审工作。此外，企业还可根据《生产安全事故应急演练指南》开展相关的应急演练工作。

3. 应急资金保障

应急资金保障是维护应急管理体系正常运转和开展应急救援工作的前提。应急资金通常包括应急救援设施、设备、用具等购买、维修费用，应急救援组织办公费用,应急救援培训及演练费用等。应急资金投入需满足如下要求：

(1) 应急资金要专款专用。根据企业规模及其风险水平,企业在制定安全生产投入计划时要预留部分应急资金,并把这部分应急资金列入企业预算。

(2) 应急资金要统一管理。明确经费保障的协调主体及其职责,可由企业应急办公室统一管理调度,把抢险救灾经费、物资装备经费等项目进行整合和统一管理。

(3) 应急资金有稳定的融资渠道。完善经费保障体系,按照国家有关规定建立稳定的安全投入和资金融资渠道,保证应急资金来源充足。

(4) 应急资金有可靠的监管体系。完善经费监管体系,首先应有健全完善的救灾经费管理的法规规章和管理办法;二是有全过程全方位监控机制;三是能形成内外监督协调配合的监控体系;四是能充分发挥群众舆论监督的作用。

4. 应急培训

应急培训是指通过相关的培训,要求应急人员熟悉和掌握如何识别危险、如何采取必要的应急措施、如何启动紧急警报系统、如何安全疏散人群等基本知识技能。此外,企业应根据人员所在岗位以及职责,应明确不同层次应急人员的培训要求,除了掌握必要的知识和技能外,还应有针对性地进行培训,满足其应急能力要求。应急培训相关内容参考本教材第七章第一节。

5. 救援协议管理

应急救援协议管理包括对各类应急救援协议的签订与更新等。应急救援协议包括消防协议、医疗协议、安保协议、通信协议、相关方协议、保险协议等。企业可通过与属地政府相关部门或周边企业签订救援协议,从而提高自身应急处置能力。签订救援协议时应明确协议签订的目的、协议内容、有效期限及违约责任,明确甲乙双方职责,救援条件及任务等。

四、环境要素

影响企业应急能力的环境要素主要包括企业内部环境、周边自然环境及周边社会环境。环境要素是较为宏观的要素,其对企业应急能力的影响是长期形成的结果。

(1) 企业内部环境。企业内部环境的应急能力影响要素主要体现在企业危险源辨识及控制能力上。企业可通过危险源辨识、风险评价和风险控制,消除或控制系统中的危险源,对重大危险源做到超前、预防性控制,杜绝各类事故的发生,从而降低事故风险率。企业在保持同水平应急能力时,通过降低事故风险率,可理解为相对地提高了事故应急能力。

(2) 周边自然环境。企业周边自然环境的应急能力影响要素主要体现在企业对周边自然灾害预报预警能力以及对自然灾害监测力度上。企业在日常工作中，应具有自然灾害预报预警机制并定期开展自然灾害监测工作，如泥石流、滑坡、崩塌等地质灾害，沙尘暴等气象灾害，海啸等海洋灾害等。若周边自然环境友好，则企业不必应对诸如泥石流、洪水、地震等自然灾害，其应急能力要求则相对降低。

(3) 周边社会环境。企业周边社会环境的应急能力影响要素主要体现在地方消防、医疗、治安、通信的应急能力水平，政府相关部门监督监管力度以及周边群众的安全意识上。若企业所处的社会环境消防力量充足、医疗水平较高、社会治安良好、通信系统发达，相关部门监督监管力度大以及人民群众安全意识高，当企业发生重大事故时，按照属地原则开展救援，将能确保应急处置工作的顺利进行，有效地减少人员伤亡和财产损失。

五、应急能力定性评估实例

对事故应急能力进行定性评估，应结合评估对象的自身特点，明确应急能力影响要素，制定出定性的评估标准，并按此标准进行评估。

通常企业规模较小，风险较低情况下，定性评估时可以把需要评估的对象内容结合实际做成一个综合性的应急能力评估表，表 4-4 为某企业综合应急能力评估表，企业可以根据实际需要进行内容上的调整。

表 4-4　某企业综合应急能力评估表

种类	名称	规格/型号	数量	状况	用途或备注	设置位置
通信设备	对讲机	GP328	6 台	良好	应该每一救援人员配备	备品室
	广播系统		14 点	良好	现场通信	企业内
消防设备	灭火器	MFZ/ABC35		良好	扑救可燃物	企业内
	消火栓	25 米		良好	扑救可燃物	企业内
救生设备	折叠式担架		2 个	良好	运送事故现场受伤人员	企业医院
	安全绳	14 米	2 条	良好	登高救生作业	备品室
	医药急救箱		2 个	良好	盛放外伤和化学伤害急救物品	企业医院
排烟	排风扇			良好	灾害现场的排烟和送风	各楼
照明	紧急照明灯	防爆 LED		良好	紧急情况时照明	各楼道
警戒	各类警示牌		1 套	良好	事故现场警戒警示	备品室
	隔离带		2 盘	良好	事故现场隔离	备品室
监控系统	摄像头		1 套	良好	监控各区域的安全	企业各处
应急避难场所	绿化草坪		2 个	良好	应急避难	企业空地

（续表）

种类	名称	规格/型号	数量	状况	用途或备注	设置位置
其他	发电机	310KW	1台	良好	停电应急供电	发电机房
人力	志愿者		60人			
	兼职人员		30人			
个体防护	正压式氧气呼吸器	L65X-10	2套	良好	进入有毒气体现场防护	现场
	化学防化服	杜邦 TVK1	50套	良好	灾害事故现场处理防护	备品室
	消防服	巴固	6套	良好	靠近、进入火场防护	现场
	防毒口罩	3M 3100	20套	良好	防毒用品	备品室

如果规模比较大，且定性风险比较高的企业，建议按照人、物、管、环四个因素建立应急能力评估检查表，进行应急能力评估。下面以某服装批发市场为例，通过制定相应的安全检查表，对其进行定性的应急能力评估。某服装批发市场是北方地区最大的服装批发集散地，客流量大，来客地区众多，也是串货较多的地方。基于服装批发市场的特点，从“人—物—管—环”四个方面，系统地对服装批发市场应急能力做出定性评估，依据相关法律法规编制应急能力评估安全检查表（表4-5至表4-8）及市场问卷调查表（表4-9）。

表4-5　人的因素安全检查表

检查项	检查内容	得分	评分标准
人员安全意识及技能	是否有人超载搭乘电梯		6项中有一项为“是”则扣0.5分，总分为4分
	是否有人在市场内吸烟、玩火		
	是否有人将消防设施另作他用		
	是否有人使用大功率电器		
	是否有人占用安全通道		
	是否有人乱拉电线		
	场内人员是否已经意识到保持疏散通道畅通的安全性		场内人员包括：管理者、摊位业主、购物者；有一方为“否”则扣1分，一方中部分为“否”则扣0.5分
	场所内人员是否熟悉且能够安全的使用疏散通道		
	场所内人员是否会使用灭火器灭火		
人群素质	管理者行为特征		进行实地交流及观察根据经验做出评分①
	摊位业主行为特征		
	购物者行为特征		
	管理者学历高低		进行问卷调查，按相应比例评分②
	摊位业主学历高低		
	购物者学历高低		

（续表）

检查项	检 查 内 容	得分	评分标准
人群构成	场所内人员年龄分布		进行问卷调查，按相应比例评分③
人群密度	最大人群密度（包括场所内外）		等于或大于 7 人/m^2 只给 1 分，每减少一人加 0.5 分

注：① 人员行为特征包括举止、言谈，通过交流观察，根据经验做出评分。

② 初中及以下（1 分）、高中（2 分）、大专（3 分）、本科及以上（4 分），相应分值与问卷调查所得的相应比例乘积即为所得评分。

③ 5～11 岁和 60 岁以上（1 分）、12～18 岁（2 分）、19～35 岁和 45～59（3 分）、36～44 岁（4 分），相应分值与问卷调查所得的相应比例乘积即为所得评分。

表 4-6 物的因素安全检查表

检查项	检 查 内 容	得分	评分标准
电气设备	市场外变压器周围其固定栅栏的高度大于或等于 1.7m，变压器底部与地面之间距离应大于等于 0.3m，若有两台变压器时，两者净距大于等于 1.5m		满足一项加 1 分，若部分满足则加 0.5 分
	变压器本体及所有附件应无缺损，油漆光整，变压器室的门应上锁，并有清晰牢固的警示标示		
	变压器外壳无渗漏油，并和铁芯同时可靠接地，低压侧电压为 380V 的总开关宜采用低压断路器或隔离开关		
	市场内电气设备的额定功率要满足使用要求不得过载运行，如电梯、变压器		满足一项加 1 分，若部分满足则加 0.5 分
	电力设备和线路应装设反应短路故障和异常运行的继电保护和自动装置，装置应满足可靠性、选择性、灵敏性和速动性要求		
	常用测量仪表应能正确反映电力装置的运行参数；能随时监测电力装置回路的绝缘状况，有继电保护调整试验报告		
	电缆敷设应排列整齐，不宜交叉，加以固定，并安装标志牌，高压电线电缆有试验记录并合格		满足一项加 1 分，若部分满足则加 0.5 分
	在电缆穿过竖井、墙壁、楼板或进入电气盘、柜的空洞处，用防火堵料密实封堵		
	电缆支架、槽盒、保护管等的金属部件反腐层应完好，接地应良好		
	所有灯具、开关、插座应适应环境的需要，露天的灯具、开关应采用防雨式，靠近热源时，应采取隔热、散热等防火保护措施		满足一项加 0.5 分，若全部满足则为 4 分

（续表）

检查项	检 查 内 容	得分	评分标准
电气设备	灯头离地面高度不低于 2m,开关和插座离地高度不低于 1.3m,插座可装低,但离地不低于 15mm		满足一项加 0.5 分,若全部满足则为 4 分
	插座或开关应完整无损,安装牢固、外壳或罩盖应完好、操作灵活、接头可靠		
	市场内不乱拉、乱接临时线、临时灯;电线未老化、缠绕、交叉或被挤压		
	外线电杆、铁塔、避雷针应无倾斜和损伤,拉线桩完好		
	接地线在穿过墙壁、楼板和地坪处应加装钢管或其他坚固的保护套		
消防应急设施	自动喷淋系统处于工作状态		满足一项加 1 分,若部分满足加 0.5 分
	防排烟系统处于工作状态		
	火灾广播系统、自动报警及联动控制系统正常		
	同一建筑物内应采用统一规格的消火栓、水枪和水带,每条水带的长度不应大于 25.0m,室内消火栓的间距不应大于 50.0m		满足一项加 1 分,部分满足加 0.5 分
	室内外消火栓显目且供水正常,消火栓箱内水带水枪、接合器完整好用		
	栓口离地面或操作基面高度宜为 1.1m,其出水方向宜向下或与设置消火栓的墙面成 90°角;栓口与消火栓箱内边缘距离不应影响消防水带的连接		
	灭火器位置显目、便于取用		满足一项加 0.5 分,若全满足为 4 分
	灭火器种类齐全,能应付市场内可能发生的各类型火灾		
	灭火器数量足够、分配合理		
	灭火器压力正常		
	灭火器未破损、锈蚀、积尘、污渍		
	应急照明为双回路供电,当生产、生活用电被切断时,应仍能保证供电		一至四项分值为 0.5 分,最后一项为 1 分
	应急照明灯具和灯光疏散指示标志的备用电源的连续供电时间不应少于 30min		
	应急照明灯的最低水平照度不应低于 1.0Lx		
	应急照明灯具宜设置在墙面的上部、顶棚上或出口的顶部		
	沿疏散走道设置的灯光疏散指示标志,应设置在疏散走道及其转角处距地面高度 1.0m 以下的墙面上,且灯光疏散指示标志间距不应大于 20.0m;对于袋形走道,不应大于 10.0m;在走道转角区,不应大于 1.0m		

（续表）

检查项	检查内容	得分	评分标准
服饰储量及堆放方式	用分区分类、货位编号的管理方法合理存放商品，有效利用空间，摊位服饰储量不宜过大		满足一项加1分，若部分满足则加0.5分
	根据包装形状和仓库设备条件确保摆放安全，不宜压在电线、电源等处，防止堆积过高，堆积松散不牢靠		
	做好防火、防雨、防湿、防霉等服装养护工作，勤清洁、勤整理、勤处理		
安全标识	市场内安全标识齐全(禁止烟火、严禁超载搭乘电梯、紧急出口、禁止摆放杂物等)		第一项分值为2分，依满足程度酌情加分；第二项分值为1分
	安全标识清晰、牢固		

表4-7 环境因素安全检查表

检查项	检查内容	得分	评分标准
安全通道	疏散通道数经计算确定且不应少于2个		满足一项加0.5分
	疏散通道和疏散楼梯的净宽度不应小于1.1m		
	疏散通道应保持通畅，疏散楼梯应采用封闭楼梯间		
	相邻两个安全疏散通道最近边缘距离不应小于5m		
	自动扶梯和电梯不应作为安全疏散设施		
	室外疏散小巷的净宽度不应小于3.0m，并应直接通向宽敞地带		
	疏散门不应设置门槛，其净宽度不应小于1.4m，且紧靠门口内外各1.4m范围内不应设置踏步		满足一项加0.5分
	疏散门数量经计算确定且不应少于2个		
	疏散门应向疏散方向开启，不应正对楼梯段		
	所有疏散门都能迅速省力地打开		
	疏散走道通向前室以及前室通向楼梯间的门应采用乙级防火门		
	不宜在窗口、阳台等部位设置金属栅栏，当必须设置时，应有从内部易于开启的装置，窗口、阳台等部位宜设置辅助疏散逃生设施		
	楼梯间应能天然采光和自然通风，并宜靠外墙设置；楼梯间内不应敷设甲、乙、丙类液体管道及可燃气体管道		满足一项加0.5分
	楼梯间内不应设置烧水间、可燃材料储藏室、垃圾道		
	楼梯间内不应有影响疏散的凸出物或其他障碍物		
	疏散楼梯扶手高度不应低于1.1m，净宽度不小于0.9m，倾斜角度不应大于45度		

（续表）

检查项	检 查 内 容	得分	评分标准
安全通道	楼梯段和平台均应采取不燃材料制作，阶梯不宜采用螺旋楼梯和扇形踏步		满足一项加 0.5 分
	室内疏散楼梯两梯段扶手间的水平净距不宜小于 15cm		
室内走道	室内通道宽度不应小于 1.2m，主要楼梯的梯段净宽不小于 1.65m		满足一项加 1 分，部分满足加 0.5 分
	室内通道表面平坦无凹陷凸起		
	室内通道应为双向走道		
摊位布置	摊位离疏散通道最远距离不应大于 30m，摊位之间应有一定安全间距		满足一项加 1 分，部分满足加 0.5 分
	防火分区之间应采用防火墙分隔。当采用防火墙确有困难时，可采用防火卷帘等防火分隔设施分隔		
	防火分区面积应小于 1 200m^2，若内设自动灭火系统时，防火分区允许最大建筑面积可增加 1.0 倍（若为地下商场，防火分区面积应小于 500m^2）		
交通状况	市场外路面不宜凹凸不平，或被占用堵塞		满足一项加 1 分，部分满足加 0.5 分
	市场外有交通管制，车辆行人流通顺畅		
	市场外具有应急避难场所，以便人员安全疏散		
	消防车通道应保持畅通，禁止在消防车通道上停车、摆摊、堆放杂物		满足一项加 1 分，部分满足加 0.5 分
	消防车道的净宽度和净高度均不应小于 4.0m，坡度不宜大于 3%		
	消防车道与高层建筑间不应设置妨碍登高消防车操作的树木、架空管线等		

表 4-8 管理因素安全检查表

检查项	检 查 内 容	得分	评分标准
安全保障组织机构	建立健全的安全管理制度和规定：安全教育培训制度、安全会议制度、安全检查制度、隐患整改制度		满足一项加 1 分，部分满足加 0.5 分
	建立健全安全管理台账：安全会议台账、安全教育台账、安全检查台账、安全治理台账、事故台账等		
	建立健全岗位责任制和消防工作日常管理制度		
安全教育培训	应定期开展安全教育，普及安全知识，倡导安全文化的教育培训活动		满足一项加 1 分，部分满足加 0.5 分
	安全卫生管理人员必须经过安全教育并经考核合格后方能任职		
	各级领导应有安全培训结业证或有关培训记录		

(续表)

检查项	检 查 内 容	得分	评分标准
隐患管理	对发生的各类事故进行记录,并按规定上报,有事故处理建议和防范措施		满足一项加 1 分,部分满足加 0.5 分
	市场内摊位业主对所发生事故的原因须清楚并接受教育		
	事故隐患分级管理,及时整改,隐患在未整改前必须采取可靠的防范措施		
	有消防巡警记录并定期检查更换消防器材		满足一项加 1 分,部分满足加 0.5 分
	对安全通道进行及时疏通,并对违规占用安全通道的人员进行教育处罚		
	对市场内老化设备及时进行保养或更换,如电梯、电线、安全标示		
	市场主要责任人应定期主持安全会议,听取汇报、分析问题、及时消除隐患		按照 1～4 评分法进行评分
应急预案及响应	根据市场可能发生的多种事故类型,制定各种应急处理方案、预案,包括应急组织机构及职责、预案体系及响应程序、事故预防及应急保障、应急培训及预案演练等主要内容		按照 1～4 评分法进行评分
	对于某一类风险大的事故,应制定专项应急预案,包括危险性分析、可能发生的事故特征、应急组织机构与职责、预防措施、应急处置要点和注意事项等内容		按照 1～4 评分法进行评分
	应急救援措施内容全面,包括报警、现场指挥、现场处理、伤员医疗急救、警戒、停水停电、危险物品转移、废弃处置等		按照 1～4 评分法进行评分
	应明确具体应急操作步骤的执行人、应急组织的联系方式,保证应急救援有效实施		满足一项加 1 分,部分满足加 0.5 分
	明确应急演练时间、程序要求,每半年演练一次并做好演练记录		
	应急预案能根据情况变化及时修改,并配备了必要的应急设备、设施,做到定期保养和维护		
安全投入	有一定的安全卫生资金投入,如安全警示牌、垃圾清运、安全防护设施、安全宣传教育等		按照 1～4 评分法进行评分

表 4-9 服装批发市场问卷调查表

序号	问 题
1	在该市场内,您是 A 管理者 B 摊位业主 C 购物者

（续表）

序号	问　　题
2	您的年龄段为： A 儿童(5～11)　B 少年(12～18)　C 青年(19～35)　D 中青年(36～44) E 中年(45～59)　F 老年(60～)
3	您的学历为： A 初中及以下　B 高中　C 大专　D 本科及以上
4	您熟悉该市场内的疏散路线吗？ A 熟悉　B 不熟悉　C 无疏散路线
5	您会使用灭火器灭火吗？ A 会　B 不会
6	市场内有组织过关于安全方面的宣传活动吗？ A 常有　B 偶尔　C 没见过
7	市场内有巡查人员对安全通道及走道进行疏通，防止安全通道及走道被占用吗？ A 有　B 无　C 不知道
8	若有巡查人员，每天巡查几次？________
9	你认为该市场发生火灾会怎么样？ A 死伤无数　B 人员能够迅速撤离，伤亡较少　C 其他________

通过对以上调查问卷和检查表的结果分析，找出目前企业应急方面存在的不足，有针对性地提出整改建议和措施，为编写应急预案提供技术支持。

第二节　事故应急能力定量评估

定量评估是指依据统计数据，建立数学模型，并用数学模型计算出分析对象的各项指标及其数值来评估分析的一种方法。对事故应急能力定量评估着重于对应急疏散能力的定量评估。应急疏散能力的好坏体现在疏散时间是否充足，一般是通过比较可用安全疏散时间（ASET，Available Safety Egress Time）和需用安全疏散时间（RSET，Required Safety Egress Time）来判断安全疏散的可行性。其中，ASET 一般是通过计算机模拟来获得；RSET 的确定方法，目前主要包括 3 种：人群疏散演习、计算机仿真模拟和经验公式法。人群疏散演习虽然真实可靠，但弊端也非常明显。这主要是由于将大量人员集中于某个公共场所内专门进行疏散演习，同时对所有人的相关属性和疏散轨迹进行跟踪记录是十分困难。此外，人的行为具有很大的随机性，即使同样的人群在同一场景中，其前后两次的疏散行为也会有许多的差别，需要多次重复才能得到可靠的结果，但反复演练的可操作性比较差；计算机仿真模拟，随着仿真模型的不断完善，使用越来越广泛，但其模拟过程一般较为复杂;经验公式法是传统的疏散设计计算方法,主要针对建筑火灾的疏散逃生设计理论,但对其他类型的疏散逃生不其适用性,如隧道、地下密闭空间由于空间结构与建筑结构存在较大差别,所以疏散计算方法也应有所区别。由于近年来计算机功能的发展和普及,计算机模拟成为提高人员疏散安全水平的有效技术手段。

为了有效地对应急疏散行为进行计算机仿真,必须首先根据仿真目的,建立起可信的系统模型。系统模型是对现实世界中事物的抽象,对事物的演化过程进行数学或逻辑上的描述。在这种抽象的过程中需要经过一定程度的简化并依赖于部分假设,建立一个准确的仿真模型是进行计算机仿真的前提和必要条件。目前一般将应急疏散仿真模型分为基于流量的仿真模型、元胞自动机模型、基于个体的仿真模型及纳入社会因素的仿真模型。

一、基于流量的仿真模型

EESCAPE、EGRESSPRO 以及 EVACNET4 等仿真模型采用了基于流量的建模方法,对连续型的流量节点密度进行建模。现以 EVACNET4 模型为例,EVACNET4 是一个被广泛使用的人员疏散网络模拟软件,由美国佛罗里达大学开发。该软件将建筑物结构以网络的形式描述,模拟人员在这一网络内的流动,直至所有人员最终到达规定的安全地点为止。应用该软件进行人员疏散模拟的关键是建立建筑的网络模型,该模型应能如实地反映建筑物的内部结构布局。建筑网络模型由一系列的节点以及连接各个节点的路径组成。节点代表建筑物内的不同的厅、室、通道、楼梯间、安全出口以及其他的空间部分,模型将室外或建筑内的其他安全地点定义为目标结点,人员疏散以到达目标结点算作结束。空间上相邻的节点通过虚拟的路径来连接,这些路径在空间上并不实际存在,只是通过它们来反映各个节点之间的连接关系,还需要设定路径的方向,以反映人员在网络内的流动方向。对于每个节点,需要定义两个参数:模拟开始时节点内的初始人数和节点所能够容纳的最多人数。对于每条路径,也需要定义两个参数:人员通过该路径所用的时间和单位时间通过该路径的人数。

EVACNET4 模型能在最小时间区段内确定最优的人员疏散方案。模型运用了高级的网络流输送容量约束算法,这种算法主要用来解决与网络结构相关的线性规划问题。该软件还给每种特定模型的模拟结果提供了一个简明介绍,包括疏散总时间、拥挤程度、个体安全疏散的平均时间,以及成功疏散的人员数。EVACNET4 模型中,疏散出口的设置很大程度上受制于物理因素,例如平均使用面积、流动率以及各节点的特定构造。模型根据一组设定的环境特征、行走速率以及不同的服务水平,来进行模拟运算,进而得出仿真结果。通过利用 EVACNET4 建模,可以得到如下计算结果:整个建筑内所有人员疏散完毕所用的时间;各个楼层内人员疏散完毕所用的时间;各个节点内人员疏散完毕所用的时间;人员在各个疏散出口的分配情况;疏散过程中的瓶颈状态。

与基于流量的其他仿真模型类似,EVACNET4 模型忽略了人群中的社会影响因素,EVACNET4 只将人群在建筑内的走动模拟为水在管网内的流动,它对人员的个体特性没有考虑,而是将人群的疏散作为一个整体运动处理,并对人员疏散过程作了如下保守假设:

(1) 疏散人员具有相同的特征,且均具有足够的身体条件疏散到安全地点,一般不考虑残疾人员的疏散;

(2) 疏散人员是清醒的,在疏散开始的时刻同时井然有序地进行疏散,且在疏散过程中不会中途返回选择其他疏散路径;

(3) 在疏散过程中,人流的流量与疏散通道的宽度成正比分配,即从某一出口疏散的人数按其宽度占出口总宽度的比例进行分配;

(4) 人员从每个可用的疏散出口疏散,且所有人的疏散速度一致并保持不变。

以上假设是人员疏散的一种理想状态,与人员疏散的实际过程可能存在一定的差别,为了弥补疏散过程中的一些不确定性因素的影响,在采用该类模型进行人员疏散的计算时,通常保守地考虑一个安全系数,一般取 1.5～2.0,即实际疏散时间为计算疏散时间乘以安全系数后的数值。

因此,此类基于流量的模型并不适合基于个体的建模,因为模型使用了不适当的人员同质性假设,模型仅对如房间内物品等环境属性以及行走速率进行了设定,把疏散个体都作为连续的流体对待,忽视个体的生理差异、具体位置以及移动方向等因素。由于忽略了疏散个体的具体属性,EESCAPE、EGRESSPRO 和 EVACNET4 等基于流量的模型避开了诸多社会因素,模型的使用者就可以充分地估算出在没有考虑疏散个体社会行为条件下的人流疏散过程。但由于对疏散个体变量因素方面缺乏考虑,导致了模型仿真结果缺乏实际使用价值。

二、元胞自动机模型

元胞自动机是由空间上各向同性的一系列元胞组成,在有限元胞自动机的基础上发展起来的,用于模拟和分析几何空间内的各种现象。元胞自动机(Cellular Automaton)简称 CA,也有人译为细胞自动机、点格自动机、分子自动机或单元自动机,是定义在一个具有离散、有限状态的元胞所组成的元胞空间上,并按照一定局部规则,在离散的时间维上演化的动力学系统。散布在规则格网(Lattice Grid)中的每一元胞(Cell)取有限的离散状态,遵循同样的作用规则,依据确定的局部规则作同步更新。大量元胞通过简单的相互作用而构成动态系统的演化。不同于一般的动力学模型,元胞自动机不是由严格定义的物理方程或函数确定,而是用一系列模型构造的规则构成。凡是满足这些规则的模型都可以算作元胞自动机模型。因此，元胞自动机是一类模型的总称，或者说是一个方法框架。其特点是时间、空间、状态都离散，每个变量只取有限多个状态，且其状态改变的规则在时间和空间上都是局部的。

具体讲，构成元胞自动机的部件被称为“元胞”，每个元胞具有一个状态。这个状态只取某个有限状态集中的一个，例如或“生”或“死”，或者是256色颜色中的一种等等。这些元胞规则地排列在被称为“元胞空间”的空间格网上，它们各自的状态随着时间变化。而根据一个局部规则来进行更新，也就是说，一个元胞在某时刻的状态取决于而且仅仅取决于上一时刻该元胞的状态以及该元胞的所有邻居元胞的状态。元胞空间内的元胞依照这样的局部规则进行同步的状态更新，整个元胞空间则表现为离散时间维上的变化。

元胞自动机包括细胞、细胞空间、邻居及规则等四个基本组成单位。其中，元胞，又称为细胞、单元或基元，是元胞自动机最基本的组成部分，其分布在离散的一维、二维或多维欧几里得空间上，并且其形状与细胞空间的划分有关。在某一特定时刻，细胞具有各自的状态，并且根据研究问题的不同，细胞的状态即可以是{0，1}，{生，死}，{黑，白}等二进制形式，又可以是$\{S_1, S_2, \cdots, S_i, \cdots, S_k\}$整数形式的离散集。

按照细胞自动机的定义，其演化规则是局部的，即更新某一细胞的状态时，只需知道其邻近细胞的状态。某一细胞状态更新时所需要搜索的空间域，称为该细胞的邻居。原则上，对邻居的数量没有限制，只要求所有细胞的邻居数量都必须相同。但是如果邻居数量过多，则演化规则的复杂性是无法接受的，其计算量通常随着邻居数量的增多呈指数增长。因此在实际操作中，往往只由邻接的细胞构成邻居。细胞自动机的演化规则是根据细胞当前状态及其邻居状态来确定下一时刻该细胞状态的动力学函数，即局部状态转移函数。可以说，演化规则是细胞自动机的灵魂，一个细胞自动机模型是否成功，关键在于演化规则设计得是否合理，是否可以真实地反映客观事物的本质特性。演化规则中，附带有概率因素的自动机称为概率型细胞自动机，反之，则称为确定型细胞自动机。在确定型细胞自动机模型的演化规则中，添加带有随机性的规则即可得到概率型细胞自动机。尽管细胞自动机具有离散的性质，概率型细胞自动机却可使模型的参数在一定的连续数值范围内进行调整，这使得细胞自动机在处理实际问题时非常方便，如模拟物理系统中粒子以某一给定的速率产生或消失。从元胞自动机的构成及其规则上来分析，标准的元胞自动机应具有以下几个特征：

(1) 同质性：在元胞空间内每个元胞的变化都服从相同的规律，所有元胞均受同样的规则所支配。

（2）整齐性：元胞的分布方式相同，大小、形状相同，地位平等，空间分布规则整齐。

（3）离散性：元胞自动机具有空间离散、时间离散和状态离散性。空间离散指元胞分布在按照一定规则划分的离散的元胞空间上；时间离散指系统的演化是按照等间隔时间分步进行的，时间变量 t 只能取等步长的时刻点；状态离散指元胞自动机的状态只能取有限个离散值。在实际应用中，往往需要将有些连续变量进行离散化，如分类、分级，以便于建立元胞自动机模型。

（4）并行性：各个元胞在每个时刻的状态变化是独立的行为，相互没有任何影响。

（5）时空局部性：每一元胞下一时刻的状态，仅取决于其临域中所有元胞的状态，而不是全体元胞。从信息传输的角度来看，元胞自动机中信息的传递速度是有限的。在实际应用过程中，许多元胞自动机模型已经对其中的某些特征进行了扩展，例如圣托斯兰州立大学研究的所谓连续型的元胞自动机，其状态就是连续的。

在上述特征中，同质性、并行性、局部性是元胞自动机的核心特征，任何对元胞自动机的扩展应当尽量保持这些核心特征，尤其是局部性特征。

元胞自动机仿真模型与其他仿真模型的关键差异在于空间的离散性，前者使空间离散化，并在每个单独的空间单元设定一个节点密度。目前，这种方法已经非常成功地应用于车辆流建模和交通网络的建模上，并且已经被证实对于一系列密度条件下的复杂交通流（包括车流和行人流）仿真有很好的近似性。与其他的建模方法相比，元胞自动机不是按照公式而是根据行为规则进行建模，元胞自动机行为模型根据出现的结果改变状态，这也就是元胞自动机的吸引人之处，可以轻易地在计算机上实现，并且和基于公式微观仿真相比运行速度大大提高。

元胞自动机模型的缺点是过于专注个体的运动轨迹，而不涉及社会行为研究方面，也不体现任何疏散过程的微观过程。与此类似的还有 Pathfinder 模型和 TIMTEX 模型。模型中个体“从众”的趋势缺乏科学的计算理论支撑，模型简单地将这种趋势归结于仅受人员规模的影响，使得与社会文化相适应、限制人际空间大小的规则失效，从而很难在模型中设定人员间隙空间大小的经验参数。因此，要使模型的疏散个体具有“社会性”并受到社会准则的约束，需要在模型中加载象征性的交互社会过程和群体决策功能的影响因素。

三、基于个体的仿真模型

EXIT89、格子气模型、ALLSAFE 以及 SIMULEX 等仿真模型采用了基于个体的建模方法，充分考虑了疏散个体的特性。现以 SIMULEX 模型为例，SIMULEX 软件是由苏格兰集成环境解决有限公司（Integrated Environmental Solutions Ltd.）的 Peter Thompson 博士开发，用来模拟大量人员在多层建筑物中的疏散。采用 C++语言编制。该软件可以模拟大型、复杂几何形状、带有多个楼层和楼梯的建筑物，可以接受 CAD 生成的定义单个楼层的文件。可以容纳上千人，用户可以看到在疏散过程中，每个人在建筑物中的任意时刻、任意一点的移动情况。仿真结束后，会生成一个包含疏散过程详细信息的文本文件。

SIMULEX 仿真模型的产生使得应急疏散仿真模型提升了一个层次，与以往模型不同，它对群体的运动进行了特性化处理：模型给疏散个体赋予各自的属性，如个体的行进速率受特定区域群集密度的影响。模型允许个体对自身的行进速率进行决策，除此以外，模型还考虑了其他几个影响因素，这些因素都被纳入了人员运动的算法之中，包括个体自身的动作、姿势（如身体晃动和扭曲）、相邻个体影响、建筑物结构特征，以及个体的性别、年龄（模型中初始限定是 12～55 岁）等因素。模型还对疏散个体作出如下假设：个体是理性的；个体能自主评估并选择最佳路线；具备避碰能力；具备超越被视为障碍的其他个体的能力。

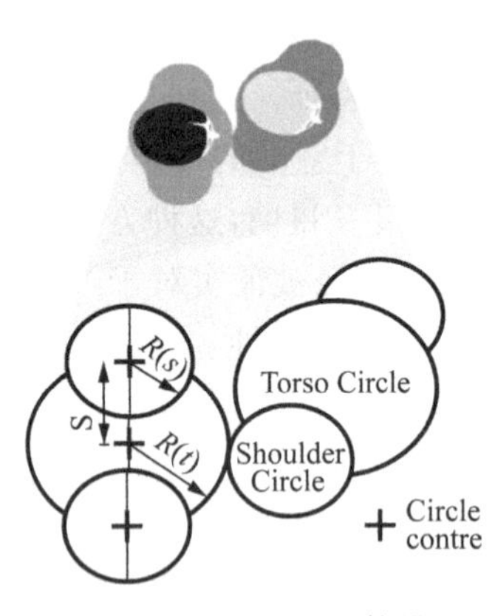

图 4-1 SIMULEX 人体模型

SIMULEX 用三个圆来代表每一个人的平面面积，精确地模拟了实际的人员。如图 4-1 所示，每一个被模拟的人由一个位于中间的不完全的圆圈和两个稍小的、与中间的圆重叠的肩膀圆圈所组成，它们排列在不完全的圆圈两侧。另外，SIMULEX 的移动特性基于对每一个人穿过建筑物空间时的精确模拟，位置和距离的精确度高于±0.000 1 米。能够模拟的移动类型包括：正常不受阻碍的行走，由于与其他人接近而造成的步速降低、超越、身体的旋转和避让等移动方式。

通过使用等距图可以为每一个人来获取其到出口的方向，等距图绘制出了从建筑物的任意一点到出口的示意图。不同的等距图存储在内存中，描述了到不同最终出口的路径。SIMULEX 模拟了一部分心理方面的东西，包括出口选择和对报警的响应时间，这些心理因素的进一步改进是模型发展的一个部分。SIMULEX 可根据工程设计需要，模拟建筑物里面的人员疏散，并且模拟人员在紧急状态下如何疏散。它使用一系列的二维楼层，把出口以及楼梯联系在一起。通过使用 SIMULEX，在工程上可发现问题区域并且形象化评价解决方案。因此，SIMULEX 在国内外被广泛推广使用，且易被设计者所接受。SIMULEX 能帮助设计者达到相应标准的要求。SIMULEX 在关于人员疏散或者灾害安全设计方面，有较强的优势。当然，SIMULEX 还有一些特色功能和特点，如地图距离，用于计算物体之间的距离。如对于一家医院，能测量不同部门之间的距离，并能对共享的生活设备进行最理想的布局。另一方面，对于消防疏散演练必须精心安排，这是复杂的系统工程。消防疏散演练的目的是让个体从紧急事件中迅速、安全地撤离，这也是所有建筑物消防设计中的主要任务。使用 SIMULEX 软件，能模拟建筑物疏散的情况，发现潜在的危险隐患并且找到解决方案。

由于 SIMULEX 软件的易用性，以及它能够较为真实地反映出疏散过程中可能出现的各种情况，它已经被越来越多地应用于工程的设计、评估工作中，成为性能化设计、评估工作的一项有力的武器。

但是，至今 SIMULEX 还没有尝试模拟能见度和毒性危害可能对人员产生的影响。此外，需要改良那些处理每个人心理影响输入函数的复杂性，这也是 SIMULEX 软件将来的发展重点。

四、纳入社会因素的仿真模型

BFIRES 仿真模型、多个体的灾害管理仿真模型(MASCM)、FIRESCAP 模型以及 EXODUS 等仿真模型建模时考虑了人群疏散的社会学影响因素。现以 EXODUS 模型为例，EXODUS 模型与其他纳入社会学影响因素的仿真模型相比，提供了相对完善的一套针对个体的社会心理属性和特征，一共有 22 项。这些属性包括年龄、姓名、性别、呼吸频率、奔跑速度、存活状态等。EXODUS 仿真模型中的个体同样也拥有一定的对建筑环境熟悉程度、人员敏捷程度以及忍耐力等属性。该模型能够根据火灾现场高热量以及有毒烟气对人们疏散行为的影响，模拟出一个具有大量人流拥堵的疏散出口。

模型整体由 5 个相互影响的子模型组成，包括：运动子模型、行为子模型、人员属性子模型、危险辨识子模型以及毒性评估子模型。此外，该模型含有“行程表”功能(由此引入了基于活动的元素)，该“行程表”实际上是一个疏散个体在离开建筑之前的一系列任务的集合。个体潜在的疏散行为是复杂的，例如返回某处取某物、执行某次与安全相关的行动指令，甚至是寻找一名失踪的儿童等。这种功能引出了一系列的实证研究成果。

上述特征，连同其他一些独特的功能(如测量刺激性物品影响的子模型，以及避免疏散人员在运动过程中和出口处产生拥堵的两个衡量参数)，使得 EXODUS 模型在多因素影响疏散决策的模型中(如英国的 CRISP 仿真模型)被称为功能最全面的一种。与其他几个仿真模型相比，EXODUS 模型中的行为子模型能根据个体属性所决定的疏散过程中最优位置来优化疏散个体的实际行为。这种模型已经根据不同的使用对象、使用场地，发展出了不同的版本，如船体疏散仿真、飞机疏散仿真以及建筑物疏散仿真模型。目前，多采用 BUILDING EXDOUS 模型对建筑物的疏散仿真进行模拟。

BUILDING EXDOUS 综合考虑人与人、人与火及人与结构间的关系。因此，每个人的行为和运动都由一套启发式的论据或规则来确定。为方便使用,这些规则被分为 5 种相互作用的子模型,即人员、运动、行为、毒性及危险子模型。这些模型在一定空间内随几何环境的变化而变化。

BUILDING EXDOUS 是一种细网格的过程模拟软件,它与其他疏散模拟软件的最大不同之处在于,它考虑了疏散人员间、疏散人员与火灾间以及疏散人员与建筑结构间的相互作用。因此,BUILDING EXDOUS 能较真实地模拟疏散人员和场景的若干属性和行为,追踪疏散过程的诸多细节,并在此基础上给出较全面详实的预测结果。

BUILDING EXDOUS 是专门对诸如超市、医院、车站、学校、机场等建筑人员疏散过程进行模拟分析的软件,可以用于评价建筑设计是否合乎规范要求,分析各种建筑结构的人员疏散性能以及各种建筑结构中的人群移动效率。此外,可以得出各种各样的结果,而不仅仅是疏散总时间。如 BUILDING EXDOUS 能解释模拟结果,确定瓶颈位置、疏散速度、疏散起始时间和中止时间、疏散过程等。BUILDING EXDOUS 具有以下优势:

(1) 可对建筑设计的复合性、各种结构下人员逃生以及调查人员在结构内的移动效率等进行相关模拟。

(2) 结合了社会的观点,含有人员对建筑物的熟悉程度、活力以及忍耐力。并考虑由于毒气或高温的作用使人产生的停留或延迟。

(3) 考虑了人与人之间冲突的问题,这个行为规则是随机确定的,根据人员特性来确定最终的情况。

(4) 可评价一座建筑的疏散方法,揭露建筑和疏散过程中的缺陷,也可以对建筑的改进提出建议,并且检测改进的效果。

五、应急能力定量评估实例分析

以某世园会综合馆拥挤踩踏事故为例,用 Building EXDOUS 软件进行安全疏散模拟仿真分析,实现应急能力定量评估。

1. 模拟场馆基本概况

某世园会综合馆占地 12 000 平方米,是世园会内的最大场馆,场馆主要是供参观游览者浏览珍稀植物、园艺精品、无土栽培、电子平台等园艺艺术、文化、科技。展馆内有 400 个标准展位,整个展馆的游客量上限为 1 800 人。世园会举行期间,综合馆内会有大量人员参观,紧急情况下,由于人处于恐慌或者行为过激状态中,容易在疏散过程中发生大批量的拥堵,最后导致踩踏或者群死群伤事件,进行合理的安全疏散路线规划设计是安全疏散的重要研究内容。

2. 综合馆拥挤踩踏事故安全疏散分析

通过对综合馆的现场调研分析，综合馆内共有 16 个大门。假定条件：①各项基础设施不变；②所有参观人员行为一致，男女老少运动速度相当；③需要从出口疏散出来的观众人数为 1 800 人。

根据《建筑设计防火规范》第 5.3.4 条：剧院、电影院、礼堂的观众厅安全出口的数目均不应少于两个，且每个安全出口的平均疏散人数不应超过 250 人。容纳人数超过 2 000 人时，其超过 2 000 人的部分，每个安全出口的平均疏散人数不应超过 400 人。一般来说，观众厅安全出口的平均宽度最小约为 1.91m；最大约为 2.75m。假定取出口宽度为 2.75m，至此时每股人流宽应为 0.55m 计算，1 800 人全部疏散，可以计算出不同数量安全出口打开时，疏散人群的数量，如表 4-10 所示。

表 4-10　疏散人数与疏散时间对比表

打开出口个数	2	4	8	12	16
每个出口平均疏散人数	900	450	225	150	113
疏散时间 T(分钟)	4.86	2.43	1.21	0.81	0.61

疏散场景设置及模拟仿真分析：①人员密度按照 1.5 人/m^2；②男性比例设为 35%，女性比例设为 65%。男性群体中，老中青比例依次为 20%、10%和 5%。女性群体中，老中青比例依次为 35%、20%和 10%；③步行速度范围取 1.2～1.5m/s；④出口选择方式，分为就近自由疏散和人员分流疏导两种。疏散场景如表 4-11 所示。

表 4-11　疏散场景一览表

场景编号	人员密度(人/m^2)	人数(人)	出口选择方式	疏导优化	平均等待时间(s)	平均疏散距离(m)	总疏散时间 T(s)	安全标准	判断结果
S_1	1.5	1 800	就近	—	120.64	29.9	400.42	T≤360s，安全；	不安全
R_1	1.5	1 800	—	√	100.25	32.6	302.09	T>360s，不安全	安全

在就近疏散模式下，人员根据距离选择出口，各个出口之间无法得到均衡使用。以人员密度 1.5 人/m^2 场景为例，对比 S_1 和 R_1，取 30s 和 240s 两个时刻，模拟截图如图 4-2 所示，左侧一列图为就近疏散模拟图，右侧一列图为疏导优化后的模拟图。由图可见，而疏导优化后各口疏散时间接近，没有出现集中拥堵现象。

采用疏导分流后，疏散结果显示，疏散时间大大降低，从 400.42s 减为 302.09s，总疏散时间小于 6 分钟，满足了疏散安全时间要求。在实际过程中，由于人流不是均匀的，并且加上瓶颈效应，可能会在出口出现停滞或者速度更慢的现象，疏散所

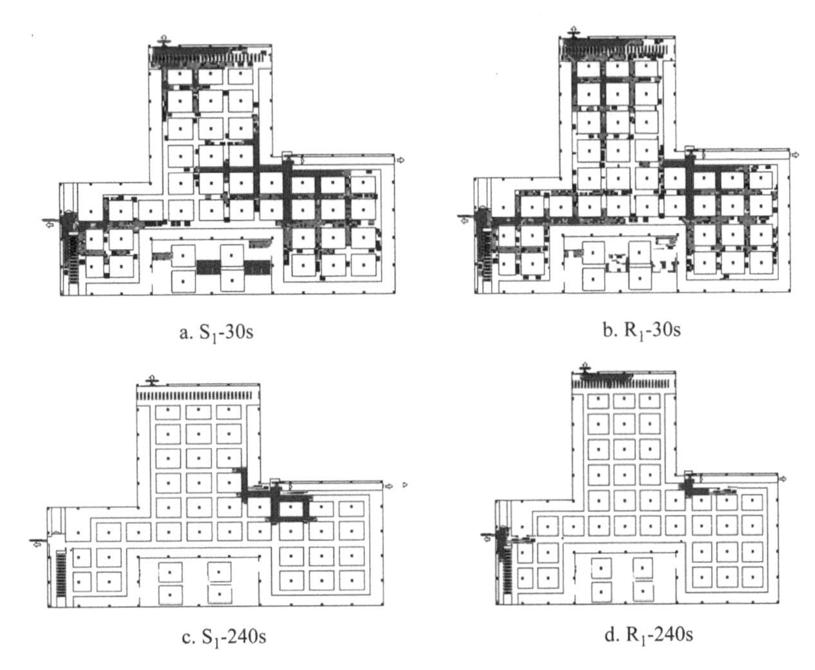

a. S_1-30s　b. R_1-30s

c. S_1-240s　d. R_1-240s

图 4-2　疏散模拟结果对比截图

需时间可能更长。

3. 应急能力定量评估结果分析

(1) 运用疏散软件对世园会综合馆人员疏散进行分析，假定在没有障碍物的场景下，并且考虑疏散人群都是均匀走向疏散出口，没有发生拥堵，可在几分钟左右疏散完毕。如果疏散人群采用不同的疏散路线，并且发生局部拥堵现象，疏散时间可能延长。

(2) 在不考虑其他因素的影响下，疏散的时间与人数成正相关，但如果人数超过综合馆实际的容量，则有可能使疏散时间延长。疏散时间在很大程度上受人员特性，例如年龄、性别、身体素质等影响，可以将综合馆参观人群进行一个基本分类，然后采用 Building EXDOUS 软件进行分析模拟，该软件可以分析不同种类人群的行为特征，可以模拟不同类型人员组成的人群如何从场馆疏散，以及需要的疏散时间。

(3) 疏散过程中，人群个体差异过大，容易导致人流冲突。由于不同个体的人群行走速度、反应能力、耐性、平衡能力存在巨大差异。速度快、反应能力强的年轻人容易有穿越行为，而老人、儿童等平衡能力差的人群对人流扰动的承受能力差，他们容易被挤倒或推倒，脆弱人群更容易受到伤害。

(4) 出口受外界影响(交通堵塞等突发情况)出现拥堵甚至无法通行的局面，出现这种情况，滞留在通道的人数会增多，人群密度增大，出现小的骚动或者扰动都会影响整个人群的流动，甚至导致危险出现。当人群在集聚通道的密度增大，应该采取相应的安全疏导措施，例如：人群时间、空间上分流限制、对人流速度的约束；在通道上加派疏散引导人员，维持人流秩序；在必要的时候采取人墙式人流阻挡方式等。尤其在通道的台阶和斜坡处，由于疏散速度下降，人群激增，要加强疏散人员在这些点的管理。

第三节 事故应急能力综合评估

事故应急能力综合评估涵盖了评估对象应急管理的各个方面，将应急管理作为一个系统，全面系统地考虑应急管理的各个阶段，包括应急准备、事故预警、应急响应和事后恢复四个阶段。综合考虑在各个阶段中影响其应急能力的各个因素，以及内部个子因素间的相互影响。事故应急能力综合评估的基本思路：第一，对评估对象进行分析研究，甄选并确定有较高可信度和有效度的应急能力评价指标，初步构建应急能力评价指标体系。第二，在对应急能力要素分析的基础上，确立评估其应急能力的基准或评价准则，科学计算设定应急能力评价指标体系中各个指标的权重。第三，采用合适的方法构建应急能力综合评估模型，得出评估结果，并依照 PDCA 循环程序持续改进优化评估对象的应急能力综合评估指标体系。

一、应急能力评估指标体系构建原则

应急能力评估指标的构建是应急能力评估的核心问题之一，指标体系是多种指标的综合，通过指标体系可以全面反映和描述应急能力各方面的要求和特征，应急能力评估工作的实际操作即是在指标体系的基础上，通过构建合适的评估模型使应急主体对自身的应急能力有一个定量和定性的了解。因此，评估指标体系的科学性和全面与否，将关系到最后评估结果的可靠性。

针对不同的评估对象，科学地设置应急能力评估指标体系，构建的应急能力评估指标体系应能客观真实地反映评估对象的应急能力水平，评估指标体系的构建应遵循以下基本原则：

（1）系统性、层次性原则。进行应急能力综合评估需要全面、系统地考虑应急管理的各个阶段，明确影响评估对象的各个因素。由于各影响因素对应急能力的贡献及其相应的功能并不全在一个维度，具有一定的层次性，一些指标之间具有相应的从属关系，因而形成一个有序、系统的层次结构。所以评估指标体系的建立应根据所选指标的具体情况划分出不同的层次，以准确反映各指标对评估对象的贡献。

（2）科学性、代表性原则。应急能力评估指标体系的构建应客观、可信，因此，相关指标和统计计算方法的选取应科学有据，对于模糊性的定性指标，应概念明

确，可以评估其实现程度。然而，环境应急能力的建设是一个复杂的系统工程，涉及影响因素众多，要选取所有影响因素作为评估指标是不现实的，因此需要综合考虑各个阶段应急管理任务和功能选取具有代表性的影响因素作为评估指标。

(3) 可比性、可操作性原则。应急能力评估指标体系是对评估对象应急能力进行具体评估的依据，所以指标的设置应实用且容易理解，评估指标的选择和评估标准的设置要在符合客观实际的基础上便于比较，同时，应尽量选取可以量化或借助一定的量化方法便于收集数据的指标作为评估指标，能够反映指标的可比性。

确定指标的方法通常是通过事故统计分析、应急管理经验，现场调研，资料分析等手段确定，并根据以上原则进行设置，常常设置三级指标，由面到点。

二、应急能力评估指标体系

现从典型行业以及应急能力评估重点单位等研究对象给出相关评估指标以供参考。

1. 电力企业应急能力评估指标体系

表 4-12 电力企业应急能力评估指标体系

目标层	一级指标	二级指标	三级指标
电力企业应急能力评价指标体系	电力应急预防能力	预案体系	预案修编
			预案实施
		规则制度	应急法规执行情况
			应急管理制度制定情况
		组织体系	应急领导机构
			办事机构
			应急管理部门
		应急规划	应急规划制定
			应急规划实施
		风险分析	风险辨识
			重要电力设施脆弱性分析及评价
	电力应急准备能力	预测预警	监测能力
			预测能力
			预警能力
		培训演练	员工及应急队伍培训
			应急演练
		物资储备	资源协调
			资源清单
			互助协议
			后勤保障

（续表）

目标层	一级指标	二级指标	三级指标
电力企业应急能力评价指标体系	电力应急准备能力	应急队伍	专业队伍
			兼职队伍
			专家队伍
		宣传教育	公众教育
			员工教育
			新闻报道
	电力应急响应能力	接警响应	接警能力
			响应能力
		应急通信	通信保障方案
			应急通信系统
			应急联动系统
		指挥协调	应急指挥能力
			应急协调能力
		应急救援	电力抢修能力
			人员救助能力
	电力应急恢复能力	恢复计划	恢复计划的制定
			恢复计划的实施
		资金保障	经费保障
			奖励抚恤
		调查评估	事故调查
			责任认定

2. 石油化工企业应急能力评估指标体系

表 4-13　石油化工企业应急能力评估指标体系

目标层	一级指标	二级指标
石化企业事故应急能力评估指标	应急系统监测预警能力	监测设备的灵敏度及准确性
		预警系统的灵敏度及准确性
		事故预测能力
	应急信息决策系统	决策支持系统
		化学品数据库情况
		通信联络及警报设备
		事态评估
		决策人员情况
	应急救援设施情况	救援设施储备及调配情况
		外部救援物资补给情况
		泄漏控制设备
		应急电力设备

（续表）

目标层	一级指标	二级指标
石化企业事故应急能力评估指标	救援人员及应急能力	救援人员快速响应能力
		现场组织疏散能力
		救援人员教育培训情况
		救援人员协调能力
		应急预案的有效性
		专家支持情况
		救援组织能力
		现场处置措施
		现场急救机构情况
	医疗救护能力	公共医疗机构
		企业医疗
		救援药品情况
	消防救援能力	消防站的位置
		消防站的规模
		消防队伍情况
		消防器材情况
		消防供水情况
	应急恢复能力	善后处理
		事故调查
		环境恢复

3. 煤矿企业应急能力评估指标体系

表 4-14　煤矿企业应急能力评估指标体系

目标层	一级指标	二级指标	三级指标
煤矿企业突发事件应急能力评价指标体系	事前监测准备能力	监测监控能力	风险辨识
			安全检查
			安全监控
		组织管理能力	应急机构
			应急预案
			规章制度
		应急培训能力	人员培训
			应急演练
		资源准备能力	应急设施
			应急装备
			救援队伍
	事中应急响应能力	信息传递能力	应急报警
			通讯保障

（续表）

目标层	一级指标	二级指标	三 级 指 标
煤矿企业突发事件应急能力评价指标体系	事中应急响应能力	指挥决策能力	应急决策
			资源配置
			沟通协调
		应急救援能力	应急队伍
			技术支持
			后勤保障
			社会救援
	事后恢复总结能力	总结分析能力	调查总结
			预案修订
		善后处理能力	恢复生产
			损失保障

4. 建筑施工企业应急能力评估指标体系

表 4-15　建筑施工企业应急能力评估指标体系

目标层	一级指标	二级指标	三 级 指 标
施工企业应急综合能力	施工企业日常应急管理能力	企业控制能力	规则制度
			机构职责
			应急预案
			宣传教育
			培训演练
		员工反应能力	应急意识
			应急行为
		资源保障能力	应急人员
			应急物资
			应急设备
	施工企业应急反应与恢复管理能力	监测预警能力	危害辨识
			检测
			预警
		紧急救援能力	通信报警
			指挥协调
			抢险救援
			疏散避难
		应急恢复能力	恢复计划
			恢复人员
			恢复资金
			恢复技术

5. 重点单位应急能力评估指标体系

重点单位的范围包括：广播电台、电视台、通讯社等重要新闻单位；机场、港口、大型车站等重要交通枢纽；国防科技工业重要产品的研制、生产单位；电信、邮政、金融单位；大型能源动力设施、水利设施和城市水、电、燃气、热力供应设施；大型物资储备单位和大型商贸中心；教育、科研、医疗单位和大型文化、体育场所；博物馆、档案馆和重点文物保护单位；研制、生产、销售、储存危险物品或者实验、保藏传染性菌种、毒种的单位；国家重点建设工程单位。从重点单位的定义和范围可以看出，重点单位在应急能力建设方面具有自身风险高、易受侵害等特点。现给出重点单位应急能力评估指标体系，如表 4-16 所示。

表 4-16 重点单位应急能力评估指标体系

<table>
<tr><th>目标层</th><th>一级指标</th><th>二级指标</th><th>三级指标</th></tr>
<tr><td rowspan="23">重点单位应急能力评估指标体系</td><td rowspan="10">预防能力</td><td rowspan="3">风险评估能力</td><td>不稳定因素的评估</td></tr>
<tr><td>事故隐患识别和评估</td></tr>
<tr><td>意外事件风险评估</td></tr>
<tr><td rowspan="7">日常管理能力</td><td>安全检查制度</td></tr>
<tr><td>隐患排除制度</td></tr>
<tr><td>矛盾化解制度</td></tr>
<tr><td>人员教育训练制度</td></tr>
<tr><td>突发事件预警制度</td></tr>
<tr><td>应急设施的日常维护</td></tr>
<tr><td>制度执行能力</td></tr>
<tr><td rowspan="13">应急准备能力</td><td rowspan="7">应急预案</td><td>是否有书面应急预案</td></tr>
<tr><td>应急预案的针对性</td></tr>
<tr><td>决策指挥系统</td></tr>
<tr><td>突发事件信息传递渠道</td></tr>
<tr><td>职责分工</td></tr>
<tr><td>预案的演练</td></tr>
<tr><td>预案的定期修订与完善</td></tr>
<tr><td rowspan="3">应急队伍建设</td><td>专职人员的训练</td></tr>
<tr><td>兼职人员的训练</td></tr>
<tr><td>所有员工的训练</td></tr>
<tr><td rowspan="3">应急保障能力</td><td>经费保障</td></tr>
<tr><td>常用装备</td></tr>
<tr><td>专用装备</td></tr>
</table>

（续表）

目标层	一级指标	二级指标	三级指标
重点单位应急能力评估指标体系	先期处置能力	处置人员的能力	决策领导层的现场决策能力
			专职人员的处置能力
			工作人员组织疏散引导的能力
			工作人员逃生自救的能力
		初期处置措施	现场风险评估能力
			现场控制能力
			人员疏散能力
			现场救助能力
			报警能力
	善后恢复能力	工作秩序恢复能力	损失评估能力
			工作秩序恢复计划
			工作条件恢复计划
			工作场所秩序的恢复能力
		职工心理恢复能力	心理恢复计划
			危机干预人力资源
			危机能力学习

三、应急能力评估指标权重的确定方法

权重是指各指标对评估对象贡献程度的综合量化，科学的确定指标权重也是建立应急能力综合评估模型的关键步骤之一。权重的选取直接影响到最终评价的结果。目前已有的确定权重的方法可以分为：主观赋权法（即专家赋权法）、客观赋权法以及主客观赋权法。主观赋权法是指专家根据其经验，结合实际情况确定各指标对于评估目标的权重，常用的主观赋权法有二项系数法、层次分析法（AHP）、德尔菲法等；客观赋权法是根据各指标本身的统计数据，按照一定的数学方法得到指标的权重，常用的客观赋权法有主成分分析法、灰色关联分析法、熵信息法、离差最大化法等；主客观赋权法是主观赋权法与客观赋权法的结合，即组合赋权法，为了解决主观赋权法中某些随机性和主观臆断性问题，同时也为了在一定程度上摆脱个别客观赋权法存在的局限。现对部分常用方法进行介绍。

1. 德尔菲法

德尔斐（Delphi）法是由赫尔姆和达尔克首创的，该方法根据系统的程序，采用匿名的方式，即专家之间不发生横向联系，只有调查人员与专家发生联系，通过问卷的形式调查专家对所提问题的看法，经过多轮次调查，反复征询、修改、最后归纳汇总成相对一致的意见，作为决策的依据。该方法因为具有匿名性、反馈性和统计规律等特征，是确定权重的常用方法之一，用数学公式表达其主要思想为：

假设组织 n 个专家对 m 个评价因素进行调查咨询，每一个专家给出的因素权重估计值为：

$$W_{i1}, W_{i2}, \cdots, W_{im} \qquad (1 \leqslant i \leqslant n)$$

对 n 个专家所给出的权重估计值取平均，可得到评价因素的平均权重估计值：

$$\overline{W} = \frac{1}{n}\sum_{i=1}^{n} W_{ij} \qquad (1 \leqslant j \leqslant m)$$

然后计算权重估计值与权重平均估计值的偏差：

$$\varphi_{ij} = | W_{ij} - \overline{W}_{ij} | \qquad (1 \leqslant i \leqslant n, 1 \leqslant j \leqslant m)$$

对偏差 φ_{ij} 较大的第 j 个指标，请第 i 个专家对其权重值进行重新赋值，得到新的权重估计值 W_{ij}，经过多轮调查，直到得到的偏差满足要求为止，最后就得到经过修正的一组权重的平均值 $\overline{W}_j$（$1 \leqslant j \leqslant m$）。

2. 层次分析法

层次分析法是由美国运筹学家匹兹堡大学萨蒂教授于 1973 年提出的一种决策方法，又称为多层次权重分析决策方法。它将一个复杂的多指标评价问题看作一个系统，将总目标分解为多个分目标或准则，进而分解为多指标的若干层次，通过定性指标模糊定量化方法计算出层次单排序（重要性/权数）和总排序，以此确定多目标、多方案优化决策问题中各指标的权重。层次分析法是对定性问题做定量分析的有效方法之一。

利用层次分析法可以客观、科学地将多因素问题综合成单一因素的形式，在一维空间进行综合评价，应用 AHP 对评估指标权重进行确定的基本步骤是：

（1）分析评估系统中各指标间的关联程度，根据各指标的功能和隶属关系，建立有序的层次结构。

（2）从第二层开始，根据一定的标度对每一层次因素相对于其上一层次因素的相对重要程度进行量化，得出判断矩阵，判断矩阵的元素值即是以上一层的某个指标 U_i 作为评价准则，对从属于该指标下的各指标因素进行两两比较而确定的。如以 U_i 作为评判准则的 n 阶判断矩阵形式如表 4-17 所示。

表 4-17 判断矩阵的形式

U_i	U_1	U_2	…	U_n
U_1	u_{11}	u_{12}	…	u_{1n}
U_2	u_{21}	u_{22}	…	u_{2n}
…	…	…	…	…
U_n	u_{n1}	u_{n2}	…	u_{nn}

相对重要程度的量化通常可以采用1-9标度方法进行赋值，其含义如表4-18所示。

表 4-18　判断矩阵标度法(1-9)

标度	含　义
1	表示因素 i 与因素 j 相比，具有同样重要性
3	表示因素 i 与因素 j 相比，因素 i 比因素 j 稍微重要
5	表示因素 i 与因素 j 相比，因素 i 比因素 j 明显重要
7	表示因素 i 与因素 j 相比，因素 i 比因素 j 强烈重要
9	表示因素 i 与因素 j 相比，因素 i 比因素 j 极端重要
2、4、6、8	表示上述两相邻判断的中值
倒数	表示因素 j 与因素 i 相比时

(3) 利用相关的数学方法计算所有构造判断矩阵的最大特征根和特征向量（权重向量），现介绍“和积法”计算各指标的权重向量，其基本计算步骤如下：

① 将判断矩阵按列归一化：

$$\bar{u}_{ij} = \frac{u_{ij}}{\sum_{k=1}^{n} u_{kj}}, (i,j = 1,2,\cdots,n)$$

② 将按列正规化后的判断矩阵按行相加：

$$\overline{W}_i = \sum_{j=1}^{n} \bar{u}_{ij}, (i,j = 1,2,\cdots,n)$$

③ 对向量 $\overline{W}=(\overline{W}_1,\overline{W}_2,\cdots,\overline{W}_n)^T$ 作正规化处理：

$$w_i = \frac{\overline{W}_i}{\sum_{j=1}^{n} W_j}, (i,j = 1,2,\cdots,n)$$

得到的行向量 $\boldsymbol{W}=(w_1,w_2,\cdots,w_n)^T$ 即为所求的权重向量。

(4) 对判断矩阵进行一致性检验。通过AHP构造的判断矩阵得出的权重值是否合理，需要对判断矩阵进行一致性和随机性检验，如不能通过一致性检验就需要调整判断矩阵，直到取得满意的一致性为止。

① 检验。检验公式为：

$$CR = \frac{CI}{RI}$$

当 $CR \leqslant 0.1$ 时，即认为判断矩阵具有满意的一致性，说明权重分配是合理的；其中，CR 为判断矩阵的随机一致性比率。

CI 为判断矩阵一致性指标，可由下式求得：

$$CI = \frac{1}{n-1}(\lambda_{\max} - n)$$

其中 $\lambda_{\max}$ 为判断矩阵的最大特征根，$\lambda_{\max} = \frac{1}{n}\sum_{i=1}^{n}\frac{(U_w)_i}{w_i}$

式中，$(U_w)_i$ 表示向量 U_w 的第 i 个元素。

$$U_w = \begin{bmatrix}(U_w)_1\\(U_w)_2\\\cdots\\(U_w)_n\end{bmatrix} = \begin{bmatrix}u_{11} & u_{12} & \cdots & u_{1n}\\u_{21} & u_{22} & \cdots & u_{2n}\\\cdots & \cdots & \cdots & \cdots\\u_{n1} & u_{n2} & \cdots & u_{nn}\end{bmatrix}\cdot\begin{bmatrix}w_1\\w_2\\\cdots\\w_n\end{bmatrix}$$

RI 为判断矩阵的平均随机一致性指标，RI 取值列见表 4-19。

表 4-19 *RI* 值

矩阵阶数	1	2	3	4	5	6	7	8	9	10	11
RI	0.00	0.00	0.58	0.90	1.12	1.24	1.32	1.41	1.45	1.49	1.51

② 调整。用 u_{ij} 表示专家采用 1-9 标度法对指标的相对重要程度进行的赋值，所有的元素值 u_{ij} 构成了判断矩阵 U。虽然专家按 AHP 构造判断矩阵时带有一定的主观性和随意性，但是专家根据实际经验结合客观情况所构造的判断矩阵中，绝大部分元素是合理的，只是少数元素不合理才造成判断矩阵不符合一致性，因此，只需对判断矩阵中几个少数不合理的元素进行调整，即可得到符合一致性的判断矩阵：

(a) 不一致元素的判断。

专家根据 AHP 的基本思想，采用 1-9 的标度法对指标的相对重要程度进行赋值，只是大致地将其主观意识用数值进行简单的量化，因此可以采用简略的方法进行判断计算找出不一致的元素。

设 $U^* = (u_{ij}^*)_{n\times n}$，$u_{ij}^* = \left(\sum_{k=1}^{n} u_{ik}u_{kj}\right)\Big/n$

若 $U=(u_{ij})_{n\times n}$ 不完全一致时，$\frac{u_{ij}}{u_{ij}^*}\neq 1$，因此从 $\frac{u_{ij}}{u_{ij}^*}$ 的比值即可定性得出偏离实际最大的元素，偏离距离 $d_{ij} = \left|1-\frac{u_{ij}}{u_{ij}^*}\right|$。

(b) 不合理元素的调整。

ⅰ. 将判断矩阵中的元素 u_{ij} 除以 u_{ij}^*，得到变量 $b_{ij} = \frac{u_{ij}}{u_{ij}^*}$，其中 $u_{ij}^* = \left(\sum_{k=1}^{n} u_{ik}u_{kj}\right)\Big/n$。

ⅱ. 若 $b_{ij}<1$，且 $u_{ij}=9$ 或 $b_{ij}>1$，且 $u_{ij}=1/9$，可不计算偏离距离 $d_{ij}=\left|1-\frac{u_{ij}}{u_{ij}^{*}}\right|$，其他情况都计算偏离距离 d_{ij}。

ⅲ. 通过比较出最大的 d_{ij}，并记录元素的序号 i 和 j 的值，取 1-9 标度中最接近$\frac{u_{ij}}{b_{ij}}$的数代替元素 u_{ij}。

3. 熵值法

熵原本是热力学概念，由 CE. Shannon 引入信息论中，用来度量系统中的无序程度。一般熵值越小，信息量越大；熵值越大，信息量越小，在评估系统中，可通过计算熵值来判断某个指标的无序程度，熵值越小，指标的无序程度越大，提供的信息量也越大，则该指标的权重也越大，其基本步骤为：

(1) 将各指标进行同度量化。计算第 j 项指标下第 i 个子指标值的比重 P_{ij}，$P_{ij}=\frac{x_{ij}}{\sum_{i=1}^{n}x_{ij}}$。

(2) 计算第 j 项指标的熵值 E_j。

$E_j=-k\sum_{i=1}^{n}p(x_i)\ln p(x_i)$，其中 $k=(\ln n)^{-1}$

(3) 计算第 j 项指标的差异性系数 G_{ij}

对于给定的 j 项指标，x_{ij} 的差异性越小，其熵值 E_j 越大，定义差异性系数为：$G_{ij}=1-E_j$，G_{ij} 的值越大，指标权重也越大。

(4) 计算权重 W_j，即：

$$W_j=\frac{G_j}{\sum_{j=1}^{n}G_j}$$

4. 主成分分析法

主成分分析(Prineipal Component Analysis)是霍特林(Holtelling)在 1933 年首先提出的一种多元统计分析方法，该方法利用降维的思想，通过恰当的线性变换把系统中原始的多个相关的评价指标转换成较少的几个既相互独立，又能综合反映系统信息的主要指标，即主成分；通过计算主成分的方差可以对这些新的综合指标进行排序，若方差较小则说明该指标对综合评价结果影响不大，可以将该指标删除，通过这种线性变换的方式逐步将多个指标转化为较少且相互独立的综合指标。其基本步骤如下：

(1) 建立一个比较全面的指标体系，使之基本反映事物全貌；

(2) 根据历史数据的统计，分析各项指标间的相互关系，确定指标间的相关系数矩阵；

(3) 求解相关系数矩阵的特征根和特征向量，并求出指标的累积贡献率；

(4) 确定累积贡献率的水平系数；

(5) 确定综合评价指标。

5. 均方差权值决策分析法

均方差决策方法是确定权系数的一种客观赋权法。基本原理为若 G_j 指标对所有决策方案而言均无差别，则 G_j 指标对方案决策与排序不起作用，这样的评价指标可令其权系数为 0；反之，若 G_j 指标能使所有决策方案的属性值有较大差异，这样的指标对方案的决策与排序将起重要作用，应给予较大的权数。也就是说，在多指标决策与排序的情况下，各指标相对权重系数的大小取决于在该指标下各方案属性值的相对离散程度，若各方案在某指标下属性值的离散程度越大，该指标的权系数也越大，反之，该指标权系数应越小；若某指标下各方案的属性值离散程度为 0(即属性值全相等)，则该指标的权系数为 0。为此，假定每个指标 $G_j(j=1,2,\cdots,m)$ 为一随机变量，各方案 $A_i(i=1,2,\cdots,n)$ 在指标 G_j 下经过无量纲化处理后的属性值为该随机变量的取值；反映该随机变量离散程度的指标可用最大离差或均方差表示，故此可用离差或均方差方法求得多指标决策权系数。其具体计算步骤如下：

(1) 求均值 $E(G_j)=\frac{1}{m}\sum_{i=1}^{m}Y_{ij}$ ；

(2) 求指标集的均方差 $\sigma(G_j)=\sqrt{\frac{\sum_{i=1}^{m}(Y_{ij}-E(G_j))^2}{n}}$ ；

(3) 求指标集权重系数，即利用列和等于 1 的归一化方法将均方差归一化 $W(G_j)=\frac{\sigma(G_j)}{\sum_{i=1}^{m}\sigma(G_j)}$ ；

(4) 总排序 $D(W)=\sum_{i=1}^{m}Y_{ij}W(G_j)$ 。

在建立突发事件应急能力评价指标体系的基础上，可以根据实际情况选取合适的权重确定方法。目前，基于层次分析法的指标体系权重确定在应急能力综合评估中广为应用。

四、综合应急能力评估模型

综合应急能力评估涉及的影响因素众多，建立的评估指标体系包含人—机—环境—管理等多方面指标，是一个多指标综合评估体系。综合应急能力评估模型很多，有模糊综合评价法、灰色层次分析法、BP神经网络安全评估方法、赋权关联度算法等。在建立突发事件应急能力评价指标体系的基础上，可以根据情况选取适当的评估模型进行应急能力评估。

1. 模糊综合评价法

模糊综合评价法以模糊数学为基础，应用模糊关系合成的原理，将一些边界不清、不易定量的因素定量化，从而进行综合评价，特别适用于评价参数较多、评估结论较模糊的场合。对于任何一个完整的模糊综合评价，必须具备三个基本要素：因素集、评价集、单因素评价集合。评价结果的确定一般采用最大隶属度原则。单因素评价是多因素模糊综合评价的基础。在模糊综合评价中，模糊关系矩阵和因素的权重分配矩阵占有相当重要的位置。模糊综合评价模型的基本步骤是：

(1) 构建评价因素集。因素集是指影响评估对象的所有因素的集合，假设在同一层次影响被评估对象的因素有 n 个，则可记为：$\boldsymbol{A}=\{A_1, A_2, \cdots, A_i, \cdots, A_n\}$，下一层次因素集对应于 $\boldsymbol{A}$ 中的子集，今记为 $A_i=(A_{i1}, A_{i2}, \cdots, A_{in})\quad(i=1, 2, \cdots, n)$。

(2) 建立因素权重集。由于各个因素对评估对象的影响程度不尽相同，因此，进行综合评价时必须结合各因素对评估对象的影响程度，给出其权重集 $\boldsymbol{W}=(w_1, w_2, \cdots, w_n)$。

(3) 建立评语集。评语集是对评价对象作出的所有评价结论的集合，以 $V=(v_1, v_2, \cdots, v_n)$ 表示，其中 V 表示评价结果，例如“好”、“坏”、“中”、“差”等。

(4) 单层次模糊综合评判。模糊综合评判时首先要进行单层次模糊综合评判，也即先从因素集的最低层开始(假设已构建的指标体系中共有三级指标，则最低层次指标即二级指标对应的三级指标，设第 A_{ij} 个二级指标对应的三级指标为：$A_{ij}=(A_{ij1}, A_{ij2}, \cdots, A_{ijn})$，就指标 A_{ij} 中因素对应于评估等级的隶属度进行确定，用 r_{kj} 表示最低层因素中第 k 个指标对应评语集 $\boldsymbol{V}$ 中第 j 个等级的隶属度，从而得出第 k 个指标对应的单因素评价集：

$$r_k=\{r_{k1}, r_{k2}, \cdots, r_{kn}\}$$

同理可以得到每一个因素对应的单因素评价集，由这 n 个单因素评价集的隶属度依次做行向量，即可得到一个总的模糊关系矩阵为：

$$\boldsymbol{R}=\begin{bmatrix} r_{11} & r_{12} & \cdots & r_{1n} \\ r_{21} & r_{22} & \cdots & r_{2n} \\ \cdots & \cdots & \cdots & \cdots \\ r_{n1} & r_{n2} & \cdots & r_{nn} \end{bmatrix}$$

(5) 选择合适的模糊算子，得到综合评估模型，进行模糊综合评判。由构造的指标权重集 $\boldsymbol{W}$ 和模糊关系矩阵 $\boldsymbol{R}$ 通过合成算子进行模糊线性变换即可把 W 转换

到评语集 $\boldsymbol{V}$ 上的模糊子集 $\boldsymbol{B}$：

$$\boldsymbol{B}=\boldsymbol{w}\circ\boldsymbol{R}=(b_1,b_2,\cdots,b_n)$$

若评估指标体系由 2 个或以上层次构成，所建立的因素集也有多个层级，需要进行逐级模糊变换获得最终的评估结果 $\boldsymbol{B}=\boldsymbol{w}\circ\boldsymbol{R}=(b_1,b_2,\cdots,b_n)$。

利用层次分析法获得事故应急能力指标体系中各指标的权重后，再使用模糊综合评价法，可以获得较为满意的评价结果。模糊综合评估流程图如图 4-3 所示。

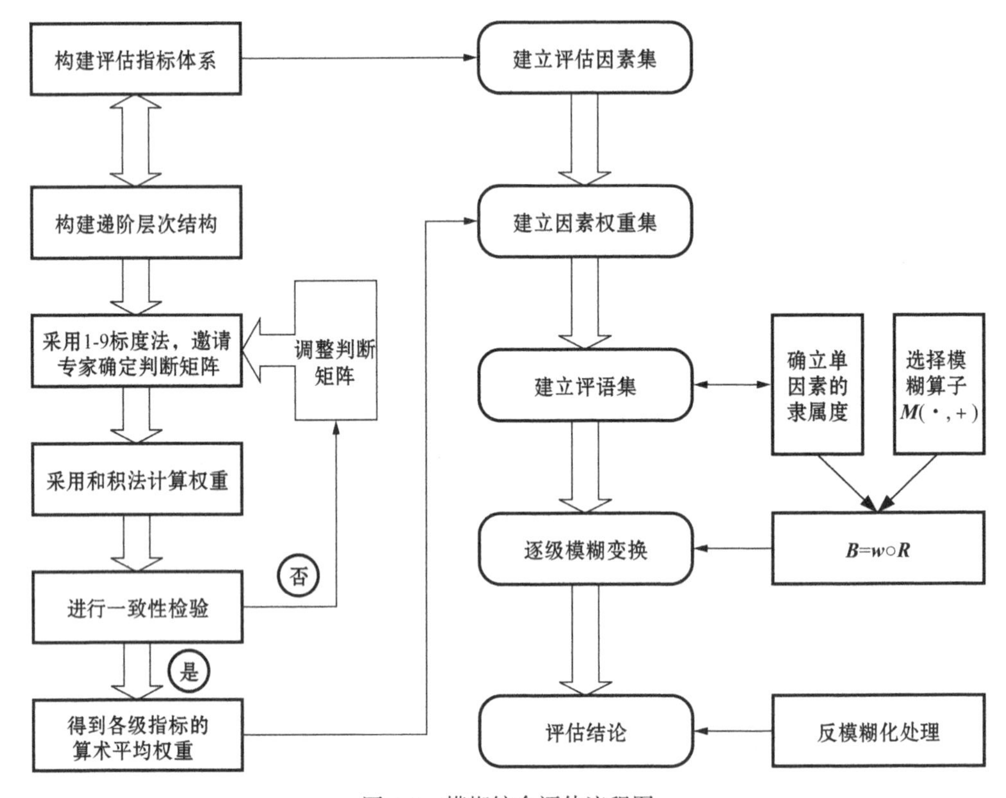

图 4-3 模糊综合评估流程图

2. 灰色层次分析法

灰色层次分析法是将传统层次分析法和灰色系统理论相结合的一种综合分析方法，使灰色理论贯穿于建立模型、构造矩阵、权重计算和结果评价的整个过程中。运用灰色层次分析法将评价专家的分散信息处理成一个描述不同灰类程度的权向量，在该基础上再对其单值化处理，便可得到评估对象的安全性体系的综合评价值。灰色层次分析法(GAHP)在层次分析法(AHP)的基础上，克服了传统方法检验判断矩阵的缺陷，可用于企业应急能力综合评估。具体步骤如下：

(1) 确定指标层 V_{ij} 的评分等级。在对评估对象进行应急能力综合评估时，评价等级划分应根据具体研究对象实际情况进行划分。现按照通常的划分方法将评价等级划分为“优、良、中、差”四级，相对应的应急能力分别为“强、较强、一般、弱”。对应分值为4分、3分、2分和1分。指标等级介于两相邻等级之间时，相应评分值为3.5分、2.5分和1.5分。具体等级标准由各专家根据经验确定。

(2) 确定评价指标 U_i 和 U_{ij} 的权重。准则层 U_i 指标之间和指标层 V_{ij} 指标之间对目标层 W 的重要程度是不同的，可以利用层次分析法(AHP)确定这些指标权重。

(3) 组织评估专家评分。设评估专家序号为 $m, m=1,2,\cdots,p$，即有 p 个专家，根据指标实测值和专家经验对各评价等级进行打分，并填写评估专家评分表。

(4) 求评估样本矩阵。根据评估专家评估结果，即根据第 m 个评估专家对受评对象某指标 V_{ij} 给出评分 d_{ijm}，求得受评对象的评估样本矩阵 $\boldsymbol{D}$。

(5) 确定评估灰类。即确定评估灰类的等级数，灰类的灰数及灰类的白化权函数。分析上述评估指标的评分等级标准，采用4个评估灰类。灰类序号为 $e, e=1,2,3,4$，分别表示“优、良、中、差”四级。其相应的灰数及白化权函数如表4-20所示。

表 4-20　评估灰类划分

类别	e	灰度范围	表　达　式
第1类“优”	$e=1$	灰度$^{\leftarrow}1\in[4,+\infty)$	$f_1(d_{ijm})=\begin{cases}\dfrac{d_{ijm}}{4}, d_{ijm}\in[0,4]\\ 1, d_{ijm}\in[4,+\infty]\\ 0, di_{jm}\in(-\infty,0)\end{cases}$
第2类“良”	$e=2$	灰度$^{\leftarrow}2\in[0,3,6]$	$f_2(d_{ijm})=\begin{cases}\dfrac{d_{ijm}}{3}, d_{ijm}\in[0,3]\\ \dfrac{(6-d_{ijm})}{3}, d_{ijm}\in[3,6]\\ 0, di_{jm}\in(0,6)\end{cases}$
第3类“中”	$e=3$	灰度$^{\leftarrow}3\in[0,2,4]$	$f_3(d_{ijm})=\begin{cases}\dfrac{d_{ijm}}{2}, d_{ijm}\in[0,2]\\ \dfrac{(4-d_{ijm})}{2}, d_{ijm}\in[2,4]\\ 0, di_{jm}\in(-\infty,0)\cup(4,+\infty)\end{cases}$
第4类“差”	$e=4$	灰度$^{\leftarrow}4\in[0,1,2]$	$f_4(d_{ijm})=\begin{cases}1, d_{ijm}\in[0,1]\\ 2-d_{ijm}, d_{ijm}\in[1,2]\\ 0, di_{jm}\in(-\infty,0)\cup(2,+\infty)\end{cases}$

(6) 计算灰色评估系数。评估指标 V_{ij} 属于第 e 个评估灰类的灰色评估系数，

记为 X_{ije}，属于各个评估灰类的总灰类的总灰色评估数，记为 X_{ij}，则有

$$X_{ije} = \sum f_e(d_{ijm}), m \in [1, p]; X_{ij} = \sum X_{ije}, e \in [1, 4]$$

(7) 计算灰色评估权向量及权矩阵。所有评估专家就评估指标 V_{ij}，对受评对象主张第 e 个灰类的灰色评估权，记为 r_{ije}，则有 $V_{ije} = X_{ije}/X_{ij}$。$e=1,2,3,4$，则受评对象的评估指标 V_{ij} 对各灰类的灰色评估权向量为 $r_{ije}=(r_{ij1}, r_{ij2}, r_{ij3}, r_{ij4})$ 从而得到受评对象 V_i 所属指标 V_{ij} 灰色评估权矩阵。

$$\boldsymbol{R}_i = \begin{bmatrix} r_{i1} \\ r_{i2} \\ \cdots \\ r_{i4} \end{bmatrix} = \begin{bmatrix} r_{i11} & r_{i12} & r_{i13} & r_{i14} \\ r_{i21} & r_{i22} & r_{i23} & r_{i24} \\ \cdots & \cdots & \cdots & \cdots \\ r_{im1} & r_{im2} & r_{im3} & r_{im4} \end{bmatrix}$$

若 r_{ij} 中第 q 个权数最大，即 $r_{ijq}=\max(r_{ij1}, r_{ij2}, r_{ij3}, r_{ij4})$，则评估指标 V_{ij} 属于第 q 个评估灰类。

(8) 对指标层次做综合评估。其综合评估结果记为 B_i，则有 $B_i=A_iR_i=(b_{ij1}, b_{ij2}, b_{ij3}, b_{ij4})$。

(9) 对指标层 U 做综合评估。由指标层 V_i 的综合评估结果 B_i，可知准则层 U 对于各评估灰类的灰色评估权矩阵为：

$$\boldsymbol{R}_i = \begin{bmatrix} B_1 \\ B_2 \\ B_3 \\ B_4 \end{bmatrix} = \begin{bmatrix} B_{11} & B_{12} & B_{13} & B_{14} \\ B_{21} & B_{22} & B_{23} & B_{24} \\ B_{31} & B_{32} & B_{33} & B_{34} \\ B_{41} & B_{42} & B_{43} & B_{44} \end{bmatrix}$$

于是，可对准则 U 层作综合评估，其综合评估结果为 B，则有：

$$B = AR = (b_1, b_2, b_3, b_4)。$$

(10) 计算综合评估结果。根据综合评估结果 B，按取最大原则确定受评对象所属灰类等级，可先求出综合评估值 $S=BC^T$。式中，C 为各灰类等级按"灰水平"赋值形成的向量，本书设 $C=(4,3,2,1)$，然后根据综合评估值 S，参考灰类等级对受评对象系统进行综合评估。

灰色层次分析法考虑了人对信息认知的灰色性，因而在构造判断矩阵时，给定了一个标度区间，也就是区间灰数，然后在这些区间灰数的基础上，与已有的层次分析法结合起来对区间灰数进行白化处理，使其评估结果更加符合人的认知规律，从而也更加符合客观实际。灰色层次评估模型构建流程图如图 4-4 所示。

五、综合应急能力评估实例分析

以 A、B 服装批发市场为例运用灰色层次分析法(GAHP)，对其进行应急能力

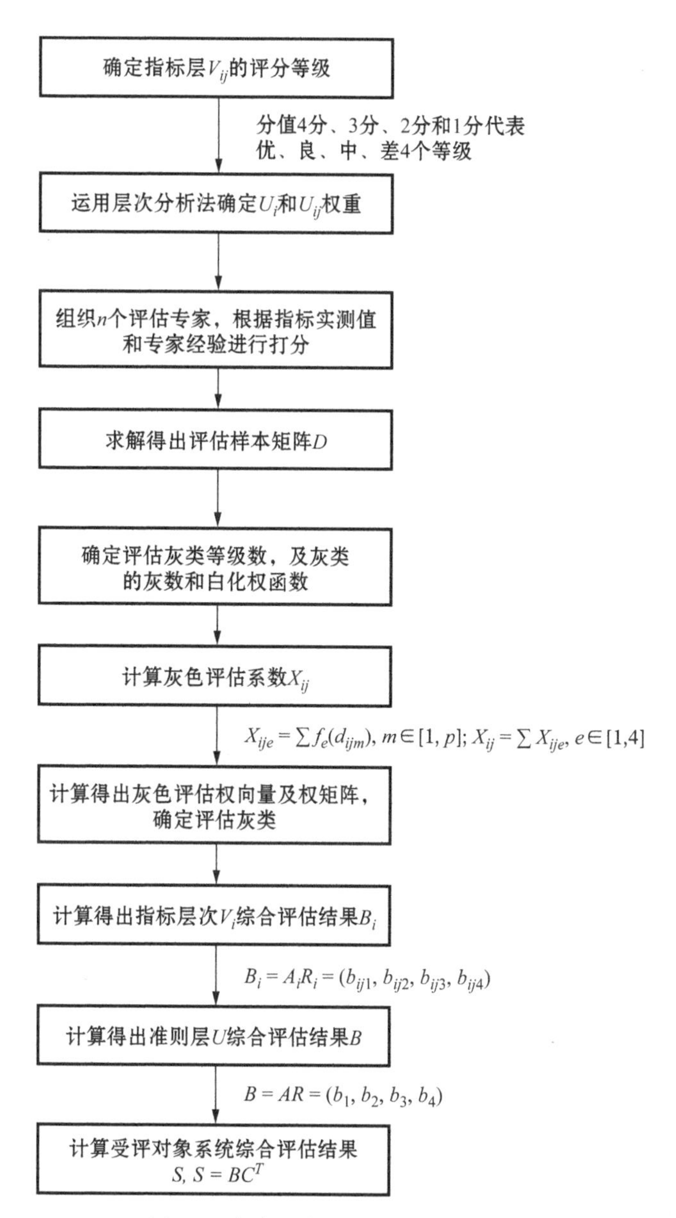

图 4-4　灰色层次评估模型构建流程图

风险评估，并对两个服装批发市场进行事故应急能力评估对比分析。

1. 服装批发市场应急能力评估体系构建

服装批发市场应急能力评估因素涉及人、物、环和管理四类因素，对服装批发市场应急能力评估可从“人—物—环—管”这四个方面建立评估指标体系。通过组织三位专家打分，采用层次分析法，计算得出服装批发市场应急能力评估指标体系各级指标权重值，如表 4-21 所示。

表 4-21 服装批发市场各指标权重集

一级指标	二级指标	三级指标	权重 1	权重 2	权重 3	合成权重
服装批发市场应急能力评估	人的因素 0.27	人流量及人群密度	0.19	0.23	0.40	0.27
		人群构成	0.11	0.12	0.20	0.14
		人群素质	0.35	0.23	0.20	0.26
		人群安全意识、技能	0.35	0.42	0.20	0.32
	物的因素 0.16	电气设备	0.33	0.42	0.29	0.35
		消防设施	0.33	0.23	0.29	0.23
		服饰储量及堆放方式	0.17	0.23	0.14	0.18
		安全标识	0.17	0.12	0.28	0.19
	环境因素 0.15	安全通道	0.35	0.12	0.20	0.22
		室内走道	0.35	0.42	0.20	0.32
		摊位布置	0.11	0.23	0.20	0.18
		交通状况	0.19	0.23	0.40	0.28
	管理因素 0.42	安全保障组织机构	0.09	0.11	0.11	0.10
		安全教育培训	0.17	0.37	0.20	0.25
		隐患管理	0.33	0.21	0.37	0.30
		应急预案及响应	0.23	0.11	0.11	0.15
		安全投入	0.17	0.20	0.21	0.20

2. A 服装批发市场事故应急能力评估

1）确定评估对象递阶层结构以及底层元素的组合权重

参考表 4-21 确定事故评估层次分析的指标体系，并得到评估指标的权重如下：

$A=(0.27,0.16,0.15,0.42)$

$A_R=(0.27,0.14,0.26,0.32)$

$A_W=(0.35,0.28,0.18,0.19)$

$A_H=(0.22,0.32,0.18,0.28)$

$A_G=(0.10,0.25,0.30,0.15,0.20)$

2）组织 3 位专家进行评估打分

组织 3 位专家用相应的安全检查表（安全检查表可参考应急能力定性评估实例）对评估对象进行实地检查评估。专家通过实地评估以及相关资料的查阅汇总给出评价分值。评分值为 4 分、3 分、2 分和 1 分，对应的优劣等级为优、良、中、差 4 个等级。指标等级介于两个相邻等级之间，相应评分值为 3.5 分、2.5 分和 1.5 分。具体等级标准由各专家参考安全检查表所打分值并根据经验确定。评估结果见表 4-22。

表 4-22　A 服装批发市场指标评分表及灰色权向量

V_j	专家评估分值			灰色评估权向量			
	1	2	3	r_{vj1}	r_{vj2}	r_{vj3}	r_{vj4}
R_1	2	2	1.5	0.2129	0.2839	0.4258	0.0774
R_2	3	3.5	3	0.3677	0.4387	0.1935	0.0000
R_3	2	2.5	2.5	0.2658	0.3544	0.3797	0.0000
R_4	1.5	1.5	1	0.1579	0.2105	0.3158	0.3158
W_1	2	2.5	2	0.2484	0.3312	0.4204	0.0000
W_2	2.5	2	2.5	0.2658	0.3544	0.3797	0.0000
W_3	1	1.5	1	0.1391	0.1854	0.2781	0.3973
W_4	2.5	2.5	2	0.2658	0.3544	0.3797	0.0000
H_1	2	2	2.5	0.2484	0.3312	0.4204	0.0000
H_2	1.5	1	1.5	0.1579	0.2105	0.3158	0.3158
H_3	1	1.5	1	0.1391	0.1854	0.2781	0.3973
H_4	1	1	1	0.1200	0.1600	0.2400	0.4800
G_1	1.5	1.5	1.5	0.1765	0.2353	0.3529	0.2353
G_2	2	1.5	1.5	0.1948	0.2597	0.3896	0.1558
G_3	1.5	1	1	0.1391	0.1854	0.2781	0.3973
G_4	2	2	2	0.2308	0.3077	0.4615	0.0000
G_5	1.5	2	1.5	0.1948	0.2597	0.3896	0.1558

3）计算得出灰色评价系数和灰色评估权向量

（1）确定评价灰类。

分析上述评价指标的评分等级标准，决定采用 4 个评价灰类。灰类序号为 e，$e=1,2,3,4$，分别表示优、良、中、差。其相应的灰数及白化权函数如下：

第 1 灰类“优”（$e=1$），设定灰数$\otimes 1\in[4,\infty]$，白化权函数为 f_1，表达式为

$$f_1(d_{Vjm})=\begin{cases} d_{Vjm}/4 & d_{Vjm}\in[0,4] \\ 1 & d_{Vjm}\in[4,\infty] \\ 0 & d_{Vjm}\in(-\infty,0) \end{cases}$$

其中 d_{Vjm} 表示第 m 个专家对受评价对象某指标 V_j 给出的评分值。如第一位专家给 R_1 的评分值为：d_{R11}。

第 2 灰类“良”（$e=2$），设定灰数$\otimes 2\in[0,3,6]$，白化权函数为 f_2，表达式为

$$f_2(d_{Vjm})=\begin{cases} d_{Vjm}/3 & d_{Vjm}\in[0,3] \\ (6-d_{Vjm})/3 & d_{vjm}\in[3,6] \\ 0 & d_{Vjm}\in(0,6) \end{cases}$$

第 3 灰类“中”（$e=3$），设定灰数$\otimes 3\in[0,2,4]$，白化权函数为 f_3，表达式为

$$f_3(d_{Vjm})=\begin{cases} d_{Vjm}/2 & d_{Vjm}\in[0,2] \\ (4-d_{Vjm})/2 & d_{Vjm}\in[2,4] \\ 0 & d_{Vjm}\in(-\infty,0)\cup(4,\infty) \end{cases}$$

第 4 灰类“差”($e=4$)，设定灰数$\otimes 4\in[0,1,2]$，白化权函数为 f_4，表达式为

$$f_4(d_{Vjm})=\begin{cases} 1 & d_{Vjm}\in[0,1] \\ 2-d_{Vjm} & d_{Vjm}\in[1,2] \\ 0 & d_{Vjm}\in(-\infty,0)\cup(2,\infty) \end{cases}$$

(2) 计算灰色评价系数。

评价指标 V_j 属于第 e 个评价灰类的灰色评价系数，记为 X_{Vje}；属于各个评价灰类的总灰类的总灰色评价数，记为 X_{Vj}，则有：

$$X_{Vje}=\sum f_e(d_{Vjm}),m\in[1,3]$$

$$X_{Vj}=\sum X_{Vje},e\in[1,4]$$

由上步骤可知：

$e=1,X_{R11}=f_1(2)+f_1(2)+f_1(1.5)=1.3750$

$e=2,X_{R12}=f_2(2)+f_2(2)+f_2(1.5)=1.8333$

$e=3,X_{R13}=f_3(2)+f_3(2)+f_3(1.5)=2.7500$

$e=4,X_{R14}=f_4(2)+f_4(2)+f_4(1.5)=0.5000$

$X_{R1}=X_{R11}+X_{R12}+X_{R13}+X_{R14}=6.4583$

同理可计算得到其他指标的灰色评价系数和总灰色评价数。

(3) 计算得出灰色评估权向量及权矩阵。

所有评价专家就评价指标 V_j，对受评对象主张第 e 个灰类的灰色评价权，即为 r_{Vje}，则有 $r_{Vje}=X_{Vje}/X_{Vj}$。考虑到评价灰类有 4 个，即 $e=1,2,3,4$，则受评对象的评价指标 V_j 对各灰类的灰色评价权向量为 $r_{Vje}=(r_{Vj1},r_{Vj2},r_{Vj3},r_{Vj4})$，从而得到受评对象的 V 所属指标 V_j 对于各评价灰类的灰色评价权矩阵

$$\mathbf{V}=\begin{pmatrix} V_1 \\ V_2 \\ \cdots \\ V_j \end{pmatrix}=\begin{pmatrix} r_{V11} & r_{V12} & r_{V13} & r_{V14} \\ r_{V21} & r_{V22} & r_{V23} & r_{V24} \\ \cdots & \cdots & \cdots & \cdots \\ r_{Vj1} & r_{Vj2} & r_{Vj3} & r_{Vj4} \end{pmatrix}$$

若 r_{Vj} 中的第 q 个权数最大，即 $r_{Vjq}=\max(r_{Vj1},r_{Vj2},r_{Vj3},r_{Vj4})$，则评价指标 r_{Vj} 属于第 q 个灰类。由以上步骤可知：

$e=1,r_{R11}=X_{R11}/X_{R1}=1.3750/6.4583=0.2129$

$e=2,r_{R12}=X_{R12}/X_{R1}=1.8333/6.4583=0.2839$

$e=3,r_{R13}=X_{R13}/X_{R1}=2.7500/6.4583=0.4258$

$e=4, r_{R14}=X_{R14}/X_{R1}=0.5000/6.4583=0.0774$

因为 $r_{R13}=\max(r_{Vj1}, r_{Vj2}, r_{Vj3}, r_{Vj4})$，所以 r_{R1} 属于第 3 个灰类。

因此，$\boldsymbol{R}_1$ 灰色评估权向量为：

$$\boldsymbol{R}_1=(0.2129, 0.2839, 0.4258, 0.0774)$$

同理可计算得到其他评估指标的灰色评估权向量，所以由 $\boldsymbol{R}_1, \boldsymbol{R}_2, \boldsymbol{R}_3, \boldsymbol{R}_4$ 组成 $\boldsymbol{R}$ 的权矩阵为：

$$\boldsymbol{R}=\begin{bmatrix}\boldsymbol{R}_1\\\boldsymbol{R}_2\\\boldsymbol{R}_3\\\boldsymbol{R}_4\end{bmatrix}=\begin{bmatrix}0.2129 & 0.2839 & 0.4258 & 0.0774\\0.3677 & 0.4387 & 0.1935 & 0.0000\\0.2658 & 0.3544 & 0.3797 & 0.0000\\0.1579 & 0.2105 & 0.3158 & 0.3158\end{bmatrix}$$

同样得出权矩阵 $\boldsymbol{W}, \boldsymbol{H}, \boldsymbol{G}$，参见表 4-22。

4）对二级、三级指标进行综合计算并得出综合评估结果

(1) 对三级指标层 **V** 做综合评价，其综合评价结果记为 B_V。

$$B_R=A_R\times R$$

$$=(0.27, 0.14, 0.26, 0.32)\times\begin{bmatrix}0.2129 & 0.2839 & 0.4258 & 0.0774\\0.3677 & 0.4387 & 0.1935 & 0.0000\\0.2658 & 0.3544 & 0.3797 & 0.0000\\0.1579 & 0.2105 & 0.3158 & 0.3158\end{bmatrix}$$

$$=(0.2286, 0.2976, 0.3419, 0.1220)$$

同理可以得出

$B_W=A_W\times W=(0.2369, 0.3159, 0.3757, 0.0715)$

$B_H=A_H\times H=(0.1638, 0.2184, 0.3108, 0.3070)$

$B_G=A_G\times G=(0.1816, 0.2422, 0.3633, 0.2129)$

(2) 对二级指标层做综合评价，其综合评价结果记为 $\boldsymbol{B}$。

$$\boldsymbol{B}=A\times\begin{bmatrix}B_R\\B_W\\B_H\\B_G\end{bmatrix}$$

$$=(0.27, 0.16, 0.15, 0.42)\times\begin{bmatrix}0.2286 & 0.2976 & 0.3419 & 0.1220\\0.2369 & 0.3159 & 0.3757 & 0.0715\\0.1638 & 0.2184 & 0.3108 & 0.3070\\0.1816 & 0.2422 & 0.3633 & 0.2129\end{bmatrix}$$

$$=(0.2005, 0.2654, 0.3516, 0.1798)$$

(3) 计算综合评估结果。

根据综合评估结果 $\boldsymbol{B}$，按取最大原则确定受评对象所属灰类等级，可先求出综合评价值：$S=BC^T$。式中，$\boldsymbol{C}$ 为各灰类等级按“灰水平”赋值形成的向量。

$$S = BC^T = B\begin{bmatrix}4\\3\\2\\1\end{bmatrix} = [0.2005 \quad 0.2654 \quad 0.3516 \quad 0.1798]\times\begin{bmatrix}4\\3\\2\\1\end{bmatrix} = 2.4812$$

最终 A 服装批发市场事故应急能力的综合评估结果是 2.481 2。将其化为百分制，1 分对应百分制中的 0 分，4 分对应百分制中的 100 分，所以 2.481 2 对应得分为 49.37，说明该服装批发市场事故应急能力有待提高。

3. B 服装批发市场事故应急能力评估

根据以上的评估步骤，对 B 服装批发市场进行事故应急能力评估分析，其指标评分以及灰色权向量如表 4-23 所示。

表 4-23　B 服装批发市场指标评分表及灰色权向量

V_j	专家评估分值			灰色评估权向量			
	1	2	3	r_{vj1}	r_{vj2}	r_{vj3}	r_{vj4}
R_1	3.5	3	3.5	0.405 4	0.432 4	0.162 2	0.000 0
R_2	3	3	3.5	0.367 7	0.438 7	0.193 5	0.000 0
R_3	3	3	3.5	0.367 7	0.438 7	0.193 5	0.000 0
R_4	3	3.5	3	0.367 7	0.438 7	0.193 5	0.000 0
W_1	3	3.5	3.5	0.405 4	0.432 4	0.162 2	0.000 0
W_2	3.5	3	4	0.446 8	0.425 5	0.127 7	0.000 0
W_3	3	3.5	3.5	0.405 4	0.432 4	0.162 2	0.000 0
W_4	3.5	4	4	0.543 3	0.409 5	0.047 2	0.000 0
H_1	3	3	3.5	0.367 7	0.438 7	0.193 5	0.000 0
H_2	3.5	3	4	0.446 8	0.425 5	0.127 7	0.000 0
H_3	3	3.5	3.5	0.405 4	0.432 4	0.162 2	0.000 0
H_4	1	1	1	0.120 0	0.160 0	0.240 0	0.4800
G_1	2.5	3	3	0.316 8	0.422 4	0.260 9	0.000 0
G_2	2.5	3	3.5	0.350 6	0.415 6	0.233 8	0.000 0
G_3	3.5	3	3.5	0.405 4	0.432 4	0.162 2	0.000 0
G_4	3	3	3	0.333 3	0.444 4	0.222 2	0.000 0
G_5	3.5	3	3.5	0.405 4	0.432 4	0.162 2	0.000 0

$B_R=A_R\times R=(0.3742, 0.4326, 0.1831, 0.0000)$

$B_W=A_W\times W=(0.4432, 0.4261, 0.1307, 0.0000)$

$B_H=A_H\times H=(0.3305, 0.3553, 0.1798, 0.1344)$

$B_G=A_G\times G=(0.3720, 0.4290, 0.1989, 0.0000)$

对二级指标层做综合评价，其综合评价结果为

$$\boldsymbol{B}=A\times\begin{bmatrix}B_R\\B_W\\B_H\\B_G\end{bmatrix}=(0.3778,0.4185,0.1809,0.0202)$$

所以综合评价值：

$$S=BC^T=B\begin{bmatrix}4\\3\\2\\1\end{bmatrix}=[0.3778\quad 0.4185\quad 0.1809\quad 0.0202]\times\begin{bmatrix}4\\3\\2\\1\end{bmatrix}=3.1487$$

将其化为百分制，得分为 71.62，说明 B 服装批发市场事故应急能力为良好。

4. A、B 服装批发市场事故应急能力评估结果对比分析

根据专家评分平均值，对 A 服装批发市场以及 B 服装批发市场进行对比分析。如表 4-24 及图 4-5 所示。

表 4-24　A、B 服装批发市场应急能力评估对比分析表

三级指标	权重	A 市场 专家评估平均值	B 市场 专家评估平均值
人流量及人群密度 R_1	0.27	1.83	3.33
人群构成 R_2	0.14	3.17	3.17
人群素质 R_3	0.26	2.33	3.17
人群安全意识、技能 R_4	0.32	1.33	3.17
电气设备 W_1	0.35	2.17	3.33
消防设施 W_2	0.23	2.33	3.50
服饰储量及堆放方式 W_3	0.18	1.17	3.33
安全标识 W_4	0.19	2.33	3.83
安全通道 H_1	0.22	2.17	3.17
室内走道 H_2	0.32	1.33	3.50
摊位布置 H_3	0.18	1.17	3.33
交通状况 H_4	0.28	1.00	1.00
安全保障组织机构 G_1	0.10	1.50	2.83
安全教育培训 G_2	0.25	1.67	3.00
隐患管理 G_3	0.30	1.17	3.33
应急预案及响应 G_4	0.15	2.00	3.00
安全投入 G_5	0.20	1.67	3.33

从图 4-5 中可以看出，B 服装批发市场所得分值均不低于 A 服装批发市场，其中 R_4、W_3、H_2、H_3、G_3（人群安全意识技能、服饰储量及堆放方式、室内走道、摊位

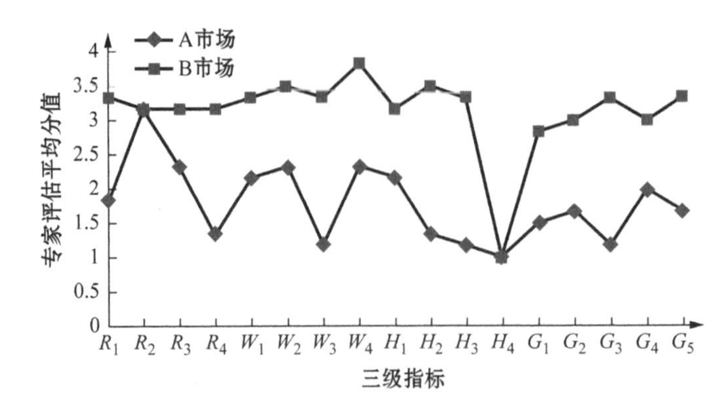

图 4-5 A、B市场对比分析图

布置、隐患管理）两者相差最大，R_4、H_2、G_3 分别在人的因素、环境因素、管理因素中均是最重要的因素；其次为 R_4、W_4、G_5（人群安全意识技能、安全标识、安全投入）；而 R_2、H_4（人群构成、交通状况）两者评分相近，这是由于所处环境相同，都处于北京动物园商业区，人群构成和交通状况基本相同。

B服装批发市场获得高分项为 W_4、W_2、H_2（安全标识、消防设施、室内走道），剩余项中除了 H_4 外均为良好，根据实地调查，B服装批发市场安全标识齐全；消防设施到位，铺位均用防火材料搭建；室内走道宽敞；这可为服装批发市场提高安全性提供参考样板。A动物园服装批发市场低分项为 R_4、W_3、H_4、G_3，各项之间是相互关系的，人员安全意识低导致隐患管理不力，进而使得摊位内载荷过大。而 H_4（交通状况）是指该服装批发市场外部环境，受其地理环境、商业特点决定。

专家评分是主观模糊的信息体现，而GAHP法能够对部分已知信息进行加工，从而实现对整个系统运行规律的描述和把握。通过计算，得出A服装批发市场综合评估结果为49.37分，B服装批发市场综合评估结果为71.62分，能够较好地反映出实际情况。通过对比分析能找出服装批发市场应急能力方面存在问题，并针对发现的问题提出整改措施。

复习思考题

1. 试述事故应急能力定性评估物资要素包括的内容。
2. 简述事故应急能力定量评估常用的模型。
3. 简述BUILDING EXDOUS软件的特点。
4. 简述事故应急能力评估指标体系构建原则。
5. 简述事故应急能力评估指标权重的确定方法。
6. 试述在进行事故应急综合能力评估时，为什么会经常选择模糊综合评价法或灰色层次分析法。

第五章　事故应急救援预案

本章学习目标

1. 了解应急预案的作用，熟悉策划应急预案时应考虑的因素，了解应急预案的基本要求，熟悉应急预案的分类，掌握应急预案编制的程序。
2. 掌握应急预案的一级核心要素。熟悉并理解危险分析、资源分析、应急准备、应急响应、警报系统与紧急通告、人员疏散与安置、应急人员安全、公共关系等核心子要素的内容。
3. 了解国家突发公共事件总体应急预案编制的意义和目的、应对突发公共事件的6个工作原则。了解国家安全生产事故灾难应急预案出台背景、编制目的及适用范围，熟悉应急预案预防预警机制、响应机制及保障措施。了解安全生产监督管理总局负责的安全生产事故六个专项应急预案类型。掌握生产经营单位安全生产事故应急预案构成及内容。
4. 了解应急预案评审类型，掌握应急预案评审方法，熟悉应急预案评审程序，了解应急预案评审要点，掌握应急预案备案及评估修订的要求。

第一节　应急预案的策划与编制

应急预案又称应急计划，是针对可能发生的重大事故或灾害，为保证迅速、有序、有效地开展应急救援行动、降低事故损失而预先制定的有关计划或方案。应急预案是在辨识和评估潜在的重大危险、事故类型、发生的可能性及发生过程、事故后果及影响严重程度的基础上，对应急的职责、人员、技术、装备、设施、物资、救援行动及其指挥协调方面预先做出的具体安排。预案明确了在突发事故前、发生过程中以及刚刚结束后，谁负责做什么，何时做，以及相应的策略和资源准备等。

一、事故应急预案的作用

许多重特大事故导致大量人员伤亡及财产损失都是由于应急预案不完善，应急失败引起的。如1994年6月16日，珠海市裕新织染厂发生大火，11小时后大火基本扑灭，现场留下一个中队扑灭余火，因力量不足，厂方组织没有接受任何灭火培训的400多名工人进入现场。厂房突然倒塌，造成93人死亡。1999年“11·24”

海难，因天气恶劣及各种原因，长达7个小时救援都未成功，"大舜号"最终沉没，死亡282人。就是随后不久的12月12日，在法国海域，一艘马耳他籍油轮断为两截，在风力10级环境下，船上20多名员工在很短时间全部救走。如果11·24海难救援更得力，事故造成的人员伤亡完全可以降到最低限度。

制定事故应急预案是贯彻落实"安全第一、预防为主、综合治理"方针，提高应对风险和防范事故的能力，保证职工安全健康和公众生命安全，最大限度地减少财产损失、环境损害和社会影响的重要措施。事故应急预案在应急系统中起着关键作用，它明确了在突发事故发生之前、发生过程中以及刚刚结束之后，谁负责做什么、何时做，以及相应的策略和资源准备等。它是针对可能发生的重大事故及其影响和后果的严重程度，为应急准备和应急响应的各个方面所预先作出的详细安排，是开展及时、有序和有效事故应急救援工作的行动指南。事故应急预案在应急救援中的作用如下：

(1) 应急预案明确了应急救援的范围和体系，使应急准备和应急管理不再是无据可依、无章可循，尤其是培训和演习工作的开展。

(2) 制订应急预案有利于做出及时的应急响应，降低事故的危害程度。

(3) 事故应急预案成为各类突发重大事故的应急基础。通过编制基本应急预案，可保证应急预案足够灵活，对那些事先无法预料到的突发事件或事故，也可以起到基本的应急指导作用，成为开展应急救援的"底线"。在此基础上，可以针对特定危害编制专项应急预案。有针对性地制定应急措施、进行专项应急准备和演习。

(4) 应急预案建立了与上级单位和部门应急救援体系的衔接。通过编制应急预案，可以确保当发生超过应急能力的重大事故时，便于与上级应急部门的协调。

(5) 应急预案有利于提高风险防范意识。应急预案的编制、评审、发布、宣传、教育和培训，有利于各方了解可能面临的重大事故及其相应的应急措施，有利于促进各方提高风险防范意识和能力。

二、策划应急预案时应考虑的因素

有效的应急系统或应急预案能够降低事故发生的损失。事故损失与应急救援的关系图如图5-1所示。编制应急预案是应急救援准备工作的核心内容，是开展应急救援工作的重要保障。我国政府近年来相继颁布的一系列法律法规，如《安全生产法》、《危险化学品安全管理条例》、《关于特大安全事故行政责任追究的规定》、《特种设备安全监察条例》等，

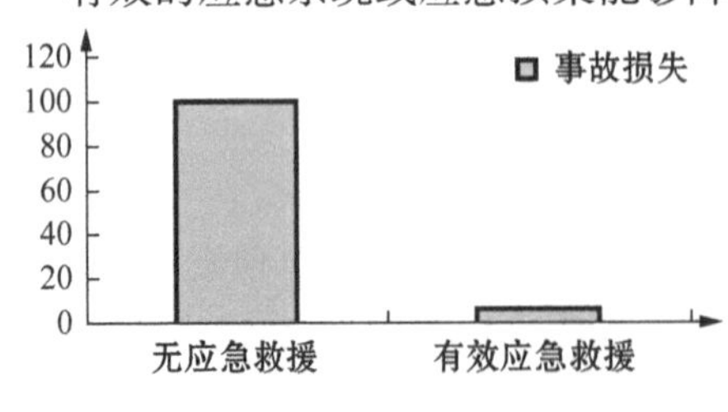

图5-1　事故损失与应急救援的关系

对矿山、危险化学品、特大安全事故、重大危险源、特种设备等应急预案的编制提出了相关的要求，是各级政府、企事业单位编制应急预案的法律基础。

2006 年 9 月 20 日国家安全生产监督管理总局颁布了《生产经营单位安全生产事故应急预案编制导则》(AQ/T9002—2006)，并于 2006 年 11 月 1 日实施。2013 年 7 月 19 日，该导则省级为国家标准：即：《生产经营单位生产安全事故应急预案编制导则》(GB/T 29639—2013)，并于 2013 年 10 月 1 日实施。该导则明确了应急预案应包含的内容和编制要求，为应急预案的规范化建设提供了依据。根据有关法规及该导则的要求，编制应急预案时应进行合理策划，做到重点突出，反映主要的重大事故风险，并避免预案相互孤立、交叉和矛盾。策划事故应急预案时应充分考虑下列因素：

(1) 本地区或企业重大危险普查的结果，包括重大危险源的数量、种类及分布情况，重大事故隐患情况等。

(2) 企业所在地区的地质、气象、水文等不利的自然条件(如地震、洪水、台风等)及其影响。

(3) 企业所在地区以及国家和上级机构已制定的应急预案的情况。

(4) 本企业以往灾难事故的发生情况。

(5) 本地区企业功能区布置及相互影响情况。

(6) 周边重大危险可能带来的影响。

(7) 国家及地方相关法律法规的要求。

三、应急预案编制基本要求

事故应急处理是一项科学性很强的工作，编制应急预案必须以科学的态度，在全面调查的基础上，实行领导与专家相结合的方式，开展科学分析和论证，使应急预案真正具有科学性。同时，应急预案应符合使用对象的客观情况，具有实用性和可操作性，以利于准确、迅速控制事故。事故应急救援工作是一项紧急状态下的应急性工作，所编制的应急预案应明确救援工作的管理体系，救援行动的组织指挥权限和各级救援组织的职责、任务等一系列的管理规定，保证救援工作的权威性。应急预案的编制基本要求有七点：

1. 应急预案要有针对性

应急预案应结合危险分析的结果，针对以下内容进行编制，确保其有效性。

(1) 针对重大危险源。重大危险源是指长期地或临时地生产、搬运、使用或者储存危险物品，且危险物品的数量等于或者超过临界量的单元(包括场所和设施)。重大危险源历来就是国家安全生产监管的重点对象，在《安全生产法》当中明确要求针对重大危险源进行定期检测、评估、监控，并制定相应的应急预案。

(2) 针对可能发生的各类事故。由于应急预案是针对可能发生的事故而预先制定的行动方案。因此,强调的是在编制应急预案之初就要对生产经营单位中可能发生各类事故进行分析和辨识,在此基础上编制预案,才能实现预案更广范围的覆盖性。同时,不同的企业可能发生的事故类型也往往不相同,因此也间接说明了不同企业的应急预案也应该存在差异。

(3) 针对关键的岗位和地点。不同的生产经营单位,以及同一生产经营单位不同生产岗位其存在风险的大小也往往不相同。特别是在危险化学品、煤矿开采、建筑等高危行业,都有一些十分特殊或关键的工作岗位和地点,这些岗位和地点在同行业中常常是事故发生概率较高,或者发生概率低,但是一旦发生事故造成的后果和损失却十分巨大,针对这些关键的岗位和地点,应当编制应急预案。

(4) 针对薄弱环节。生产经营单位的薄弱环节主要指生产经营单位为应对重大事故发生,而存在的应急能力缺陷或不足的方面。生产经营单位在进行重大事故应急救援过程中,可能会出现人力、救援装备等资源不足或满足不了要求,那么针对这种情况,企业在编制应急预案过程中,必须针对这些方面内容,提出补救办法或弥补措施。

(5) 针对重要的工程。重要工程的建设或管理单位应当编制应急预案。这些重要工程往往关系到国计民生的大局,一旦发生事故或破坏,其造成的影响或损失往往不可估量,如"三峡工程"、"南水北调"、"西气东输工程"等,因此,针对这些重要工程应当编制相应的应急预案。

2. 应急预案要有科学性

应急救援工作是一项科学性很强的工作,编制应急预案也必须以科学的态度,在全面调查研究的基础上,实行领导和专家相结合的方式,开展科学分析和论证,制定出决策程序和处置方案、应急手段先进的应急反应方案,使应急预案真正具有科学性。

3. 应急预案要有可操作性

应急预案应具有实用性或可操作性。即发生重大事故灾害时,有关应急组织、人员可以按照应急预案的规定迅速、有序、有效地开展应急与救援行动,降低事故损失。为确保应急预案实用、可操作,重大事故应急预案编制机构应充分分析、评估本地可能存在的重大危险及其后果,并结合自身应急资源、能力的实际,对应急过程的一些关键信息如潜在重大危险及后果分析、支持保障条件、决策、指挥与协调机制等进行详细而系统的描述。同时,各责任方应确保重大事故应急所需的人力、设施和设备、财政支持,以及其他必要资源。

4. 应急预案要有完整性

应急预案内容应完整,包含实施应急响应行动需要的所有基本信息。应急预案的完整性主要体现在下列几方面：

(1) 功能完整。应急预案中应说明有关部门应履行的应急准备、应急响应职能和灾后恢复职能，说明为确保履行这些职能而应履行的支持性职能。

(2) 应急过程完整。应急管理一般可划分为应急预防(减灾)阶段、应急准备阶段、应急响应阶段和应急恢复四个阶段，每一阶段的工作以前一阶段的工作为基础，目标是减轻辖区内紧急事故造成的冲击，把其影响降至最小，因此可能会涉及不同性质的应急计划(或预案)，如减灾计划、行动计划、防灾计划和灾后恢复计划。重大事故应急预案至少应涵盖上述四阶段，尤其是应急准备和应急响应阶段，应急计划应全面说明这两阶段的有关应急事项。对事故现场进行短期恢复，例如恢复基础设施的"生命线"，供水、供电、供气或疏通道路等以方便救援，此类行动是应急响应的自然延伸，自然也应包括在应急计划中。此外，由于短期恢复状况会影响减灾策略的实施，因此，应急计划中又必然涉及有关减灾策略的内容。

(3) 适用范围完整。应急预案中应阐明该预案的适用地理范围。应急预案的适用范围不仅仅指在本区域或生产经营单位内发生事故时，应启动预案。其他区域或企业发生事故，也有可能作为该预案启动条件。即针对不同事故的性质，可能会对预案的适用区域进行扩展。

5. 应急预案要合法合规

应急预案中的内容应符合国家相关法律、法规、国家标准的要求。我国有关应急预案的编制工作必须遵守相关法律法规的规定。我国有关生产安全应急预案的编制工作的法律法规包括《安全生产法》、《危险化学品安全管理条例》、《职业病防治法》、《建筑安全管理条例》等，因此，编制安全生产应急预案必须遵守这些法律法规的规定，并参考其他灾种(如洪涝、地震、核和辐射事故等)的法律法规。

6. 应急预案要有可读性

应急预案应当包含应急所需的所有基本信息，这些信息如组织不善可能会影响预案执行的有效性，因此预案中信息的组织应有利于使用和获取，并具备相当的可读性。

(1) 易于查询。应急预案中信息的组织方式应有助于使用者找到他们所需要的信息，各章节组成部分阅读起来较为连贯，使用者能够较为轻松方便地掌握章节安排的基本原理，查询到所需要的信息。

(2) 语言简洁，通俗易懂。应急预案编写人员应使用规范语言表述预案内容，并尽可能使用诸如地图、曲线图、表格等多种信息表现形式，使所编制的应急预案语言简洁，通俗易懂。应急预案中应主要采用当地官方语言文字描述，必要时补充当地其他语种；尽量引用普遍接受的原则、标准和规程，对于那些对编制应急预案有重要作用的依据应列入预案附录;高度专业化的技术用语或信息应采用有利于使用者理解的方式说明。

(3) 层次及结构清晰。应急预案应有清晰的层次和结构。正如前文所述,由于面临的潜在灾害类型多样,影响区域也各有不同,因此,应急管理部门应根据不同类型事故或灾害的特点和具体场所合理组织各类预案。

7. 应急预案要相互衔接

企业事故应急预案应与其他相关应急预案协调一致、相互兼容。其他预案的范围包括:上级应急预案,如政府、主管部门应急预案;下级应急预案,如生产经营单位的应急预案;相邻生产经营单位的应急预案;本地其他灾种的应急预案,如防洪预案。生产经营单位发生的安全生产事故一旦超出本单位自身应急能力,则需要社会及政府应急援助。因此,生产经营单位安全生产事故应急预案必须与所在的区域或当地政府的应急预案有效衔接,确保事故应急救援工作有效。

四、应急预案的分类

1. 按突发事件性质进行体系分类

应急预案按突发事件性质进行体系分为自然灾害应急预案,事故灾难应急预案,公共卫生应急预案和社会安全应急预案。其中自然灾害主要包括:国家自然灾害救助应急预案、国家防汛抗旱应急预案、国家地震应急预案、国家突发地质灾害应急预案及国家处置重、特大森林火灾应急预案等。事故灾难应急预案主要包括:国家安全生产事故应急预案、国家处置铁路行车事故应急预案、国家处置民用航空器飞行事故应急预案、国家海上搜救应急预案、国家处置城市地铁事故灾难应急预案、国家处置电网大面积停电事件应急预案、国家核应急预案、国家突发环境事件应急预案及国家通信保障应急预案等。公共卫生应急预案主要包括:国家突发公共卫生事件应急预案、国家突发公共事件医疗卫生救援应急预案、国家突发重大动物疫情应急预案及国家重大食品安全事故应急预案等。社会安全应急预案主要包括:国家粮食应急预案、国家金融突发事件应急预案、国家涉外突发事件应急预案、国家大规模群体性突发事件应急预案、国家处置大规模恐怖袭击事件应急预案、国家处置劫机事件应急预案、国家突发公共事件新闻发布应急预案等。

2. 应急预案功能与目标划分

按应急预案功能与目标划分,应急预案可分为综合预案、专项预案和现场处置方案三个层次(见图 5-2)。

3. 按行政管理权限分类

按行政管理权限可分为国家级应急救援预案、省、自治区、直辖市级应急救援

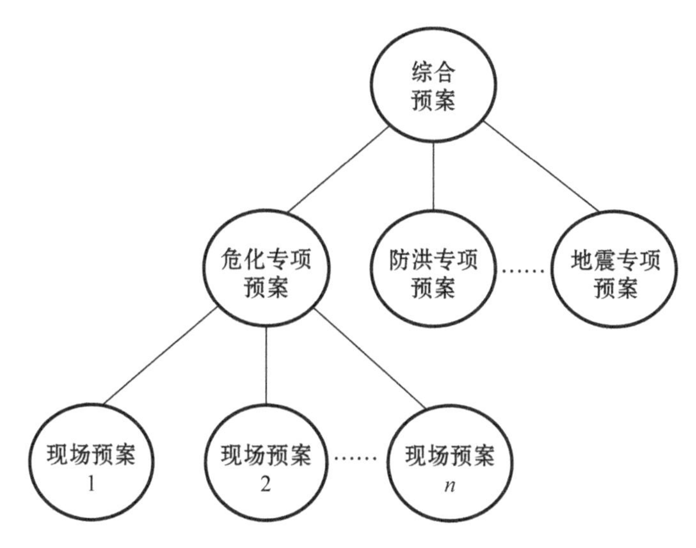

图 5-2　事故应急预案的层次

预案、市级应急救援预案、县级应急救援预案及企业级应急救援预案。前四级预案是政府面向社会型的预案(开放型);而最后一级预案是企业面向本单位实际情况的预案(闭合型)。

4. 按责任主体分类

按责任主体可分为厂内型预案(生产经营单位编制的应急救援预案)和厂外型预案(各级政府编制的应急救援预案)。

五、应急预案的编制过程

生产经营单位应急预案应根据有关法律法规和制度要求,明确做什么、谁来做、怎么做、何时做、用什么资源做等具体应对措施,提高针对性和可操作性;要合理设计响应分级;文字简洁规范、通俗易懂。鼓励生产经营单位应用先进科学技术,丰富应急预案管理手段与内容,建立健全各类应急预案数据库,提高应急预案信息化管理水平。

《生产经营单位安全生产事故应急预案编制导则》AQ/T9002—2006 及《生产经营单位生产安全事故应急预案编制导则》(GB/T 29639—2013)规定了生产经营单位编制安全生产事故应急预案的程序、内容和要素等基本要求。下面以生产经营单位安全生产事故应急预案编制为例,阐述应急预案的编制。应急预案的编制应包括下面 6 个过程。应急预案的编制工作流程参见图 5-3。

1. 成立预案编制小组

生产经营单位应结合本单位部门职能和分工,成立以单位主要负责人(或分管

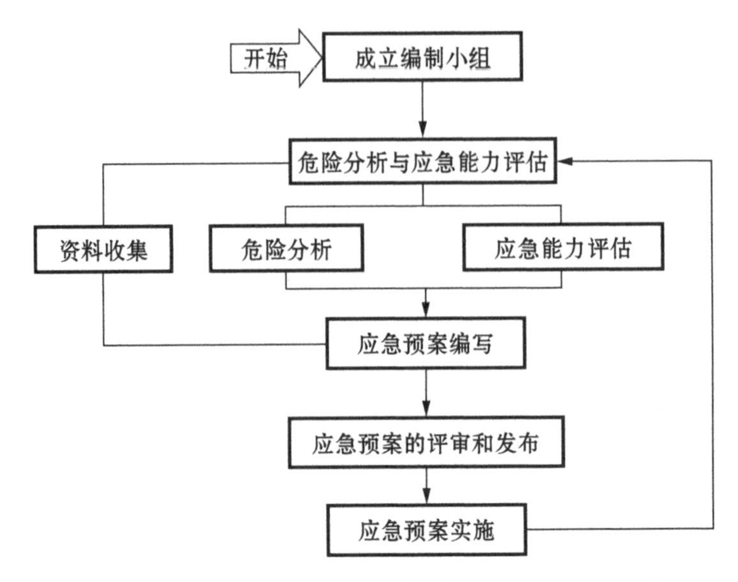

图 5-3 应急预案编制流程

负责人)为组长,单位相关部门人员参加的应急预案编制工作组,明确工作职责和任务分工,制定工作计划,组织开展应急预案编制工作。应急预案的成功编制需要有关职能部门和团体的积极参与,并达成一致意见,尤其是应寻求与危险直接相关的各方进行合作。成立应急预案编制小组是将各有关职能部门、各类专业技术有效结合起来的最佳方式,可有效地保证应急预案的准确性、完整性和实用性,而且为应急各方提供了一个非常重要的协作与交流机会,有利于统一应急各方的不同观点和意见。

2. 资料收集

应急预案编制工作组应收集与预案编制工作相关的法律法规、技术标准、应急预案、国内外同行业企业事故资料,同时收集本单位安全生产相关技术资料、周边环境影响、应急资源等有关资料。

3. 风险评估

为了准确地策划应急预案的编制目标和内容,应开展危险评估工作。危险分析是应急预案编制的基础和关键过程。在危险因素辨识分析、评价及事故隐患排查、治理的基础上,确定本区域或本单位可能发生事故的危险源、事故的类型、影响范围和后果等,并指出事故可能产生的次生、衍生事故,形成分析报告,分析结果作为应急预案的编制依据。主要内容包括:分析生产经营单位存在的危险因素,确定事故危险源;分析可能发生的事故类型及后果,并指出可能产生的次生、衍生事故;评估事故的危害程度和影响范围,提出风险防控措施。

4. 应急能力评估

在全面调查和客观分析生产经营单位应急队伍、装备、物资等应急资源状况基础上开展应急能力评估，并依据评估结果，完善应急保障措施。应急能力包括应急资源（应急人员、应急设施、装备和物资），应急人员的技术、经验和接受的培训等，它将直接影响应急行动的快速、有效性。应急能力评估就是依据危险分析的结果，对已有的应急能力进行评估，明确应急救援的需求和不足，为应急预案的编制奠定基础。制订应急预案时应当在评价与潜在危险相适应的应急资源和能力的基础上，选择最现实、最有效的应急策略。

5. 编制应急预案

针对可能发生的事故，结合风险评估和应急能力评估结果等信息，按照《生产经营单位安全生产事故应急预案编制导则》（AQ/T9002—2006）（附录3）、《发布生产经营单位生产安全事故应急预案编制导则》（GB/T 29639—2013）（附录4）等有关规定和要求编制应急预案。应急预案编制过程中，应注重全体人员的参与和培训，使所有与事故有关人员均掌握危险源的危险性、应急处置方案和技能。应急预案应充分利用社会应急资源，与政府应急预案、上级主管单位以及相关部门的应急预案相衔接。

6. 应急预案的评审与发布

应急预案编制完成后，生产经营单位应组织评审。评审分为内部评审和外部评审，内部评审由生产经营单位主要负责人组织有关部门和人员进行；外部评审由生产经营单位组织外部有关专家和人员进行评审。应急预案评审合格后，由生产经营单位主要负责人（或分管负责人）签发实施，并进行备案管理。

（1）应急预案的评审。为确保应急预案的科学性、合理性以及与实际情况的符合性，应急预案编制单位或管理部门应依据我国有关应急的方针、政策、法律、法规、规章、标准和其他有关应急预案编制的指南性文件与评审检查表，组织开展应急预案评审工作，取得政府有关部门和应急机构的认可。应急预案的评审基本要求参考《生产经营单位生产安全事故应急预案评审指南》（安监总厅应急〔2009〕73号）。

（2）应急预案的发布。重大事故应急预案经评审通过后，应由最高行政负责人签署发布，并报送有关部门和应急机构备案。应急预案编制完成后，应该通过有效实施确保其有效性。应急预案实施主要包括：应急预案宣传、教育和培训；应急资源的定期检查落实；应急演习和训练；应急预案的实践；应急预案的电子化；事故回顾等。

生产安全事故应急预案的编制、评审、发布、备案、培训、演练和修订等工作，参考2009年5月1日起施行《生产安全事故应急预案管理办法》（国家安全生产监督管理总局令第17号),2013年11月,国家安全生产应急救援指挥中心组织对《生产安全事故应急预案管理办法》(安全监管总局令第17号)进行了修改,形成了修订稿。

第二节 应急预案的核心要素

2006年6月19日上午,“东区1号”客轮被“新轮85号”客轮撞沉入水,珠海市立即启动突发事件应急预案。大陆和港澳救援人员迅速赶往出事海域,避免了一场海难,86名旅客及6名船员全部获救。在这一事故处理中,预警救援机制起到了关键作用。此前,珠海海事局曾组织多方参与“碧洋行动”等应急演练,演习对接应急反应预案,为海上搜救做好了准备。相反,1998年3月5日,西安煤气公司液化石油气管理所400m³、储存170t液化气的球罐根部发生泄漏,仅采用80条棉被紧急堵漏,未能在第一时间内控制事故,先后发生4次大爆炸,7名消防战士和5名液化气站工作人员壮烈牺牲,伤32人。万人恐慌大逃亡,数千辆汽车交通堵塞。西安煤气公司储存液化气的球罐发生泄漏。怎么办?以前没有周密的安排,临时动用了80条棉被去堵漏洞。罐里面有400立方、170吨的液化气,你可以想象,洞口会形成多么大的压力,用棉被能堵得住吗?结果,发生爆炸,烈焰腾空而起,形成时长10多秒钟、高达上百米的火柱,方圆3公里范围内的人员疏散,5公里范围内实行交通管制,7名消防战士和5名液化气站工作人员牺牲……“棉被悲剧”暴露了什么问题?安全管理有一个不可忽视的重要内容——对事故的发生要预先有所准备,超前实施控制。

应急预案是整个应急管理体系的反映,它的内容不仅仅限于事故发生过程中的应急响应和救援措施,还应包括事故发生前的各种应急准备和事故发生后的紧急恢复以及预案的管理与更新等。因此,一个完善的应急预案按相应的过程可分为六个一级关键要素,包括:方针与原则;应急策划;应急准备;应急响应;现场恢复;预案管理与评审改进(见表5-1)。

六个一级要素相互之间既相对独立,又紧密联系,从应急的方针、策划、准备、响应、恢复到预案的管理与评审改进,形成了一个有机联系并持续改进的体系结构。根据一级要素中所包括的任务和功能,其中,应急策划、应急准备和应急响应三个一级关键要素可进一步划分成若干个二级小要素。所有这些要素即构成了城市重大事故应急预案的核心要素。这些要素是重大事故应急预案编制所应当涉及的基本方面,在实际编制时,可根据职能部门的设置和职责分配等的具体情况,将要素进行合并或增加,以便于预案的内容组织和编写。

表 5-1　应急救援预案体系框架核心要素表

级号	要素内容	级号	要素内容
1	方针与原则	4.2	预警与通知
2	应急策划	4.3	警报系统与紧急通告
2.1	危险分析	4.4	通讯
2.2	资源分析	4.5	事态监测
2.3	法律法规要求	4.6	人员疏散与安置
3	应急准备	4.7	警戒与治安
3.1	机构与职责	4.8	医疗与卫生服务
3.2	应急设备、设施与物质	4.9	应急人员安全
3.3	应急人员培训	4.10	公共关系
3.4	预案演练	4.11	消防与抢险
3.5	公众教育	4.12	泄漏物控制
3.6	互助协议	5	现场恢复
4	应急响应	6	预案管理与评审改进
4.1	现场指挥与控制		

一、方针与原则

应急救援体系首先应有一明确的方针和原则来作为指导应急救援工作的纲领。方针与原则反映了应急救援工作的优先方向、政策、范围和总体目标，如保护人员安全优先，防止和控制事故蔓延优先，保护环境优先。此外，方针与原则还应体现事故损失控制、预防为主、常备不懈、统一指挥、高效协调以及持续改进的思想。

二、应急策划

应急预案是有针对性的，具有明确的对象，其对象可能是针对某一类或多类可能的重大事故类型。应急预案的制定必须基于对所针对的潜在事故类型有一个全面系统的认识和评价，识别出重要的潜在事故类型、性质、区域、分布及事故后果，同时，根据危险分析的结果，分析城市应急救援的应急力量和可用资源情况，为所需的应急资源的准备提供建设性意见。在进行应急策划时，应当列出国家、地方相关的法律法规，以作为预案的制定、应急工作的依据和授权。应急策划包括危险分析、资源分析以及法律法规要求三个二级要素。

1. 危险分析

危险分析的最终目的是要明确应急的对象(存在哪些可能的重大事故)、事故的性质及其影响范围、后果严重程度等，为应急准备、应急响应和减灾措施提供决策和指导依据。危险分析包括危险识别、脆弱性分析和风险分析三个过程，如图 5-

4 所示。

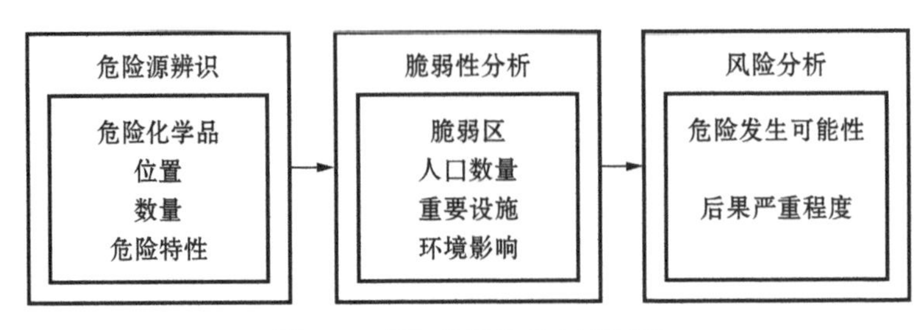

图 5-4 危险分析的基本过程图

进行危险分析时，确定危险分析的深度是非常重要的。一般来讲，企业级危险分析的深度要高于政府级，企业级危险分析可作为政府级危险分析的基础。对于政府级危险分析来讲，虽然彻底分析所有危险情况可能会提供更多信息，但由于资源和时间等因素的限制，这样做并不可行。但是，有限度的危险分析也是非常有价值的，对于政府来讲，调查面临的主要危险是主要的，而这类调查并不需要进行复杂的危险分析。

另外，事故统计数据表明，多数事故是由少数几种危险物质引起的，因此，在进行危险分析时，分析人员应将危险分析重点集中在最常见和(或)高度危险的物质上，这样可以降低危险分析所花费的时间和精力。

1) 危险源辨识

危险源辨识就是将某地区或企业中可能存在的危险源(尤其是重大危险源)辨识出来的过程。对于政府或企业来讲，要辨识出所有的危险源并进行详细的分析是不可能的。危险源辨识应结合本地区或企业的具体情况，在总结本地区或企业历史上曾经发生的重大事故基础上，辨识出存在的重大危险源及可能发生的重大事故。在危险源辨识过程中，应重点收集以下几个方面的资料与信息：

(1) 在本地区或企业内，危险化学品的类别与数量；

(2) 生产、储存、使用或处置危险化学品设施的位置；

(3) 生产、储存、使用或处置危险化学品的工艺条件；

(4) 危险化学品的危险特性。

在危险源辨识过程中，应依据国家相关标准，重点辨识那些数量超过临界量的重大危险源，对于数量低于临界量的非重大危险源，各地区或企业应根据本地区或企业的实际情况，确定是否需要辨识。

2) 脆弱性分析

脆弱性分析是在危险源辨识的基础上，分析这些危险源一旦发生重大事故后，其周边哪些地方或哪些人员容易受到破坏或伤害。这里所说的脆弱性，主要包括：受事故严重影响的区域(脆弱区)，脆弱区中的人口数量和类型，可能遭受的财产破坏，以及可能的环境影响等。通过脆弱性分析，可以得到以下几个方面信息：

(1) 在确定的假设及相关计算条件下(例如泄漏量、气象条件等)，计算分析出的脆弱区范围；

(2) 在脆弱区内人口的数量和类型，例如周边居民，高密度人群——劳动密集型工厂内的工人，以及在影剧院、体育场、商场内的观众和顾客等，敏感人群——医院的病人、学校的学生、托儿所的婴幼儿等；

(3) 可能被破坏的公私财产，例如住宅、学校、商场、办公楼等；

(4) 可能被破坏的公共工程，如水、电、气的供应，食品供应，通讯联络等；

(5) 可能造成的环境影响，如水源地被污染、水体污染、大气污染等。

3) 风险分析

风险分析是根据脆弱性分析的结果，分析重大事故发生的可能性，以及可能造成的破坏(或伤害)程度，在此基础上确定发生重大事故的风险大小。在分析可能性时，要做到准确分析重大事故发生的可能性是不太现实的，一般不必过多地将精力集中到对事故或灾害发生的可能性进行精确的定量分析上，可以用相对性的词汇(如低、中、高)来描述发生重大事故的可能性，但关键是要在充分利用现有数据和技术的基础上进行合理的评估。在分析破坏(或伤害)程度时，主要从对人、财产和环境造成的破坏(或伤害)方面考虑，通常可以选择对最坏的情况进行分析。危险分析应依据国家和地方有关的法律法规要求，结合城市的具体情况来进行；危险分析的结果应能提供：

(1) 地理、人文(包括人口分布)、地质、气象等信息；

(2) 城市功能布局(包括重要保护目标)及交通情况；

(3) 重大危险源分布情况及主要危险物质种类、数量及理化、消防等特性；

(4) 可能的重大事故种类及对周边的后果分析；

(5) 特定的时段(例如，人群高峰时间、度假季节、大型活动)；

(6) 可能影响应急救援的不利因素。

2. 资源分析

针对危险分析所确定的主要危险，应明确应急救援所需的资源，列出可用的应急力量和资源，包括：

(1) 城市的各类应急力量的组成及分布情况；

(2) 各种重要应急设备、物资的准备情况；

(3) 上级救援机构或相邻城市可用的应急资源。

通过分析已有能力的不足，为应急资源的规划与配备、与相邻地区签订互助协议和预案编制提供指导。

3. 法律法规要求

应急救援有关法律法规是开展应急救援工作的重要前提保障。应列出国家、省、地方涉及应急各部门职责要求以及应急预案、应急准备和应急救援有关的法律法规文件，以作为预案编制和应急救援的依据和授权。

三、应急准备

应急预案的能否在应急救援中成功地发挥作用，不仅仅取决于应急预案自身的完善程度，还取决于应急准备的充分与否。应急准备应当依据应急策划的结果开展，包括各应急组织及其职责权限的明确、应急资源的准备、公众教育、应急人员培训、预案演练和互助协议的签署等。

1. 机构与职责

为保证应急救援工作的反应迅速、协调有序，必须建立完善的应急机构组织体系，包括城市应急管理的领导机构、应急响应中心以及各有关机构部门等，对应急救援中承担任务的所有应急组织明确相应的职责、负责人、候补人及联络方式。

2. 应急资源

应急资源的准备是应急救援工作的重要保障，应根据潜在事故的性质和后果分析，合理组建专业和社会救援力量，配备应急救援中所需的消防手段、各种救援机械和设备、监测仪器、堵漏和清消材料、交通工具、个体防护设备、医疗设备和药品、生活保障物资等，并定期检查、维护与更新，保证始终处于完好状态。对应急资源信息的实施有效管理有更新。

3. 教育、训练与演习

为全面提高应急能力，应对公众教育、应急训练和演习做出相应的规定，包括其内容、计划、组织与准备、效果评估等。

公众意识和自我保护能力是减少重大事故伤亡不可忽视的一个重要方面。作为应急准备的一项内容，应对公众的日常教育做出规定，尤其是位于重大危险源周边的人群，使其了解潜在危险的性质和健康危害，掌握必要的自救知识，了解预先指定的主要及备用疏散路线和集合地点，了解各种警报的含义和应急救援工作的有关要求。

应急训练的基本内容主要包括基础培训与训练、专业训练、战术训练及其他训练等。基础培训与训练的目的是保证应急人员具备良好的体能、战斗意志和作风，明确各自的职责，熟悉城市潜在重大危险的性质、救援的基本程序和要领，熟练掌握个人防护装备和通讯装备的使用等；专业训练关系到应急队伍的实战能力，主要包括专业常识、堵源技术、抢运、清消和现场急救等技术；战术训练是各项专业技术的综合运用，使各级指挥员和救援人员具备良好的组织指挥能力和应变能力；其他训练应根据实际情况，选择开展如防化、气象、侦检技术、综合训练等项目的训练，以进一步提高救援队伍的救援水平。

预案演习是对应急能力的一个综合检验，应以多种形式应急演习包括桌面演习和实战模拟演习，组织由应急各方参加的预案训练和演习，使应急人员进入“实战”状态，熟悉各类应急处理和整个应急行动的程序，明确自身的职责，提高协同作战的能力。同时，应对演练的结果进行评估，分析应急预案存在的不足，并予以改进和完善。

4. 互助协议

当有关的应急力量与资源相对薄弱时，应事先寻求与邻近的城市或地区建立正式的互助协议，并做好相应的安排，以便在应急救援中及时得到外部救援力量和资源的援助；此外，也应与社会专业技术服务机构、物资供应企业等签署相应的互助协议。

四、应急响应

应急响应包括了应急救援过程中一系列需要明确并实施的核心应急功能和任务，这些核心功能或具有一定的独立性，但相互之间又是密切联系的，构成了应急响应的有机整体。应急响应的核心功能和任务包括：接警与通知，指挥与控制，警报和紧急公告，通讯，事态监测与评估，警戒与治安，人群疏散与安置，医疗与卫生，公共关系，应急人员安全，消防和抢险，泄漏物控制。

1. 接警与通知

准确了解事故的性质和规模等初始信息是决定启动应急救援的关键，接警作为应急响应的第一步，必须对接警要求作出明确规定，保证迅速、准确地向报警人员询问事故现场的重要信息。接警人员接受报警后，应按预先确定的通报程序规定，迅速向有关应急机构、政府及上级部门发出事故通知，以采取相应的行动。

2. 指挥与控制

城市重大事故的应急救援往往涉及多个救援机构，因此，对应急行动的统一指挥和协调是应急救援有效开展的一个关键。应规定建立分及响应、统一指挥、协调和决策的程序，以便对事故进行初始评估，确认紧急状态，迅速有效地进行应急响应决策，建立现场工作区域，确定重点保护区域和应急行动的优先原则，指挥和协调现场各救援队伍开展救援行动，合理高效地调配和使用应急资源等。

3. 警报和紧急公告

当事故可能影响到周边地区，对周边地区的公众可能造成威胁时，应及时启动警报系统，向公众发出警报，同时通过各种途径向公众发出紧急公告，告知事故性质，对健康的影响、自我保护措施、注意事项等，以保证公众能够作出及时自我防护响应。决定实施疏散时，应通过紧要公告确保公众了解疏散的有关信息如疏散时间、路线、随身携带物、交通工具及目的地等。

该部分应明确在发生重大事故时，如何向受影响的公众发出警报，包括什么时候，谁有权决定启动警报系统，各种警报信号的不同含义，警报系统的协调使用、可使用的警报装置的类型和位置，以及警报装置覆盖的地理区域。如果可能，应指定备用措施。

4. 通讯

通讯是应急指挥、协调和与外界联系的重要保障，在现场指挥部、应急中心、各应急救援组织、新闻媒体、医院、上级政府和外部救援机构等之间，必须建立畅通的应急通讯网络。该部分应说明主要通讯系统的来源、使用、维护以及应急组织通讯需要的详细情况等，并充分考虑紧急状态的通讯能力和保障，建立备用的通讯系统。

5. 事态监测与评估

事态监测与评估在应急救援和应急恢复的行动决策中具有关键的支持作用。在应急救援过程中必须对事故的发展势态及影响及时进行动态的监测，建立对事故现场及场外进行监测和评估的程序。包括：由谁来负责监测与评估活动；监测仪器设备及监测方法；实验室化验及检验支持；监测点的设置及现场工作及报告程序等。

可能的监测活动包括：事故影响边界、气象条件、对食物、饮用水、卫生以及水体、土壤、农作物等的污染、可能的二次反应有害物、爆炸危险性和受损建筑垮塌危险性以及污染物质滞留区等。

6. 警戒与治安

为保障现场应急救援工作的顺利开展，在事故现场周围建立警戒区域，实施交通管制，维护现场治安秩序是十分必要的，其目的是要防止与救援无关人员进入事故现场，保障救援队伍、物资运输和人群疏散等的交通畅通，并避免发生不必要的伤亡。此外，警戒与治安还应该协助发出警报、现场紧急疏散、人员清点、传达紧急信息、执行指挥机构的通告、协助事故调查等。对危险物质事故，必须列出警戒人员有关个体防护的准备。

7. 人群疏散与安置

人群疏散是减少人员伤亡扩大的关键，也是最彻底的应急响应。应当对疏散的紧急情况和决策、预防性疏散准备、疏散区域、疏散距离、疏散路线、疏散运输工具、安全蔽护场所以及回迁等作出细致的规定和准备，应考虑疏散人群的数量、所需要的时间和可利用的时间、风向等环境变化以及老弱病残等特殊人群的疏散等问题。对已实施临时疏散的人群，要做好临时生活安置，保障必要的水、电、卫生等基本条件。

8. 医疗与卫生

对受伤人员采取及时有效的现场急救以及合理地转送医院进行治疗，是减少事故现场人员伤亡的关键。在该部分明确针对城市可能的重大事故，为现场急救、伤员运送、治疗及健康监测等所做的准备和安排，包括：可用的急救资源列表，如急救中心，救护车和现场急救人员的数量；医院、职业中毒治疗医院及烧伤等专科医院的列表，如数量、分布、可用病床、治疗能力等；抢救药品、医疗器械、消毒、解毒药品等的城市内、外来源和供给；医疗人员必须了解城市内主要危险对人群造成伤害的类型，并经过相应的培训，掌握对危险化学品受伤害人员进行正确消毒和治疗的方法。

9. 公共关系

重大事故发生后，不可避免地会引起新闻媒体和公众的关注。应将有关事故的信息、影响、救援工作的进展等情况及时向媒体和公众进行统一发布，以消除公众的恐慌心理，控制谣言，避免公众的猜疑和不满。该部分应明确信息发布的审核和批准程序，保证发布信息的统一性；指定新闻发言人，适时举行新闻发表会，准确发布事故信息，澄清事故传言；为公众咨询、接待、安抚受害人员家属做出安排。

10. 应急人员安全

城市重大事故尤其是涉及危险物质的重大事故的应急救援工作危险性极大，必需对应急人员自身的安全问题应进行周密的考虑，包括安全预防措施、个体防护等级、现场安全监测等，明确应急人员的进出现场和紧急撤离的条件和程序，保证应急人员的安全。

11. 消防和抢险

消防和抢险是应急救援工作的核心内容之一，其目的是为尽快地控制事故的发展，防止事故的蔓延和进一步扩大，从而最终控制住事故，并积极营救事故现场的受害人员。尤其是涉及危险物质的泄漏、火灾事故，其消防和抢险工作的难度和危险性十分巨大。该部分应对消防和抢险工作的组织、相关消防抢险设施、器材和物资、人员的培训、行动方案以及现场指挥等做好周密的安排和准备。

12. 泄漏物控制

危险物质的泄漏以及灭火用的水由于溶解了有毒蒸气都可能对环境造成重大影响，同时也会给现场救援工作带来更大的危险，因此必须对危险物质的泄漏物进行控制。该部分应明确可用的收容装备(泵、容器、吸附材料等)、洗消设备(包括喷雾洒水车辆)及洗消物资，并建立洗消物资供应企业的供应情况和通讯名录，保障对泄漏物的及时围堵、收容和清消和妥善处置。

五、现场恢复

现场恢复也可称为紧急恢复，是指事故被控制后所进行的短期恢复，从应急过程来说意味着应急救援工作的结束，进入到另一个工作阶段，即将现场恢复到一个基本稳定的状态。大量的经验教训表明，在现场恢复的过程中往往仍存在潜在的危险，如余烬复燃、受损建筑倒塌等，所以应充分考虑现场恢复过程中可能的危险。在现场恢复中也应当为长期恢复提供指导和建议。该部分主要内容应包括：宣布应急结束的程序；撤点、撤离和交接程序；恢复正常状态的程序；现场清理和受影响区域的连续检测；事故调查与后果评价等。

六、预案管理与评审改进

应急预案是应急救援工作的指导文件，同时又具有法规权威性。应当对预案的制定、修改、更新、批准和发布作出明确的管理规定，并保证定期或在应急演习、应急救援后对应急预案进行评审，针对城市实际情况的变化以及预案中所暴露出的缺陷，不断地更新、完善和改进应急预案文件体系。

第三节　应急预案框架体系及内容

为了健全完善应急预案体系，真正形成“横向到边、纵向到底”的预案体系，按照“统一领导、分类管理、分级负责”的原则，按照不同的责任主体，目前将我国突发公共事件应急预案体系划分为突发公共事件总体应急预案、国家安全生产事故灾难应急预案、国家安全生产事故灾难应急预案及生产经营单位安全生产事故应急预案四个层次。

一、国家突发公共事件总体应急预案

1. 预案编制的意义和目的

预案的编制，是在认真总结我国历史经验和借鉴国外有益做法的基础上，经过集思广益、科学民主化的决策过程，按照依法行政的要求，并注重结合实践而形成的。应该说，预案的编制凝聚了几代人的经验，既是对客观规律的理性总结，也是一项制度创新。

2. 突发公共事件的分类分级

“突发公共事件”是指突然发生，造成或者可能造成重大人员伤亡、财产损失、生态环境破坏和严重社会危害，危及公共安全的紧急事件。

突发公共事件主要分自然灾害、事故灾难、公共卫生事件、社会安全事件等4

类；按照其性质、严重程度、可控性和影响范围等因素分成4级，特别重大的是Ⅰ级，重大的是Ⅱ级，较大的是Ⅲ级，一般的是Ⅳ级。

具体来看，自然灾害主要包括水旱灾害、气象灾害、地震灾害、地质灾害、海洋灾害、生物灾害和森林草原火灾等；事故灾难主要包括工矿商贸等企业的各类安全事故、交通运输事故、公共设施和设备事故、环境污染和生态破坏事件等；公共卫生事件主要包括传染病疫情、群体性不明原因疾病、食品安全和职业危害、动物疫情以及其他严重影响公众健康和生命安全的事件；社会安全事件主要包括恐怖袭击事件、经济安全事件、涉外突发事件等。

3. 规范预警标识:4级预警"红、橙、黄、蓝"

"防患于未然"是总体预案的一个基本要求。在总体预案中我们可以看到，"预测和预警"被明确规定为一项重要内容。怎么处理应对"可能发生的突发公共事件"？总体预案要求，各地区、各部门要完善预测预警机制，建立预测预警系统，开展风险分析，做到早发现、早报告、早处置。在这个基础上，根据预测分析结果进行预警。

在总体预案中，依据突发公共事件可能造成的危害程度、紧急程度和发展态势，把预警级别分为4级，特别严重的是Ⅰ级，严重的是Ⅱ级，较重的是Ⅲ级，一般的是Ⅳ级，依次用红色、橙色、黄色和蓝色表示。预警信息的主要内容应该具体、明确，要向公众讲清楚突发公共事件的类别、预警级别、起始时间、可能影响范围、警示事项、应采取的措施和发布机关等。

为了使更多的人"接收"到预警信息，从而能够及早做好相关的应对、准备工作，预警信息的发布、调整和解除要通过广播、电视、报刊、通信、信息网络、警报器、宣传车或组织人员逐户通知等方式进行。对老、幼、病、残、孕等特殊人群以及学校等特殊场所和警报盲区，要视具体情形采取有针对性的公告方式。

4. 1级或2级突发公共事件4小时内报告国务院

基于对突发公共事件危害性的认识，总体预案对信息报告的第一要求就是：快。为了做到"快"，总体预案强调，特别重大或者重大突发公共事件发生后，省级人民政府、国务院有关部门要在4小时内向国务院报告，同时通报有关地区和部门。应急处置过程中，要及时续报有关情况。

在报告的同时，事发地的省级人民政府或者国务院有关部门必须做到"双管齐下"，根据职责和规定的权限启动相关应急预案，及时、有效地进行处置，控制事态。对于在境外发生的涉及中国公民和机构的突发事件，总体预案要求，我驻外使领馆、国务院有关部门和有关地方人民政府要采取措施控制事态发展，组织应急救援。

5. 突发公共事件消息须第一时间向社会发布

发生突发公共事件后，及时准确地向公众发布事件信息，是负责任的重要表现。对于公众了解事件真相，避免误信谣传，从而稳定人心，调动公众积极投身抗灾救灾，具有重要意义。总体预案要求，突发公共事件的信息发布应当及时、准确、客观、全面。要在事件发生的第一时间向社会发布简要信息，随后发布初步核实情况、政府应对措施和公众防范措施等，并根据事件处置情况做好后续发布工作。

信息发布要积极主动，准确把握，避免猜测性、歪曲性的报道。政策规定可以公布的，要在第一时间内向社会公布。诸如授权发布、散发新闻稿、组织报道、接受记者采访、举行新闻发布会等发布形式都可以视具体情况灵活采用。保证在整个事件处置过程中，始终有权威、准确、正面的舆论引导公众。

6. 要做好受灾群众基本生活保障工作

发生突发公共事件，尤其是自然灾害，人民群众的生活必然会受到影响。考虑到这些，总体预案强调，要做好受灾群众的基本生活保障工作。怎么算是做好"基本生活保障"？总体预案明确，就是要确保灾区群众有饭吃、有水喝、有衣穿、有住处、有病能得到及时医治。

要做到这些，相关的保障措施必须跟上，比如：卫生部门要组建医疗应急专业技术队伍，根据需要及时赴现场开展医疗救治、疾病预防控制，及时为受灾地区提供药品、器械等卫生和医疗设备；应急交通工具要优先安排、优先调度、优先放行，确保运输安全畅通。

7. 国务院是突发公共事件应急管理最高行政机构

总体预案明确，在党中央的领导下，国务院是突发公共事件应急管理工作的最高行政领导机构。在国务院总理领导下，由国务院常务会议和国家相关突发公共事件应急指挥机构负责突发公共事件的应急管理工作；必要时，派出国务院工作组指导有关工作；国务院办公厅设国务院应急管理办公室，履行值守应急、信息汇总和综合协调职责，发挥运转枢纽作用；国务院有关部门依据有关法律、行政法规和各自职责，负责相关类别突发公共事件的应急管理工作；地方各级人民政府是本行政区域突发公共事件应急管理工作的行政领导机构。同时，根据实际需要聘请有关专家组成专家组，为应急管理提供决策建议。这样就形成了"统一指挥、分级负责、协调有序、运转高效"的应急联动体系，可以使日常预防和应急处置有机结合，常态和非常态有机结合，从而减少运行环节，降低行政成本，提高快速反应能力。

8. 迟报、谎报、瞒报和漏报要追究责任

对于迟报、谎报、瞒报和漏报突发公共事件重要情况，或者应急管理工作中有其他失职、渎职行为的，总体预案明确规定：要依法对有关责任人给予行政处分；构成犯罪的，依法追究刑事责任。这是一个原则性的规定。根据总体预案，突发公共事件应急处置工作实行责任追究制。有惩就有奖，如果应急管理工作做得好，就会受到褒奖。总体预案规定，“对突发公共事件应急管理工作中做出突出贡献的先进集体和个人要给予表彰和奖励”。

9. 应急预案框架体系共分6个层次明确责任归属

总体预案按照不同的责任主体，把全国突发公共事件应急预案体系设计为6个层次。其中，总体预案是管总的，是全国应急预案体系的总纲，适用于跨省级行政区域，或超出事发地省级人民政府处置能力的，或者需要由国务院负责处置的特别重大突发公共事件的应对工作；专项应急预案主要是国务院及其有关部门为应对某一类型或某几类型突发公共事件而制定的应急预案，由主管部门牵头会同相关部门组织实施；部门应急预案由制定部门负责实施；地方应急预案指的是省市(地)、县及其基层政权组织的应急预案，明确各地政府是处置发生在当地突发公共事件的责任主体；企事业单位应急预案则确立了企事业单位是其内部发生的突发事件的责任主体。除此之外，举办大型会展和文化体育等重大活动，主办单位也应当制订应急预案并报同级人民政府有关部门备案。

10. 确定6大工作原则体现以人为本理念

总体预案确定了应对突发公共事件的6大工作原则：以人为本，减少危害；居安思危，预防为主；统一领导，分级负责；以法规范，加强管理；快速反应，协同应对；依靠科技，提高素质。把保障公众健康和生命财产安全作为首要任务，最大程度地减少突发公共事件及其造成的人员伤亡和危害——这体现了现代行政理念对人民政府“切实履行政府的社会管理和公共服务职能”的根本要求。就绝大多数情况而言，突发公共事件的现场都在基层。第一时间、第一现场的基层干部、群众怎样应对突发事件，对于控制事态、抢险救援、战胜灾难有着至关重要的作用。他们不慌不乱、镇静有序，按预案自救、互救，就可大大减少人民生命财产损失。基于这个认识，总体预案特别要求：充分动员和发挥乡镇、社区、企事业单位、社会团体和志愿者队伍的作用，依靠公众力量，形成统一指挥、反应灵敏、功能齐全、协调有序、运转高效的应急管理机制。在此基础上，还要加强宣传和培训教育工作，提高公众自救、互救能力，增强公众的忧患意识和社会责任意识，努力形成全民动员、预防为主、全社会防灾救灾的良好局面。具体内容见附录5《国家突发公共事件总体预案》。

二、国家安全生产事故灾难应急预案

1. 出台背景

党中央、国务院把处理突发事件作为政府社会管理的一件大事，将建立健全各种突发事件应急机制提到了重要议事日程。《国务院关于进一步加强安全生产工作的决定》明确要求加快全国生产安全应急救援体系建设，尽快建立国家生产安全应急救援指挥中心，完善应急救援预案和建立生产安全预警机制。目前我国安全生产形势依然严峻，事故灾难的应急救援任务还很繁重。建立生产安全应急救援体系，制定和完善安全生产事故灾难应急预案是提高政府社会管理水平和应对公共危机能力的一项紧迫和重要工作。2004年1月15日，国务院召开会议部署突发公共事件应急预案制定、修订工作。国家安全生产监督管理总局高度重视这项工作，按照国务院关于制定和修订突发公共事件应急预案的统一部署和要求，组织编制了《国家安全生产事故灾难应急预案》(以下简称《应急预案》)。国家安全生产事故灾难是指国家突发公共事件中的事故灾难之一，即工矿商贸等企业的各类安全事故。国家安全生产事故灾难应急预案是国务院发布的突发公共事件专项应急预案之一。

2.《应急预案》的编制目的

国家安全生产事故灾难应急预案编制目的在于规范安全生产事故灾难的应急管理和应急响应程序，及时有效地实施应急救援工作，最大程度地减少人员伤亡、财产损失，维护人民群众的生命安全和社会稳定。

3.《应急预案》的适用范围

不同类型和不同级别的应急预案适用范围也往往不同。本预案适用于下列安全生产事故灾难的应对工作。

(1) 造成30人以上死亡(含失踪)，或危及30人以上生命安全，或者100人以上中毒(重伤)，或者需要紧急转移安置10万人以上，或者直接经济损失1亿元以上的特别重大安全生产事故灾难。

(2) 超出省(自治区、直辖市)人民政府应急处置能力，或者跨省级行政区、跨多个领域(行业和部门)的安全生产事故灾难。

(3) 需要国务院安全生产委员会(以下简称国务院安委会)处置的安全生产事故灾难。

4.《应急预案》的定位

安全生产事故灾难是突发公共事件中时有发生且造成伤亡较多的一类，《应急预案》主要针对特别重大事故灾难的应对工作，是国务院的专项预案。为充分发挥国务院安委会在特别重大事故灾难应急工作中的指导协调作用，《应急预案》对国务院安委会在安全生产事故灾难应急救援中的职责进行了具体描述。

5.《应急预案》体现的工作原则

《应急预案》体现了我国安全生产应急工作原则：

(1) 以人为本，安全第一；

(2) 统一领导，分级负责；

(3) 条块结合,属地为主;

(4) 依靠科学,依法规范;

(5) 预防为主,平战结合。

6.《应急预案》涉及的组织体系及相关机构职责

全国安全生产事故灾难应急救援组织体系由国务院安委会、国务院有关部门、地方各级人民政府安全生产事故灾难应急领导机构、综合协调指挥机构、专业协调指挥机构、应急支持保障部门、应急救援队伍和生产经营单位组成。国家安全生产事故灾难应急领导机构为国务院安委会,综合协调指挥机构为国务院安委会办公室,国家安全生产应急救援指挥中心具体承担安全生产事故灾难应急管理工作。专业协调指挥机构为国务院有关部门管理的专业领域应急救援指挥机构。地方各级人民政府的安全生产事故灾难应急机构由地方政府确定。应急救援队伍主要包括消防部队、专业应急救援队伍、生产经营单位的应急救援队伍、社会力量、志愿者队伍及有关国际救援力量等。国务院安委会各成员单位按照职责履行本部门的安全生产事故灾难应急救援和保障方面的职责,负责制定、管理并实施有关应急预案。

7.《应急预案》明确了预警预防机制

明确了重大危险源监控、重要目标保护、重大事故灾难隐患整改等信息收集、报告程序,预警信息公布程序,预警预防行动方案。明确了安全生产事故灾难信息的报告单位和报告人、报告时限、报告程序及报告内容,紧急情况下可越级上报。特别重大事故灾难上报至国务院,同时抄送国务院安委会办公室。明确了国务院安委会办公室与自然灾害、公共卫生、社会安全等应急机构之间的信息通报和处理程序,以及涉及境外的有关事故灾难信息的通报和处理程序。

8.《应急预案》明确了响应机制

《应急预案》明确了分级响应的原则、主体和程序。重点明确了国家响应时(Ⅰ级)国务院安委会办公室、国务院有关部门指挥协调、紧急处置的程序和内容,同时明确了省级应急指挥机构的响应程序和内容以及地方各级人民政府组织应急救援的责任。明确了协调指挥和紧急处置的原则,信息发布责任部门。明确了现场应急救援指挥部的职责和现场应急救援指挥部成立前先期处置的原则。

9.《应急预案》应急结束的条件和后期处置要求

《应急预案》明确事故现场的遇险人员全部得救,事故现场得以控制,环境符合有关标准,导致次生、衍生事故隐患得到消除,并经现场应急救援指挥部确认和批准,应急救援工作方可结束。同时,明确应急结束后,要做好善后处置、保险理赔、事故调查等工作,要及时总结经验教训并提出改进建议。

10.《应急预案》明确了保障措施

《应急预案》明确要从建立健全国家安全生产事故灾难应急救援综合信息网络系统和重大安全生产事故灾难信息报告系统，建立完善救援力量和资源信息数据库等方面来做好通信与信息保障工作。同时，明确从技术装备、应急队伍、交通运输、医疗卫生、物资、资金、社会动员、避难场所等方面做好应急保障工作。还明确要求加强应急宣传、培训和演习，做好应急预案实施的全过程进行监督检查。具体内容见附录6《国家安全生产事故灾难应急预案》。

三、安全生产事故专项应急预案

安全生产事故专项应急预案是按照国家安全生产事故灾难应急预案的要求，针对安全生产领域某一类型事故编制的预案，在国家突发公共事件应急预案体系中属于突发公共事件部门应急预案。目前，国家安全生产监督管理总局负责的安全生产事故专项应急预案共六个：矿山事故灾难应急预案、危险化学品事故灾难应急预案、陆上石油天然气开采事故灾难应急预案、陆上石油天然气储运事故灾难应急预案、海洋石油天然气作业事故灾难应急预案以及冶金事故灾难应急预案等。

1. 六个专项预案的定位和编制原则

六个部门应急预案是针对行业生产安全事故特点，由国家安全生产监督管理总局根据职责分工为应对重大事故灾难而制定的应急预案，是《国务院突发公共事件应急预案框架体系》的组成部分。六个部门应急预案由国家安全生产监督管理总局负责起草、发布和实施，报国务院审核和备案。

六个部门应急预案编制工作依据《国家突发公共事件总体应急预案》和《国家安全生产事故灾难应急预案》总体要求，遵循"以人为本、安全第一，统一领导、分级负责，条块结合、属地为主，资源共享、协同应对，依靠科学，依法规范，预防为主、平战结合"的工作原则，建立健全危险源管理和事故预防预警工作机制，全面提高应对事故灾难和风险的能力，最大限度地预防和减少重大事故及其造成的损失和危害，保护劳动者生命安全，维护社会稳定，促进经济社会持续快速协调健康发展。

2. 六个专项预案的基本框架和主要内容

按照《国务院有关部门和单位制定和修订突发公共事件应急预案框架指南》，六个部门应急预案分别分为八个部分，即总则、组织指挥体系与职责、预防预警、应急响应、后期处置、保障措施、附则和附录。按照《国家突发公共事件总体应急预案》和《国家安全生产事故灾难应急预案》总体要求，六个部门应急预案分别包括八个方面的内容：

(1) 适用范围和响应分级标准，包括预案编制的工作原则；

(2) 应急组织机构和职责，包括现场应急指挥机构和专家组的建立和主要职责；

(3) 事故监测与预警，包括重大危险源管理和预警的建立；

(4) 信息报告与处理，包括信息报告程序、处理原则和新闻发布；

(5) 应急处置，包括先期处置、分级负责、指挥与协调，现场救助和应急结束；

(6) 应急保障措施，包括人力资源、财力保障、医疗卫生、交通运输、通讯与信息、公共设施、社会治安、技术和各种应急物资的储备与调用等；

(7) 恢复与重建，包括及时由非常态转为常态、善后处置、调查评估和恢复等工作；

(8) 应急预案监督与管理，包括预案演练、培训教育及预案更新等。

国务院其他部门负责相关的安全生产事故专项应急预案，包括：国防科技工业重特大生产安全事故应急预案、建设工程重大质量安全事故应急预案、特种设备特大事故应急预案、铁路危险化学品运输事故应急预案等。

四、生产经营单位安全生产事故应急预案

生产经营单位安全生产事故应急预案是国家安全生产应急预案体系的重要组成部分。制定生产经营单位安全生产事故应急预案是贯彻落实"安全第一、预防为主、综合治理"方针，规范生产经营单位应急管理工作，提高应对和防范风险与事故的能力，保证职工安全健康和公众生命安全，最大限度地减少财产损失、环境损害和社会影响的重要措施。生产经营单位应当结合自身的特点，针对可能发生的安全生产事故编制本单位的安全生产事故应急预案。

生产经营单位的组织体系、管理模式、风险大小以及生产规模不同，应急预案体系构成不完全一样。生产经营单位应结合本单位的实际情况，从公司、企业(单位)到车间、岗位分别制定相应的应急预案，形成体系，互相衔接，并按照统一领导、分级负责、条块结合、属地为主的原则，同地方人民政府和相关部门应急预案相衔接。应急处置方案是应急预案体系的基础，应做到事故类型和危害程度清楚，应急管理责任明确，应对措施正确有效，应急响应及时迅速，应急资源准备充分、立足自救。生产经营单位安全生产事故应急预案可以由综合应急预案、专项应急预案和现场应急处置方案构成，从而明确生产经营单位在事前、事发、事中、事后的各个过程中相关部门和有关人员的职责。生产经营单位结合本单位的组织结构、管理模式、风险种类、生产规模等特点，可以对应急预案主体结构等要素进行调整。

1. 综合应急预案

综合应急预案是生产经营单位应急预案体系的总纲，从总体上阐述事故的应急方针、政策，应急组织结构及相关应急职责，应急行动、措施和保障等基本要求和程序，是应对各类事故的综合性文件。综合应急预案的主要内容包括：总则、生产

经营单位概况、组织机构及职责、预防与预警、应急响应、信息发布、后期处置、保障措施、培训与演练、奖惩、附则等11个部分。

2. 专项应急预案

专项应急预案是生产经营单位为应对某一类型或某几种类型事故，或者针对重要生产设施、重大危险源、重大活动等内容而制定的应急预案，是综合应急预案的组成部分。专项应急预案应制定明确的救援程序和具体的应急救援措施。专项应急预案的主要内容包括：事故类型和危害程度分析、应急处置基本原则、组织机构及职责、预防与预警、信息报告程序、应急处置、应急物资与装备保障等七个部分。

3. 现场处置方案

现场处置方案是生产经营单位根据不同事故类别，针对具体的场所、装置或设施所制定的应急处置措施。现场处置方案应具体、简单、针对性强。现场处置方案应根据风险评估及危险性控制措施逐一编制，做到事故相关人员应知应会，熟练掌握，并通过应急演练，做到迅速反应、正确处置。现场处置方案的主要内容包括：事故特征、应急组织与职责、应急处置、注意事项等四个部分。生产经营单位应根据风险评估、岗位操作规程以及危险性控制措施，组织本单位现场作业人员及安全管理等专业人员共同编制现场处置方案。

除上述三个主体组成部分外，生产经营单位应急预案需要有充足的附件支持，主要包括：有关应急部门、机构或人员的联系方式；重要物资装备的名录或清单；规范化格式文本；关键的路线、标识和图纸；相关应急预案名录；有关协议或备忘录（包括与相关应急救援部门签订的应急支援协议或备忘录等）。生产经营单位可根据本单位的实际情况，确定是否编制专项应急预案，风险因素单一的小微型生产经营单位可只编写现场处置方案。

第四节　应急预案管理

应急预案是应急救援行动的指南性文件，为确保预案的有效实施，必须对预案进行有效的管理，包括预案的评审、公布、备案、宣贯、培训、演练、评估及修订等内容。

一、应急预案评审与公布

应急预案编制完成后，应进行评审。应急预案评审的目的是确保预案能反映其适用区域当前经济、土地使用、技术发展、应急能力、危险源、危险物品使用、法律及地方法规、道路建设、人口、应急电话以及企业地址等方面的最新变化，确保应急预案与当前应急响应技术和应急能力相适应。评审后，按规定报有关部门备案，并经生产经营单位主要负责人签署发布。

1. 应急预案评审类型

应急预案草案应经过所有要求执行该预案的机构或为预案执行提供支持的机构的评审。同时，应急预案作为重大事故应急管理工作的规范文件，一经发布，又具有相当权威性。因此，应急管理部门或编制单位应通过预案评审过程不断地更新、完善和改进应急预案文件体系。评审过程应相对独立。根据评审性质、评审人员和评审目标的不同，将评审过程分为内部评审和外部评审两类，如表 5-2 所示。

表 5-2　应急预案评审类型

<table>
<tr><th colspan="2">评审类型</th><th>评审人员</th><th>评 审 目 标</th></tr>
<tr><td colspan="2">内部评审</td><td>预案编写成员</td><td>(1) 确保预案语句通畅
(2) 确保应急预案内容完整</td></tr>
<tr><td rowspan="4">外部评审</td><td>同行评审</td><td>具备与编制成员类似资格或专业背景的人员</td><td>听取同行对应急预案的客观意见</td></tr>
<tr><td>上级评审</td><td>对应急预案负有监督职责的个人或组织机构</td><td>对预案中要求的资源予以授权和做出相应的承诺</td></tr>
<tr><td>社区评议</td><td>社区公众、媒体</td><td>(1)改善应急预案完整性
(2)促进公众对预案的理解
(3)促进预案为各社区接受</td></tr>
<tr><td>政府评审</td><td>政府部门组织的有关专家</td><td>(1)确认该预案符合相关法律、法规、规章、标准和上级政府有关规定的要求
(2)确认该预案与其他预案协调一致
(3)对该预案进行认可，并予以备案</td></tr>
</table>

1) 内部评审

内部评审是指编制小组内部组织的评审。应急预案编制单位应在预案初稿编写完成之后，组织编写成员对预案内部评审，内部评审不仅要确保语句通畅，更重要的是评估应急预案的完整性。编制小组可以对照检查表检查各自的工作或评审整个应急预案。如果编制的是特殊风险预案，编制小组应同时对基本预案、标准操作程序和支持附件进行评审，以获得全面的评估结果，保证各种类型预案之间的协调性和一致性。内部评审工作完成之后，应对应急预案进行修订并组织外部评审。

2) 外部评审

外部评审是预案编制单位组织本城或外埠同行专家、上级机构、社区及有关政府部门对预案进行评议的评审。外部评审的主要作用是确保应急预案中规定的各项权力法制化，确保应急预案被所有部门接受。根据评审人员和评审机构的不同，外部评审可分为同行评审、上级评审、社区评议和政府评审四类。

(1) 同行评审。应急预案经内部评审并修订完成之后,编制单位应邀请具备与编制成员类似资格或专业背景的人员进行同行评审,以便对应急预案提出客观意见。此类人员一般包括:①各类工业企业及管理部门的安全、环保专家,或应急救援服务部门的专家;②其他有关应急管理部门或支持部门的专家(如消防部门、公安部门、环保部门和卫生部门的专家);③本地区熟悉应急响应工作的其他专家。

(2) 上级评审。上级评审是指由预案编制单位将所起草的应急预案交由其上一级组织机构进行的评审,一般在同行评审及相应的修订工作完成之后进行。重大事故应急响应过程中,需要有足够的人力、装备(包括个体防护设备)、财政等资源的支持,所有应急功能(职能)的责任方应确保上述资源保持随时可用状态。实施上级评审的目标是确保有关责任人或组织机构对预案中要求的资源予以授权和做出相应的承诺。

(3) 社区评议。社区评议是指在应急预案审批阶段,预案编制单位组织公众对应急预案进行评议。公众参与应急预案评审不仅可以改善应急预案的完整性,也有利于促进公众对预案的理解,使其被周围各社区正式接受,从而提高应对危险物品事故的有效预防。

(4) 政府评审。政府评审是指由城市政府部门组织有关专家对编制单位所编写的应急预案实施审查批准,并予以备案的过程。政府对于重大事故应急准备或响应过程的管理不仅体现在制定有关场内、场外应急预案编制指南或规范性指导文件上,还应参与应急预案的评审过程。政府评审的目的是确认该预案符合相关法律、法规、规章、标准和上级政府有关规定的要求,并与其他预案协调一致。一般来说,城市政府部门对应急预案评审后,应通过颁布法规、规章、规范性文件等形式对该预案进行认可和备案。

2. 评审时机

应急预案评审时机是指应急管理机构、组织应在何种情况下、何时或间隔多长时间对预案实施评审、修订。对此,国内外相关法规、预案一般都有较为明确的规定或说明。地方各级安全生产监督管理部门应当组织有关专家对本部门编制的应急预案进行审定;必要时,可以召开听证会,听取社会有关方面的意见。涉及相关部门职能或者需要有关部门配合的,应当征得有关部门同意。生产经营单位应当组织人员对本单位编制的应急预案进行评审,评审由生产经营单位负责人组织有关部门和人员进行。具体评审标准由国家安全生产监督管理总局统一组织制定。矿山、冶金、建筑施工单位以及和易燃易爆物品、危险化学品、放射性物品等危险物品的生产、经营、储存、使用单位和中型规模以上的其他生产经营单位的应急预案评审应当邀请属地安全生产应急管理部门派员参加。应急预案的评审应重点从应急预案的实用性、基本要素的完整性、预防措施的针对性、组织体系的科学性、响应程序的操作性、应急保障措施的可行性、应急预案的衔接性等方面进行评审，评审工作坚持客观、公正和合理原则。生产经营单位的应急预案经评审通过后，由生产经营单位主要负责人签署公布。

综上所述，应急预案的评审、修订时机和频次可以遵循如下规则：

(1) 定期评审、修订；

(2) 随时针对培训和演习中发现的问题对应急预案实施评审、修订；

(3) 评审重大事故灾害的应急过程，吸取相应的经验和教训，修订应急预案；

(4) 国家有关应急的方针、政策、法律、法规、规章和标准发生变化时，评审、修订应急预案；

(5) 危险源有较大变化时，评审、修订应急预案；

(6) 根据应急预案的规定，评审、修订应急预案。

3. 评审方法

应急预案评审采取形式评审和要素评审两种方法。形式评审主要用于应急预案备案时的评审，要素评审用于生产经营单位组织的应急预案评审工作。应急预案评审采用符合、基本符合、不符合三种意见进行判定。对于基本符合和不符合的项目，应给出具体修改意见或建议。

(1) 形式评审。依据《生产经营单位生产安全事故应急预案编制导则》和有关行业规范，对应急预案的层次结构、内容格式、语言文字、附件项目以及编制程序等内容进行审查，重点审查应急预案的规范性和编制程序。应急预案形式评审的具体内容及要求见表5-3。

表5-3　应急预案形式评审表

评审项目	评审内容及要求	评审意见
封　面	应急预案版本号、应急预案名称、生产经营单位名称、发布日期等内容。	
批准页	1. 对应急预案实施提出具体要求。 2. 发布单位主要负责人签字或单位盖章。	
目　录	1. 页码标注准确(预案简单时目录可省略)。 2. 层次清晰，编号和标题编排合理。	
正　文	1. 文字通顺、语言精炼、通俗易懂。 2. 结构层次清晰，内容格式规范。 3. 图表、文字清楚，编排合理(名称、顺序、大小等)。 4. 无错别字，同类文字的字体、字号统一。	
附　件	1. 附件项目齐全，编排有序合理。 2. 多个附件应标明附件的对应序号。 3. 需要时，附件可以独立装订。	

(续表)

评审项目	评审内容及要求	评审意见
编制过程	1. 成立应急预案编制工作组。 2. 全面分析本单位危险因素，确定可能发生的事故类型及危害程度。 3. 针对危险源和事故危害程度，制定相应的防范措施。 4. 客观评价本单位应急能力，掌握可利用的社会应急资源情况。 5. 制定相关专项预案和现场处置方案，建立应急预案体系。 6. 充分征求相关部门和单位意见，并对意见及采纳情况进行记录。 7. 必要时与相关专业应急救援单位签订应急救援协议。 8. 应急预案经过评审或论证。 9. 重新修订后评审的，一并注明。	

(2) 要素评审。依据国家有关法律法规、《生产经营单位生产安全事故应急预案编制导则》和有关行业规范，从合法性、完整性、针对性、实用性、科学性、操作性和衔接性等方面对应急预案进行评审。为细化评审，采用列表方式分别对应急预案的要素进行评审。评审时，将应急预案的要素内容与评审表中所列要素的内容进行对照，判断是否符合有关要求，指出存在问题及不足。应急预案要素分为关键要素和一般要素。应急预案要素评审的具体内容及要求，见表 5-4、表 5-5、表 5-6、表 5-7。关键要素是指应急预案构成要素中必须规范的内容。这些要素涉及生产经营单位日常应急管理及应急救援的关键环节，具体包括危险源辨识与风险分析、组织机构及职责、信息报告与处置和应急响应程序与处置技术等要素。关键要素必须符合生产经营单位实际和有关规定要求。一般要素是指应急预案构成要素中可简写或省略的内容。这些要素不涉及生产经营单位日常应急管理及应急救援的关键环节，具体包括应急预案中的编制目的、编制依据、适用范围、工作原则、单位概况等要素。

表 5-4　综合应急预案要素评审表

评审项目		评审内容及要求	评审意见
总则	编制目的	目的明确，简明扼要。	
	编制依据	1. 引用的法规标准合法有效。 2. 明确相衔接的上级预案，不得越级引用应急预案。	
	应急预案体系*	1. 能够清晰表述本单位及所属单位应急预案组成和衔接关系(推荐使用图表)。 2. 能够覆盖本单位及所属单位可能发生的事故类型。	
	应急工作原则	1. 符合国家有关规定和要求。 2. 结合本单位应急工作实际。	
适用范围*		范围明确，适用的事故类型和响应级别合理。	

(续表)

评审项目		评审内容及要求	评审意见
危险性分析	生产经营单位概况	1. 明确有关设施、装置、设备以及重要目标场所的布局等情况。 2. 需要各方应急力量(包括外部应急力量)事先熟悉的有关基本情况和内容。	
	危险源辨识与风险分析*	1. 能够客观分析本单位存在的危险源及危险程度。 2. 能够客观分析可能引发事故的诱因、影响范围及后果。	
组织机构及职责*	应急组织体系	1. 能够清晰描述本单位的应急组织体系(推荐使用图表)。 2. 明确应急组织成员日常及应急状态下的工作职责。	
	指挥机构及职责	1. 清晰表述本单位应急指挥体系。 2. 应急指挥部门职责明确。 3. 各应急救援小组设置合理,应急工作明确。	
预防与预警	危险源管理	1. 明确技术性预防和管理措施。 2. 明确相应的应急处置措施。	
	预警行动	1. 明确预警信息发布的方式、内容和流程。 2. 预警级别与采取的预警措施科学合理。	
	信息报告与处置*	1. 明确本单位 24 小时应急值守电话。 2. 明确本单位内部信息报告的方式、要求与处置流程。 3. 明确事故信息上报的部门、通信方式和内容时限。 4. 明确向事故相关单位通告报警的方式和内容。 5. 明确向有关单位发出请求支援的方式和内容。 6. 明确与外界新闻舆论信息沟通的责任人以及具体方式。	
应急响应	响应分级*	1. 分级清晰,且与上级应急预案响应分级衔接。 2. 能够体现事故紧急和危害程度。 3. 明确紧急情况下应急响应决策的原则。	
	响应程序*	1. 立足于控制事态发展,减少事故损失。 2. 明确救援过程中各专项应急功能的实施程序。 3. 明确扩大应急的基本条件及原则。 4. 能够辅以图表直观表述应急响应程序。	
	应急结束	1. 明确应急救援行动结束的条件和相关后续事宜。 2. 明确发布应急终止命令的组织机构和程序。 3. 明确事故应急救援结束后负责工作总结部门。	
后期处置		1. 明确事故发生后,污染物处理、生产恢复、善后赔偿等内容。 2. 明确应急处置能力评估及应急预案的修订等要求。	
保障措施*		1. 明确相关单位或人员的通信方式,确保应急期间信息通畅。	

(续表)

评审项目		评审内容及要求	评审意见
保障措施*		2.明确应急装备、设施和器材及其存放位置清单，以及保证其有效性的措施。 3.明确各类应急资源，包括专业应急救援队伍、兼职应急队伍的组织机构以及联系方式。 4.明确应急工作经费保障方案。	
培训与演练*		1.明确本单位开展应急管理培训的计划和方式方法。 2.如果应急预案涉及周边社区和居民，应明确相应的应急宣传教育工作。 3.明确应急演练的方式、频次、范围、内容、组织、评估、总结等内容。	
附　则	应急预案备案	1.明确本预案应报备的有关部门(上级主管部门及地方政府有关部门)和有关抄送单位。 2.符合国家关于预案备案的相关要求。	
	制定与修订	1.明确负责制定与解释应急预案的部门。 2.明确应急预案修订的具体条件和时限。	

注："*"代表应急预案的关键要素。

表 5-5　专项应急预案要素评审表

评审项目		评审内容及要求	评审意见
事故类型和危险程度分析*		1.能够客观分析本单位存在的危险源及危险程度。 2.能够客观分析可能引发事故的诱因、影响范围及后果。 3.能够提出相应的事故预防和应急措施。	
组织机构及职责*	应急组织体系	1.能够清晰描述本单位的应急组织体系(推荐使用图表)。 2.明确应急组织成员日常及应急状态下的工作职责。	
	指挥机构及职责	1.清晰表述本单位应急指挥体系。 2.应急指挥部门职责明确。 3.各应急救援小组设置合理，应急工作明确。	
预防与预警	危险源监控	1.明确危险源的监测监控方式、方法。 2.明确技术性预防和管理措施。 3.明确采取的应急处置措施。	
	预警行动	1.明确预警信息发布的方式及流程。 2.预警级别与采取的预警措施科学合理。	
信息报告程序*		1.明确24小时应急值守电话。 2.明确本单位内部信息报告的方式、要求与处置流程。 3.明确事故信息上报的部门、通信方式和内容时限。 4.明确向事故相关单位通告报警的方式和内容。 5.明确向有关单位发出请求支援的方式和内容。	

（续表）

评审项目		评审内容及要求	评审意见
应急响应*	响应分级	1. 分级清晰合理，且与上级应急预案响应分级衔接。 2. 能够体现事故紧急和危害程度。 3. 明确紧急情况下应急响应决策的原则。	
	响应程序	1. 明确具体的应急响应程序和保障措施。 2. 明确救援过程中各专项应急功能的实施程序。 3. 明确扩大应急的基本条件及原则。 4. 能够辅以图表直观表述应急响应程序。	
	处置措施	1. 针对事故种类制定相应的应急处置措施。 2. 符合实际，科学合理。 3. 程序清晰，简单易行。	
应急物资与装备保障*		1. 明确对应急救援所需的物资和装备的要求。 2. 应急物资与装备保障符合单位实际，满足应急要求。	

注："*"代表应急预案的关键要素。如果专项应急预案作为综合应急预案的附件，综合应急预案已经明确的要素，专项应急预案可省略。

表 5-6　现场处置方案要素评审表

评审项目	评审内容及要求	评审意见
事故特征*	1. 明确可能发生事故的类型和危险程度，清晰描述作业现场风险。 2. 明确事故判断的基本征兆及条件。	
应急组织及职责*	1. 明确现场应急组织形式及人员。 2. 应急职责与工作职责紧密结合。	
应急处置*	1. 明确第一发现者进行事故初步判定的要点及报警时的必要信息。 2. 明确报警、应急措施启动、应急救护人员引导、扩大应急等程序。 3. 针对操作程序、工艺流程、现场处置、事故控制和人员救护等方面制定应急处置措施。 4. 明确报警方式、报告单位、基本内容和有关要求。	
注意事项	1. 佩带个人防护器具方面的注意事项。 2. 使用抢险救援器材方面的注意事项。 3. 有关救援措施实施方面的注意事项。 4. 现场自救与互救方面的注意事项。 5. 现场应急处置能力确认方面的注意事项。 6. 应急救援结束后续处置方面的注意事项。 7. 其他需要特别警示方面的注意事项。	

注："*"代表应急预案的关键要素。现场处置方案落实到岗位每个人，可以只保留应急处置。

表 5-7 应急预案附件要素评审表

评审项目	评审内容及要求	评审意见
有关部门、机构或人员的联系方式	1. 列出应急工作需要联系的部门、机构或人员至少两种以上联系方式，并保证准确有效。 2. 列出所有参与应急指挥、协调人员姓名、所在部门、职务和联系电话，并保证准确有效。	
重要物资装备名录或清单	1. 以表格形式列出应急装备、设施和器材清单，清单应当包括种类、名称、数量以及存放位置、规格、性能、用途和用法等信息。 2. 定期检查和维护应急装备，保证准确有效。	
规范化格式文本	给出信息接报、处理、上报等规范化格式文本，要求规范、清晰、简洁。	
关键的路线、标识和图纸	1. 警报系统分布及覆盖范围。 2. 重要防护目标一览表、分布图。 3. 应急救援指挥位置及救援队伍行动路线。 4. 疏散路线、重要地点等标识。 5. 相关平面布置图纸、救援力量分布图等。	
相关应急预案名录、协议或备忘录	列出与本应急预案相关的或相衔接的应急预案名称以及与相关应急救援部门签订的应急支援协议或备忘录。	

注：附件根据应急工作需要而设置，部分项目可省略。

4. 评审程序

应急预案编制完成后，生产经营单位应在广泛征求意见的基础上，对应急预案进行评审。

(1) 评审准备。成立应急预案评审工作组，落实参加评审的单位或人员，将应急预案及有关资料在评审前送达参加评审的单位或人员。

(2) 组织评审。评审工作应由生产经营单位主要负责人或主管安全生产工作的负责人主持，参加应急预案评审人员应符合《生产安全事故应急预案管理办法》要求。生产经营规模小、人员少的单位，可以采取演练的方式对应急预案进行论证，必要时应邀请相关主管部门或安全管理人员参加。应急预案评审工作组讨论并提出会议评审意见。

(3) 修订完善。生产经营单位应认真分析研究评审意见，按照评审意见对应急预案进行修订和完善。评审意见要求重新组织评审的，生产经营单位应组织有关部门对应急预案重新进行评审。

(4) 批准印发。生产经营单位的应急预案经评审或论证，符合要求的，由生产经营单位主要负责人签发。

5. 评审要点

应急预案评审应坚持实事求是的工作原则，结合生产经营单位工作实际，按照《导则》和有关行业规范，从以下七个方面进行评审。

(1) 合法性。符合有关法律、法规、规章和标准，以及有关部门和上级单位规范性文件要求。

(2) 完整性。具备《导则》所规定的各项要素。

(3) 针对性。紧密结合本单位危险源辨识与风险分析。

(4) 实用性。切合本单位工作实际，与生产安全事故应急处置能力相适应。

(5) 科学性。组织体系、信息报送和处置方案等内容科学合理。

(6) 操作性。应急响应程序和保障措施等内容切实可行。

(7) 衔接性。综合、专项应急预案和现场处置方案形成体系，并与相关部门或单位应急预案相互衔接。

二、应急预案备案

国务院安全生产监督管理部门和其他有关部门、县级以上地方各级人民政府及其有关部门编制的安全生产应急预案，经评审通过后，由政府最高行政官员签署发布，并按规定报送上级政府有关部门或应急机构备案。《生产安全事故应急预案管理办法》要求对应急预案的备案作出了如下规定：

地方各级安全生产监督管理部门应急预案、生产经营单位应急预案应当自发布之日起30日内按照本办法规定进行备案。地方各级安全生产监督管理部门的应急预案，应当报同级人民政府和上一级安全生产监督管理部门备案。其他负有安全生产监督管理职责的部门，应当将本部门的应急预案抄送同级安全生产监督管理部门。

中央管理的总公司(总厂、集团公司、上市公司)的综合应急预案和专项应急预案，应报国务院国有资产监督管理部门、国务院安全生产监督管理部门和国务院有关主管部门备案；其所属的省、市、县级分(子)公司负有现场安全生产管理直接责任的，其应急预案和专项预案按照隶属或业务关系报所在地人民政府安全生产监督管理部门和有关主管部门备案。其他生产经营企业中涉及矿山、冶金、建筑施工单位和易燃易爆物品、危险化学品、放射性物品等危险物品的生产、经营、储存、使用单位和中型规模以上的其他生产经营企业，其综合应急预案和专项应急预案，按照隶属或业务关系报所在地县级以上地方人民政府安全生产监督管理部门和有关主管部门备案。其他企业应急预案的备案由省、自治区、直辖市人民政府安全生产监督管理部门确定。

生产经营单位申请应急预案备案，应当提交以下材料：①应急预案备案申请表;②评审专家的姓名、职称;③应急预案评审意见和结论;④应急预案文本及电子文档。

受理备案登记的安全生产监督管理部门应当在受理申请之日起60日对应急预案进行形式审查,经审查符合要求的,予以备案并出具应急预案备案登记表;不符合要求的,不予备案并说明理由。对于实行安全生产许可、重大危险源备案、安全生产标准化达标验收的生产经营单位,在申请安全生产许可证、重大危险源备案和安全生产标准化达标验收时,必须通过应急预案备案登记、取得备案登记表,并将备案登记表作为申请必备材料之一。各级安全生产监督管理部门应当指导、督促检查生产经营单位做好应急预案的备案登记工作,建立应急预案备案登记建档制度。

三、应急预案的宣教、培训与演练

各级安全生产监督管理部门、生产经营单位应当采取多种形式开展应急预案的宣传教育,普及生产安全事故预防、避险、自救和互救知识,提高从业人员安全意识和应急处置技能。各级安全生产监督管理部门和其他负有安全生产监督管理职责的部门,应当将应急预案的培训纳入安全生产培训工作计划,并组织实施本行政区域、本行业(领域)内重点生产经营单位的应急预案培训工作。生产经营单位应当组织开展本单位的应急预案培训活动,使有关人员了解应急预案内容,熟悉应急职责、应急程序和岗位应急处置方案。应急预案的要点和程序应当张贴在应急地点和应急指挥场所,并设有明显的标志。

各级安全生产监督管理部门和其他负有安全监管职责的部门,应当定期组织本部门应急预案演练,督促指导本地区有关企业开展预案演练活动,提高本部门、本地区生产安全事故应急处置能力。应急预案编制部门或单位应当建立应急演练制度,根据实际情况采取实战演练、桌面推演等方式,组织开展人员广泛参与、部门协同联动、形式多样、节约高效的应急演练。安全生产监督管理部门和负有安全生产监督管理职责的政府有关部门指导、监督和检查生产经营单位应急预案演练工作,矿山、建筑施工单位和危险物品的生产、经营、储存单位集中区域的安全生产监督管理部门应当每年至少组织一次综合或专项应急演练。生产经营单位应当制定本单位的应急预案演练计划,根据本单位的事故预防重点,专项应急预案至少每年进行一次实战演练,现场处置方案至少每季度进行一次实战演练,并可结合实际经常性开展桌面推演。应急演练组织单位应当及时开展演练评估工作,总结分析应急预案存在的问题,提出改进措施和建议,形成应急演练评估报告。矿山、冶金、建筑施工单位以及和易燃易爆物品、危险化学品、放射性物品等危险物品的生产、经营、储存、使用单位的演练评估报告按照隶属或业务关系报所在地县级以上地方人民政府安全生产监督管理部门和有关主管部门备案。

四、应急预案的评估与修订

应急预案编制单位应当每年至少进行一次应急预案适用情况的评估，分析评价其针对性、操作性和实用性，实现应急预案动态优化和科学规范管理，并编制评估报告。各级安全生产监督管理部门和其他负有安全监管职责的部门，应当每年对应急预案的管理情况进行总结，并纳入年度安全生产应急管理工作总结，报上一级主管部门。其他负有安全监管职责部门的应急预案管理工作总结，应当抄送同级安全生产监督管理部门。地方各级安全生产监督管理部门应当按照应急预案的要求储备与地区生产经营单位应急救援需求相适应的应急物资装备。

地方各级安全生产监督管理部门制定的应急预案，应当根据预案演练、机构变化等情况适时修订。生产经营单位制定的应急预案应当至少每三年修订一次，预案修订情况应有记录并归档。有下列情形之一的，应急预案应当及时修订：

(1) 生产经营单位因兼并、重组、转制等导致隶属关系、经营方式、法定代表人发生变化的；

(2) 生产经营单位生产工艺和技术发生变化的；

(3) 应急资源发生重大变化的；

(4) 预案中的其他重要信息发生变化的；

(5) 面临的风险或其他重要环境因素发生变化，形成新的重大危险源的；

(6) 应急组织指挥体系或者职责已经调整的；

(7) 依据的法律、法规、规章、标准和预案发生变化的；

(8) 在生产安全事故实际应对和应急中发现需要作出调整的；

(9) 应急预案编制部门或单位认为应当修订的其他情况。

生产经营单位应当及时向有关部门或者单位报告应急预案的修订情况，按照应急预案报备程序及时重新备案。生产经营单位应当按照应急预案的要求配备相应的应急物资及装备，建立使用状况档案，定期检测和维护，使其处于良好状态。

各级安全监管监察部门应当把生产经营单位生产安全事故应急预案的管理作为执法检查的主要内容，重点监督检查编制、评审、备案、演练和修订情况。安全生产监督管理部门违反本办法，不履行职责的，由其上级行政机关或者监察机关责令改正；安全生产监督管理部门工作人员在工作中滥用职权、玩忽职守、徇私舞弊的，依照有关规定给予处理。生产经营单位有下列情形之一的，给予警告，责令限期改正；逾期未改正的，对于一般生产经营单位处 5 000 元以上 3 万元以下的罚款，对于高危行业生产经营单位处 2 万元以上 3 万元以下罚款：

(1) 未按照规定制定生产安全事故应急预案的；

(2) 未按照规定进行应急预案修订的；
(3) 未按照规定进行应急预案备案的；
(4) 未按照规定进行应急预案培训的；
(5) 未按规定进行应急预案演练的。

复习思考题

1. 简述应急预案策划应考虑的因素。
2. 试述应急预案的层次及编制程序。
3. 简述应急预案一级核心要素。
4. 简述全生产监督管理总局负责的安全生产事故六个专项应急预案类型。
5. 简述生产经营单位安全生产事故应急预案构成及内容。
6. 简述应急预案评审方法及程序。
7. 简述应急预案备案及评估修订的要求。

8. 某日，某钻井队在天然气矿井施工过程中，因违章作业，未按规定保证泥浆灌注量和循环时间，导致钻井发生井喷。钻井队长迅速组织采取了一系列的紧急关井措施，但是由于回压阀违规卸掉，井喷无法控制。井场设备价值千万元，钻井队长未敢下令点火，并立即向上级主管公司上报，但也没有请示点火。公司应急中心主任迅速带队从A市出发赶往事故现场。由于喷出气体中含有大量H_2S，井喷半小时后钻井队员开始撤离，并派出2名员工通知附近村民疏散，但是大多数熟睡的村民没有被他们的呼喊惊醒，这2名员工不幸中毒身亡。井喷1小时左右，钻井队长派人回井场关闭柴油机、发电机等，并对井场实施警戒，并向A市政府报告事故情况，A市政府立即通报所在县政府。而此时离事故1公里远的当地镇政府却没有接到任何事故上报。次日11时，钻井队接到上级点火指示，而之前，公司应急中心主任在途中就有人向其建议点火，到达镇上后知道有人员中毒伤亡的情况下也未能做出点火的决定，错过了点火最佳时机，直到12:30左右，钻井队员意外发现井口停喷，才开始组织点火准备。14时左右，派人核实后，16时左右点火成功，险情得到初步控制，第三天上午10时，数百名公安干警及武警组成的搜救队进入村庄，展开全面搜救，发现大量人员死亡。事后，新闻媒体进行大量走访报道。一农夫见到慰问领导就哭了：我家的牛死了！某村长叹息道，如果村里面有一个高音喇叭，也不至于死那么多人啊！有些人就不听劝告，不肯离开，有的回去锁门，取存折，拦都拦不住！一位心有余悸的村民说：他家离井场就50米，自己因为和钻井队长比较熟悉，曾在闲谈时无意中听说过那气体有毒，才拼命跑了出来，否则后果不堪设想。当地政府官员说，事发后1个多小时，当地政府即组织警车及救护车鸣警笛在公路上行驶，呼叫周围山上的群众撤离，但是正值深夜，交通通讯不便，现场有毒气体浓度太高,虽然经多次努力,仍然很难保证灾区群众转移,并坦言:别说老百姓,连我们也不知道这竟是个毒气筒。

提问:(1) 结合本案例,分析如何建立高风险企业与当地政府的互动机制。

(2) 本案例在应急决策和现场应急工作的连续性方面暴露出哪些问题?举例说明。

(3) 请分析该事故造成重大伤亡的原因。

第六章　企业生产安全事故应急处置

本章学习目标

1. 掌握机械伤害、触电、火灾、中毒与窒息、淹溺、灼烫、坍塌、高处坠落、物体打击及粉尘爆炸的应急处置。熟悉高温中暑、火药爆炸、低温冻伤应急处置。
2. 熟悉常见特种设备事故特征，掌握锅炉爆炸、起重伤害、压力容器爆炸、场(厂)内机动车辆伤害及电梯事故应急处置措施。
3. 了解透水、放炮、瓦斯爆炸、冒顶片帮事故应急处置。熟悉辐射伤害特征及应急处置。

本章参照《企业职工伤亡事故分类》中的20类事故类型以及7类职业危险有害因素，进行归纳分类，重点阐述了各类事故特征及其应急处置。各类事故的应急处置主要针对企业层面的应急救援技术及防控要点。其中将机械伤害、触电、火灾、中毒与窒息、淹溺、灼烫、坍塌、火药爆炸、粉尘爆炸、高处坠落、物体打击、高温中暑、低温冻伤归为企业常见事故；将锅炉爆炸、起重伤害、压力容器爆炸、场(厂)内机动车辆伤害、电梯事故归为特种设备事故；将放炮、透水、瓦斯爆炸、冒顶片帮、辐射伤害归为其他类型事故。

第一节　企业常见事故应急处置

一、机械伤害事故

1. 机械伤害事故特征

机械伤害造成的受伤部位可以遍及人体的各个部位，如头部、眼部、颈部、胸部、腰部、脊柱、四肢等，有时会造成人体多处受伤，后果非常严重。在常见伤害事故应急处置中，对受伤者的抢救非常关键，如果现场急救正确及时，不仅可以减轻伤者的痛苦，降低事故的严重程度，而且可以赢得抢救时间，挽救伤者的生命。

机械伤害主要指机械设备运动(静止)部件、工具、加工件直接与人体接触引起的夹击、碰撞、剪切、卷入、绞、碾、割、刺等形式的伤害。各类转动机械的外露传动部分(如齿轮、轴、履带等)和往复运动部分都有可能对人体造成机械伤害。在机械安全中，有一些部位是危险系数较高的部分，因而需要加强关注和防护，如齿轮部件后中齿轮的咬合处、皮带传动机械中皮带和转盘的接合处、机床操作中操作台本身的尖锐部位、风扇叶等转动物体等，都是机械行业中常见的易于发生安全事故和造成人身伤害的危险部位。

常见伤害人体的机械设备有：有皮带运输机、球磨机、行车、卷扬机、干燥车、气锤、车床、辊筒机、混砂机、螺旋输送机、泵、压模机、灌肠机、破碎机、推焦机、榨油机、硫化机、卸车机、离心机、搅拌机、轮碾机、制毡撒料机、滚筒筛等。

2. 机械伤害事故应急处置

1）现场应急响应

（1）现场人员应保持冷静，排除危险源，如立即停止相关作业，切断电器设备的动力电源，隔离危险物质，将受伤人员转移至安全区域。

（2）对伤员进行检查，采取相应的临时性急救措施。检查局部有无创伤、出血、骨折、畸形等变化，根据伤者的情况，有针对性地采取人工呼吸、心脏挤压、止血、包扎、固定等临时应急措施。人员救助常用方法具体可参考附录7。

（3）迅速拨打“119”和“120”电话报警，在电话中说明确切的地点、联系方法、行驶路线；简要说明伤员的受伤情况、症状等，并询问清楚在救护车到来之前，可以采取的措施；派人到路口引导救护人员进入现场。

（4）上报事故情况，接受上级的指令。明确事故的性质、发生的时间、发生的地点；人员受伤的程度，典型症状等，受困人情况、人数等；已采取的控制措施及其他应对措施；现场救治所需的专业人员及设备；报警单位、联系人员及通讯方式等。

2）接警

应急救援调度指挥中心必须保持与事故现场的联系，并及时将现场最新情况向正赶往现场途中的指挥员通报。

3）力量调集

根据事故情况，迅速组织救援力量达到现场，出动抢险救援车等相关车辆、配备相关救援器材，调派医疗救护队等。用于机械事故救援现场中的器材，主要包括无齿锯、丙烷切割器、气动切割刀、便携式万向切割刀、液压剪扩两用刀、氧气切割器、气动破拆工具组等相关器材。若事故救援是在夜间或光线不足处，则需用车载照明灯、三角移动照明灯、移动式发电机等提供照明，保证救援现场能见度，确保救援工作顺利进行。

4）现场侦察

救援人员达到现场后，应仔细观察事故现场情况，向知情人员了解事故过程，不能盲目采取行动。应根据机械结构、原理的信息资料确定救援方式和具体措施，根据现场情况拟定救援方案。

5）设置警戒

根据救援的需要设置警戒区域，禁止非救援人员进入，以免造成二次伤害事故，以及影响救援行动。

6）实施救援

机械事故往往是遇险者的肢体被机械设备卷进、夹住，应根据实际情况，采取相应的救援方法。

（1）拆卸法：一般机械设备的部件分易拆除和不易拆除两种结构。根据机械设备的种类和遇险者肢体被机械设备卷进的部位，确定采取拆卸的方法，将遇险者的肢体从机械设备内救出。

（2）破拆法：当拆卸困难，只能采用破拆法进行救援。当螺栓锈蚀严重，直接用无齿锯或者气体切割器将机械设备的本体切开一条缝，然后用扩张器实施扩张作业，把遇险者的肢体从里面取出。

（3）综合法：即拆卸与破拆并用的方法，凡是可以拆卸的部件运用拆卸法，不能拆卸的部件运用破拆法。

（4）反方向旋转法：根据具体情形，有时可向反方向旋转机械的方法救出遇险者，但慎重进行，需请专业技术人员提供技术支持。

7）现场清理

在机械事故救援结束后，做好相关清理和善后工作。由安全生产监督管理部门或其他部门组织相关单位和人员开展事故调查，并做好记录。

8）注意事项

（1）立足自救，建立事故应急预案。在现场出现紧急情况时，要求第一发现人应在确保自身安全的情况下切断机械的电源，切断事故源，及时将事故或紧急状态迅速通知给所有有关员工和相关人员，并及时报警。

（2）坚持“救人第一”的指导思想，正确处理救人与保护物资的关系，优先考虑救人。

（3）在机械事故救助过程中，应当在工程技术人员的指导下进行。要熟悉机械结构和原理，防止遇险者受到二次伤害。

（4）救援处置要迅速，防止伤员组织坏死或失血过多，造成生命危险。

（5）使用各种切割器具时，防止动作过大造成二次伤害，使用气体切割或金属切割时，要对遇险者肢体采取遮盖和降温措施，以防二次伤害。同时注意切割器材产生的火花引燃附近可燃物。

（6）在救援过程中应稳定好伤员情绪，做好受伤部位的保护工作，对生命垂危的人员可采取边实施医疗救护，边科学救援，防止因救援时间过长导致人员死亡或二次伤害事故。

二、触电事故

1. 触电事故特征

根据能量转移论的观点，电气危险因素是由于电能非正常状态形成的。电气危险因素分为触电危险、电气火灾爆炸危险、静电危险、雷电危险、射频电磁辐射危害和电气系统故障等。按照电能的形态，电气事故可分为触电事故、雷击事故、静电事故、电磁辐射事故和电气装置事故等，其中以触电事故最为常见。

触电分为电击和电伤两种伤害形式。电击是电流通过人体，刺激机体组织，使肌肉产生针刺感、压迫感、打击感、痉挛、疼痛、血压异常、昏迷、心律不齐、心室颤动等造成伤害的形式。严重时会破坏人的心脏、肺部、神经系统的正常工作，形成危及生命的伤害。电伤是电流的热效应、化学效应、机械效应等对人体所造成的伤害，能够形成电伤的电流通常都比较大。伤害多见于机体的外部，往往在机体表面留下伤痕。电伤的危险程度决定于受伤面积、受伤深度、受伤部位等。电伤包括电烧伤、电烙印、皮肤金属化、机械损伤、电光性眼炎等多种伤害。

2. 触电事故应急处置

1）现场应急响应

（1）现场人员应迅速将触电者脱离电源，把触电者接触的那一部分带电设备的开关、刀闸或其他断路设备断开；或设法将触电者与带电设备脱离，常见的脱离电源的方法见附录8。

（2）对伤员进行检查，采取相应的临时性急救措施。检查局部有无创伤、出血、骨折、畸形等变化，根据伤者的情况，有针对性地采取人工呼吸、心脏挤压、止血、包扎、固定等临时应急措施。人员救助常用方法具体可参考附录7。

（3）迅速拨打拨打“119”和“120”电话报警，在电话中说明确切的地点、联系方法、行驶路线；简要说明伤员的受伤情况、症状等，并询问清楚在救护车到来之前，可以采取的措施；派人到路口引导救护人员进入现场。

（4）上报事故情况，接受上级的指令。明确事故的性质、发生的时间、发生的地点；人员受伤的程度，典型症状等，受困人情况、人数等；已采取的控制措施及其他应对措施；现场救治所需的专业人员及设备；报警单位、联系人员及通讯方式等。

2）接警

应急救援调度指挥中心必须保持与事故现场的联系，并及时将现场最新情况向正赶往现场途中的指挥员通报。

3）力量调集

根据事故情况，迅速组织救援力量达到现场，出动抢险救援车等相关车辆、配备相关救援器材，调派医疗救护队等。

4）现场侦察

救援人员达到现场后，应仔细观察事故现场情况，向知情人员了解事故过程，不能盲目采取行动。根据现场情况拟定救援方案。

5）设置警戒

根据救援的需要设置警戒区域，禁止非救援人员进入，以免造成二次伤害事故，以及影响救援行动。

6）实施救援

（1）脱离电源后，应判断触电伤员的受伤情况，根据不同受伤程度采取不同的救护措施。

① 触电伤员神志清醒，应使其就地躺平，严密观察，暂时不要站立或走动，情况稳定后方可正常活动。

② 轻度昏迷或呼吸微弱者，可针刺或掐人中、十宣、涌泉等穴位，并送医院救治。触电者曾一度昏迷，但已清醒过来，应使触电者安静休息，不要走动，严密观察并送医院。

③ 触电者伤势较重，已失去知觉，但心脏跳动和呼吸还存在，应将触电者抬至空气畅通处，解开衣服，让触电者平直仰卧，并将衣服垫在身下，使其头部比肩稍低，一面妨碍呼吸，如天气寒冷要注意保暖，并迅速送往医院。如果触电者发生痉挛、呼吸困难，应立即准备对心脏停止跳动或者呼吸停止后的抢救。

④ 对触电后无呼吸但心脏有跳动者，应立即采用口对口人工呼吸，若伤者口紧闭，可用口对鼻呼吸。对有呼吸但心脏停止跳动者，应立即进行胸外心脏挤压法进行抢救，并送往医院。

⑤ 如触电者心跳和呼吸都已停止，需同时采用人工呼吸和心脏挤压法等措施交替进行抢救，并送往医院。

（2）触电者呼吸、心跳情况的判定。触电伤员如意识丧失，应在10s内，用看、听、试的方法，判定伤员呼吸心跳情况。具体做法如下：

① 看：看伤员的胸部、腹部有无起伏动作；

② 听：用耳贴近伤员的口鼻处，听有无呼气声音；

③ 试：试测口鼻有无呼气的气流，再用两手指轻试一侧（左或右）喉结旁凹陷处的颈动脉有无搏动。

如果看、听、试结果，既无呼吸又无颈动脉搏动，可判定呼吸心跳停止，采用人工呼吸或心肺复苏的急救方法，具体操作可见附录7。

7）现场清理

在触电事故救援结束后，做好相关清理和善后工作。由安全生产监督管理部门或其他部门组织相关单位和人员开展事故调查，并做好记录。

8）注意事项

（1）现场急救贵在坚持。

（2）心肺复苏应在现场就地进行。

（3）现场电击急救，对采用肾上腺素等药物应持慎重态度，如果没有必要的诊断设备和足够的把握，不得乱用。

（4）对电击过程中的外伤特别是致命外伤（如动脉出血等）也要采取有效的方法处理。

（5）救护人员不可直接用手、其他金属及潮湿的物体作为救护工具，而应使用适当的绝缘工具。救护人员最好用一只手操作，以防自己触电。

（6）防止触电者脱离电源后可能的摔伤，特别是当触电者在高处的情况下，应考虑防止坠落的措施。即使触电者在平地，也要注意触电者倒下的方向，注意防摔。救护者也应注意救护中自身的防坠落、防摔伤措施。

（7）救护者在救护过程中特别是在杆上或高处抢救伤者时，要注意自身和被救者与附近带电体之间的安全距离，防止再次触及带电设备。电气设备、线路即使电源已断开，对未做安全措施挂上接地线的设备也应视作有电设备。救护人员登高时应随身携带必要的绝缘工具和牢固的绳索等。

（8）如果事故发生在夜间，应设置临时照明灯，以便于抢救，避免意外事故，但不能因此延误切除电源和进行急救的时间。

三、火灾事故

1. 火灾事故特征

火灾是指在时间和空间上失去控制的燃烧所造成的灾害。按照国家标准《火灾分类》(GB/T4968—2008)的规定，火灾根据可燃物的类型和燃烧特性，分为A、B、C、D、E、F六类。

A类火灾是指固体物质火灾。这种物质通常具有有机物质性质，一般在燃烧时能产生灼热的余烬。如木材、煤、棉、毛、麻、纸张等火灾。适用扑灭A类火灾的灭火器有水型灭火器、泡沫灭火器、干粉灭火器、卤代烷灭火器。

B类火灾是指液体或可熔化的固体物质火灾。如煤油、柴油、原油，甲醇、乙醇、沥青、石蜡等火灾。适用扑灭B类火灾的灭火器有：干粉灭火器、泡沫灭火器、卤代烷灭火器。

C类火灾是指气体火灾。如煤气、天然气、甲烷、乙烷、丙烷、氢气等火灾。适用扑灭C类火灾的灭火器有：干粉灭火器、卤代烷灭火器。

D类火灾是指金属火灾。如钾、钠、镁、铝镁合金等火灾。一般用干沙掩埋的方式灭火，忌用水、泡沫及含水性物质，也不能用、二氧化碳及常用的干粉灭火器。

E类火灾是指带电火灾，如物体带电燃烧的火灾。适用扑灭E类火灾的灭火器有：二氧化碳灭火器、干粉灭火器、卤代烷灭火器。

F类火灾是指烹饪器具内的烹饪物，如动植物油脂火灾。适用扑灭F类火灾的灭火器有：干粉灭火器。

火灾事故通常有如下特点：

(1) 人为因素突出。绝大部分火灾事故都是责任事故，是人为过失引起的。这类火灾事故占火灾总数的90%以上，而剩下的10%属于自然因素引起的火灾，如雷击、自燃等。但在自然因素的背后，也有许多因素与人为的管理和预防有关。

(2) 火灾发生次数较为频繁。火灾事故在单位时间里的发生频率，比任何其他的灾害要高，并且与广大人民群众的生产、生活紧密相连。人员越多、越集中的地方，经济越发达的地方，火灾越多。从我国近10年来的统计可知，每年都要发生火灾10多万起。特别是近几年，我国每年都要发生20多万起火灾。

(3) 火灾发生区域广泛。由于人们生活现代化程度的提高，致使诱发火灾的因素大大增加，人们的生活已经离不开火、电、气。如在电气化社会中，电气火灾已成为主要的城市居民火灾类型。

(4) 火灾风险率与社会经济的发展速度成正比。随着科学技术高度发展、经济建设突飞猛进，生产规模迅速增大，人口和资源高度集中，造成了火灾因素普遍增多，而且失火后燃烧蔓延快，控制和扑救困难，容易形成特大和恶性火灾，造成严重的人员伤亡和经济损失。如随着建筑行业、石油化工行业的发展，高层建筑、地下建筑、石油化工火灾扑救，是目前世界公认的三大难题。

2. 火灾事故应急处置

1) 现场应急响应

(1) 迅速拨打"119"电话报警，在电话中说明确切的地点、联系方法、行驶路线；如实报告火情，说明火场火势、有无被困人员；说明火场特点，如居民楼着火，说明几楼着火；工厂着火，说明有无爆炸和毒气泄漏，以及燃烧物的性质，如木材、煤气、化工原料等；留下报警人的姓名和电话；派人到路口迎候消防车，指引消防车。

(2) 现场人员应保持冷静，判断火灾类型，采取正确措施进行初期火灾的扑灭与控制。在扑救初起火灾时，必须遵循的原则有：先控制后消灭，救人第一，先重点后一般的原则；发现火灾，立即组织人员参加灭火与疏散。针对不同类型的火灾其扑救方式有所不同，常见初期火灾扑救方法见附录9，针对危险化学品火灾事故应急处置可参考附录10。

(3) 抢救现场伤员，将伤员转移至安全区域，对伤员进行检查，采取相应的临时性急救措施。检查局部有无创伤、出血、骨折、畸形等变化，根据伤者的情况，有针对性地采取人工呼吸、心脏挤压、止血、包扎、固定等临时应急措施。人员救助常用方法具体可参考附录7。

(4) 上报事故情况,接受上级的指令。明确事故的性质、发生的时间、发生的地点;人员受伤的程度,典型症状等,受困人情况、人数等;已采取的控制措施及其他应对措施;现场救治所需的专业人员及设备;报警单位、联系人员及通讯方式等。

2) 接警

应急救援调度指挥中心必须保持与事故现场的联系,并及时将现场最新情况向正赶往现场途中的指挥员通报。

3) 力量调集

根据事故情况,迅速组织救援力量达到现场,出动抢险救援车等相关车辆、配备相关救援器材,调派医疗救护队等。

4) 现场侦察

救援人员达到现场后,应仔细观察事故现场情况,向知情人员了解事故过程,不能盲目采取行动。根据现场情况拟定救援方案。

5) 设置警戒

根据救援的需要设置警戒区域,禁止非救援人员进入,以免造成二次伤害事故,以及影响救援行动。

6) 实施救援

专业救援队伍前来进行专业的火势控制与人员救助。

7) 现场清理

在触电事故救援结束后,做好相关清理和善后工作。由安全生产监督管理部门或其他部门组织相关单位和人员开展事故调查,并做好记录。

8) 注意事项

(1) 当火灾初起时,现场人员在立足自救的同时,应立即报警,即使本单位有义务、专职消防队,也要打“119”呼救求援。

(2) 明确火灾发生的原因,选用正确的应急处置措施,防止事故进一步扩大。

(3) 不得占用消防通道和消防设施。

(4) 当火情得不到控制时,应及时组织人员疏散,等待专业消防队伍到来。

四、中毒与窒息事故

1. 中毒与窒息事故特征

中毒事故是指吸入有毒气体或误食有毒食物引起的人体急性中毒的事故;窒息事故是指在空气中含氧浓度较低的作业场所内操作,人由于氧气不足而发生晕倒,甚至死亡的事故。

企业典型的中毒事故有食物中毒、煤气中毒、化学中毒。其中化学中毒包括职业中毒(急性、慢性职业中毒)、农药中毒(生产性、非生产性接触中毒)、药物中毒(滥用药物、吸毒等)。常见的化学毒物有:煤气、氯气、氨气、硫化氢、液化石油气、二氧化硫、苯、氰化氢、各类农药等。

较易发生中毒窒息事故的作业环境主要包括以下三种场所:

(1) 封闭或半封闭设备:如船舱、储罐、反应塔、冷藏车、沉箱及锅炉、压力容器、浮筒、管道、槽车等。

(2) 地下有限空间:如地下管道、地下室、地下仓库、地下工事、暗沟、隧道、涵洞、地坑、矿井、废井、地窖、沼气池及化粪池、下水道、沟、井、池、建筑孔桩、地下电缆沟等。

(3) 地上有限空间:如储藏室、酒糟池、发酵池、垃圾站、温室、冷库、粮仓、封闭车间、试验场所、烟道等。

由于密闭空间狭小、通风不良,空气不流通,因生产、储存、使用危险化学品或因生化反应而产生如硫化氢、二氧化碳、一氧化碳、沼气等有毒有害气体。这些有毒有害气体的密度通常比空气重,容易沉降,不断积累并充斥狭小的空间,形成较高浓度的有毒气体,创造了发生中毒事故的环境条件。如果在此类空间作业,发生急性中毒事故的可能性较高。

在有限空间内,由于通风不良,随着生物的呼吸作业(如人的呼吸)或者物质的氧化作用,密闭空间逐渐形成缺氧状态,氧浓度低于17%时,即形成导致窒息的事故环境,当人员进入该环境时,可能发生窒息事故。

2. 中毒与窒息事故应急处置

1) 现场应急响应

(1) 发现密闭场所可能出现中毒窒息事故时,决不能在未采取呼吸防护措施的情况下盲目进入场所救人,现场人员应保持冷静,立即停止相关作业,通知相关人员,在保证自身安全的情况下作救援处置。

(2) 迅速拨打“119”和“120”电话报警,在电话中说明确切的地点、联系方法、行驶路线;派人到路口引导救护人员进入现场。

(3) 上报事故情况,接受上级的指令:明确事故的性质、发生的时间、发生的地点;人员受伤程度,典型症状,受困人员情况、人数等;已采取的控制措施及其他应对措施;现场救治所需的专业人员及设备;报警单位、联系人员及通讯方式等。

2) 接警

应急救援调度指挥中心必须保持与事故现场的联系,并及时将现场最新情况向正赶往现场途中的指挥员通报。

3) 力量调集

根据事故情况,迅速组织救援力量到达现场,出动抢险救援车等相关车辆,配备相关救援器材，调派医疗救护队等。用于中毒窒息事故救援现场中的器材主要包括检测设备、消洗工具、防护服等相关应急工具。

4) 救援作业前的检测

救援人员达到现场后，应仔细观察事故现场情况，向知情人员了解事故过程，按照先检测、后施救的原则行动。当氧气含量在18%～23.5%，其他有毒有害气体、可燃气体、粉尘容许浓度符合国家标准的安全要求时，方可进入。在缺乏专业检测器材的情况下，可用如下的检测和防护方法：

(1) 从场外放置动物(如小鸟、白鸽、白鼠、兔子等)进入场所，观察其是否有中毒窒息反应。

(2) 对于古井之类的场所，在确保不会发生火灾爆炸的情况下，可采用点火试探的方法，如果燃烧更剧烈或者燃烧熄灭，均不能进入。

5) 设置警戒

根据救援的需要设置警戒区域，禁止非救援人员进入，以免造成二次伤害事故，影响救援行动。

6) 实施救援

密闭场所内严重缺氧或存在有毒气体时，必须采取充分的通风换气措施，严禁使用纯氧进行通风换气。对于因防爆、防氧化而不能采用通风换气措施或受作业环境限制不易充分通风换气的场所，救援人员必须配备并使用空气呼吸器或软管面具等隔离式呼吸保护器具。救援人员在救人过程中，尽量多人配合，利用绳索系在腰间，做好自身应急防范。

当中毒窒息者被救出密闭场所后，应立即将其抬放到通风良好的地方，解开衣服、裤袋，提供氧气。对于呼吸停止者，应做人工呼吸；对心跳停止者，应做心肺复苏；对于严重中毒者，应迅速送往医院救治。由于有毒物质的性质不同，其应急救援措施也有所不同，常见中毒事故毒物的理化特性、危害信息及其应急救援信息可参考附录11。

7) 应急洗消

洗消工作一般在化学毒物泄漏得到完全控制，中毒人员被抢救出来后全面展开，它是一项要求高、技术强的现场处置工作。主要对染毒人员和器材装备进行消洗，一般可用大量的、清洁的并经加热后的水进行消洗；如果泄漏毒物的毒性大，应该使用加入相应消毒剂的水进行消洗。

8) 现场清理

在中毒与窒息事故救援结束后，做好相关清理和善后工作。由安全生产监督管理部门或其他部门组织相关单位和人员开展事故调查，并做好记录。

9) 注意事项

(1) 救援人员应做好个人防护并进行相关物质检测后,才能进入危险区域实施救援。

(2) 救援人员实施作业时,严禁在易燃易爆气体或液体泄漏区域内的下水管道等地下空间顶部、井口处滞留。

(3) 离开毒区后,救援人员必须进行消洗,防止交叉感染。

(4) 要选择合适的检测仪器,验证仪器的防爆性能,并根据爆炸危险区域的分区,确定仪器防爆结构的选型、仪器的级别和组别。

(5) 在检测前,对仪器要在新鲜空气处调零并调整报警浓度,检测结果要将检测读数值与安全值比较后下结论。

五、淹溺事故

1. 淹溺事故特征

淹溺是指人淹没于水中,由于水吸入肺内缺氧窒息造成的伤亡事故。淹溺事故可能发生在作业现场或周围有水区域,如河道、水库、蓄水池等。人淹没于水中,因大量的水或泥沙、杂物等经口鼻灌入肺内,造成呼吸道阻塞,引起缺氧、窒息,致人神志不清、昏迷甚至死亡。淹溺事故有如下特点:

(1) 救援时间紧迫。发生淹溺事故,溺水人员在短时间内就会出现生命危险,由于溺水者在水中吸气时吸入水造成呼吸道堵塞缺氧,在0.5～2min之内,就会失去意识,丧失本能呼吸的功能,出现假死状态。一般4～7min就可因呼吸心跳停止而死亡。因此救援时间十分紧迫。

(2) 死亡率高。溺水者由于强烈心理恐慌、急性心律不齐、脑溢血、使得手足不能动弹,很快就会沉入水中。溺水时,轻者表现为面色苍白、口唇青紫,恐惧、神志清楚,呼吸心跳存在等。重者表现为面部青紫、肿胀,口腔充满泡沫或带有血色,上腹部膨胀,四肢冰凉,昏迷不醒,抽搐,呼吸心跳先后停止等。水中事故如果得不到及时救助,死亡率较高。

(3) 救援时间长。淹溺事故发生后,从发现到救援队到达现场之前,要经过一段时间。当救援队到达后,溺水者大都处于淹没状态,找到待救者的具体位置难度较大,搜救行动需要持续的时间较长。特别是在流动的江河中救人时,水深或水流速快等因素将直接给救援行动造成困难。

(4) 救援行动要求高。对于淹溺事故,常用的救援装备有消防艇、冲锋舟、救生衣、救生圈、救生发射枪、搜索定位装置、救生网、漂浮担架、安全绳、安全带、照明灯、望远镜等。救援人员需要经过专门的技术培训,技术含量高,专业性强,操作要求高。需要潜水作业时,还必须由专业潜水人员,着潜水服下水施救。

2. 淹溺事故应急处置

1）现场应急响应

（1）任何人发现发生淹溺事故后，应立即向现场相关负责人报告，并报 120 医疗救护。组织周围人员开展应急救援，可用绳索、竹杠、木板或者救生圈等让溺水者握住，拖其上岸。

（2）明确淹溺的人员数量及其原因，如果是洪水或涨潮造成的溺水事故，要立即疏散岸边和水面设施上的施工人员及围观群众，拉设警戒线进行安全隔离防护。

2）接警

应急救援调度指挥中心必须保持与事故现场的联系，并及时将现场最新情况向正赶往现场途中的指挥员通报。

3）力量调集

根据事故情况，迅速组织救援力量到达现场，出动抢险救援车等相关车辆、配备相关救援器材，调派医疗救护队等。用于淹溺事故救援现场中的器材，主要包括消防艇、冲锋舟、救生衣、救生圈、救生发射枪、搜索定位装置、救生网、漂浮担架、安全绳、安全带、照明灯、望远镜、木板、套杆等相关应急工具。

4）事故现场侦查和判断

迅速查明情况，采取针对性的救援措施。①询问知情者，了解溺水时间、地点、人数、性别、年龄等；②查明溺水现场的周围环境，包括溺水地的水域深浅、水面宽度、水流方向、流速、水质浑浊程度、水面船只情况以及水域距岸边的距离，岸边地形地貌，建筑物等情况。

5）实施救援

应按照确定的救援方案，采取正确的救援方法，确保救援工作顺利进行。

（1）当溺水者漂浮在水面时，应尽快入水实施救援。徒手救助时，要根据水流流速和水面宽度、深度，选用冲锋舟或橡皮艇进行接应。

（2）当溺水者已经沉入水下，根据实地查看的情况，划定搜索区域，利用冲锋舟、橡皮艇将潜水队员载到溺水处实施搜索。潜水队员下水施救时，应两人以上（含两人）编队下潜，沿上游向下游搜索，必要时应有保险绳引导和保护。

（3）车辆坠入水域时，首先要击破车窗或打开车门救助车内人员，然后调用一定吨级的吊车到场，由潜水员下水固定起吊绳索钢缆，按指挥人员口令逐步把落水车辆吊上路面，如有货物落入水中，可用同样方法搜索起吊。

（4）冰面塌陷，人员掉入冰窟时，到冰窟附近冰面救助的人员都要穿戴救生衣，系安全绳。要适当加大冰窟面积，派潜水员下水施救。

（5）被救上岸的溺水者，应及时由卫生救护人员进行检查，现场急救。如无医务人员，救援人员要对被救人员进行现场急救并及时送往就近医院实施抢救。

(6) 经现场医务人员确定已死亡的溺水者应移交当地公安机关或遇难者亲属处理。

6) 现场清理

在淹溺事故救援结束后，做好相关清理和善后工作。由安全生产监督管理部门或其他部门组织相关单位和人员开展事故调查，并做好记录。

7) 注意事项

(1) 救援人员在开展救援前应穿好救生衣、乘救生筏，系上安全绳，携带必要的应急照明装备和氧气袋、救生筏、救生衣等救生设备。在确保自身安全后，方可参与救援。针对人员受伤部位、伤势严重程度采取不同救援措施，严禁盲目搬运背扛以及不恰当的急救措施。派选的打捞人员必须是熟悉水性的人员。

(2) 使用救援器材前，检查所使用的救援器材是否完好无损，并掌握正确使用方法，随身携带的工器具必须用绳索等系挂在身上，防止掉落伤人。

(3) 应急救援结束后，立即查看事故现场是否还有不安全因素，是否还有被困或被淹溺人员，并采取妥善的防范及急救措施。

(4) 打捞抢救人员必须熟悉水性，下水打捞过程中，当体力不支时，要呼救岸上人员救助或立即游到岸上，再派其他人员下水打捞，绝不能在体力不支的情况下，仍强行在水中营救落水人员。

(5) 溺水者在落水后应保持冷静，切勿大喊大叫，以免水进入呼吸道引起阻塞和剧烈咳呛。应尽量抓住漂浮物如木板等，以助漂浮。双脚踩双手不断划水，落地后立即屏气，如此反复，等待救援。当受伤或淹溺人员没有能力摆脱被困环境时，在救援人员没有到达之前，应尽量保存自身体力等待救援；在救援人员到来时，尽最大能力进行呼救。当受伤人员或淹溺人员伤势不严重，且有能力摆脱被困环境时，应尽快逃离危险境地，并查看周围有无被困人员，同时向救援人员呼救。

六、灼烫事故

1. 灼烫事故特征

灼烫是指火焰烧伤、高温物体烫伤、化学灼伤(酸、碱、盐、有机物引起的体内外的灼伤)、物理灼伤(光、放射性物质引起的体内外的灼伤)等，不包括电灼伤和火灾引起的烧伤。在生产过程中，机炉外管、压力容器爆破引起的高温、高压蒸汽设备老旧失修；操作不规范导致高温、高压蒸汽泄漏；压力容器检修时，高温、高压蒸汽喷出等因素都会造成灼烫事故的发生。

引发灼烫事故的危险源有很多，如企业厂房内高温的管道容器等设备上无保温层；工人在检修高温的管道容器时未配备防护服；高温、高压蒸汽设备老旧失修；员工在热水井或热水池工作时，未采取有效防护；化学药品管理和使用不当；高温、高压设备及管道漏泄，喷出不可见气体，无警示标志等。灼烫事故易造成生产设备损坏，生产瘫痪、财产损失和人员皮肤烫伤甚至毁容，严重时会导致死亡事故。根据致伤原因的不同，灼烫事故可分为以下几类：

(1) 高温汽水烫伤。是指受到高温水蒸气对人的眼睛、皮肤等处造成的伤害。

(2) 紫外线灼伤。主要是指电弧光对人的眼睛造成的伤害，严重的眼部会有灼烧感和剧痛感，并伴有高度畏光、流泪等明显症状。

(3) 强酸强碱灼伤。强酸灼伤主要是由浓硫酸、盐酸、硝酸等引起，灼伤深度与酸的浓度、种类及接触时间有关。强碱烧伤主要由苛性钠、苛性钾、石灰等引起，强碱烧伤要比强酸对肌体组织的破坏性大，因其渗透性强，可以皂化脂肪组织，溶解组织蛋白，吸收大量细胞内水分，使烧伤逐渐加深，且疼痛较剧烈。

(4) 电弧灼伤。电弧灼伤一般分为三度。一度为灼伤部位轻度变红，表皮受伤；二度为皮肤大面积烫伤，烫伤部位出现水泡；三度为肌肉组织深度灼伤，皮下组织坏死，皮肤烧焦。

2. 灼烫事故应急处置

1) 现场应急响应

发生灼烫事故后，现场人员应采取措施控制险情，并将伤员转移至安全区域。根据烫伤程度采取相应的措施：

一度烫伤只损伤皮肤表层，局部轻度红肿、无水泡、疼痛明显，应立即脱去衣袜后，将创面放入冷水中浸洗半小时，再用麻油、菜油涂擦创面。

二度烫伤是真皮损伤，局部红肿疼痛，有大小不等的水泡，大水泡可用消毒针刺破水泡边缘放水，涂上烫伤膏后包扎，松紧要适度。

三度烫伤是皮下，脂肪、肌肉、骨骼都有损伤，并呈灰或红褐色，此时应用干净布包住创面并及时送往医院。切不可在创面上涂紫药水或膏类药物，影响病情观察与处理。

严重灼、烫伤病人，现场人员应直接拨打 120 急救电话，迅速准确说明出事地点及伤者情况，在转送途中伤员可能会出现休克或呼吸、心跳停止，应立即进行人工呼吸或胸外心脏按摩。伤员烦渴时，可给少量的热茶水或淡盐水服用，绝不可以在短时间内饮服大量的开水，而导致伤员出现脑水肿。

2) 接警

应急救援调度指挥中心必须保持与事故现场的联系，并及时将现场最新情况向正赶往现场途中的指挥员通报。

3) 力量调集

根据事故情况，迅速组织救援力量到达现场，出动抢险救援车等相关车辆，配备相关救援器材，调派医疗救护队等。用于灼烫事故救援现场中的器材，主要包括通信设备、防护手套、防护服、医药箱、剪刀、隔热头盔、高温鞋等应急工具设备。

4）事故现场侦查和判断

迅速查明情况，采取针对性的救援措施。①询问知情者，了解灼伤时间、地点、人数、性别、年龄等；②查明灼伤现场的周围环境，了解灼烫发生的原因。

5）实施救援

(1) 水火烫伤的处置。

① 水火烫伤处理的原则是首先除去热源，迅速离开现场，用各种灭火方法，如水浸、水淋、就地卧倒翻滚、立即将湿衣服脱去或剪破、淋水，将肢体浸泡在冷水中，直到疼痛消失为止。还可用湿毛巾或床单盖在伤处，再往上喷洒冷水，注意不要弄破水泡。

② 对烫伤进行创面处理。烫伤的创面处理最为重要，先剃除伤区及其附近的毛发，剪除过长的指甲。创面周围健康皮肤用肥皂水及清水洗净，再用0.1%新洁尔灭液或75%酒精擦洗消毒。创面用等渗盐水清洗，去除创面上的异物、污垢等。保护小水泡勿损破，大水泡可用注射空针抽出血泡液，或在低位剪破放出水泡液。已破的水泡或污染较重者，应剪除泡皮，创面用纱布轻轻辗开，上面覆盖一层液体石蜡纱布或薄层凡士林油纱布，外加多层脱脂纱布及棉垫，用绷带均匀加压包扎。

③ 水火烫伤面积过大时，禁止用凉水冲洗，可在患处敷上冷毛巾。此外，不要涂任何药物，只需保持患部清洁，以免送医院后为清洗药物而耽误时间。

(2) 电弧灼伤。

① 电弧灼伤一般分为三度：一度：灼伤部位轻度变红，表皮受伤；二度：皮肤大面积烫伤，烫伤部位出现水泡；三度：肌肉组织深度灼伤，皮下组织坏死，皮肤烧焦。

② 当皮肤严重灼伤时，必须先将其身上的衣服和鞋袜小心脱下，最好用剪刀一块块剪下。由于灼伤部位一般都很脏，容易化脓溃烂，长期不能治愈，因此救护人员的手不得接触伤者的灼伤部位，不得在灼伤部位涂抹油膏、油脂或其他护肤油。

③ 灼伤的皮肤表面必须包扎好，应在灼伤部位覆盖洁净的亚麻布。包扎时不得刺破水泡，也不得随便擦去粘在灼伤部位的烧焦衣服碎片，如需要除去，应使用锋利的剪刀剪下。

(3) 明火烧伤。

① 烧伤发生时，最好的救治方法是用冷水冲洗，或伤员自己浸入附近水池浸泡，防止烧伤面积进一步扩大。

② 衣服着火时应立即脱去用水浇灭或就地躺下，滚压灭火。冬天身穿棉衣，有时明火熄灭，暗火仍在燃烧，衣服如有冒烟现象应立即脱下或剪去以免继续燃烧。切忌带火奔跑呼喊，免得因吸入烟火造成呼吸道烧伤。

③ 对重度烧伤病员，要立即进行止痛处置，以预防因剧痛引起休克。

（4）强酸强碱灼伤。

① 强酸灼伤主要是由浓硫酸、盐酸、硝酸等引起，灼伤深度与酸的浓度、种类及接触时间有关。现场处理首先脱去被强酸类粘湿的衣物，迅速用大量清水冲洗，然后用弱碱溶液如5%小苏打液中和，最后再用清水冲洗干净。

② 强碱烧伤主要有苛性钠、苛性钾、石灰等引起，强碱烧伤要比强酸对肌体组织的破坏性大，因其渗透性强，可以皂化脂肪组织，溶解组织蛋白，吸收大量细胞内水分，使烧伤逐渐加深，且疼痛较剧烈。现场处理应立即用大量清水冲洗，然后用弱酸溶液如淡醋或5%氯化氨溶液中和，最后再用清水冲洗干净。

③ 石灰烧伤时应先将石灰清除后再用清水冲洗，防止石灰遇水后产生氢氧化钙而释放出大量热能，导致烧伤加重。

（5）紫外线灼伤。

主要是指电弧光对人的眼睛造成的伤害，严重的眼部有灼烧感和剧痛感，并伴有高度畏光、流泪等明显症状。受到紫外线灼伤后，急性期应卧床休息，并戴墨镜避光，然后用红霉素眼药水滴眼。如没有药物时，也可用新鲜牛奶滴眼。

6）现场清理

在灼烫事故救援结束后，做好相关清理和善后工作。由安全生产监督管理部门或其他部门组织相关单位和人员开展事故调查，并做好记录。

7）注意事项

（1）发生灼、烫伤事故后，应本着员工和救援人员的生命优先，保护环境优先，控制事故防止蔓延优先的原则，根据不同程度、不同类型烧伤，现场及时给予正确处理。

（2）搬运受伤人员、创面处理动作要轻，用药要准，对严重灼、烫伤的伤者，应注意其血压、脉搏、呼吸神志变化，及时防治休克。同时抓紧时间将伤者尽早送往医院治疗。

（3）对已灭火而未脱衣服的伤员必须仔细检查全身情况，保持伤口清洁。伤员的衣服鞋袜用剪刀剪开后除去，伤口全部用清洁布片覆盖，防止污染。及时去除伤员身上的用具和口袋中的硬物，注意不要让伤口受到挤压。

（4）四肢烧伤时，先用清洁冷水冲洗，然后用清洁布片、消毒纱布覆盖并送往医院。对爆炸冲击波烧伤的伤员要注意有无脑颅损伤、腹腔损伤和呼吸道损伤，并及时采取相关应急救护措施。

（5）对伤员伤口处进行局部降温，尽早用凉水冲洗，冲洗时间可持续半小时左右，以脱离冷源后疼痛已显著减轻为准。如不能迅速接近水源，也可以用冰块、冰棍儿甚至冰箱里保存的物品冷敷。如采取的冷疗措施得当，可显著减轻局部渗出、挽救未完全毁损的组织细胞。

(6) 对于酸、碱造成的化学性烧伤，早期处理也是以清水冲洗，且应以大量的流动清水冲洗，若过早应用中和剂，会因为酸碱中和产热而加重局部组织损伤。

(7) 不得在灼伤部位涂抹油膏、油脂或其他护肤油，要保留水泡皮，不要撕去腐皮。

(8) 为保证救护车顺利到达事故现场，现场负责人要派专人在门口前接车。并封闭现场，禁止其他无关人员进入。灼烫抢救结束后，现场员工还要保护好现场并协助事故调查分析。

七、坍塌事故

1. 坍塌事故特征

坍塌指物体在外力或重力作用下，超过自身的强度极限或因结构稳定性破坏而造成伤害、伤亡的事故，如挖沟时的土石塌方、脚手架坍塌、堆置物倒塌等，不适用于矿山冒顶片帮和车辆、起重机械、爆破引起的坍塌。坍塌事故会造成生产设备损坏，生产瘫痪，财产损失和人员伤亡。坍塌事故有如下特点：

(1) 突发性强。受自然或人为因素影响，建(构)筑物可能发生倒塌，因事故的发生往往出乎人们的意料，使人们很难在事故发生前实施有效的预防措施。虽然，由地震等部分因素造成的建筑物倒塌事故，能给人们一些感知，但是往往在感知的时间段内，倒塌的情形来势迅猛，使人们在尚未做出反应的情况下，已经被困于废墟之中。

(2) 人员伤亡、设备设施损坏。建(构)筑物内为人员活动区域，当发生倒塌事故时，常常造成多人伤亡。还可能造成道路交通、通信、建筑内部燃气、供电等设备设施损坏。

(3) 继发性突出。突发性建(构)筑物倒塌事故发生后，以其破坏后果为导因，还将诱发各种次生灾害，如火灾、危险化学品泄漏、细菌污染、放射性污染等次生灾害。尤其是化工装置等构筑物倒塌事故，极易形成连锁反应，引发有毒气(液)体泄漏和燃烧爆炸事故发生。

(4) 救援难度大。一旦发生大型建(构)筑物倒塌事故，往往导致多人伤亡，并产生次生灾害，破坏基础设备设施、交通、供水、供电、通信等生命工程，使救援队伍难以到位。此外，若大规模倒塌，则很难及时判明被埋压人的数量和位置，即使判明，也难以迅速救出。

2. 坍塌事故应急处置

1) 现场应急响应

(1) 一旦发生坍塌事故，现场人员发现后，应立即大声呼喊或向上级汇报。

(2) 立即停止现场相关作业，如停止混凝土的浇灌，停止掏挖或吊装等。

(3) 现场管理人员立即组织现场作业人员疏散至安全区域，并划出危险区域，拉起警戒线，不准人员靠近。

(4) 清点人员，确定有无人员失踪、受伤，确定被埋、压人员的数量和位置，并组织抢救已救出的受伤人员。

(5) 报告坍塌部位、坍塌面积、有无伤亡、目前采取的应急措施、是否需要派救护车、消防车或警力到现场实施应急救援。

(6) 现场管理人员或部门成立临时指挥部，及时了解和掌握现场的整体情况，并向上级报告，请求增援力量；同时根据现场情况，拟定倒塌救援实施方案，对救援现场进行统一指挥和管理。在确保无二次坍塌的情况下立即组织有效的挖掘工作。

2) 接警

应急救援调度指挥中心必须保持与事故现场的联系，并及时将现场最新情况向正赶往现场途中的指挥员通报。

3) 力量调集

根据事故情况，迅速组织救援力量到达现场，出动抢险救援车等相关车辆，配备相关救援器材，调派医疗救护队等。需要调集的应急装备器材有救生、探测、破拆、切割、扩张、牵引、起重、撑顶等救援器材，以及大型的铲车、吊车、推土机、挖掘机、拆除机等工程机械车辆。

4) 事故现场侦查和判断

迅速查明情况，采取针对性的救援措施。包括：

(1) 倒塌部位和范围，可能涉及的受害人数。

(2) 可能受害人或现场失踪人员在坍塌事故前被人最后看到时所处的位置。

(3) 开展现场施救需要的人力和物力方面帮助，何时何处能获得这些帮助。

(4) 现场二次伤害发生的可能性，如火灾、二次坍塌、爆炸等。

5) 实施救援

(1) 切断气、电和自来水源，并控制火灾爆炸。坍塌现场可能缠绕着带电的拉断的电线电缆，随时威胁着被埋压人员和施救人员；断裂的燃气管道泄漏的气体既能形成爆炸性气体混合物，又能增强现场火灾的火势；从断裂的供水管道流出的水能很快将地下室或现场低洼处的坍塌空间淹没。此外，有些电、气、水的现场控制开关也都可能被埋压在废墟里，一时难以实施关断。可通过关断现场附近的局部总阀或开关，消除这些危险。同时，可使用开花或喷雾扑灭事故次生的火灾，控制泄漏的可燃气体形成爆炸性气体混合物，消除现场引火源。

(2) 现场清障，开辟进出通道。迅速清理进入现场的通道，在现场附近开辟救援人员和车辆集聚空地,确保现场拥有一个急救场所和一条供救援车辆进出的通道。以便外部救援力量的顺利到达。

(3) 救助倒塌废墟表面被困者。在确定暂时无二次伤害事故发生时,应在现场侦查的同时立即开展对倒塌废墟表面上被困人员的救助,使其尽快脱险。并派专人负责对脱险人员进行清点和姓名单位登记,避免因疏忽漏记造成不必要的现场搜寻工作;如果时间和情况允许,还应细致地询问倒塌前脱险人员所处的部位,以便估计失踪人员可能被埋的部位和确定后续的救援与挖掘工作。

(4) 搜寻倒塌废墟内部空隙存活者。在倒塌废墟表面受害人被救后,在现场力量充足的条件下,在施救的同时,应该立即实施对倒塌废墟内部受害人的搜寻。建(构)筑物倒塌后,在其废墟内部几乎总会存在些空隙或狭小空间,这是受害人可能生还的唯一部位。应及时分析和判断废墟中可能存在的生产空间部位,并进行生命搜寻。

(5) 清除局部倒塌物,实施局部挖掘救人。应有选择地进行局部清道和挖掘工作,以便探寻受害人和开辟便利的救援通道。它可能涉及挤压在生存空间上的倒塌物的搬移、大块楼板或墙体的挖洞、建筑钢筋或梁柱的切割、现场不稳倒塌残物的临时固定等。在此工作之前,需明确受害者被埋压部位,由有经验的人员制定初步救援方案。

6) 现场清理

在确定事故现场无生存者后,才允许进行倒塌废墟的全面清理工作,需使用大型机械设备。全面清理工作涉及清理任务和区域划分、清理的先后顺序、挖铲搬移废物临时集中场所的确定、装运、拉离现场前的贵重物品和可能失踪者尸体搜寻检查等。在坍塌事故救援结束后,做好相关清理和善后工作,由安全生产监督管理部门或其他部门组织相关单位和人员开展事故调查,并做好记录。

7) 注意事项

(1) 发生坍塌事故后,现场人员立即停止作业,迅速撤离危险区域,并清点人数。若有人员失踪,应了解失踪人员情况,第一时间抢救被埋人员,避免延误抢救时间。

(2) 救援作业前应评估抢险场所可能潜在的危害,避免二次坍塌造成对救援人员的伤害。

(3) 为救援人员提供有效的个人防护器具、抢险救援器具,在救援前务必佩戴好安全帽,穿戴好劳保防护用品,备好相关的抢险救援器具。

(4) 救援人员在全程救援行动中,要注意倾听遇险人员的呼喊、呻吟、敲击等声音,以便确定待救者的具体位置,实施救助行动。

(5) 在救援初期和被埋压人员仍有生还可能时,不得直接使用大型铲车、吊车、推土机等机械设备清理现场。

(6) 在实施救援时,不要很多救援人员聚在一个地点展开行动,易造成坍塌后相对稳定的结构移位,造成二次伤害事故。

(7) 事故现场嘈杂,会妨碍救援行动的开展。当采用喊话、敲击或使用生命探测仪器设备及利用搜索犬搜索埋压人员时,要尽可能保持场所相对安静,以提高搜索的灵敏度和准确性。

(8) 为尽可能抢救遇险人员的生命,抢救行动应遵循六项原则。一是救命为先,先救人后救物,先伤员后尸体;二是先易后难,先表层后底层;三是先救人员密集区,后救人员分散区;四是先用手扒,再用工具,先简单工具,后小型器具,再大型机械;五是先救急重伤员,后救一般伤员;六是边挖边治,边救治边转移。

(9) 在使用破拆工具进行救援时,首先要对被救者进行防护,以防止坠落物砸伤或用机械切割,防止火花飞溅伤人,减轻震动伤痛。

(10) 挖到伤员时,不可用利器刨挖,不可拉扯,以防止脊椎拉伤致残。

(11) 如果被救者被埋了24h以上,并没有见到光亮,在将其救出时,要将被救者眼睛进行遮盖,以防止光亮直接刺伤眼睛。

(12) 对塌陷的地下建筑灾害事故现场,抢险救援行动要坚持“地面地下同时救援”原则,选择发生二次倒塌概率小的截面作为救援阵地,利用软梯、安全绳、9m或15m拉梯等器材,深入到倒塌处搜救表面遇险人员。

(13) 当伴随有火灾发生时,救人、灭火应同时进行。如果救援区域含有有毒有害物质,要给被救者佩戴简易防毒面具或用湿毛巾堵住口、鼻等,防止其继续中毒。

(14) 对被营救出来的人员进行登记,对遇难者做好标记。

(15) 对清理和挖掘出的尸体进行及时消毒,妥善放置指定地点。

(16) 应急救援结束后,应派专人全面彻底检查,确认危险已经彻底消除,防止其他危险隐患存在。

八、火药爆炸

1. 火药爆炸事故特征

火药爆炸指火药、炸药及其制品在生产、加工、运输、储存中发生的爆炸事故。而放炮事故则是在火药使用中发生的爆炸事故。火药爆炸中的危险源包括炸药、火药;炸药装药制品,指装填在壳体中的炸药,如战斗部、试验件等;火土品,如电雷管、火雷管、导爆索、导火索、非电起爆系统等。根据爆炸危险源的贮存、操作和运输情况,火药爆炸常常发生的场所有:

(1) 库房:主要包括长期贮存炸药的仓库、试验场地或施工工地的临时库房等场所,贮存的危险品的数量大,一旦爆炸,破坏范围大,波及面广,造成的社会影响大,其危害程度最大。

(2) 安装(操作)间:各工地的安装间、压药间、雷管操作间,是危险品的主要操作场所,一般都在房间内进行,一旦出险,安装人员难以撤离,其危险等级高。

(3) 试验(施工)场地:各试验基地、施工工地是炸药或火药与引信、雷管等火工品的组装场地,也是出险最多的场所,其危险等级最高。

(4) 运输环节:包括长距离运输和短距离搬运,外场试验的长距离运输,是容易出险的环节,因有运输工具和运输车辆的参与,存在机械故障方面的不确定因素和因路线长而使出险地点具有随机性等特点。另外,因离开基地,一旦出险救助时间长,对正常的交通影响大,对运输线路周边群众的生命安全及其不动财产危害大。

(5) 吊装环节:炸药等危险源的上下车吊装、吊装到试验支架、起吊至空中等都存在着较高的危险,吊装过程有吊车等机械或手动葫芦的参与,存在机械故障的不确定性。参与吊装过程的人员较多,一旦出现脱钩、跌落,危害程度很大。

2. 火药爆炸事故应急处置

1) 现场应急响应

不同场所的爆炸事故采取不同的信息报告程序和处置措施,分为固定场所的爆炸事故和运输途中发生的爆炸事故

(1) 固定场所的爆炸事故。

① 事故发生后,把人员的安全放在第一位,所有人员尽快按实验前规划好的疏散路线撤离爆炸现场,隐蔽在掩体内或安全距离以外。

② 未受伤的人员协助受伤人员撤离,对受伤人员实施临时的救助措施。若伤者属擦伤、碰伤、压伤等要及时用消炎止痛药物擦洗患处,若出血严重,要用干净布料进行包扎止血;若伤者发生骨折要保持静坐或静卧;若发生严重烧伤、烫伤,要立即用冷水冲洗30分钟以上;若伤者已昏迷、休克,要立即抬至通风良好的地方,进行人工呼吸或按摩心脏,待医生到达后立即送医院抢救。

③ 切断所有通往实验场地的电源,将连接起爆器的电缆从起爆台上卸下并短路,关闭所有实验仪器设备电源,但警报不关闭。

④ 以实验队负责人为组长,成立现场救护小组,立即开展事故后的自救工作,以防止事故进一步扩大。

⑤ 及时联系当地的消防、医疗等部门,并履行爆炸事故信息报告程序,逐级反映事故情况。由负责人电话报告主管部门负责人,简明扼要说明事故情况,主要包括:爆炸事故的地点、事故等级、伤亡情况,现场已经采取的应急措施等,并逐级上报。固定场所负责人因负伤或死亡,不能报告事故情况,应按下列人员顺序作为临时负责人报告事故情况:试验负责人、技安负责人、质量负责人、测试负责人、一般

参试人员、直至场地管理人员。

(2) 运输途中发生的爆炸事故。

① 在运输途中发生的爆炸事故，应该由押运员负责临时自救，设置危险标志、拦阻双向车辆通过、临时救护受伤人员、电话报告信息等。若装载危险源的车辆因爆炸损毁，造成该车的司机和押运人员出现伤亡，无法担任临时救助负责人，应由担当警务车辆的司乘人员负责临时的自救任务。

② 危险源在运输过程中发生爆炸事故后，由押运负责人电话报告主管部门负责人和承运的单位(车队)，并逐级上报。若装载危险源的车辆因爆炸损毁，造成该车的司机和押运人员出现伤亡，无法报告情况，应由开道车辆的乘员或司机报告事故情况。报告的程序同固定场所。

2) 接警

各相关单位接到出现爆炸事故的信息后，应按照应急预案及时研究确定应对方案，并通知有关部门、单位，必要时通知当地公安部门，采取相应行动防止爆炸事故进一步扩大。

3) 力量调集

根据事故情况，迅速组织救援力量到达现场，出动抢险救援车等相关车辆，配备相关救援器材，调派医疗救护队等。根据现场实际情况配备相应的应急救援设备设施。

4) 现场侦察

救援人员到达现场后，应仔细观察事故现场情况，向知情人员了解事故过程，不能盲目采取行动，应根据现场情况拟定救援方案。

5) 设置警戒

根据救援的需要设置警戒区域，禁止非救援人员进入，以免造成二次伤害事故，影响救援行动。

6) 实施救援

(1) 若火药爆炸导致爆炸碎片崩人引起伤亡，其救援措施可参考物体打击事故或机械伤害事故的应急处置。

(2) 若火药爆炸导致的炮烟熏人窒息引起伤亡，其救援措施可参考中毒窒息事故应急处置。

(3) 若火药爆炸导致火灾事故，其救援措施可参考火灾事故的应急处置。

7) 现场清理

在火药爆炸事故救援结束后，方可清理现场，清点人数，收集整理器材装备，记录被救人员、数量，检查有无受伤人员，及时做好现场移交工作。现场作业人员应配合医疗人员做好伤员的紧急救护工作，安监部门及相关部门做好现场的保护、拍照、事故调查等善后工作。

8）注意事项

(1) 炸药存放注意事项。

① 存放点应尽可能远离生活区、人员流动频繁的工作区及危险作业区，必须放在指定区域，并应标有明显的“危险品”标志，如山洞或山凹处。炸药库房外应筑土堤环绕保护，以保安全。

② 贮存火药的仓库房宜为钢筋混凝土构造或圬工构造，不宜为木构造。若为钢构造，则所有裸露之钢材均应以防火材料紧密被覆，炸药仓库应保持干燥通风，并避免直射，室温维持在 8℃～30℃。存放的场所必须采取有效的安全防护措施。

③ 火药库房附近应设置避雷针，针尖端的高度必须满足在 45°俯角的辐射范围，可将火药库房涵盖在内，以防电击。

④ 雷管、导火线、炸药箱及起爆机应分开贮存，不要储藏于同一处所。在库房内切忌打开炸药箱，亦不得在库房内装雷管。

⑤ 炸药库房管理必须严格，严禁烟火，不要将火药类与易燃物堆置在一起。非任务人员不得靠近。

⑥ 对于长期贮存的爆破危险品，须注意其吸湿与冻结，是否因环境因素导致火药失效。

(2) 炸药运输注意事项。

① 托运炸药必须出示有关证明，在指定的铁路、交通、航运等部门办理手续。托运物品必须与托运单上所列的品名相符，托运未列入国家品名表内的危险物品，应附交上级主管部门审查同意的技术鉴定书。

② 炸药的装卸人员，应按装运危险物品的性质，佩戴相应的防护用品，装卸时必须轻装、轻卸，严禁摔拖、重压和摩擦，不得损毁包装容器，并注意标志，堆放稳妥。

③ 公路上运输火药、炸药时，应采用汽车，不宜采用二轮汽车和畜力车。严禁采用翻斗车、拖拉机和各种挂车，雷管与炸药应分开搬运。

④ 运输炸药时，应指派专人押运，押运人员不得少于 2 人。驾驶员、装卸管理人员、押运人员必须掌握相关运输安全知识，车辆、人员未经资质认定，不得运输炸药。

⑤ 运输炸药的车辆，必须保持安全车速，保持车距，严禁超车、超速和强行会车。行车路线必须事先经当地公安交通管理部门批准，按指定的路线和时间运输，不可在繁华街道行驶和停留。

⑥ 运输炸药的机动车，其排气管应装阻火器，并悬挂“危险品”标志。

⑦ 运输散装炸药时，应根据性质，采取防火、防爆、防水、防粉尘飞扬和遮阳等措施。

九、粉尘爆炸事故

1. 粉尘爆炸事故特征

粉尘爆炸属于化学性爆炸，常指的是可燃性粉尘引起的爆炸，按照可燃性粉尘的性质可分为天然有机粉尘、自然物质粉尘、人工合成有机粉尘、金属粉尘、爆炸性物质粉尘。粉尘爆炸一旦发生，往往会造成严重的人员伤亡，并给企业带来巨大的经济损失，严重威胁工业生产安全。

常见的可爆粉尘材料包括：农林（粮食、饲料、食品、农药、肥料、木材、糖、咖啡等）、矿冶（煤炭、钢铁、金属、硫磺等）、纺织（塑料、纸张、橡胶、染料、药物等）、化工（多种化合物粉体）。常见粉尘爆炸场所有：室内（通道、地沟、厂房、仓库等）和设备内（集尘器、除尘器、混合机、输送机、筛选机、料斗、高炉、打包机等）。

由于粉尘爆炸的特点，粉尘爆炸感应期较气体爆炸长，粉尘从接触火源到发生爆炸所需的时间长达数十秒，若在此期间能迅速采取有效应急处置措施，则能防止事故的发生或减少事故造成的损失。因此，研究粉尘爆炸性质和机理对预防和控制爆炸事故具有重要的现实意义。

2. 粉尘爆炸事故应急处置

1）现场应急响应

粉尘爆炸时，常常伴随着火灾以及有毒气体。在对粉尘爆炸事故进行处置时可参考火灾事故和中毒窒息事故，但应注意以下四个方面。

(1) 禁止使用能扬起沉积粉末形成粉尘云的灭火方法。在扑救粉尘爆炸火灾中，由于粉尘粒径较小，极易受到外力卷扬到空中，形成悬浮的粉尘云，这样会引起多次连环爆炸，十分危险。所以在扑救粉尘爆炸火灾时，严禁使用能扬起沉积粉末形成粉尘云的灭火方法，避免形成粉尘爆炸，扩大事故危害。

(2) 灭火时，必须使用雾化效果好的喷嘴。在扑救粉尘爆炸火灾中，不能使用直流水扑救，使用直流水扑救会将粉尘吹起形成粉尘云，引起粉尘爆炸。因此应选择雾化效果好的喷嘴扑救，如使用雾化水枪或开花水枪。根据实际情况的不同，可配合使用水幕喷射系统，来形成灭火剂的液雾幕，来控制粉尘的飞散，具有良好的效果。

(3) 应根据粉尘的物理化学性质，正确选用灭火剂。在灭火中，应准确的判断燃烧粉尘的物理化学性质，根据其物理化学性质选择正确的灭火剂。如镁、铝粉等，就禁止使用二氧化碳灭火剂来进行扑救。因为它们的金属性质十分活泼，能夺取二氧化碳中的氧，发生化学反应而燃烧。又如铝粉发生火灾不能用水和泡沫进行扑救，这是因为铝粉生产过程中泄漏的铝粉表面未被氧化，火场上正在燃烧或处于高温烘烤下的铝粉会迅速发生化学反应，放出有爆炸燃烧危险的氢气与空气混合形成爆炸性混合物。铝粉在常温下能与氯和溴进行燃烧反应，还可与卤代烷发生反应生成少量氯化铝起到催化作用，往往导致燃烧爆炸。因此，铝粉火灾也不能用四氯化碳、1211灭火器进行扑救。

（4）若燃烧物与水接触能生成爆炸性气体，禁止用水灭火。灭火剂主要是水（包括泡沫灭火剂中的水），应用最为广泛，但在很多场合消防用水也有很多禁忌。如镁粉、铝粉、钛粉、锆粉等金属粉末类火灾不可用水施救，因为这类物质着火时，可产生相当高的温度，高温可使水分子和空气中的二氧化碳分子分解，从而引起爆炸或使燃烧更加猛烈。如金属镁粉燃烧时可产生2 500℃的高温，而空气中还存在大量的二氧化碳，高温就会把二氧化碳分解成氧气和碳原子，这样氧化还原反应会更加剧烈，甚至引起爆炸。

2）接警

各相关单位接到出现爆炸事故的信息后，应按照应急预案及时研究确定应对方案，并通知有关部门、单位，必要时通知当地公安部门，采取相应行动防止爆炸事故进一步扩大。

3）力量调集

根据事故情况，迅速组织救援力量到达现场，出动抢险救援车等相关车辆，配备相关救援器材，调派医疗救护队等。根据现场实际情况配备相应的应急救援设备设施。

4）现场侦察

救援人员达到现场后，应仔细观察事故现场情况，向知情人员了解事故过程，不能盲目采取行动，应根据现场情况拟定救援方案。

5）设置警戒

根据救援的需要设置警戒区域，禁止非救援人员进入，以免造成二次伤害事故，影响救援行动。

6）实施救援

若粉尘爆炸导致爆炸碎片崩人引起伤亡，其救援措施可参考物体打击事故或机械伤害事故的应急处置。

若粉尘爆炸导致的炮烟熏人窒息引起伤亡，其救援措施可参考中毒窒息事故应急处置。

若粉尘爆炸导致火灾事故，其救援措施可参考火灾事故的应急处置。

7）现场清理

在粉尘爆炸事故救援结束后，方可清理现场，清点人数，收集整理器材装备，记录被救人员、数量，检查有无受伤人员，及时做好现场移交工作。现场作业人员应配合医疗人员做好伤员的紧急救护工作，安监部门及相关部门做好现场的保护、拍照、事故调查等善后工作。

8）事故预防

要防止粉尘爆炸事故的发生，主要在于对生产过程中产生的粉尘进行有效控制，主要控制措施可从以下四个方面进行。

(1) 工艺方面。

① 输送爆炸性粉尘的金属管道如果有特殊要求，应采用惰性气体（如主要以 CO_2 和 N_2 为主的锅炉废烟气）输送，不得违章改用空气输送。如辽宁某石油化纤公司曾将设计输送塑料颗粒的动力气体由 N_2 改为空气，结果发生爆炸事故。

② 加工或使用爆炸性粉尘的设备应采用惰性气体取代空气。如加工煤粉的设备，为了防止煤粉在加工过程中发生爆炸，工艺上可以采用锅炉废烟气取代空气。

③ 金属粉尘的密闭包装内应采用惰性气体取代空气。如为了防止海绵钛在运输过程中发生爆炸，工艺上将海绵钛包装的密闭铁桶内采用氩气(Ar)取代空气。

(2) 防雷防静电方面。

① 输送爆炸性粉尘的金属管道、塔器、容器等机械设备，若周围无防雷设施保护，应至少设置 2 处以上的防雷接地。

② 防雷接地可以兼作防静电接地，但必须保持良好的电气通路，接地电阻不得大于 100Ω。

③ 在线分析仪表、自动控制等设施应设置专门的接地，接地电阻不得大于 4Ω。

④ 输送爆炸性粉尘的金属管道、塔器、容器等机械设备，均应采用金属导线进行等电位连接。

⑤ 连接输送爆炸性粉尘的金属管道 4 个及以下螺栓连接的法兰，如果两法兰之间的电阻大于 0.03Ω，应采用金属导线进行跨接。

⑥ 不得采用塑料等无法导出静电电荷的非金属管道输送爆炸性粉尘。

⑦ 连接输送爆炸性粉尘的金属管道拐角等处，如果有帆布等非导体连接，应采用 2 条以上金属导线进行电气连接。

⑧ 输送爆炸性粉尘金属管道至少应设有 2 处以上的接地。如果管道长度较长，每个 80～100m，应设置一处接地。管道在转弯处应设置接地。

⑨ 爆炸环境内的电动机的传动皮带应采用防止产生静电的类型（皮带内采用纤细金属丝网代替化学纤维线网，并有部分金属丝能接触到接地的皮带轮，导出产生的静电电荷）。

⑩ 防雷、防静电接地设施，在每年的第一场春雨来临之前，应请有相应资质的检验机构进行检验，且每年至少应检验一次。

(3) 电气方面。

① 除可燃性非导电粉尘和可燃纤维的11区环境采用防尘结构(标志为DP)的粉尘防爆电气设备外,爆炸性粉尘环境10区及其他爆炸性粉尘环境11区均采用尘密结构(标志为DT)的粉尘防爆电气设备。

② 爆炸性粉尘环境电机的防火等级一般应满足IP54的要求。

③ 加工或使用高挥发份的爆炸性粉尘,除了要考虑防止粉尘爆炸的危险因素以外,还要考虑防止挥发出来的可燃气体发生爆炸。如粉碎有烟煤粉的电动机防爆等级应满足dⅡBT1的要求。

④ 爆炸环境内的照明灯具,也应采用带有DT标志的防爆照明灯具。

⑤ 进入爆炸环境内维修、维护设备,应采用防爆行灯或手电。

(4) 其他方面。

① 进入爆炸环境内维修、维护设备,不得采用产生火花的工具(如普通钢扳子、管钳子、铁锤等)进行现场作业;若现场未备有不产生火花工具(一般为铜合金),可以考虑采用水喷雾进行湮灭产生火花的方法,进行现场作业。

② 进入爆炸环境内清理沉积可燃性粉尘,不得使用铁锹等产生火花工具,而应采用木锹。

③ 进入爆炸环境内的作业人员,应穿着防静电工作服。

④ 进入爆炸环境内的作业人员,不得使用普通手机进行工作通讯联系,应采用防爆手机。

⑤ 进入可能有惰性气体泄漏的场所、密闭容器和可能沉积CO_2(密度为空气的1.5倍,且无色无味)的有限空间的作业人员,应佩戴压缩空气呼吸器,监护人员应备有压缩空气呼吸器。

⑥ 对于处理粉料的设备或场所,要防止泄漏而使粉尘到处飞扬,尤其应将易于产生粉尘的设备隔离设置在单独房间内,并设专门的保护罩和局部排风罩或考虑吸尘装置。

⑦ 要及时清理沉积于厂房内各角落、设备、电缆和管道上的粉尘。清理前必须湿润粉尘,遇有不能用水湿润的粉尘,应该用机械除尘法,例如用抽气法定期清除粉尘,保持操作环境的清洁。

⑧ 装置、管道和设备的受热表面经常是燃烧的点火源,因此设备的表面温度不允许过高。任何条件下,设备的表面温度都应稍低于粉尘层的阴燃温度。

⑨ 可燃粉尘在破碎机、粉碎设备、风管和其他带搅拌装置的设备中,经常因打出的火花而引爆,因而上述设备的零件必须用不产生火花的材料制造。

十、高处坠落事故

1. 高处坠落事故特征

高处坠落是指人员在离地面大于 2m 的高度进行相关作业时，从高处跌落造成的伤害。该事故四季均有发生，凡在基准面 2 米以上（含 2 米）进行作业时，高处坠落事故就有可能发生，特别是大风大雨天气作业易发生高处坠落事故。高处坠落易发生在楼梯口、电梯口、预留洞口、出入口（通道口），尚未安装栏杆的阳台周边，无防护栏的高处过道，框架工程楼层周边，其他没有防护临边，脚手架的拆装，塔吊的安装与拆卸等处。高处坠落事故发生后，坠落人员通常有多个系统或多个器官的损伤，严重者当场死亡。高处坠落事故有如下特点：

（1）事故突发性强。高处坠落事故多系突发性，事前没有任何征兆。如工人在攀爬脚手架或塔吊过程中由于自己失误造成坠落。

（2）易造成人员伤亡。高处坠落事故发生后，坠落人员通常有多个系统或多个器官的损伤，严重者当场死亡。高处坠落人员除有直接或间接受伤器官表现外，尚可有昏迷、呼吸窘迫、面色苍白和表情淡漠等症状，可导致胸、腹腔内脏组织器官发生广泛的损伤。

（3）救援时间紧迫。遇险人员在受伤、体力严重透支、所处位置比较危险或支撑能力差等情况下，如果得不到及时救助，会严重危及生命。

2. 高处坠落事故应急处置

1）现场应急响应

（1）现场人员应保持冷静，排除危险源，如立即停止相关作业，将受伤人员转移至安全区域。

（2）对伤员进行检查，采取相应的临时性急救措施。检查局部有无创伤、出血、骨折、畸形等变化，根据伤者的情况，有针对性地采取人工呼吸、心脏挤压、止血、包扎、固定等临时应急措施。人员救助常用方法具体可参考附录 7。

（3）迅速拨打“119”和“120”电话报警，在电话中说明确切的地点、联系方法、行驶路线；简要说明伤员的受伤情况、症状等，并询问清楚在救护车到来之前，可以采取的措施；派人到路口引导救护人员进入现场。

（4）上报事故情况，接受上级的指令。明确事故的性质、发生的时间、发生的地点；人员受伤的程度，典型症状等，受困人情况、人数等；已采取的控制措施及其他应对措施；现场救治所需的专业人员及设备；报警单位、联系人员及通讯方式等。

2）接警

应急救援调度指挥中心必须保持与事故现场的联系，并及时将现场最新情况向正赶往现场途中的指挥员通报。

3）力量调集

根据事故情况，迅速组织救援力量到达现场，出动抢险救援车等相关车辆，配备相关救援器材，调派医疗救护队等。用于高处坠落事故救援现场中的器材，主要包括通信设备、医药箱、剪刀等应急工具设备。

4）设置警戒

根据救援的需要设置警戒区域，禁止非救援人员进入，以免造成二次伤害事故，影响救援行动。

5）实施救援

（1）摔伤伤势判断。

① 查看伤者的心跳、呼吸等生命特征情况，以此确定急救的主要方面。

② 查看伤者的受伤部位和伤情程度，以此确定急救的方法和具体措施。

（2）摔伤急救。

① 去除伤员身上的用具和口袋中的硬物。

② 若伤者身上有钢筋等硬物插入体内时，不要在现场把硬物拔掉，应将与伤者身体连接的硬物锯断，而后送到医院处理。

③ 在搬运和转送伤员过程中，不可使颈部和躯干前屈和扭转。应使脊柱伸直，绝对禁止一个抬肩一个抬腿的搬法，以免发生骨折或加重瘫痪。

④ 对创伤局部进行妥善包扎，但对疑有颅底骨折和脑脊液漏出的患者切忌做填塞，以免引起颅内压增高和感染。

⑤ 颌面部伤员首先应保持呼吸道畅通，卸除假牙，清除移位的组织碎片、血凝块、口腔分泌物等，同时松解伤员的颈、胸部纽扣。若舌已后坠或口腔内异物无法清除，可用 12 号粗针穿刺环甲膜，维持呼吸，尽可能早做气管切开。

⑥ 伤者形成复合伤时，要求其平仰卧位，并解开领口纽扣，使其保持呼吸道通畅。

⑦ 伤者有血管伤时，要压迫伤口部位以上动脉至骨髓，直接在伤口上垫放厚敷料，绷带加压包扎应以不出血和不影响肢体血流循环为妥。当上述方法无效时，可用止血带，但要尽量缩短使用时间，一般以不超过 1h 为宜，且做好标记，注明止血带的时间。

⑧ 心跳、呼吸停止的摔伤者，应做心肺复苏术，并迅速送往附近医院抢救。

7）现场清理

在高处坠落事故救援结束后，方可清理现场，清点人数，收集整理器材装备，记录被救人员、数量，检查有无受伤人员，及时做好现场移交工作。现场作业人员应配合医疗人员做好伤员的紧急救护工作，安监部门及相关部门做好现场的保护、拍照、事故调查等善后工作。

8）事故预防

（1）脚手板的铺设。

凡脚手板伸出小横杆以外大于20cm的称为探头板。由于在端头铺设脚手板时大多不与脚手架绑扎牢固，若遇探头板就有可能造成高处坠落事故，为此必须严禁探头板出现。当操作层不需沿脚手架长度满铺脚手板时，可在端部采用搭设两道防护栏杆、挂密目安全网将作业面限定，把探头板封闭在作业面以外。

（2）安全网的搭设。

① 脚手架的外侧应按规定设置密目安全网，安全网设置在外排立杆的里面。密目安全网必须用符合要求的系绳将网周边每隔45cm（每个环扣间隔）系牢在脚手架上。

② 安全网作防护层必须封挂严密牢靠，密目安全网用于立网防护，水平防护时必须采用平网，不准用立网代替平网。

③ 凡高度在4m以上的建筑物不使用落地式脚手架的，首层四周必须支搭固定3m宽的水平安全网（高层建筑支6m宽双层网），网底距接触面不得小于3m（高层不得小于5m）。高层建筑每隔四层还应固定一道3m宽的水平安全网，网接口处必须连接严密。支搭的水平安全网直至无高处作业时方可拆除。

（3）施工操作面的标准。

① 遇作业层时，还要在脚手架外侧大横杆与脚手板之间，按临边防护的要求设置防护栏杆和挡脚板，防止作业人员坠落和脚手板上物料滚落。

② 脚手架铺设脚手板一般应至少两层，上层为作业层下层为防护层，当作业层脚手板发生问题而落人落物时，下层有一层起防护作用。当作业层的脚手板下无防护层时，应尽量靠近作业层处挂一层平网作防护层，平网不应离作业层过远，应防止坠落时平网与作业层之间小横杆的伤害。

③ 脚手架操作面外侧设一道护身栏杆和一道180mm高的挡脚板，双排架里口与结构外墙间水平网无法防护时可铺设脚手板，并与架体固定。

（4）洞口临边的防护。

① 1.5m×1.5m以下的孔洞，用坚实盖板盖住，有防止挪动、位移的措施。

② 1.5m×1.5m以上的孔洞，四周设两道防护栏杆，中间支挂水平安全网。结构施工中伸缩缝和后浇带处加固定盖板防护。

③ 电梯井口必须设高度不低于1.2m的金属防护门。井内首层和首层以上每隔四层设一道水平安全网，安全网应封闭严密。

④ 管道井和烟道必须采取有效防护措施，防止人员、物体坠落。墙面等处的竖向洞口必须设置固定式防护门或设置两道防护栏杆。

⑤ 楼梯踏步及休息平台处，必须设置两道牢固防护栏杆或立挂密目安全网，

回转式楼梯间支设首层水平安全网，每隔四层设一道水平安全网。

⑥ 阳台栏板应随层安装，不能随层安装的，必须在阳台临边处设两道防护栏杆，用密目安全网封闭。

⑦ 建筑物楼层邻边四周，未砌筑、安装维护结构时，必须设两道防护栏杆，立挂密目安全网。

⑧ 脚手架必须使用密目安全网沿架体内侧进行封闭，网之间连接牢固并与架体固定，安全网要整洁美观。

十一、物体打击事故

1. 物体打击事故特征

物体打击主要指失控的物体在惯性力或重力等其他外力的作用下产生运动，打击人体而造成人身伤亡事故。不包括主体机械设备、车辆、起重机械、坍塌等引发的物体打击。物体打击常发生于建设施工过程中，特别在施工周期短，劳动力、施工机具、物料投入较多，交叉作业时常有出现。常见的物体打击伤害有钢管打击、砖头打击、木头打击、模板打击、零部件或工具打击等伤害事故。物体打击会对生产工作人员的安全造成威胁，容易砸伤人员，甚至出现生命危险。对建筑物、构筑物、管线设备、设施等造成损害。物体打击事故有如下特点：

(1) 事故突发性强。物体打击事故多系突发性，事前没有任何征兆。如工人在施工作业时受到上方掉落物的砸伤。

(2) 易造成人员伤亡。物体打击事故发生后，受害人容易被击伤、砸伤，严重者当场死亡。

(3) 救援时间紧迫。遇险人员在受伤后，如果得不到及时救助，会严重危及生命。

2. 物体打击事故应急处置

1) 现场应急响应

(1) 现场人员应保持冷静，排除危险源，如立即停止相关作业，将受伤人员转移至安全区域。

(2) 对伤员进行检查，采取相应的临时性急救措施。检查局部有无创伤、出血、骨折、畸形等变化，根据伤者的情况，有针对性地采取人工呼吸、心脏挤压、止血、包扎、固定等临时应急措施。人员救助常用方法具体可参考附录7。

(3) 迅速拨打“119”和“120”电话报警，在电话中说明确切的地点、联系方法、行驶路线；简要说明伤员的受伤情况、症状等，并询问清楚在救护车到来之前，可以采取的措施；派人到路口引导救护人员进入现场。

(4) 上报事故情况，接受上级的指令。明确事故的性质、发生的时间、发生的地点；人员受伤的程度，典型症状等，受困人情况、人数等；已采取的控制措施及其他应对措施；现场救治所需的专业人员及设备；报警单位、联系人员及通讯方式等。

2）接警

应急救援调度指挥中心必须保持与事故现场的联系，并及时将现场最新情况向正赶往现场途中的指挥员通报。

3）力量调集

根据事故情况，迅速组织救援力量到达现场，出动抢险救援车等相关车辆，配备相关救援器材，调派医疗救护队等。用于物体打击事故救援现场中的器材，主要包括通信设备、医药箱、剪刀等应急工具设备。

4）设置警戒

根据救援的需要设置警戒区域，禁止非救援人员进入，以免造成二次伤害事故，以及影响救援行动。

5）实施救援

专业应急救援队伍赶到现场后可查看伤者的心跳、呼吸等生命特征情况，以此确定急救的主要方面。查看伤者的受伤部位和伤情程度，以此确定急救的方法和具体措施，具体急救措施可参考附录7。

6）现场清理

在物体打击事故救援结束后，方可清理现场，清点人数，收集整理器材装备，记录被救人员、数量，检查有无受伤人员，及时做好现场移交工作。现场作业人员应配合医疗人员做好伤员的紧急救护工作，安监部门及相关部门做好现场的保护、拍照、事故调查等善后工作。

7）事故预防

（1）管理方面的预防措施。

① 文明施工。施工现场必须达到《建筑施工安全检查标准》(JGJ59-99)中文明施工的各项要求。

② 设置警戒区。下述作业区域应设置警戒区：塔机、施工电梯拆装、脚手架搭设或拆除、桩基作业处、钢模板安装拆除、预应力钢筋张拉处周围以及建筑物拆除处周围等。设置的警戒区应由专人负责警戒，严禁非作业人员穿越警戒区或在其中停留。

③ 避免交叉作业。施工计划安排时，尽量避免和减少同一垂直线内的立体交叉作业。无法避免交叉作业时必须设置能阻挡上面坠落物体的隔离层，否则不准施工。

④ 模板安装和拆除。模板的安装和拆除应按照施工方案进行作业，2m以上高处作业应有可靠的立足点，不要在被拆除模板垂直下方作业，拆除时不准留有悬

空的模板，防止掉下砸伤人。

(2) 预防物体坠落或飞溅的措施。

① 脚手架。施工层应设有 1.2m 高防护栏杆和 18cm～20cm 高挡脚板。脚手架外侧设置密目式安全网，网间不应有空缺。脚手架拆除时，拆下的脚手杆、脚手板、钢管、扣件、钢丝绳等材料，应向下传递或用绳吊下，禁止投扔。

② 材料堆放。材料、构件、料具应按施工组织规定的位置堆放整齐，防止倒塌做到工完场清。

③ 上下传递物件禁止抛掷。

④ 往井字架、龙门架上装材料时，把料车放稳，材料堆放稳固，关好吊笼安全门后，应退回到安全地区，严禁在吊篮下方停留。

⑤ 运送易滑的钢材，绳结必须系牢。起吊物件应使用交互捻制的钢丝绳。钢丝绳如有扭结、变形、断丝、锈蚀等异常现象，应降级使用或报废。严禁使用麻绳起吊重物。吊装不易放稳的构件或大模板应用卡环，不得用吊钩。禁止将物件放在板形构件上起吊。在平台上吊运大模板时，平台上不准堆放无关料具，以防滑落伤人。禁止在吊臂下穿行和停留。

⑥ 深坑、槽施工周边，禁止堆放模板、架料、砖石或钢筋材料。深坑槽施工所有材料均应用溜槽运送，严禁抛掷。

⑦ 现场清理。清理各楼层的杂物，集中放在斗车或桶内，及时吊运至地面，严禁从窗内往外抛掷。

⑧ 工具袋(箱)。高处作业人员应佩带工具袋，装入小型工具、小材料和配件等，防止工具坠落伤人。高处作业所使用的较大工具，应放入工具箱。砌砖使用的工具应放在稳妥的地方。

⑨ 拆除工程。除设置警戒的安全围栏外，拆下的材料要及时清理运走，散碎材料应用溜槽顺槽溜下。

⑩ 防飞溅物伤人。圆盘锯上必须设置分割刀和防护罩，防止锯下的木料被锯齿弹飞伤人。

(3) 防护措施。

① 防护棚。施工工程邻近必须通行的道路上方和施工工程出入口处上方，均应搭设坚固、密封的防护棚。

② 防护隔离层。垂直交叉作业时，必须设置有效地隔离层，防止坠落物伤人。

③ 重机械和桩机机械下不准站人或穿行。

④ 安全帽。戴好安全帽，是防止物体打击的可靠措施。进入施工现场的所有人员都必须戴好符合安全标准、具有检验合格证的安全帽，并系牢帽带。

十二、高温中暑事故

1. 中暑事故特征

中暑是由于在高温高湿环境下，人体内产热和吸收热量超过散热，人体体温调节功能紊乱而引起的中枢神经系统和循环系统障碍为主要表现的急性疾病。根据发病过程及轻重，将中暑分为先兆中暑、轻度中暑和重度中暑。重度中暑分为热衰竭、热痉挛、热射病。人员对高温环境适应不充分是致病的主要原因。中暑的易发因素包括：

(1) 环境温度过高，人体由外界环境获取热量。

(2) 人体产热增加，如从事重体力劳动、发热、甲状腺功能亢进或应用某些药物(苯丙胺)等。

(3) 散热障碍，如湿度较大、过度肥胖或穿透气不良的衣服等。

(4) 汗腺功能障碍，见于系统硬化病、广泛皮肤烧伤后瘢痕形成或先天性汗腺缺乏症等患者。

(5) 场所是高温或是高温高湿的环境。

中暑时人员的表现症状有：

(1) 先兆中暑的症状为：大量出汗、口渴、明显疲色、四肢无力、头昏眼花、胸闷、恶心、注意力不集中、四肢发麻等，体温正常或略高，一般不高于37.5℃。

(2) 轻度中暑有面色潮红、胸闷、皮肤干热等，或早期呼吸循环衰竭症状，如面色苍白、恶心呕吐、大量出汗、皮肤湿冷、体温升高到38℃以上、血压下降、脉搏加快等。

(3) 重度中暑除上述症状外，如果还出现昏倒或痉挛，或皮肤干燥无汗，体温在40℃以上，说明中暑严重，应紧急处置，昏迷者针刺人中、十宣穴。在急救的同时，及时送医院治疗。

中暑事故在先兆和轻度的时候是可以采用物理的方法进行缓解，重度会造成生命危险，需送往医院进行救治。

2. 中暑事故应急处置

1) 现场应急响应

先兆中暑和轻度中暑者处置措施：

(1) 迅速将中暑者移至阴凉、通风的地方，同时垫高头部，解开衣裤，以利呼吸和散热。

(2) 用湿毛巾敷头部或用冰袋置于中暑者头部、大腿根部等处。若病人能饮水时，可给病人饮水中加入少量食盐。

(3) 报告应急指挥中心，暂时停止现场作业，对工作场所的通风降温设施等进行检查,采取有效措施降低工作环境温度。

重度中暑者处置措施:

(1) 将中暑人员立即抬离工作现场,移至阴凉、通风的地方,同时垫高头部,解开衣裤,以利呼吸和散热。

(2) 用湿毛巾敷头部或用冰袋做简单的降温处理,并立即报告相关部门。

(3) 立即联系车辆,由救护组送至医院,或直接拨打120急救。

(4) 暂时停止现场作业,找出中暑原因并采取有效措施。

2) 注意事项

(1) 中暑后不要大量饮水,采用少量、多次的饮水方法,每次以不超过300毫升为宜,切忌狂饮。

(2) 不要给中暑者食用生冷瓜果和油腻食物,以免引发其他病症。

3) 事故预防

(1) 采取综合的措施,切实预防中暑事故的发生,从技术、保健、组织等多方面去做好防暑降温工作。

(2) 在入暑以前,制订防暑降温计划和落实具体措施。

(3) 加强对全体职工防暑降温知识教育,增强自防中暑和工伤事故的能力。贯彻《劳动法》,控制加班加点;加强工人集体宿舍管理;切实做到劳逸结合,保证工人吃好、睡好、休息好。保证员工有充足的睡眠时间。

(4) 应根据本地气温情况,适当调整作息时间,利用早晨、傍晚气温较低时工作,延长休息时间等办法,减少阳光辐射热,以防中暑。还可根据施工工艺合理调整劳动组织,缩短一次性作业时间,增加施工过程中的轮换休息。

(5) 进行技术革新,改革工艺和设备,尽量采用机械化、自动化,减轻劳动强度。

(6) 在工人较集中的露天作业施工现场中设置休息室,室内通风良好,室温不宜超过30℃。当工地露天作业较为固定时,也可采用活动布幕或凉棚、遮阳伞等,减少阳光辐射。

(7) 在车间内操作时,应尽量利用自然通风天窗排气,侧窗进气,也可采用机械通风措施,向高温作业点输送凉风,或抽走热风,降低车间气温。

(8) 入暑前组织医务人员对从事高温和高处作业的人员进行一次健康检查。凡患持久性高血压、贫血、肺气肿、肾脏病、心血管系统和中枢神经系统疾病者,一般不宜从事高温和高处作业工作。

(9) 对露天和高温作业者,应供给足够的符合卫生标准的饮料。供给含盐浓度0.1~0.3%的清凉饮料。暑期还可供给工人绿豆汤、茶水,但切忌暴饮,每次最好不超过300毫升。

（10）加强个人防护。一般宜选用浅蓝色或灰色的工作服，颜色越浅热阻率越大。对辐射强度大的工种应供给白色工作服，并根据作业需要配戴好各种防护用具。露天作业应戴白色安全帽，防止阳光曝晒。

十三、低温冻伤事故

1. 冻伤事故特征

冻伤是由于寒冷潮湿作用引起的人体局部或全身损伤。依损伤的性质冻伤可分为冻结性损伤与非冻结性损伤两类。冻结性损伤包括冻僵、全身冻伤、冻亡；非冻结性损伤包括冻疮、浸泡足（手）。

导致冻伤发生的因素有气候因素：寒冷的气候，包括空气的湿度、流速以及天气骤变等，潮湿和风速也可加速身体的散热；局部因素：如鞋袜过紧、长时间站立不动及长时间浸在水中均可使局部血液循环发生障碍，热量减少，导致冻伤；全身因素：如疲劳、虚弱、紧张、饥饿、失血及创伤等均可减弱人体对外界温度变化调节和适应能力，使局部热量减少导致冻伤。

冻伤按其性质、严重程度，一般分为四级。一度冻伤（冻结伤），表现为红斑、水肿、皮肤麻痹和短暂的疼痛，皮损可以完全恢复，仅伴有轻度脱屑。二度冻伤，以明显的充血、水肿和水疱为特点，疱液清亮，皮损可以愈合，但可留有长期的感觉神经病变，常伴有明显的冷过敏。三度冻伤，包括真皮全层损伤，伴有血疱形成或蜡状、干燥、木乃伊样皮肤，组织丧失，愈后不良。四度冻伤，皮肤全层的彻底丧失，包括皮肤、肌肉、肌腱和骨骼的破坏，可导致截肢。

人员冻伤时的表现症状有皮肤苍白、冰凉，有时面部和周围组织有水肿，神志模糊或昏迷，肌肉强直，肌电图和心电图可见细微震颤，瞳孔对光反射迟钝或消失，心动过缓，心律不齐，血压降低中测不到，可出现心房和心室纤颤，严重时心跳停止。呼吸慢而浅，严重者偶尔可见一两次微弱呼吸。

2. 冻伤事故应急处置

1）现场应急响应

（1）当发生冻伤事故后，用温水（38℃～42℃）浸泡患处，浸泡后用毛巾或柔软的干布进行局部按摩。

（2）患处若破溃感染，应在局部用65%～75%酒精或1%的新洁尔灭消毒，吸出水泡内液体，外涂冻疮膏、樟脑软膏等，保暖包扎。必要时应用抗生素及破伤风抗毒素。

（3）对于全身冻僵者，要迅速复温。先脱去或剪掉患者的湿冷的衣裤，在被褥中保暖，也可用25℃～30℃的温水进行淋浴或浸泡10分钟左右，使体温逐渐恢复正常，但应防止烫伤。

(4) 如有条件可让患者进入温暖的房间,给予温暖的饮料,使伤员的体温尽快提高。同时将冻伤的部位浸泡在38℃～42℃的温水中,水温不宜超过45℃,浸泡时间不能超过20分钟。

(5) 发生冻僵的伤员已无力自救,救助者应立即将其转运至温暖的房间内,搬运时动作要轻柔,避免僵直身体的损伤。然后迅速脱去伤员潮湿的衣服和鞋袜,将伤员放在38℃～42℃的温水中浸浴;如果衣物已冻结在伤员的肢体上,不可强行脱下,以免损伤皮肤,可连同衣物一起时入温水,待解冻后取下。

2) 注意事项

(1) 注意冻伤后不可直接用火烤,也不能把浸泡的热水加热,所有冻伤部位应尽可能缓慢地使之温暖而恢复正常体温。切忌直接用雪团按摩患部及用毛巾用力按摩,否则会使伤口糜烂,患处不易愈合。

(2) 如因人员操作氨气、液氯、二氧化碳、氮气等化学低温液体气体而引起的人身冻伤事件,必须先隔离危险源,同时抢救人员须采取防止冻伤措施。

3) 事故预防

(1) 进行低温设备操作时,作业人员应穿戴好防护用品(帽子、护目镜、防冻鞋、防冻手套、工作服),且防护用品应干燥,不要使肢体和皮肤裸露,防止液体飞溅时落到皮肤上;

(2) 进行低温设备检修作业时,要先将设备加热至常温,对未加热的设备进行检修作业时,作业人员应采取必要的防冻措施,防止发生冻伤事故;

(3) 低温容器设备或管道要有良好的保温防护措施,不得裸露;

(4) 加强工艺操作,避免因误操作导致设备损坏和管道阀门中液氧、液氮泄漏;

(5) 控制室操作人员要加强对压力、流量等参数的监控,以便及时发现泄漏情况并及时有效控制。

第二节　特种设备事故应急处置

一、锅炉事故

1. 锅炉事故特征

锅炉是指利用各种燃料、电或者其他能源,将所盛装的液体加热到一定的参数,并对外输出热能的设备,其范围规定为容积大于或者等于30L的承压蒸汽锅炉;出口水压大于或者等于0.1MPa(表压),且额定功率大于或者等于0.1MW的承压热水锅炉、有机热载体锅炉。锅炉作为一种密闭的压力容器,在高温和高压下工作，有爆炸的危险。一旦发生爆炸，将摧毁设备和建筑物，造成人身伤亡，破坏性大，因此锅炉的运行必须非常可靠。

锅炉在日常运行中常见的事故有锅炉超压事故、锅炉缺水事故、锅炉满水事故以及水汽共腾事故，如处理不当会引起锅炉爆炸事故。锅炉爆炸时锅炉的锅筒发生破裂，锅内一定压力的汽水混合物从破裂处迅速冲出，其能量立即释放，瞬时降为大气压力而迅速膨胀汽化，产生巨大的作用力和冲击波，将造成停电、停产、设备损坏，人员伤亡。造成锅炉爆炸的原因有锅炉运行压力超过锅炉承受压力，如因违章操作、锅炉安全附件失灵或安全联锁装置失效，使运行压力超过锅炉的承受压力，导致破裂造成爆炸；锅炉受压元件自身缺陷或损坏，降低了自身的承受压力而造成破裂爆炸。

2. 锅炉事故应急处置

1）锅炉超压事故

在锅炉运行中，锅炉内的压力超过最高许可工作压力而危及安全运行的现象，称为超压事故。这个最高许可压力可以是锅炉的设计压力也可以是锅炉经检验发现缺陷，使强度降低而定的允许工作压力。总之，锅炉超压的危险性比较大，常常是锅炉爆炸事故的直接原因。锅炉超压事故的应急处置要点如下：

（1）迅速减弱燃烧，手动开启安全阀或放气阀。

（2）加大给水，同时在下汽包加强排污（此时应注意保持锅炉正常水位），以降低锅水温度，从而降低锅炉汽包压力。

（3）如安全阀失灵或全部压力表损坏，应紧急停炉，待安全阀和压力表都修好后再升压运行。

（4）锅炉发生超压而危及安全运行时，应采取降压措施，但严禁降压速度过快。

（5）锅炉严重超压消除后，要停炉对锅炉进行内、外部检验，要消除因超压造成的变形、渗漏等，并检修不合格的安全附件。

2）锅炉缺水事故

缺水事故又叫减水事故，是锅炉的重大事故之一。锅炉严重缺水常会造成爆管，操作不当甚至会引起锅炉爆炸等重大事故，缺水分为轻微缺水和严重缺水两种。锅炉缺水的应急处置要点如下：

（1）值班人员发现上述现象时，立即报告班长和值班调度。

（2）发现缺水现象，立即将给水自动装置切换为手动上水。

（3）利用叫水法进行就地水位计判断。“叫水”的具体步骤为：开启水位表的放水旋塞，关闭汽旋塞，关闭水旋塞，再关闭放水旋塞，然后开启水旋塞，看是否有水从水连管冲出。如有水冲出，则是轻微缺水。如无水位出现，证明是严重缺水。

"叫水"过程可反复几次但不得拖延太久,以免扩大事故。

轻微缺水事故处理:①开大给水门,加强锅炉上水,恢复正常水位。②检查锅炉放水门的严密性及承压部件情况。

严重缺水事故处理:①关闭给水门、加药门,严禁向锅炉进水,紧急停炉。②严重缺水故障消除后,在恢复运行时必须对锅炉全面检查并报请主管厂长批准。

3) 锅炉满水事故

在锅炉运行中,锅炉水位高于最高安全水位而危及锅炉安全运行的现象,称为满水事故。满水事故可分为轻微满水和严重满水两种。如水位超过最高许可水位线,但低于水位表的上部可见边缘,或水位虽超过水位表的上部可见边缘,但在开启水位表的放水旋塞后,能很快见到水位下降时,均属于轻微满水。如水位超过水位表的上部可见边缘,当打开放水旋塞后,在水位表内看不到水位下降时,属于严重满水。

发生满水与缺水事故时,在水位表内几乎都看不见水位,但满水事故可从水位表放水管放出炉水,而缺水事故不能从水位表放水管放出炉水。锅炉满水的应急处置要点如下:

(1) 冲洗水位表,检查是否有假水位,确定是轻微满水还是严重满水。

(2) 如果是轻微满水,应减弱燃烧,将给水自动调节器改为手动,部分或全部关闭给水阀门,减少或停止给水,打开省煤器再循环管阀门或旁通烟道。必要时可开启排污阀,放出少量锅水,同时开启蒸汽管道和过热器上的疏水阀门,加速疏水,待水位降到正常水位线后,再恢复正常运行。

(3) 如果是严重满水,应做紧急停炉处理,停止给水,迅速放水,加速疏水,待水位恢复正常,管道、阀门等经检查可以使用,在查清原因并消除后,可恢复运行。

4) 锅炉水汽共腾事故

在锅炉运行中,锅炉锅水和蒸汽共同升腾产生泡沫,使锅水和蒸汽界限模糊不清,水位波动剧烈,蒸汽大量带水而危及锅炉安全运行的现象,称为汽水共腾事故。汽水共腾事故发生时,难于监视水位,由于蒸汽中带有大量水分,使蒸汽品质下降,如有过热器,则会使过热器积垢过热,严重时发生爆管事故。锅炉汽水共腾的应急处置要点如下:

(1) 减弱燃烧,关小主汽阀,减少锅炉蒸发量,降低负荷并保持稳定。

(2) 完全开启上锅筒的表面排污阀(连续排污阀),并适当进行锅筒下部的定期排污。同时加大给水量,以降低锅水碱度和含盐量,此时应注意锅炉水位的控制。

(3) 采用锅内加药处理的锅炉,应停止加药。

(4) 开启过热器、蒸汽管道和分汽缸上的疏水阀。

(5) 维持锅炉水位略低于正常水位。

(6) 通知水处理人员采取措施保证供给合格的软化水。增加锅水取样化验次数,直至锅水合格后才可转成正常运行。

(7) 在锅炉水质未改善前,严禁增大锅炉负荷。事故消除后,应及时冲洗水位表。

5) 炉管爆炸事故

炉管爆炸是锅炉系统中储存的大量能量意外释放,转化为机械能的现象。锅炉缺水、水垢过多、压力过大等情况都会造成炉管爆炸,一旦出现炉管爆炸事故,对周围建筑、人员等损伤极大。

当出现炉管爆炸前的现象时,应立即进行紧急停炉,上报情况,并撤离现场人员。由于炉管爆炸事故具有突发性,反应时间极短,对此类事故重在预防控制上,具体采取的主要防范措施有:

(1) 购置使用合格锅炉(即能够认定没有设计、制造方面缺陷的锅炉)。加强锅炉设计、制造的质量控制和安全监察,加强锅炉检验,发现锅炉缺陷及时妥善处理,避免锅炉主要受压部件带缺陷运行。

(2) 定时检查,定期检测安全阀的工作性能,必须保证炉体、汽包等处的安全阀处于良好状态,同时规定炉体安全阀装设不得少于两组。

(3) 避免锅炉严重缺水,当锅炉严重缺水时,必须先停炉,熄火,待锅炉温度降至常温后再行补水,严格禁止违章加水,避免高温高压状态下急骤冷却。

(4) 避免锅炉内结垢或腐蚀脆化,如炉水必须进行化学处理,理化指标应符合规定,防止锅炉内结垢;防止炉水碱度过高而使锅炉荷性脆化;保证除氧水长期合格,避免锅炉受腐蚀;锅炉定时排污,同时排污后记住关闭排污阀,防止排污阀出现泄漏;停炉时要做好各项保养工作,定时清洗锅炉内部,涂用防锈油漆,保持炉内干燥。

二、压力容器(管道)事故

1. 压力容器(管道)事故特征

压力容器是指盛装气体或者液体,承载一定压力的密闭设备,其范围规定为最高工作压力大于或者等于 0.1MPa(表压),且压力与容积的乘积大于或者等于 2.5MPa·L的气体、液化气体和最高工作温度高于或者等于标准沸点的液体的固定式容器和移动式容器;盛装公称工作压力大于或者等于 0.2MPa(表压),且压力与容积的乘积大于或者等于 1.0MPa·L 的气体、液化气体和标准沸点等于或者低于 60℃液体的气瓶;氧舱等。

压力管道是指利用一定的压力,用于输送气体或者液体的管状设备,其范围规定为最高工作压力大于或等于 0.1MPa(表压)的气体、液化气体、蒸汽介质或可燃、易爆、有毒、有腐蚀性、最高工作温度高于或等于标准沸点的液体介质,且公称直径大于 25mm 的管道。

压力容器(管道)事故主要指压力容器(管道)泄漏事故、爆炸事故以及由此引发的中毒事故、火灾事故等,其中以压力容器(管道)泄漏事故为主。

压力容器(管道)爆炸分为物理爆炸现象和化学爆炸现象。物理爆炸现象是容器内高压气体迅速膨胀并以高速释放内在能量。化学爆炸现象是容器内的介质发生化学反应,释放能量生成高压、高温,其爆炸危害程度往往比物理爆炸现象严重。由于爆炸事故的突发性,其应急反应时间短,重在事故前的预防。

压力容器(管道)泄漏常发生在设备法兰、接管法兰、筒体及封头焊缝、接头焊缝、腐蚀缺陷、填料密封等缺陷部位上。压力容器(管道)泄漏事故引起的后果很严重,特别是在石化等连续化生产的大企业,泄漏不仅会造成能源和原料的大量流失,还会引起火灾、爆炸等事故的发生,造成设备损坏、环境污染和人身伤亡等重大事故,而移动式压力容器泄漏还会引发公共安全事故。

对于压力容器(管道)泄漏,条件允许的情况下,首选方案是在降压和放空后进行堵漏。对于压力管道,如果可以停输,则关闭泄漏点两侧阀门,采取放空置换等措施进行堵漏。但是,对于正在运行的干线管道,停输对生产影响很大,因此,带压堵漏技术成为解决压力容器(管道)泄漏的重要应急技术措施。

2. 压力容器(管道)事故应急处置

1) 现场应急响应

现场人员发现压力容器(管道)泄漏事故立即上报,停止相关作业,迅速采取有效措施开展自救、互救工作。保护好现场伤员,防止伤员二次受伤,现场有条件的立即进行现场抢救,采用临时急救措施可见附录 7,条件不具备的立即转移至安全区域,拨打 120 急救电话。

2) 接警

(1) 值班人员接到事故报告后,向上级相关负责人汇报事故情况。

(2) 立即启动相关应急预案,成立现场应急指挥部,组织相关部门开展应急处置,应急小组成员立即赶赴事故现场。

(3) 应急指挥部根据事故程度判定事故情况。若伤者为重伤或死亡,公司领导向政府相关部门和安监局报告。

3) 力量调集

根据事故情况,迅速组织救援力量到达现场,出动抢险救援车等相关车辆,配备相关救援器材,调派医疗救护队等。配备必要的现场救援通讯设备、防护鞋、帽手套、衣服、眼镜、面罩、警示牌、专业堵漏工具等。

4）现场侦察

救援人员到达现场后，应仔细观察事故现场情况，向知情人员了解事故过程，不能盲目采取行动，应针对不同的介质、温度、压力、位置、流速等泄漏特性，采用不同的带压堵漏方法，几种常用带压堵漏技术及其适用性可见附录12。

5）设置警戒

根据救援的需要设置警戒区域，禁止非救援人员进入，以免造成二次伤害事故，影响救援行动。

6）实施救援

（1）堵漏前的准备。

① 施工前需经有关部门签发批准后方可实施。

② 堵漏前应充分了解现场情况，对介质及其温度、压力等参数要有了解和熟识，并选择相应的堵漏方法。

③ 作业现场首先需确定好现场指挥人员，制定各种事故预想及应急配套方案。

④ 作业场地需通知相关单位，由有资质的人员进行现场监护。

⑤ 剧毒有害介质的作业现场必须设置强制通风措施，减轻对施工人员的危害，在易燃易爆介质作业现场必须用水蒸汽或惰性气体保护。

⑥ 作业场地必须整洁、无杂物，道路畅通，遇有紧急情况，能确保作业人员及时迅速撤离现场。

⑦ 现场作业人员必须配备专用防护用品，并检查确定完好无损。

（2）堵漏时的注意事项。

① 作业时必须穿戴好防护鞋、帽手套、衣服、眼镜、面罩等。

② 作业时操作人员应站在有利的地势，考虑站在上风口处。

③ 作业时应迅速平稳，安装卡具时不宜大力敲打，注射阀的导流方向不能对着人、设备以及易燃、易爆物品。

④ 作业时要严格按照事先确定好的方案进行，发现异常情况应及时反映，避免主观蛮干。

（3）堵漏现场的监督管理。

堵漏现场的监督管理是确保堵漏成功的重要条件，尤其是在泄漏容易引起重大事故和经济损失的情况下，现场的监督管理就更加重要。堵漏现场应设置临时现场指挥部，由相关负责人、工程技术人员和有实践经验的工人组成。当场分析泄漏的原因和泄漏部位的特征，制定完整的堵漏方案。堵漏人员应少而精，统一领导，分工明确，相互协调。根据情况分工，应有堵漏人员、监护人员、消防人员、后勤人员、车间操作工配合。作业人员严格按操作规程和既定方案进行，出现新的异常情况时不慌乱，应及时向现场指挥人员汇报，以便及时采取措施解决。

7）现场清理

在压力容器（管道）泄漏事故救援结束后，方可清理现场，清点人数，收集整理器材装备，记录被救人员、数量，检查有无受伤人员，及时做好现场移交工作。现场作业人员应配合医疗人员做好伤员的紧急救护工作，安监部门及相关部门做好现场的保护、拍照、事故调查等善后工作。

8）事故预防

（1）在设计上，应采用合理的结构，如采用全焊透结构，能自由膨胀等，避免应力集中、几何突变；针对设备使用工况，选用塑性、韧性较好的材料；强度计算及安全阀排量计算符合标准。

（2）制造、修理、安装、改造时，加强焊接管理，提高焊接质量并按规范要求进行热处理和探伤；加强材料管理，避免使用有缺陷的材料或用错钢材、焊接材料。

（3）在压力容器使用过程中，加强管理，避免操作失误，超温、超压、超负荷运行，失检、失修、安全装置失灵等。

（4）加强检测检验工作，及时发现缺陷并采取有效措施。

（5）压力容器发生超压超温时要马上切断进汽阀门，停止向反应容器进料。对于无毒非易燃介质，要打开放空管排汽。对于有毒易燃易爆介质要打开放空管，将介质通过接管排至安全地点。

（6）如果属超温引起的超压，除采取上述措施外，还要通过水喷淋冷却以降温。

（7）易燃易爆介质泄漏时，要对周边明火进行控制，切断电源，严禁一切用电设备运行，防止静电产生，并采用防爆工具。

三、电梯事故

1. 电梯事故特征

电梯是指动力驱动，利用沿刚性导轨运行的箱体或者沿固定线路运行的梯级（踏步），进行升降或者平行运送人、货物的机电设备，包括载人（货）电梯、自动扶梯、自动人行道等。因为电梯工作频繁，老化速度快，久而久之，会造成机械或电气装置动作不可靠，若维修更换不及时，电梯带隐患运行，则很容易发生电梯事故，例如困人、开门运行、溜梯、冲顶、蹲底、夹人和伤人等；电梯空间有限，由于客观因素，如火灾、进水、地震等，对梯内人员造成人身伤亡等事故。电梯一旦发生意外突发事件，后果不堪设想，极易造成财产损失及人员伤亡。

电梯事故分为人身伤害事故、设备损坏事故。人身伤害事故包括包括坠落、剪切、挤压、撞击、缠绕和卷入、滑倒和绊倒、电击、烧伤等。设备损坏事故包括绝缘损坏、短路、火灾、水浸、零部件断裂或破碎、疲劳破坏、过度变形等。电梯事故多发生在电梯出入口、电梯轿门、电梯轿厢、牵引缆绳等装置，并多发生在梅雨季节和高温季节，这是由于梅雨季节易发生电器设备短路事故，高温季节易发生电器设备过热导致电梯失控事故，包括停驶、错层、夹人、困人等。

在电梯事故发生前可能出现的征兆有：供电系统、线路故障，如电梯异响、大面积断电；电梯设备电气、机械故障，如电梯井道进水、火灾、电梯开关门异常、电梯运行舒适感有异常、电梯行驶时井道里或机房噪音异常；各种供、排水管道爆裂或消防喷淋系统启动，引起电梯设备浸水；有烟气弥漫。

2. 电梯事故应急处置

1）现场应急响应

(1) 保持镇定，并安慰困在一起的人员，向大家解释不会有危险，电梯不会掉下电梯槽，电梯槽有防坠安全装置，会牢牢夹住电梯两旁的钢轨，安全装置也不会失灵，尤其是有心脑血管疾病的人，过于紧张焦虑可能引起病情发作。几个人同时被困时，可以用聊天来分散注意力，如果身边带着孩子，千万不要让其乱跑、乱碰，以免发生意外。

(2) 利用警铃或对讲机、手机求援，如不能立刻找到电梯技工，可打119消防报警电话。消防员通常会把电梯绞上或绞下到最接近的一层楼，然后打开门，即使停电，消防员也能用手动器，把电梯绞上绞下。若无警铃或对讲机，手机又失灵时，可拍门叫喊，找人来营救。

(3) 如果轿厢外没有受过训练的救援人员在场，不要自行爬出电梯，千万不要尝试强行推开电梯内门，电梯天花板若有紧急出口，也不要爬出去，以免发生伤亡事故。

(4) 在深夜或周末下午被困电梯，就有可能几小时甚至几天也没有人走近电梯。在这种情况下，最安全的做法是保持镇定，伺机求援。必须要做好忍受饥渴、闷热的准备，注意倾听外面的动静，如有行人经过，设法引起他的注意。如果不行，就等到上班时间再拍门呼救。

以上为通用情况的应急处置，现给出针对不同电梯高发故障的自救措施。

(1) 停电或其他故障引起的乘客被困。

① 保持镇静，立刻按压轿箱内的报警按钮，由于电梯都具有紧急供电系统，报警系统在断电后仍可用。

② 通过随身携带的移动通信系统与当地物业或消防部门联系并报警。

③ 切勿因慌乱而蹦跳、晃动电梯，因为断电状态下控制系统虽已锁死，但可靠性很低，容易引起更严重的事故。

④ 报警后，静候救援即可，切勿自行撬门，以防引发其他事故。

(2) 电梯超速。

保持镇静,无需惊慌。现代的垂直电梯系统都有速度检测及控制、刹车系统。当速度控制系统监测到速度异常后,会立刻启动速度控制系统,紧急情况下可直接制动刹车。乘客在速度异常的轿箱内时,可在角落处呈半蹲姿态并扶住侧壁以维持身体稳定平衡,以至于急停时不会跌倒,并在电梯彻底停下后,立刻报警自救。

(3) 电梯蹲底、冲顶。

在极端情况下,即电梯的所有安全保护、控制系统均失效,如超速保护、限位开关、刹车制动等全部失效,在电梯坑道的底部有最后一道保险装置——缓冲器。乘客可采取以下措施自我保护:背靠轿厢、腿部弯曲、脚尖踮起,以减缓轿厢蹲底或冲顶瞬间对人体的冲击。

(4) 发生火灾、进水。

对于电梯操作员而言,当发生火灾时,应立刻按下设在基站或者撤离层的消防按钮,使火灾下的电梯不可用以减少不必要的损失。同样,当楼宇供水管道破裂,导致井道进水时,电梯操作员也应及时控制电梯,以防止短路等引发事故。

2) 接警

(1) 值班人员接到事故报告后,向上级相关负责人汇报事故情况。

(2) 立即启动相关应急预案,成立现场应急指挥部,组织相关部门开展应急处置,应急小组成员立即赶赴事故现场。

(3) 应急指挥部根据事故程度判定事故情况。若伤者为重伤或死亡,公司领导向政府相关部门和安监局报告。

3) 力量调集

根据事故情况,迅速组织救援力量到达现场,出动抢险救援车等相关车辆,配备相关救援器材,调派医疗救护队等。配备必要的现场救援通讯设备、层面开锁钥匙、盘车轮或盘车装置、松闸装置、常用五金工具、照明器材、通讯设备、安全防护用具、警示牌等。

4) 现场侦察

救援人员到达现场后,应仔细观察事故现场情况,向知情人员了解事故过程,不能盲目采取行动,应根据现场情况拟定救援方案。

5) 设置警戒

根据救援的需要设置警戒区域,禁止非救援人员进入,以免造成二次伤害事故,影响救援行动。

6) 实施救援

(1) 首先进行心理安慰和疏导。消防队员要在接到求助电话后快速赶往现场进行处置,在事故单位负责人的带领下迅速到达事故楼层,采用喊话和电话联系的方式确定被困楼层。在确定被困人员楼层的情况下，要与被困人员进行对话和沟通，让他们消除紧张和担忧，做好他们的心理安慰工作。同时，通过对话了解被困电梯内人员情况，积极商讨营救方案，第一时间开展救援。

(2) 判断轿厢位置。一是救援人员在一楼将厅门打开，根据对重位置或轿厢位置判断电梯在哪一楼层；二是救援人员迅速赶到电梯机房，用对讲通知轿厢内被困的乘客不要惊慌，救援人员正在施救，不要靠近轿门，电梯移动时不要惊慌，不要强行撬门，等平层后将实现开门救助。

(3) 展开救援。人员被困电梯随时都可能有危险情况发生，消防队员应第一时间展开救援。营救方法有以下几种：一是用电梯钥匙打开电梯门。各类电梯都配有专用电梯钥匙，在发生停电和电梯故障时可以用电梯钥匙打开电梯门进行营救。二是利用电梯内的逃生窗进行救援。一般情况下电梯轿厢顶上都有一个逃生窗，供电梯发生故障后人员逃生、救援和检修使用。消防队员可以沿电梯井下降到电梯轿厢上进行救援。这种救援难度较大，主要用于电梯门无法打开或在没有作业面情况下的救援，一般情况下不采用。三是利用撬棒或者液压扩张钳进行救援，利用外力把电梯门强行撬开。用此方法救援展开速度快，但是电梯门遭到破坏，如果位置确定不好，要破拆两道电梯门。在电梯内有人被困时间较长，出现胸闷、晕厥等急需救援的情况下，此方法经常被采用。

7) 现场清理

在电梯事故救援结束后，方可清理现场，清点人数，收集整理器材装备，记录被救人员、数量，检查有无受伤人员，及时做好现场移交工作。现场作业人员应配合医疗人员做好伤员的紧急救护工作，安监部门及相关部门做好现场的保护、拍照、事故调查等善后工作。

8) 事故预防

电梯事故发生的因素较多，其中电梯漏检、疏于维护、安全部件失灵等故障引起轿厢关人的事故较为常见。电梯的设计制造与安装等环节的问题在引起电梯事故的因素中占很大比例。可从以下方面加强预防：

(1) 国家要加强电梯的安全管理。

加强对电梯安全意识的宣传力度。我国应该通过各种途径如网络、电视、报纸、杂志等媒体形式向大众进行电梯安全意识的宣传，提高人们的安全隐患意识，了解电梯安全方面的知识，从整体上对大众进行电梯安全意识教育。

加强电梯监督管理工作。我国电梯监督管理实行的是生产许可证制度，对那些符合国家生产要求的企业授予生产许可证。对那些无生产许可证的企业应加大管理和查处，尤其是对那些生产劣质电梯和翻新电梯的企业应取消其生产许可证。对那些符合生产标准的企业应要求其在产品质量和性能上提出更高的标准，确保电梯的生产符合国家质检标准。

加强对电梯设备的法制管理，如电梯安全责任制、电梯日常检查制度、电梯安全分析制度、电梯管理人员岗位职责制度等。

(2) 电梯企业方面。

实施安全年检制度，对于生产电梯的企业来说，每年一度的安全检查制度是必需的。对生产的电梯设备应进行仔细检查。对那些有些小瑕疵或需要进行改造的设备应进行更新，甚至可以报废。

加大资金投入量，生产出高质量的产品，电梯企业要加大资金投入，更新硬件设施。如引进先进的生产设备，加大技术上的支持和创新，加大对设备的技术研究等。只有满足了这些条件，才能生产出合格的产品。

做好售后服务工作。一个企业能不能在市场上很好的立足，除了产品本身的质量保障外，还必须有很好的售后服务体系，对那些有故障的电梯设备应及时地召回，做好各项保修工作。

培养员工服务意识，对企业的员工进行责任心和技能技术的培训，提高其业务素质，这样才能生产出高品质的产品。

(3) 使用单位要建立严格管理和防范制度。

首先，使用单位要建立健全严格的管理制度，明细责任分配。相关技术及管理人员要密切协同，各尽其职。有条件的使用单位应进行模拟电梯事故发生，以此解决凸显的问题。其次，聘用技术人员时，要求持相关证件上岗，定期对技术人员进行培训考核，强化检修人员专业素质，严把技术人员质量关。最后，要建立健全事故发生应急预案，对已经发生的重大事故进行及时营救。有效定位围困人员并保障人员安全，在最短的时间内争取最少的人身安全损失。

(4) 电梯乘客要有电梯事故安全防范意识。

首先，普及电梯使用知识。对于儿童、老年人及残疾人等人群进行适当的安全知识普及。对于办公地点、社区、学校等其他公共场所进行必要的安全提示，使大众获取最多的电梯营救及自救知识。其次，培养自觉爱护电梯意识。电梯是公共服务设施，电梯乘客应做到不乱按楼层指示灯、不乱运动、不乱破坏电梯内部结构，杜绝一切超载现象及其他不良行为。再次，乘客发现电梯出现问题要及时告知相关技术人员，以便尽早实施有效修理。最后，对于电梯事故中的被困者来说，要临危不惧，坦然镇静，保存有限体力精力，及时发出求救信号，并且抱头蹲地，增大人体重力受力面积，耐心等待技术人员援救。在援救过程中要听从电梯技术人员指挥，切勿自作主张，影响救援。

四、起重伤害事故

1. 起重伤害事故特征

起重机械是指用于垂直升降或者垂直升降并水平移动重物的机电设备，其范围规定为额定起重量大于或等于 0.5t 的升降机；额定起重量大于或等于 1t，且提升高度大于或等于 2m 的起重机和承重形式固定的电动葫芦等。

起重伤害事故是指在进行各种起重作业（包括吊运、安装、检修、试验）中发生的重物（包括吊具、吊重或吊臂）坠落、夹挤、物体打击、起重机倾翻、触电等事故。起重伤害事故可造成重大的人员伤亡或财产损失。根据不完全统计，在事故多发的特殊工种作业中，起重作业事故的起数高，事故后果严重，重伤、死亡人数比例大。起重机械常见事故灾害从事故和伤人的形式来分不外乎有以下几大类：重物失落事故、挤伤事故、坠落事故、触电事故、机体毁坏事故和其他类型事故等。

造成起重伤害事故的原因有：

(1) 首先是设计不规范带来的风险，其次是制造缺陷，诸如选材不当、加工质量问题、安装缺陷等，使带有隐患的设备投入使用。

(2) 吊钩损坏、滑轮故障、卷筒损坏、轴或轴颈损坏、联轴器损坏或磨损严重、制动器故障、不及时更换报废零件，保养不良带病运行，缺乏必要的安全防护，违章操作或违章指挥，吊运现场管理不善等，都可能发生起重伤害。

(3) 人的行为受到生理、心理和综合素质等多种因素的影响，安全意识差、安全技能低下是引发事故主要的人为原因。

(4) 超过安全极限或卫生标准的不良环境，直接影响人的操作意识水平，使失误机会增多。另外，不良环境还会造成起重机系统功能降低甚至加速零、部、构件的失效，造成安全隐患。

(5) 安全卫生管理包括领导的安全意识水平，对起重设备的管理和检查实施，对人员的安全教育和培训，安全操作规章制度的建立等。管理上的任何疏忽和不到位，都会给起重安全埋下隐患。

起重事故发生前的事故征兆有：

(1) 起重机运行中速度变化过快，使吊物（具）产生较大惯性；

(2) 指挥有误，吊运路线不合理，致使吊物（具）在剧烈摆动；

(3) 吊物（具）摆放不稳；

(4) 检修作业中没有采取必要的安全防护措施；

(5) 起重机的操纵、检查、维修工作多是高处作业，梯子（护圈）、栏杆、平台等的工作装置和安全防护设施的缺失或损坏，超载运行，制动器和承重构件不符合安全要求，防坠落装置缺失或失灵，电器设备保险装置失灵；

(6) 吊具、索具(如钢丝绳)有缺陷或选择不当,绑挂方法不当,司机操作不规范,过卷扬,起升、超载限制器失灵;

(7) 作业人员违反安全操作规程或带病、酒后作业;

(8) 员工无穿戴好劳护用品。

2. 起重伤害事故应急处置

1) 现场应急响应

发生起重机伤害事故后,现场人员应根据事故发生的实际情况针对性采取措施,如有人受伤时,应对受伤人员进行急救,大声呼喊临近岗位人员进行帮助,并拨打公司急救电话、120 急救电话,将伤员转移至安全区域,采取相应的急救措施。如一般机械事故,无人员受伤,起重司机应保持冷静,立即停止起重作业,如重物悬空应在保证安全的情况下,落下重物,停掉电源,并向上级汇报,组织人员封锁事故现场,做好警示标识,等待专业维修人员进行处理。

2) 接警

(1) 值班人员接到事故报告后,向上级相关负责人汇报事故情况。

(2) 立即启动相关应急预案,成立现场应急指挥部,组织相关部门开展应急处置,应急小组成员立即赶赴事故现场。

(3) 应急指挥部根据事故程度判定事故情况。若伤者为重伤或死亡,公司领导向政府相关部门和安监局报告。

3) 力量调集

根据事故情况,迅速组织救援力量到达现场,出动抢险救援车等相关车辆,配备相关救援器材,调派医疗救护队等。根据现场实际情况配备相应的应急救援设备设施。

4) 现场侦察

救援人员到达现场后,应仔细观察事故现场情况,向知情人员了解事故过程,不能盲目采取行动,应根据现场情况拟定救援方案。

5) 设置警戒

根据救援的需要设置警戒区域,禁止非救援人员进入,以免造成二次伤害事故,影响救援行动。

6) 实施救援

(1) 若起重伤害导致碎片伤人,其救援措施可参考物体打击事故应急处置。

(2) 若起重伤害导致机械伤人,其救援措施可参考机械伤害事故应急处置。

(3) 若起重伤害导致的坍塌埋人,其救援措施可参考坍塌事故应急处置。

(4) 若起重伤害导致触电事故,其救援措施可参考触电事故的应急处置。

7）现场清理

在起重伤害事故救援结束后，方可清理现场，清点人数，收集整理器材装备，记录被救人员、数量，检查有无受伤人员，及时做好现场移交工作。现场作业人员应配合医疗人员做好伤员的紧急救护工作，安监部门及相关部门做好现场的保护、拍照、事故调查等善后工作。

8）事故预防

（1）起重作业人员须经有资格的培训单位培训并考试合格，才能持证上岗。

（2）起重机械必须设有安全装置，如起重量限制器、行程限制器、过卷扬限制器、电气防护性接零装置、端部止挡、缓冲器、联锁装置、夹轨钳、信号装置等。

（3）严格检验和修理起重机机件，如钢丝绳、链条、吊钩、吊环和滚筒等，报废的应立即更换。

（4）建立健全维护保养、定期检验、交接班制度和安全操作规程。

（5）起重机运行时，禁止任何人上下，也不能在运行中检修。上下吊车要走专用梯子。

（6）起重机的悬臂能够伸到的区域不得站人，电磁起重机的工作范围内不得有人。

（7）吊运物品时，不得从有人的区域上空经过；吊装区域要拉设好安全警示线；吊物上不准站人；不能对吊挂着的物品进行加工。

（8）起吊的物品不能在空中长时间停留，特殊情况下应采取安全保护措施。

（9）起重机驾驶人员接班时，应对制动器、吊钩、钢丝绳和安全装置进行检查，发现异常时，应在操作前将故障排除。

（10）开车前必须先打铃或报警。操作中接近人时，也应给予持续铃声或报警。

（11）按指挥信号操作，对紧急停车信号，不论任何人发出都应立即执行。

（12）确认起重机上无人时，才能闭合主电源进行操作。

（13）工作中突然断电，应将所有控制器手柄扳回零位。重新工作前，应检查起重机是否工作正常。

（14）轨道上露天作业的起重机，在工作结束时，应将起重机锚定。当风力大于6级时，一般应停止工作，并将起重机锚定。对于在沿海工作的起重机，当风力大于7级时，应停止工作，并将起重机锚定好。

（15）当司机维护保养时，应切断主电源，并挂上标志牌或加锁。如有未消除的故障，应通知接班的司机。

五、场(厂)内机动车辆事故

1. 场(厂)内机动车辆事故特征

场(厂)内专用机动车辆是指除道路交通、农用车辆以外仅在工厂厂区、旅游景区、游乐场所等特定区域使用的专用机动车辆。由动力装置驱动或牵引,最大行驶速度(设计值)大于 5km/h 或具有起升、回转、翻转等工作装置的专用作业车辆。包括挖掘机、装载机、铲运机、吊管机、平地机、自卸车、混凝土搅拌机、固定平台搬运车、牵引车、推顶车、非堆垛用车辆和堆垛用车辆等,其中以各类叉车尤为常见。

场(厂)内机动车辆在使用过程中,可能发生车辆启动、行驶时撞人;车辆发生燃烧;高速行驶转弯时翻车;制动失效;货物散落砸伤人;修理车辆时,未采取防护措施,货叉落下砸伤人;溜车压人、撞人;搬运易燃易爆、有毒等特殊物质时的泄漏事故等。造成主要的事故类型有碰撞和碾轧、车辆失稳倾翻、垮垛、重物坠落打击、人员跌落、火灾爆炸、夹挤和刮碰、触电伤害等。

场(厂)内机动车辆事故主要发生在车辆行驶、装卸、工程作业、车辆检修过程中。其易发的场所有交叉路口、铁路与道路的平叉道口、路况不良、转弯、上下坡等特殊路段、停车场或企业的进出口、人车混行的道路等。事故一旦发生,后果都比较严重,按伤害程度分有车损事故、轻伤事故、重伤事故、死亡事故。事故原因可归结为人员违章驾车、疏忽大意;车况不良;道路环境不利;管理不良等。

2. 场(厂)内机动车辆事故应急处置

1) 现场应急响应

(1) 现场人员应保持冷静,判断事故情形,若不可控,则迅速撤离危险区域,若可控,则迅速排除危险源,如切断电源,使车辆熄火、制动或采取其他措施对制动失效的车辆进行制动、防止再次滑行。若发生汽油、柴油等易燃易爆品和有毒物质泄漏时,应采取措施堵塞泄漏和冲释爆炸性物质或有毒物质混合浓度,避免发生爆炸或中毒事故。

(2) 对伤员进行检查,采取相应的临时性急救措施。检查局部有无创伤、出血、骨折、畸形等变化,根据伤者的情况,有针对性地采取人工呼吸、心脏挤压、止血、包扎、固定等临时应急措施。人员救助常用方法具体可参考附录 7。

(3) 要抢救受损物资,尽量减轻事故的损失程度,设法防止事故扩大。若车辆或运载的物品着火,应根据火情、部位,使用相应的灭火器和其他有效措施进行补救。

(4) 迅速拨打“119”和“120”电话报警,在电话中说明确切的地点、联系方法、行驶路线;简要说明伤员的受伤情况、症状等,并询问清楚在救护车到来之前,可以采取的措施;派人到路口引导救护人员进入现场。

(5) 上报事故情况，接受上级的指令。明确事故的性质、发生的时间、发生的地点；人员受伤的程度，典型症状等，受困人情况、人数等；已采取的控制措施及其他应对措施；现场救治所需的专业人员及设备；报警单位、联系人员及通讯方式等。

(6) 立即通知有关部门和维修单位专业人员到达现场进行处置，原制造、维修单位无法及时到达现场的，立即通知联动单位，由联动单位专业维修人员进行处置。

(7) 在不妨碍抢救受伤人员和物资的情况下，尽最大努力保护好事故现场。对受伤人员和物资需移动时，必须在原地点做好标志；肇事车辆非特殊情况不得移位，以便为勘察现场提供确切的资料。肇事车驾驶员有保护事故现场的责任，直至有关部门人员到达现场。

2) 接警

(1) 值班人员接到事故报告后，向上级相关负责人汇报事故情况。

(2) 立即启动相关应急预案，成立现场应急指挥部，组织相关部门开展应急处置，应急小组成员立即赶赴事故现场。

(3) 应急指挥部根据事故程度判定事故情况。若伤者为重伤或死亡，公司领导向政府相关部门和安监局报告。

(4) 事故单位的领导或主管部门接到事故报告后，应立即赶赴事故现场，组织人员抢救伤员、物质，保护好事故现场，根据人员的伤势程度，按规定程序逐步上报。

3) 力量调集

根据事故情况，迅速组织救援力量到达现场，出动抢险救援车等相关车辆，配备相关救援器材，调派医疗救护队等。配备必要的现场救援通讯设备，如电话、对讲机、电喇叭、消防器材、安全行灯等。

4) 现场侦察

救援人员达到现场后，应仔细观察事故现场情况，向知情人员了解事故过程，不能盲目采取行动，应根据现场情况拟定救援方案。

5) 设置警戒

根据救援的需要设置警戒区域，禁止非救援人员进入，以免造成二次伤害事故，影响救援行动。

6) 实施救援

(1) 若场(厂)内机动车辆伤害导致碎片伤人，其救援措施可参考物体打击事故应急处置。

(2) 若场(厂)内机动车辆伤害导致机械伤人，其救援措施可参考机械伤害事故应急处置。

(3) 若场(厂)内机动车辆伤害导致火灾伤人,其救援措施可参考火灾事故应急处置。

(4) 若场(厂)内机动车辆伤害导致中毒窒息事故,其救援措施可参考中毒窒息事故应急处置。

7) 现场清理

在场(厂)内专用机动车辆伤害事故救援结束后,方可清理现场,清点人数,收集整理器材装备,记录被救人员、数量,检查有无受伤人员,及时做好现场移交工作。现场作业人员应配合医疗人员做好伤员的紧急救护工作,安监部门及相关部门做好现场的保护、拍照、事故调查等善后工作。

8) 事故预防

(1) 厂区直路事故预防。

机动车在直路上行驶,由于视线和道路条件好,驾驶员思想容易麻痹,行车速度较快,不利于安全行车。在厂区直路上行驶应采取以下防范措施:

① 驾驶员应做到精力集中,认真观察路面上车辆、行人动态,做到提前准确判断。

② 车辆行驶时应注意保持足够的行车间距。

③ 车辆行驶时应根据气候、道路情况、车速等保持适当的安全横向间距。

④ 严格遵守厂区内车辆行驶速度的规定。

⑤ 保证厂区道路畅通,安全标志,信号完好。

⑥ 车辆行驶必须保持技术状况良好,严禁带“病”行驶。

(2) 企业内交叉路口行车事故预防。

厂区道路地形复杂,交叉路口较多,车辆通过时,由于受厂房、货垛等其他设施的影响,会使驾驶员视线受阻,又由于交叉路口所形成的冲突点和交织点,更使安全情况复杂化,如驾驶员不认真遵守路口行车的有关规定,极易发生事故。企业内交叉路口行车事故应采取以下预防措施:

① 车辆进入交叉路口前要提前减速,不准超过 15km/h。路面窄、盲区大时,车速还应降低。

② 驾驶员应注意观察视线内车辆行人动态,安全通过交叉路口,要突出一个“慢”字,严禁一个“抢”字。

③ 车辆转弯时,应提前打开转向指示灯,右转弯要缓慢,左转弯应注意避让其他车辆,谨慎驾驶。

④ 车辆转弯时应保持左右两侧有足够的横向间距。

(3) 企业内倒车事故的预防。

企业内运输距离短,往返频率高,增加了车辆起步、停车、倒车的次数,再由于厂区视线不良、环境复杂、观察不便，很容易导致事故。为预防倒车事故，驾驶员必须做到如下几点：

① 厂区道路、环境情况复杂，倒车前必须选择好倒车路线与地点。

② 倒车前应认真观察周围情况，确认安全后鸣笛起步缓慢后倒。

③ 在厂房、料库、仓库、窄路及视线不良地段倒车时，须有专人指挥。

④ 车辆在企业内平交路上，桥梁、陡坡等危险地段不准倒车。

⑤ 保持车辆技术状况良好，防止倒车起步时车辆突然窜出。

(4) 叉车装卸事故的预防。

企业内机动车辆装载事故以叉车发生为多，主要表现在装载不稳、超载、货物坠落伤人等。为防止装卸事故，应注意以下几点：

① 要严格遵守有关装卸的规定和操作规程。

② 叉载的物品不能超过额定起重量，重量不清应试叉。

③ 禁止两车共叉一物。特殊情况除制定完善的保证措施外，应进行空车模拟操作，待两车动作协调后方准作业。

④ 叉车作业升降、倾斜操作要平稳，行驶时不要急转弯、转向。

⑤ 驾驶员应了解所搬运物品的性质，易滚动、易滑物品要捆绑牢固，不准搬运易燃、易爆等危险用品。

(5) 夜间行车事故预防。

机动车在夜间行驶，由于光线不好，视觉不良，操纵困难，给安全行车造成很大的影响。驾驶员在夜间行车，应做到以下几点：

① 出车之前，应认真检查车辆，保证车辆制动可靠、转向灵活、气压正常、灯光和喇叭等齐全有效。

② 适当降低车速，认真观察，正确使用灯光，并随时作好停车准备，以防发生意外。

③ 夜间会车，须距对面来车 150m 以外，将远光灯变为近光灯，并适当降低车速，选好交会地点。如因灯光照射发生眩目时，应立即停车，避免事故发生。

④ 夜间行车应尽量避免超车，如必须超车时，应事先连续变换大光灯远近示意，待前车让路允许超越后，方可进行超越。

⑤ 夜间行驶途中，车辆需临时停放或停车修理时，应开亮小光灯和车尾灯，防止碰撞事故的发生。

第三节　其他类型事故应急处置

一、放炮事故

1. 放炮事故特征

放炮即井下采掘生产过程中的爆破作业，在煤矿事故中，放炮易引起继发事故，导致更严重的伤亡，因违章放炮导致瓦斯、煤尘爆炸的重大事故占有相当的比例。放炮事故对作业人员的直接危害主要表现在爆炸碎片崩人引起伤亡和未及时排放的炮烟熏人窒息而死。如炮眼布孔参数、炮眼深度、角度、孔距以及装药量、导线长度等不符合《煤矿安全规程》中的相关约定，导致受到大块煤、岩、金属器材等外界冲击，从而引发崩人事故；工作面附近有未充填满的旧巷或采空区，放炮后在旧巷或采空区内积满了大量的炮烟，然后突然涌出或串联通风造成放炮熏人事故。

造成放炮事故的原因有：

(1) 无爆破设计说明书或未按爆破设计进行装药、起爆工艺不合理，造在放炮事故。

(2) 未按《爆破安全规程》要求作业，爆破作业前未划定危险边界、未设置岗哨、未发出警戒信号，或警戒方位、警戒人员数量、警戒距离不足、警戒信号不明确或不清晰、矿区的爆破警戒范围外未设置爆破警戒标志等，存在作业人员未撤离或其他人员误入危险区遭到放炮伤害的危险。

(3) 炮孔装药前，未对炮眼参数进行检查验收，未测量炮眼位置、炮孔深度是否符合设计要求，未严格按照预先计算好的装药量装填，可能因装药量过大，发生爆破飞石伤人的危险。

(4) 未对爆破器材的性能进行抽样检查，在同一次爆破中使用不同厂家、不同时间生产的爆破器材；爆破器材质量有问题、爆破环境不良或管理不善；出现早爆、迟爆、拒爆现象，可能发生伤害事故。

(5) 处理盲炮时未按正确的处理方法，或打残眼，存在盲炮爆炸的危险。

(6) 雷雨天气、六级以上大风、大雾及夜间进行爆破作业，可能发生爆破伤人事故。

(7) 爆破工未经过培训、考核，不具备相应的操作资格，可能导致误操作引起的爆破事故。

2. 放炮事故应急处置

1) 现场应急响应

(1) 发现放炮事故时，立即报告矿调度室或矿井领导人。

(2) 停止相关作业，迅速撤离险区，采取有效的措施开展自救、互救工作。

(3) 避难待救。井下人员万一来不及撤至安全地点时，可暂时避难待救。被困待救人员应保持镇静，避免体力过度消耗。如果是多人遇难，应发扬团结互助精神，相互鼓励。

2) 接警

(1) 矿调度室和矿井领导人接到放炮事故报告后，立即报告上级有关部门。

(2) 通知矿山救护队做好抢险救灾准备，到达指定位置，准备营救遇难人员。

(3) 准备核查井下工作人员，如发现有人被困于井下，首先应制定营救措施，及时组织力量，抢救遇难人员。判断人员可能的躲避地点，制定相关应急救援方案。根据事故情况，制定并实施防止事故扩大的安全防范措施。

3) 力量调集

根据事故情况，迅速组织救援力量到达现场，出动抢险救援车等相关车辆，配备相关救援器材，调派医疗救护队等。根据现场实际情况配备相应的应急救援设备设施。

4) 现场侦察

救援人员到达现场后，应仔细观察事故现场情况，向知情人员了解事故过程，不能盲目采取行动，应根据现场情况拟定救援方案。

5) 设置警戒

根据救援的需要设置警戒区域，禁止非救援人员进入，以免造成二次伤害事故，影响救援行动。

6) 实施救援

(1) 若放炮导致爆炸碎片崩人引起伤亡，其救援措施可参考物体打击事故或机械伤害事故的应急处置。

(2) 若放炮导致的炮烟熏人窒息引起伤亡，其救援措施可参考中毒窒息事故应急处置。

(3) 若放炮导致透水、火灾、煤层爆炸事故，其救援措施可参考相应事故的应急处置。

7) 事故预防

(1) 应加强放炮员队伍的建设，爆破工必须经过专门培训，并持有爆破合格证，方可从事爆破工作，爆破(包括运输)人员必须熟悉爆破材料性能及《煤矿安全规程》有关规定。每年对有资格的放炮员签订放炮员合同。

(2) 爆破工必须依照说明书进行严格的爆破作业施工，严格执行“一炮三检”、“三保险”制度。

(3) 使用放炮智能巡检系统，对放炮规程加强监测监控。

(4) 对失效的炸药和未经电阻检查、编号的雷管拒绝领取。

(5) 炸药、雷管做到分装分运，在火药峒室存放做到入箱上锁，火药峒室必须在警戒线以外顶板完好、支架完整的安全地点。

(6) 装配引药前，必须按一次爆破所用炮泥量准备好炮泥，灌好水炮泥。爆破前后冲刷爆破地点30米范围内积尘，并开启水幕。

(7) 必须严格执行《煤矿安全规程》和上级有关规定，严格执行爆破器材领退、存放、引药制作、连线、封泥、爆破和拒爆处理等有关规定，严禁乱扔乱放。

(8) 防止爆破母线破皮、明接头，及时检查母线质量、发现问题及时维修处理。

(9) 严格执行爆破工时控卡片制度或智能爆破管理系统。

(10) 严禁定炮和打眼等其他工作同时作业，严禁擅自反向定炮。

(11) 坚决抵制违章指挥，不违章作业。在不具备爆破条件时，有权拒绝装药、爆破。

二、透水事故

1. 透水事故特征

透水事故多指矿井在建设和生产过程中，地面水和地下水通过裂隙、断层、塌陷区等各种通道涌入矿井，当矿井涌水超过正常排水能力时，就造成矿井水灾，通常也称为透水。矿井水害是煤矿五大自然灾害之一，在煤矿生产中一旦发生透水事故，轻者会会造成矿井巷道或采区淹没，导致停产，重者会淹没矿井，造成矿毁人亡，直接危害职工生命安全和给国家财产造成巨大损失。

根据我国矿井的水害类型和实际情况，可构成井下水灾事故的主要类型有：工作面采(古)空区积水透水事故；地表水体通过采动裂隙或塌陷溃入井下而造成的淹井事故。上述事故类型中采(古)空区积水透水事故危害程度最大。地表水淹井事故多发生在雨季中或雨季后。

透水事故发生前的征兆有：

(1) 井下施工工作面透水预兆：挂红、挂汗、空气变冷、出现雾气、水叫、岩(煤)层顶板淋水加大、煤壁溃水、岩(煤)层顶板来压、底板鼓起、水色发浑、有臭味、施工工作面有害气体增加、裂隙出现渗水。

(2) 瓦斯及其他有害气体的预兆：若透水水源为老空水时，由于老空水中含有大量的瓦斯及其他有害气体，施工工作面和其他地点有害气体突然增大，也是突水前的一种预兆。

2. 透水事故应急处置

1) 现场应急响应

(1) 发现透水事故或有透水征兆时，立即报告矿调度室或矿井领导人。

(2) 设法堵住出水点。在班、组长或老工人的指挥下，尽量就地取材加固工作面(如打木垛和堆集支柱等)，设法堵住出水点，防止事故继续扩大。

(3) 迅速撤离险区。如果水势太猛，无法堵住出水点，也来不及加固工作面时，则应有组织地沿着预定的避灾路线迅速撤至上一水平或地面，切莫惊慌失措误入独头下山巷道。撤离过程中，当发现有硫化氢等有害气体逸出时，要注意防止中毒。

(4) 避难待救。井下人员万一来不及撤至安全地点时，可暂时避难待救。被困待救人员应保持镇静，避免体力过度消耗。如果是多人遇难，应发扬团结互助精神，相互鼓励。

2) 接警

(1) 矿调度室和矿井领导人接到透水报告后，立即报告上级有关部门。

(2) 通知矿山救护队做好抢险救灾准备，到达指定位置，随时调用营救遇难人员。

(3) 准备核查井下工作人员，如发现有人被堵于井下，首先应制定营救措施，及时组织力量，抢救遇难人员。判断人员可能的躲避地点，根据涌水量和排水能力，估计排水所需时间，制定相关应急救援方案。

3) 力量调集

根据事故情况，迅速组织救援力量到达现场，出动抢险救援车等相关车辆，配备相关救援器材，调派医疗救护队等。用于透水事故救援现场中的器材，主要包括抽水泵、排水管、水位测量仪、潜水设备、安全绳等。

4) 现场侦察

救援人员到达现场后，应仔细观察事故现场情况，向知情人员了解事故过程，不能盲目采取行动，应根据现场情况拟定救援方案。

5) 设置警戒

根据救援的需要设置警戒区域，禁止非救援人员进入，以免造成二次伤害事故，影响救援行动。

6) 实施救援

(1) 关闭有关的防水闸门，开动全部排水设备，调动一切人力、物力，争取在最短的时间内排除积水。在关闭防水闸门时，必须清查人员是否全部撤出。对尚未关闭但涌水量增大水面升高时需要关闭的防水闸门，要派专人看守，检查防水闸门是否灵活、严密，清理淤渣，拆除短节轨道，做好准备，待命关闭。

(2) 立即通知泵房人员，将水仓的水位降到最低程度，以争取较长的缓冲时间。

(3) 加强通风，排出透水带来的有害气体，并经常检查其浓度变化情况。

(4) 地质人员应分析判断突水来源和最大突水量，测量涌水量及其变化，察看水井及地表水体的水位变化，判断突水量的发展趋势，采取必要的措施，防止淹没整个矿井。

(5) 检查维护所有排水设施和输电线路，了解水仓现有容量。如果水中携带大量泥砂和浮煤时，应在水仓进口处的大巷内分段建筑临时挡墙，使其沉淀，减少水仓淤塞。在水泵龙头被堵塞时，应组织人员下水清除龙头上的杂物。

(6) 根据涌水的发展趋势，及时通知受涌水威胁区域的人员、乃至井下所有人员迅速向安全地点转移，直至安全出井。

7) 事故预防

井下透水事故的防治可归纳为"查、探、放、排、堵、截"六个字。

(1) 查明矿井水文地质。做好矿井水文地质工作是采取各项防治水措施的基础和依据。

(2) 矿井探水。"有疑必探，先探后掘"是煤矿采掘工作必须遵循的原则。当采掘工作接近充水的小窑、老空、含水量大的断层等水体时，必须采用探放水的方法，查明工作面前方的水情，并将水有控制地排放掉，以保证采掘工作的安全进行。一般遇下列情况之一时必须探水：①接近水淹井巷、老空、老窖或小窖。②接近含水层、导水断层或陷落柱。③接近可能出水钻孔和各类防水煤柱。④接近可能与地表水体相通的断裂破碎带或裂隙发育带。⑤层采空区积水，在两层间垂直距离小于采高 40 倍或巷高 10 倍的下层工作面，以及工作面有明显突水征兆时。⑥接近有水或淤泥的灌浆区时。

(3) 放水(疏干)。放水(疏干)是指有计划地将威胁性水源全部或部分地疏放掉，消除地下水静压力造成的破坏作用。它是防治矿井水患的有效措施之一。根据不同类型的水源，可采取不同的疏放措施和方法。

(4) 截水。截水是指利用水闸墙、水闸门和防水煤(岩)柱等物体，临时或永久地截住涌水，避免或减轻采掘工作区水害的重要措施。

(5) 注浆堵水。注浆堵水是矿井防治水害的重要手段之一。注浆堵水就是将配置好的浆液压入井下岩层空隙、裂隙或巷道中，使其扩散、凝固和硬化，使岩层具有较高的强度。

三、冒顶片帮事故

1. 冒顶片帮事故特征

冒顶片帮是指矿井、隧道、涵洞开挖、衬砌过程中因开挖或支护不当，顶部或侧壁大面积垮塌造成伤害的事故。矿井作业面、巷道侧壁在矿山压力作用下变形，破坏而脱落的现象称为片帮，顶部垮落称为冒顶，二者常同时发生。两者常同时发生人身伤亡事故，统称为冒顶片帮。适用于矿山、地下开采、掘进及其他坑道作业发生的坍塌事故。根据冒顶片帮的范围和伤亡人数，一般可分为大冒顶、局部冒顶、松石冒落三种。

冒顶片帮事故多发生于采矿和掘进作业面，以及一些废旧巷道和采空区。事故的发生没有时间性，危害程度一般取决于冒落区域现场作业人员的数量，危害较大。常常伴有顶板岩石下沉、裂缝逐渐扩大，顶板岩石发生破裂和撞击声，顶板有岩石碎块掉落，以及涌水、淋水量增大等现象。

冒顶片帮事故前可能出现的征兆有：

(1) 发出响声。岩层下沉断裂，顶板压力加大时，木支架会发出劈裂声，紧接着出现折梁断柱现象。

(2) 掉渣脱皮。顶板严重破裂时顶板会出现掉渣脱皮现象。掉渣越多，说明顶板压力越大。

(3) 裂缝。顶板裂隙增大时，说明顶板条件恶化。

(4) 淋水增大。顶板的淋水量明显增加时，有可能发生突然冒落。

2. 冒顶片帮事故应急处置

1) 现场应急响应

(1) 发现冒顶片帮事故时，立即报告矿调度室或矿井领导人。

(2) 难以采取措施防止采面顶板冒落时，停止相关作业，迅速撤退到安全地点。采取有效的措施开展自救、互救工作。

(3) 当来不及撤退到安全地点时，遇险者应靠岩帮贴身站立避灾，但要注意帮壁片帮伤人。遇险时要靠帮贴身站立或到木垛处避灾。

(4) 遇险后立即发出呼救信号。冒顶片帮对人员的伤害主要是砸伤、掩埋或隔堵。待事故基本稳定后，遇险者应立即采用呼叫、敲打(如敲打物料、岩块可能造成新的冒落时，则不能敲打，只能呼叫)等方法，发出有规律、不间断的呼救信号，以便救护人员和撤出人员了解灾情，组织力量进行抢救。

(5) 避难待救。被困待救人员应保持镇静，避免体力过度消耗。如果是多人遇难，应发扬团结互助精神，相互鼓励，并配合外部的营救工作，为提前脱险创造良好条件。

2) 接警

(1) 矿调度室和矿井领导人接到冒顶片帮报告后，立即报告上级有关部门。

(2) 通知矿山救护队做好抢险救灾准备，到达指定位置，随时调用营救遇难人员。

(3) 准备核查井下工作人员，如发现有人被堵于井下，了解灾情、地点、范围、事故性质并制定营救措施，及时组织力量，抢救遇难人员。判断人员可能的躲避地点，制定相关应急救援方案。根据事故情况，制定并实施防止事故扩大的安全防范措施。

3）力量调集

根据事故情况，迅速组织救援力量到达现场，出动抢险救援车等相关车辆，配备相关救援器材，调派医疗救护队等。用于冒顶片帮事故救援现场中的器材，主要包括千斤顶、挖掘工具、临时固定支架、空气呼吸器、液压起重器等。

4）现场侦察

救援人员到达现场后，应仔细观察事故现场情况，向知情人员了解事故过程，不能盲目采取行动，应根据现场情况拟定救援方案。

5）设置警戒

根据救援的需要设置警戒区域，禁止非救援人员进入，以免造成二次伤害事故，影响救援行动。

6）实施救援

(1) 组织矿山救护队员探明冒顶、片帮范围及被埋压、堵、轧人数和位置，并进行营救。

(2) 检查冒顶地点附近的支架情况，发现有拆损、歪扭、变形的柱子，要立即处理好，以保障营救人员的自身安全，并要设置畅通、安全的退路。

(3) 因地制宜地对冒顶处进行支护。要根据顶板垮落的情况，在保证抢救人员安全和抢救方便的前提下，因地制宜地对冒顶处进行支护。在采面局部冒顶埋压人员时，可用掏梁窝，悬挂金属顶梁，或掏梁窝，架单眼棚等方法进行处理。棚梁上的空隙要用木料架设小木垛接到顶，并插紧背实，阻止冒顶进一步扩大。

(4) 在检查架设的支架牢固可靠后，要指派专人观察顶板，才能清理被埋压人员附近的冒落岩石等，直到把遇险人员从埋压处营救出来。在营救过程中，可用长木棍向遇险者送饮料和食物。在清理冒落岩石时，要小心地使用工具，以免伤害遇险人员。如果遇险人员被大块岩石压住，应采用液压起重气垫、液压起重器或千斤顶等工具把大块岩石顶起，将人迅速救出。

(5) 尽快恢复冒顶、片帮区域的通风，如一直不能恢复，可采用水管、压风管向埋压、堵、轧人员输送新鲜风流，但要注意保暖。

(6) 在事故处理过程中，必须由外向里进行清理，并加强支护，加强敲帮问顶，防止再次冒顶片帮，必要时开掘专用巷道营救遇难人员。

(7) 当遇难人员救出后，根据情况立即进行现场急救，并及时送往医院抢救。

7）事故预防

为预防冒顶片帮，避免伤亡事故的措施主要有：

(1) 及时调整采矿工艺，保证合理的暴露空间和回采顺序，有效控制地压。加强矿井地质工作和采矿方法的实验研究，对原设计的采矿方法不断进行改进，找出适合本矿山不同地质条件下的高效安全的采矿方法，加大采矿强度，及时处理采空区。

(2) 加强顶板的检查、观测和处理，提高顶板的稳定性。对顶板松石的检查与处理，是一项经常性而又十分重要的工作，必须固定专人按规定的制度工作，才能确保顶板安全生产，防止松石冒落顶板事故发生。对一些危险性较大的采场，在技术、经济允许的条件下，应尽量采用科学方法观测顶板。

(3) 科学合理地布置巷道及采场的位置、规格、形状和结构。①避免在地质构造线附近布置井巷工程，因为垂直于地质构造线方向的压力最大，是岩体产生变化和破裂的主要因素。②避免在断层、节理、层里破碎带、泥化夹层等地质构造软弱面附近布置井巷工程。因为在这些地方布置的工程更易产生冒顶。如井巷工程必须通过这些地带，应采取相应的支护措施或特殊的施工方案。③井巷、采场的形状和结构要尽量符合围岩应力分布要求。井巷和采场的顶板应尽量采用拱形。因为围岩的次生应力不仅与原岩应力和侧压系数有关，而且还与巷道形状有关，采用拱形形状时，施工难度不大且顶板压力不会太集中，顶板稳定性较好。

(4) 加强顶板管理，提高顶板管理的技术水平。一是加强安全教育和安全技术知识的培训工作，提高各级安全管理人员的技术水平，树立“安全第一”的思想，遵章守纪，建立群查、群防、群治的顶板管理制度。在各工作面备有专用撬棍，设立专人或兼管人员具体负责各工作面的排险工作，设立警告标志，做好交接班制度和列为重点危险源点管理等。二是结合矿山实际，总结顶板管理的经验教训，从地质资料的提供、井巷设计、井巷维护技术、施工管理，制订出一套完整的井巷施工顶板管理标准，为科学有效地管理顶板提供技术支持。

四、瓦斯爆炸事故

1. 瓦斯爆炸事故特征

瓦斯爆炸是在极短时间内大量瓦斯被氧化，造成热量积聚，在爆源处形成高温、高压，然后急剧向外扩散，产生巨大的冲击波和声响。瓦斯爆炸是煤矿事故中破坏力最大的事故之一，易造成群死群伤、矿毁人亡。爆炸会产生高温火焰(温度可达 2 000℃)、爆炸冲击波(最高 1.2MPa)，并伴随大量有毒有害气体。爆炸生成的高温高压冲击波，导致人员伤亡，设备损坏、支架损毁、顶板冒落，通风构筑物破坏，引起矿井通风系统混乱。爆炸生成的有毒有害气体，伴随风流蔓延，导致较远距离人员伤亡。爆炸在一定条件下会诱发火灾，引发二次及多次爆炸。爆炸冲击波卷扫巷道积尘，可能引起煤尘爆炸，造成更大的损失。

瓦斯爆炸事故一般多发生在采掘工作面等井下作业地点。采煤工作面的瓦斯爆炸一般发生在回风隅角、采煤机附近及巷道冒高处。掘进工作面的瓦斯爆炸一般发生在迎头、巷道冒高处及停风时。瓦斯爆炸事故季节性自然属性明显，一般随季节性变化而引起大气压变化，从而造成瓦斯涌出力变大而发生事故。在年末和节假日期间，由于人的心理因素影响，可能较平常出现更多的违规现象，使瓦斯爆炸事故有所增加。

2. 瓦斯爆炸事故应急处置

1）现场应急响应

（1）发现瓦斯爆炸事故时，立即报告矿调度室或矿井领导人。

（2）相关作业区域的人员立即停止作业，现场班队长、跟班干部要立即组织人员正确佩戴好自救器，引领人员按避灾路线到达最近新鲜风流中，迅速撤退到安全地点。

（3）如因灾难破坏了巷道中的避灾路线指示牌、迷失了行进的方向时，撤退人员应朝着风流通过的巷道方向撤退。

（4）在撤退途中和所经过的巷道交叉口，应留设指示行进方向的明显标志，以提示救援人员的注意。

（5）在撤退途中听到或感觉到爆炸声或有空气震动冲击波时，应立即背向声音和气浪传来的方向，脸向下，双手臵于身体下面，闭上眼睛，迅速卧倒，头部要尽量低，有水沟的地方最好躲在水沟边上或坚固的掩体后面，用衣服将自己身上的裸露部分尽量遮盖，以防火焰和高温气体灼伤皮肤。

（6）在唯一的出口被封堵无法撤退时，应有组织地进行灾区避灾，以待救援人员的营救。

（7）进入避难室，应在峒室外留设文字、衣服、矿灯等明显标志，以便救援人员实施救援。

（8）如峒室内，开启压风自救系统，可有规律地间断地敲击金属物、顶帮岩石等方法，发出呼救联络信号，以引起救援人员的注意，指示避难人员所在的位路。

（9）避难待救。被困待救人员应保持镇静，避免体力过度消耗。如果是多人遇难，应发扬团结互助精神，相互鼓励，并配合外部的营救工作，为提前脱险创造良好条件。

2）接警

（1）矿调度室和矿井领导人接到瓦期爆炸报告后，立即报告上级有关部门。

（2）矿调度室在接到事故报告后，通知有关单位的负责人清点事故灾难地点工作人员，通知相关单位的人员集中待命。通知矿山救护队做好抢险救灾准备，到达指定位置，随时调用营救遇难人员。

（3）准备核查井下工作人员，如发现有人被堵于井下，了解灾情、地点、范围、事故性质并制定营救措施，及时组织力量，抢救遇难人员。判断人员可能的躲避地点，制定相关应急救援方案。根据事故情况，制定并实施防止事故扩大的安全防范措施。

3）力量调集

根据事故情况，迅速组织救援力量到达现场，出动抢险救援车等相关车辆，配备相关救援器材，调派医疗救护队等。用于瓦斯爆炸事故救援现场中的器材，主要包括易燃易爆气体监测仪、有毒气体检测仪、空气呼吸器、干粉灭火器、挖掘工具等。

4）现场侦察

救援人员到达现场后，应仔细观察事故现场情况，向知情人员了解事故过程，不能盲目采取行动，应根据现场情况拟定救援方案。

5）设置警戒

根据救援的需要设置警戒区域，禁止非救援人员进入，以免造成二次伤害事故，影响救援行动。

6）实施救援

（1）在事故发生的第一时间内要尽可能多地了解和掌握事故的情况及发展状况，对事故的相关情况、原因以及应采取的主要措施作出初步判断，并迅速制定救灾的技术方案。

（2）以抢救遇难人员为主，必须做到有巷必有人，本着先活者后死者、先重伤后轻伤、先易后难的原则进行。

（3）进入灾区前，问清事故性质、原因、发生地点及出现的其他情况；切断通往灾区的电源；迅速恢复通风系统及被破坏的巷道和通风设施；迅速恢复提升及通讯系统，做好灾区侦察、寻找爆炸点、灾区封闭等工作。

（4）进入灾区时须首先认真检查各气体成分，确定不再有爆炸危险时再进入灾区作业。

（5）侦察时发现明火或其他可燃物引燃时，救护队员的行动要轻，以免扬起煤尘，发生煤尘爆炸，并迅速将明火扑灭，以防二次爆炸。

（6）确认灾区没有火源不会引起再次爆炸时，即可对灾区巷道进行通风。应尽快恢复原有的通风系统，加大风量排除瓦斯爆炸后产生的烟雾和有毒有害气体。

（7）救护队员穿过支架破坏或塌落堵塞区域时应架设临时支护，以保证队员在这些地点的往返安全，并及时清除巷道堵塞物，以便于救人。

7）事故预防

预防瓦斯爆炸的有效措施，主要从防止瓦斯积聚和消除火源两方面着手：

（1）防止瓦斯积聚的措施。

① 加强通风。使瓦斯浓度降低到《煤矿安全规程》规定的浓度以下，即采掘工

作面的进风风流中瓦斯浓度不超过0.5%，回风风流中瓦斯浓度不超过1%，矿井总回风流中不超过0.75%。

② 加强检查工作。及时检查各用风地点的通风状况和瓦斯浓度，对查明的隐患进行及时处理。

③ 对瓦斯含量大的煤层，进行瓦斯抽放，降低煤层及采空区的瓦斯涌出量。

(2) 防止瓦斯引燃的措施。

① 避免明火。在井口房、主要通风机房和瓦斯泵站周围20m内严禁使用明火、吸烟及携带烟草和点火物品下井；井下严禁使用电炉和使用灯泡取暖；避免煤炭自燃，火区复燃等。

② 避免出现电火花。矿井必须采用矿用防爆型的电气设备；井口和井下设备应设有防雷电和防短路保护装置，电缆接头不准有“鸡爪子”、“羊尾巴”和明接头；不准带电作业；严防在井下拆开、敲打、撞击矿灯的灯头和灯盒等。

③ 避免出现炮火。不准使用变质或不合格的炸药，要按规定使用与矿井瓦斯等级相适应的安全炸药；爆破作业必须符合《煤矿安全规程》的要求，应使用水泡泥，炮眼封泥应装满填实，禁止打筒；裸露爆破；使用明接头或裸露的爆破母线等。

④ 避免撞击摩擦火花。随着采煤机械化程度的提高，机械设备之间的撞击、截齿与坚硬岩石之间的摩擦、坚硬顶板冒落时的撞击、金属表面的摩擦等；均有突然出现火花点爆瓦斯的可能。所以必须采取各种措施，如利用合金工具、喷水降温等，避免撞击火花产生瓦斯爆炸事故。

⑤ 避免其他火源出现。要防范地面的闪电或其他突发的电流可能通过管道传到井下而引爆瓦斯，出现静电火花等。

五、辐射伤害事故

1. 辐射伤害事故特征

辐射指的是以电磁波或粒子(如阿尔法粒子、贝塔粒子等)的形式向外扩散的一种能量，辐射分为电离辐射、非电离辐射。电离辐射是指波长短、频率高、能量高的射线，电离辐射可以从原子或分子里面电离出至少一个电子，是一切能引起物质电离的辐射总称，其种类很多，如高速带电粒子有α粒子、β粒子、质子，不带电粒子有中子以及X射线、γ射线。非电离辐射包括低能量的电磁辐射，如紫外线、光线、红外线、微波及无线电波等。它们的能量不高，只会使物质内的粒子震动，温度上升。

1) 电离辐射的危害

电离辐射可导致急性辐射综合征：根据剂量，剂量率，身体部位和照射后时间，该综合征可分为大脑，胃肠道和造血系统三种类型。

脑综合征由极高整体剂量(>30Gy)辐射所致,几乎都是致死的。该综合征有3个阶段:表现为恶心和呕吐的前驱期;倦怠和嗜睡,程度上从淡漠到虚脱(可能因脑内非细菌性炎症灶或辐射产生的毒性产物所致);震颤,抽搐,共济失调,最后在数小时至数天内死亡。

胃肠道综合征由整体剂量(≥4Gy)辐射所致,其特征为恶心,呕吐和可导致严重脱水,血容量降低和血管虚脱的腹泻。在该期用抗生素可使病人保持存活,但2或3周内可发生造血衰竭而致死。

造血系统综合征由整体剂量(2～10Gy)辐射所致,其最初的表现为厌食,冷漠,恶心和呕吐。这些症状可在6～12小时内达高峰,在照射后24～36小时完全消退。但在这相对缓解期内,外周血中,淋巴细胞减少立即发生,24～36小时内达高峰。嗜中性的细胞减少发生的较缓慢。3～4周内血小板减少明显。

中期迟发效应,长期或反复的内置或外源性低剂量率照射,可使女性闭经和性欲降低,男女两性的生育能力降低,贫血,白细胞减少,血小板减少和白内障。更高剂量或更局限的照射可引起脱发,皮肤萎缩和溃疡,角化病和毛细血管扩张,最终可发生鳞状细胞癌,若摄入放射性亲骨核素(如镭盐)数年后可发生骨癌。

2) 非电离辐射的危害

(1) 红外线危害。

红外线照射皮肤时,大部分被皮下组织吸收使局部加热,皮肤温度升高,血管扩张,出现红斑反应,反复照射时局部可出现色素沉着。过量的红外线照射,可引起皮肤急性灼伤,短波红外线的灼伤作用较长波红外线强。直接照射头部或面积较大、时间较长时,人体可因过热而出现全身症状,甚至发生中暑。红外线照射眼睛时,可使眼组织加热,过量时可引起角膜和瞳孔括约肌的损伤,自觉眼睛不适或疼痛,瞳孔痉挛甚至瞳孔括约肌瘫痪,双眼集合作用减退,阅读困难。

红外线引起的白内障多发生于工龄长的工人,波长0.8～1.2微米的红外线长期照射时,可引起晶状体温度升高,晶状体浑浊,发展为白内障。波长小于1微米的红外线可达到视网膜,过量照射时引起视网膜灼伤,主要损害黄斑区,形成暂时性或永久性中心暗点,影响视力,多发生于使用弧光灯、电焊、乙炔焊等作业。

(2) 紫外线危害。

紫外线照射皮肤时,可引起血管扩张,出现红斑,过量照射可产生弥漫性红斑,并可形成小水泡和水肿,长期照射可使皮肤干燥、失去弹性和老化。紫外线与煤焦油、沥青、石蜡等同时作用皮肤时,可引起光感性皮炎。紫外线照射眼睛时,可引起急性角膜炎,常因电弧光如电焊引起,故称为电光性眼炎。电光性眼炎是紫外线过量照射所引起的急性角膜炎,是一种常见的职业病。发生于电焊、气焊、氧焰切割、电弧炼钢,以及使用弧光、水银灯、紫外灯的作业,其中以电焊工最多见。一般在受照后 6～8 小时发病，最短 30 分钟，最长 24 小时，常在夜间或清晨发病。轻症仅有双眼异物感和轻度不适，重症者眼部有灼痛或刺痛，并伴有高度畏光、流泪及视力减退，眼睑痉挛、结膜充血、水肿、有粘液样分泌物，角膜上有点状脱落。若及时处理，一般在 1～2 日即可痊愈。电光性眼炎可使用潘妥卡因、地卡因等眼药水有镇痛止疼作用，用人奶、牛奶滴眼也有明显效果。急性期应卧床闭目休息，或遮盖眼罩，以减少光线对眼的刺激。

（3）激光的危害。

激光对人体的伤害主要是眼睛，其次是皮肤。眼睛受激光照射后，可突然有眩光感，出现视力模糊或眼前出现固定黑影，甚至视觉丧失。激光辐射对视网膜的损害是无痛的，易被人们忽视。长期经常接触小剂量和漫反射激光的照射，工作人员一般不会发现自己视力的损伤，有时有一般神经衰弱。工作后视力疲劳、眼痛等，无特异症状。激光对眼睛的意外伤害，除个别人发生永久性视力丧失外，多数经治疗后均有不同程度的恢复。激光对皮肤的伤害过程表现为轻度红斑、灼烧直至组织炭化坏死，此外亦可损伤色素细胞，引起毛细栓塞，有时可见血管破溃和溢血。皮肤损伤通常是可逆的和可复的。

3）辐射事故伤害程度

根据辐射事故的性质、严重程度、可控性和影响范围等因素，从重到轻将辐射事故分为特别重大辐射事故、重大辐射事故、较大辐射事故和一般辐射事故四个等级。

（1）特别重大辐射事故，是指Ⅰ类、Ⅱ类放射源丢失、被盗、失控造成大范围严重辐射污染后果，或者放射性同位素和射线装置失控导致 3 人以上（含 3 人）急性死亡。

（2）重大辐射事故，是指Ⅰ类、Ⅱ类放射源丢失、被盗、失控，或者放射性同位素和射线装置失控导致 2 人以下（含 2 人）急性死亡或者 10 人以上（含 10 人）急性重度放射病、局部器官残疾。

（3）较大辐射事故，是指Ⅲ类放射源丢失、被盗、失控，或者放射性同位素和射线装置失控导致 9 人以下（含 9 人）急性重度放射病、局部器官残疾。

（4）一般辐射事故，是指Ⅳ类、Ⅴ类放射源丢失、被盗、失控，或者放射性同位素和射线装置失控导致人员受到超过年剂量限值的照射。

2. 辐射事故应急处置

1）现场应急处置

（1）立即撤离有关工作人员，封锁现场，控制事故源，切断一切可能扩大污染范围的环节，防止事故扩大和蔓延。

（2）对受照人员要及时估算受照剂量，立即对受污染人员采取暂时隔离和进行洗消去污，对洗消去污后仍有污染人员交专业医疗卫生救护人员处理。

(3) 在采取有效个人防护措施的情况下组织人员彻底清除污染，并根据需要实施医学检查和医学处理。

(4) 立即封锁事发现场，污染现场未达到安全水平之前，不得解除封锁。

2) 接警

(1) 值班人员接到事故报告后，向上级相关负责人汇报事故情况。

(2) 立即启动相关应急预案，成立现场应急指挥部，组织相关部门开展应急处置，应急小组成员在做好个人防护情况下立即赶赴事故现场。

(3) 立即向政府相关部门报告，如公安局、环保局、安监局等。

3) 力量调集

根据事故情况，迅速组织救援力量到达现场，出动抢险救援车等相关车辆，配备相关救援器材，调派医疗救护队等。用于辐射伤害事故救援现场中的器材，主要包括辐射防护服、帽、口罩、鞋袜、手套、有机铅玻璃眼镜、个人剂量计、剂量监测仪表或报警仪等。

4) 现场侦察

救援人员到达现场后，应仔细观察事故现场情况，向知情人员了解事故过程，不能盲目采取行动，应根据现场情况拟定救援方案。

5) 设置警戒

对事故周围进行辐射监测，划定受污染区域设置警戒区域，禁止非救援人员进入，以免造成二次伤害事故，影响救援行动。

6) 实施救援

由专业医疗救护队按照国家有关放射性诊断标准、处理原则、医疗原则，立即将可能受到辐射伤害的人员进行检查和治疗。

7) 事故预防

(1) 电离辐射的预防。

① 时间防护：不论何种照射，人体受照累计剂量的大小与受照时间成正比，接触射线时间越长，放射危害越严重。尽量缩短从事放射性工作时间，以达到减少受照剂量的目的。

② 距离防护：某处的辐射剂量率与距放射源距离的平方成反比，与放射源的距离越大，该处的剂量率越小。所以在工作中要尽量远离放射源。来达到防护目的。

③ 屏蔽防护：就是在人与放射源之间设置一道防护屏障，因为射线穿过原子序数大的物质，会被吸收很多，这样达到人身体部分的辐射剂量就减弱了。常用的屏蔽材料有铅、钢筋水泥、铅玻璃等。

(2) 非电离辐射的预防。

① 场源屏蔽。利用可能的技术方法，将电磁能量限制在规定的空间内，阻止其传播扩散。首先要寻找屏蔽辐射源，如用高频感应设备加热介质时，电磁场的辐射源为振荡电容器组、高频变压器、感应线圈、馈线和工作电极等。又如，高频淬火的主要辐射源是高频变压器，熔炼的辐射源是感应炉，粘合塑料源是工作电极。通常振荡电路系统均在机壳内，只要接地良好，不打开机壳，发射出的场强一般很小。

屏蔽材料要选用铜、铝等金属材料，利用金属的吸收和反射作用，使操作地点的电磁场强度减低。屏蔽罩应有良好的接地，以免成为二次辐射源。

微波辐射多为机器内的磁控管、调速管、导波管等因屏蔽不好或连接不严密而泄漏。因此微波设备应有良好的屏蔽装置。

② 远距离操作。在屏蔽辐射源有困难时，可采用自动或半自动的远距离操作，在场源周围设有明显标志，禁止人员靠近。根据微波发射有方向性的特点，工作地点应置于辐射强度最小的部位，避免在辐射流的正前方工作。

③ 个人防护。在难以采取其他措施时，短时间作业可穿戴专用的防护衣帽和眼镜。

(3) 各类非电离辐射预防措施。

① 红外线危害预防。预防红外线伤害主要是穿戴防护服和防护帽。严禁裸眼看强光。生产中应戴绿色玻璃防护镜，镜片中需含有氧化亚铁或其他过滤红外线的有效成分。

② 紫外线危害预防。预防紫外线的危害应采用自动或半自动焊接，增大与辐射源的距离。电焊工及其助手必须配戴专用的防护面罩或眼镜及适宜的防护手套，不得有裸露的皮肤。电焊工操作时应使用移动屏幕围住作业区，以免其他工种的人员受到紫外线照射。电焊时产生的有害气体和烟尘，应采用局部排风措施加以排除。此外，要严格遵守操作规程。

③ 激光危害预防。预防激光危害最主要的方法是安全教育，严禁裸眼观看激光束，注意操作规程；确定操作区及危险带并要有醒目的警告牌，无关人员不得随意进入；要配戴合适的防护眼镜、防护手套；定期检查身体，特别是眼睛。操作室围护结构要用吸光材料制成，色调宜暗。室内不得设置安放能反射、折射光束的设备、用具。激光束的防光罩要用耐火材料制成，其开启应与光束放大系统的截断器相连。

复习思考题

1. 简述机械伤害事故特征及应急处置。
2. 简述触电事故特征及应急处置。

3. 简述人员救助常用的方法。
4. 简述火灾类别、特点及应急处置。
5. 简述中毒与窒息事故应急处置。
6. 试述坍塌事故特征及应急处置。
7. 简述粉尘爆炸事故特征及应急处置。
8. 简述高温中暑应急处置措施。
9. 简述电梯事故的特征及应急处置。
10. 简述辐射伤害事故特征及应急处置。

第七章　事故应急培训及演练

本章学习目标

1. 了解应急预案宣教和培训的原则。熟悉应急预案宣教和培训的程序。掌握应急预案培训内容。掌握应急训练的类型。
2. 掌握应急演练分类，了解应急演练的目的和工作要求。掌握应急演练计划制定，应急演练内容。掌握应急演练方案的编写。熟悉应急演练小组及应急演练活动人员构成及职责。了解应急演练实施、总结及后续工作，能编写应急演练总结分析报告。
3. 了解应急预案培训方案的内容，能结合企业实际编制应急计划、演练实施报告及演练效果评审报告表，能运用本章知识正确编写企业应急演练方案。

应急培训与演练是锻炼和提高队伍在突发事故情况下的快速抢险堵源、及时营救伤员、正确指导和帮助群众防护或撤离、有效消除危害后果、开展现场急救和伤员转送等应急救援技能和应急反应综合素质，从而有效降低事故危害，减少事故损失。

第一节　应急预案宣教和培训

根据《生产安全事故应急管理办法》规定，各级安全生产监督管理部门、生产经营单位应当采取多种形式开展应急预案的宣传教育，普及生产安全事故预防、避险、自救和互救知识，提高从业人员安全意识和应急处置技能。各级安全生产监督管理部门和其他负有安全生产监督管理职责的部门，应当将应急预案的培训纳入安全生产培训工作计划，并组织实施本行政区域、本行业(领域)内重点生产经营单位的应急预案培训工作。生产经营单位应当组织开展本单位的应急预案培训活动，使有关人员了解应急预案内容，熟悉应急职责、应急程序和岗位应急处置方案。

良好的应急预案规定在事故发生后该做什么，谁来做和怎么做，通过应急预案宣教和培训使得员工能明确职责，在事故发生后能及时、有效、快速实施救援，提高事故发生后的应急反应能力。加强应急预案宣传教育和培训工作是应急管理核心工作。组织开展多种形式的安全生产应急宣传教育活动，大力宣传普及应急知识，及时宣传报道重大事故应急救援情况对进一步规范和加强安全生产应急培训工作，提高各级领导、管理人员尤其是从业人员应急方面的专业意识具有非常重要的指导意义和借鉴价值。

一、应急预案宣教和培训的基本原则

应急预案宣教和培训目的是要确保帮助事故应急救援的有关部门和应急人员充分理解预案，相关人员掌握预案的整个预案理念、他们在其中的职责以及应急响应程序。同时为提高救援人员的技术水平与救援队伍的整体能力，以便在事故的救援行动中，达到快速、有序、有效的效果，经常性地开展应急培训，应成为救援队伍的一项重要的日常性工作。应急培训的指导思想应以加强基础，突出重点，边培边练，逐步提高为原则。应急宣教和培训的基本任务是锻炼和提高员工在突发事故情况下的快速抢险、报警、及时营救伤员、正确指导和帮助人员防护或撤离、有效消除危害后果，开展现场急救和伤员转送等应急救援技能和应急反应综合素质，有效降低事故危害，减少事故损失。为了使应急培训取得良好的效果，在选定应急培训内容、教学方法、组织方式的过程中，应遵循以下原则：

(1) 科学性与系统完整性原则。每一项应急预案都是经过反复讨论、研究修改之后才正式通过和颁布实施的，其概念和体系都具有较高的科学性和系统完整性。在宣教和培训中，必须贯彻科学性和系统完整性的原则。对应急预案里面涉及的一些核心要素，除了注意科学分析要素之间的关系外，还要做到正确理解采取科学的、系统完整的培训体系，统筹规划，相互协调，以保证科学、系统、完整地理解应急预案条款中涉及的细节核心内容。

(2) 合理规划原则。生产经营单位应该结合企业应急发展规划及应急管理工作的实际，明确开展应急宣教和培训教育机构及人员，制订培训计划，突出应急培训工作重点，保障企业应急宣教和培训工作落到实处。

(3) 理论联系实际，注重实效原则。应急宣教和培训工作本身要紧密结合单位应急管理工作实际，针对可能发生的生产安全事故，有目的针对应急预案里面涉及的报警、应急疏散、应急处置等实际内容进行培训，使接受宣传教育的员工获得真切的认识和感受。强化应急宣传教育，充分发挥人的主观能动性，增强员工预防事故的技术水平和应急技能，提高企业应急管理能力，坚持平战结合，将日常工作和应急救援工作结合起来，注重创新和实效。

(4) 普及性与通俗性原则。事故应急宣教和培训工作要遵循普及性的原则，力求达到最大限度对应急涉及的知识普及。面向生产经营单位全体人员，针对常用应急技能和应急常识求达到家喻户晓，人人皆知。应急宣教和培训通过一切可以利用的渠道和宣传媒体，扩大宣传面，其中主要包括报纸、书刊、广播、电影、电视、教学、培训、宣讲、竞赛、演练、文艺演出等。重在普及，为了便于广大员工接受，培训授课时应力求通俗易懂，对晦涩的内容要作出解释和注释，必要时可编制图表，广为发行宣传。

(5) 分层实施，规范管理原则。事故应急宣教和培训工作应根据有关人员承担的不同职责，分层分类确定培训内容。为规范应急宣教和培训工作，提高培训质量，应做好培训记录，必要时可以进行相关培训考核，以调动员工的积极性，达到培训效果，实现培训目标。

(6) 按需施教原则。由于生产经营单位各类人员所从事的工作不同，所要求的应急安全知识、技能也不相同。因此，员工应急教育培训应充分考虑他们各自的特点，做到因材施教。同时，应针对员工的不同文化水平、不同的工种岗位、不同要求以及其他差异，区别对待。

(7) 培训方式和方法多样性原则。培训内容主要按员工培训需求来确定，而培训内容不同，培训方式和培训方法也应有所不同。例如一线作业人员的应急培训主要强调应急安全操作技能的培训，适当采用模拟训练法或示范教学法比较合适；领导和管理人员的安全知识培训主要用案例分析研究法、课堂讲授法效果较好。同时如果企业事故可能波及周边单位及居民，应承担对有关单位和居民的告知和宣传教育职责。

二、应急预案宣教和培训程序

应急预案宣教和培训程序包括制订培训计划、实施培训和培训效果评价和改进三个阶段。

应急预案的培训活动需要精心组织。对不同人员、不同形式的应急培训活动要有一个统一的规划，对于每一次应急培训活动都应有详细的计划和方案，培训之后要进行培训效果的评估和检验。

1. 制订应急预案培训计划

每次培训活动都应该有一个培训主管，负责培训活动的组织协调；根据培训的规模和形式，可能还需要有其他辅助人员参加，形成一个培训策划工作小组。为保证应急培训工作有效进行，应制定应急培训计划。培训计划必须完善和互相协调。培训计划的协调是由工厂、地方如可能由省或国家的应急组织来进行，以避免重复浪费。应急反应人员培训的次数影响到模拟或实际的紧急情况下的反应能力。

(1) 培训需求分析。制订培训计划之前，首先要对应急救援系统各层次和岗位人员进行工作和任务分析，确定预案培训主要内容、培训的必要性和必要条件，明确培训目标和培训后受训人员的培训效果。

(2) 培训课程内容的设计。针对不同的培训对象，应急培训课程应根据培训目标而制定。所有授课内容应以培训目标作为主要决策基础。要明确各类人员培训课程,明确培训内容和标准,并组织编写适应不同类别人员需要和不同岗位工作要求的培训教材。

主要负责人和管理人员应急培训重点是应急预案编制方法、程序,提高重特大应急处置能力。对于关键岗位应急人员培训主要内容为岗位应急职责、事故发生前征兆、危险源识别、紧急情况的处置及自我防护等。培训重点侧重于紧急情况下的紧急处理,提高事故应急的及时性和有效性。其他从业人员的培训主要侧重于提高员工的应急意识,紧急情况下的应急措施和自我防护措施,应急疏散和撤离,培训的重点侧重于通用的应急知识。

(3) 培训方式的选择。应急预案培训的方式很多,如培训班、讲座、模拟演练、自学、小组受训和考试等,但以培训授课的方式居多。生产经营单位可以根据实际情况组织内部应急方面的专题培训,师资力量薄弱的,可以委托外部的培训机构、高校、政府或安全协会的应急专家进行培训和指导。

(4) 培训计划的制订。根据应急培训需求分析和确定的培训课程,应制订培训计划。在制定应急培训计划之前,应该进行评价,确认专门需要和要求注意的地方。在这种评价中必须确定三项工作:应急预案每个人的职责;为完成这些职责要实施的专门任务;人员完成这些任务所需的知识和技能。培训计划应该详细说明培训目的、培训对象、培训课程/内容、培训师资、教学设施(例如,大楼、实验室、设备)和教学媒介、培训时间等。

(5) 参与培训人员的筛选与培训教师的选择。对于限定人数和有特定要求的培训活动,还要在申请人员中筛选出符合要求的受训人员,然后通知入选人员参加培训的有关事项。根据培训内容和方式选择合格的培训教员,并提前通知培训的初步安排,包括时间、地点和内容等。

2. 培训实施

培训活动前做好各项准备工作,实施过程中安排好培训的组织及后勤保障。培训管理人员应按照制定的培训计划,认真组织,精心安排,合理安排时间,充分利用不同方式开展安全生产应急培训工作使参与培训的人员能够在良好的培训氛围中学习、掌握有关知识。

3. 培训效果评价和改进

应急培训完成后,应尽可能进行考核。考核方式可以是考试、口头提问、实际操作等,以便对培训效果进行评价,确保达到预期的培训目的。通过与培训人员交流、考核情况等,如果发现培训中存在一些问题,如培训内容不合适、课时安排不恰当、培训方式需改进等,培训者将进行认真总结,采取措施避免这些问题在以后的培训工作中再次发生,以提高培训工作质量,真正达到应急培训目的。同时,培训活动结束后要形成整改培训活动的文字总结报告，并作为培训的档案材料进行保存。

三、应急预案培训内容

应急培训是指对参与应急行动所有相关人员进行的最低程度的应急培训，要求应急人员了解和掌握如何识别危险、如何采取必要的应急措施、如何启动紧急情况警报系统、如何安全疏散人群等基本操作。不同行业不同企业发生事故的类型不同，应急培训内容也有变化，本部分以火灾和危险化学品为例，叙述应急培训涉及报警、疏散、火灾应急、不同水平应急者培训内容。其他事故应急培训内容可以参考此框架模式进行设置。

1. 报警

所有人员在发现事故时，掌握报警的方式和电话。掌握如何充分有效使用身边的工具在最短的时间内报警，如使用电话，手机、网络或其他方式报警。掌握如何发布紧急情况通告的方法，如使用警笛，电话或广播等。了解和学会在现场贴出警示标志，及时通知现场的所有人员进行撤离。

2. 疏散

为减少事故带来的人员伤亡人数，在应急培训时，要针对所有人员进行疏散方面的培训，如火灾逃生疏散的要求，危化品泄漏疏散区域、路线及方向等。对人员疏散的培训主要在应急演练中进行。应急队员在紧急情况现场应安全、有序的疏散被困人员或周围人员，以避免过多的人员伤亡。

3. 火灾应急培训

所有人员应该掌握基本的灭火方法，降低火灾事故带来的伤害，能够识别、使用、保养、维修灭火装置。依据培训需求结构建火灾应急培训体系，满足培训人员技能培训、能力提升的多层次需求。为了实现人力、物力资源的合理有效利用，在培训中，通常应将培训人员划分级别，根据不同级别制定不同的培训要求。依据掌握消防技能的差异，将人员划分为初级、中级和高级两类。初级人员能处理火灾的初期阶段，会使用简易的灭火器、熟悉消防水系统的位置和使用。学习和掌握基本的消防知识和技能，包括了解火灾的类型、燃烧方式、引发原因，了解燃料的不同特性、在不同的火灾类型中燃料的燃烧状态及相应的应对措施等。

中级人员负责那些不需防护服和呼吸防护设备就可以开展应急救援的火灾应急。高级人员除了掌握初级和中级人员的技能外，还必须学习如何正确操作更复杂的灭火设备，接受更先进的灭火装备的使用培训，如了解各种喷水装置的特性和使用范围，了解各种能减弱火势的系统的使用，学会处理更严重的火势情况以及执行营救受困人员等任务。每一员工都必须学习个人呼吸保护装置和防护服的使用以保护自身的安全。

如果针对是危险化学品火灾，由于着火物的特殊性，决定了灭火工作相应的特殊要求。对于化学品火灾应急的培训要求超过通常的消防操作的训练要求。现场人员必须了解和掌握基本的化学知识以及化学品火灾灭火剂的使用注意事项等有关内容。具体包括：了解化学品的特性，对于应急队员正确选择灭火剂和控制火灾措施；了解灭火剂的灭火原理、灭火剂的相容性、灭火剂与所涉及的化学品相容性等等知识。鉴于大多数化学物质会与水发生化学反应而无法在发生化学品火灾时采用水来灭火，因此通常情况下普遍采用泡沫灭火。所以有必要了解有关泡沫灭火的基本知识。培训中还应加强应急人员环境意识的教育，掌握基本的环保知识，了解火灾中着火物质以及灭火剂的使用是否会对事故区域的地表水、地下水和饮用水造成污染，烟尘对大气的污染、对通讯的影响程度等内容。

4. 不同水平应急人员培训

通过培训，使应急人员掌握必要的知识和技能以识别判断事故危险、评价事故危险性、采取正确措施以降低事故对人员、财产、环境的危害等。行业不同，事故类型不同，应急预案培训的内容也不同，本部分以危险品事故应急为例，介绍企业不同层次应急人员员的培训要求。通常将应急者分为五种水平，每一种水平都有相应的培训要求。

1）初级意识水平应急者

该水平应急者通常是处于能首先发现事故险情并及时报警的岗位上的人员，例如保安、门卫、巡查人员等。对他们的要求包括：①确认危险物质并能识别危险物质的泄漏迹象；②了解所涉及的危险物质泄漏的潜在后果；③了解应急者自身的作用和责任；④能确认必需的应急资源；⑤如果需要疏散，则应限制未经授权人员进入事故现场；⑥熟悉事故现场安全区域的划分；⑦了解基本的事故控制技术。

2）初级操作水平应急者

该水平应急者主要参与预防危险物质泄漏的操作，以及发生泄漏后的事故应急，其作用是有效阻止危险物质的泄漏，降低泄漏事故可能造成的影响。对他们的培训要求包括：①掌握危险物质的辨识和危险程度分级方法；②掌握基本的危险和风险评价技术；③学会正确选择和使用个人防护设备；④了解危险物质的基本术语以及特性；⑤掌握危险物质泄漏的基本控制操作；⑥掌握基本的危险物质清除程序；⑦熟悉应急预案的内容。

3）危险物质专业水平应急者

该水平应急者的培训应根据有关指南要求来执行，达到或符合指南要求以后才能参与；危险物质的事故应急。对其培训要求除了掌握上述应急者的知识和技能以外还包括：①保证事故现场的人员安全，防止不必要伤亡的发生；②执行应急行动计划;③识别、确认、证实危险物质;④了解应急救援系统各岗位的功能和作用;⑤了解特殊化学品个人防护设备的选择和使用;⑥掌握危险的识别和风险的评价技术;⑦了解先进的危险物质控制技术;⑧执行事故现场清除程序;⑨了解基本的化学、生物、放射学的术语和其表示形式。

4) 危险物质专家水平应急者

具有危险物质专家水平的应急者通常与危险物质专业人员一起对紧急情况做出应急处置,并向危险物质专业人员提供技术支持。因此要求该类专家所具有的关于危险物质的知识和信息必须比危险物质专业人员更广博更精深。因此,危险物质专家必须接受足够的专业培训,以使其具有相当高的应急水平和能力:①接受危险物质专业水平应急者的所有培训要求;②理解并参与应急救援系统的各岗位职责的分配;③掌握风险评价技术;④掌握危险物质的有效控制操作;⑤参加一般清除程序的制定与执行;⑥参加特别清除程序的制定与执行;⑦参加应急行动结束程序的执行;⑧掌握化学、生物、毒理学的术语与表示形式。

5) 应急指挥级水平应急者

该水平应急者主要负责的是对事故现场的控制并执行现场应急行动,协调应急队员之间的活动和通讯联系。该水平的应急者都具有相当丰富的事故应急和现场管理的经验,由于他们责任的重大,要求他们参加的培训应更为全面和严格,以提高应急指挥者的素质,保证事故应急的顺利完成。通常,该类应急者应该具备下列能力:①协调与指导所有的应急活动;②负责执行一个综合性的应急救援预案;③对现场内外应急资源的合理调用;④提供管理和技术监督,协调后勤支持;⑤协调信息发布和政府官员参与的应急工作;⑥负责向国家、省市、当地政府主管部门递交事故报告;⑦负责提供事故和应急工作总结。

不同水平应急者的培训要与危险品公路运输应急救援系统相结合,以使应急队员接受充分的培训,从而保证应急救援人员的素质。

四、应急训练

培训同时还要定期对应急人员进行训练。应急训练的基本内容主要包括基础训练、专业训练、战术训练和自选科目训练 4 类。

(1) 基础训练。基础训练是应急队伍的基本训练内容之一,是确保完成各种应急救援任务的前提基础。基础训练主要是指队列训练、体能训练、防护装备和通讯设备的使用训练等内容。训练的目的是应急人员具备良好的战斗意志和作风,熟练掌握个人防护装备的穿戴,通讯设备的使用等。

(2) 专业训练。专业技术关系到应急队伍的实战水平,是顺利执行应急救援任务的关键,也是训练的重要内容。主要包括专业常识、堵源技术、抢运和清消,以及现场急救等技术。通过训练，救援队伍应具备一定的救援专业技术，有效地发挥救援作用。

（3）战术训练。战术训练是救援队伍综合训练的重要内容和各项专业技术的综合运用，提高救援队伍实践能力的必要措施。通过训练，使各级指挥员和救援人员具备良好的组织指挥能力和实际应变能力。

（4）自选课目训练。自选课目训练可根据各自的实际情况，选择开展如防化、气象、侦险技术、综合演练等项目的训练，进一步提高救援队伍的救援水平。在开展训练课目时，专职性救援队伍应以社会性救援需要为目标确定训练课目；而单位的兼职救援队应以本单位救援需要，兼顾社会救援的需要确定训练课目。救援队伍的训练可采取自训与互训相结合；岗位训练与脱产训练相结合；分散训练与集中训练相结合的方法。在时间安排上应有明确的要求和规定。为保证训练效果，在训练前应制定训练计划，训练中应组织考核、验收和评比。

应急演练是一种综合性的训练，也是训练的最高形式，演练应该在培训和训练后进行。演练是在模拟事故的条件下实施的，是更加逼近实际的训练和检验训练效果的手段。事故应急演练也是检查应急准备周密程度的重要方法，是评价应急预案准确性的关键措施，应急演练的过程，也是参演和参观人员的学习和提高的过程。

第二节　应急预案的演练

应急演练是检验、评价和保持应急能力的一个重要手段。其重要作用突出地体现在：可在事故真正发生前暴露预案和程序的缺陷；发现应急资源的不足（包括人力和设备等）；改善各应急部门、机构、人员之间的协调；增强公众应对突发重大事故救援的信心和应急意识；提高应急人员的熟练程度和技术水平；进一步明确各自的岗位与职责；提高各级预案之间的协调性；提高整体应急反应能力。本节结合《安全生产应急演练指南》（AQ/T 9007—2011），阐述安全生产应急演练的基本程序、内容、组织、实施、监控与评估等方面内容。

一、应急演练的分类、目的与工作要求

1. 应急演练的分类

应急演练针对情景事件，按照应急预案而组织实施的预警、应急响应、指挥与协调、现场处置与救援、评估总结等活动。

（1）按照应急演练的内容，可分为综合演练和专项演练。综合演练根据情景事件要素，按照应急预案检验包括预警、应急响应、指挥与协调、现场处置与救援、

保障与恢复等应急行动和应对措施的全部应急功能的演练活动。专项演练是根据情景事件要素，按照应急预案检验某项或数项应对措施或应急行动的部分应急功能的演练活动。

(2) 按照演练的形式，可分为桌面演练和现场演练。桌面演练是设置情景事件要素，在室内会议桌面(图纸、沙盘、计算机系统)上，按照应急预案模拟实施预警、应急响应、指挥与协调、现场处置与救援等应急行动和应对措施的演练活动。桌面演练的主要特点是对演练情景进行口头演练，一般是在会议室内举行。桌面演练一般仅限于有限的应急响应和内部协调活动，应急人员主要来自本地应急组织，事后一般采取口头评论形式收集参演人员的建议，并提交一份简短的书面报告，总结演练活动和提出有关改进应急响应工作的建议。桌面演练方法成本较低，主要用于为现场演练做准备。现场演练是选择(或模拟)生产建设某个工艺流程或场所，现场设置情景事件要素，并按照应急预案组织实施预警、应急响应、指挥与协调、现场处置与救援等应急行动和应对措施的演练活动。

(3) 按照演练的目的，可分为检验性演练、研究性演练。检验性演练是不预先告知情景事件，由应急演练的组织者随机控制，参演人员根据演练设置的突发事件信息，按照应急预案组织实施预警、应急响应、指挥与协调、现场处置与救援等应急行动和应对措施的演练活动。研究性演练是为验证突发事件发生的可能性、波及范围、风险水平以及检验应急预案的可操作性、实用性等而进行的预警、应急响应、指挥与协调、现场处置与救援等应急行动和应对措施的演练活动。

2. 应急演练目的

应急演练类型不同，演练的目的也不同，综合演练的目的是检验应急预案的针对性，应急程序的可操作性，应急处置与救援方案的适用性，应急机制运行的可靠性，相关人员应急行动的熟练程度，全面提高综合应对突发事件的能力。专项演练的目的是检验应急预案单项或数个环节、层次应急行动或应对措施的针对性、可操作性、适用性，重点提高应急处置与救援能力。现场演练的目的是检验应急预案规定的预警、应急响应、处置与救援、应急保障等应急行动或应对措施的针对性、时效性、协调性、可靠性，提高应急人员应对突发事件的实战能力。桌面演练的目的是检验和提高应急预案规定应急机制的协调性、应急程序的合理性、应对措施的可靠性。检验性演练的目的是检验负有应急管理职责的相关人员应对突发事件的实战能力，以及对应急预案的熟练程度。研究性演练的目的是验证突发事件发生的可能性，波及范围以及风险水平，找出生产经营过程中的危险、有害因素，或者检验应急预案的可操作性、实用性等。通过开展应急演练有助于：

(1) 检验应急预案，提高应急预案的科学性、实用性和可操作性。

(2) 磨合应急机制，强化政府及其部门与企业、企业与企业、企业与救援队伍、企业内部不同部门和人员之间的协调与配合。

(3) 锻炼应急队伍,提高应急人员在各种紧急情况下妥善处置突发事件的能力。

(4) 教育广大群众,推广和普及应急知识,提高公众的风险防范意识与自救、互救能力。

(5) 检验并提高应急装备和物资的储备标准、管理水平、适用性和可靠性。

(6) 研究特定突发事件的预防及应急处置的有效方法与途径。

(7) 找出其他需要解决的问题。

3. 应急演练工作要求

应急演练工作要求如下:

(1) 应急演练工作必须遵守国家相关法律、法规、标准的有关规定。

(2) 应急演练应纳入本单位应急管理工作的整体规划,按照规划组织实施。

(3) 应急演练应结合本单位安全生产过程中的危险源、危险、有害因素、易发事故的特点,根据应急预案或特定应急程序组织实施。

(4) 根据需要合理确定应急演练类型和规模。

(5) 制定应急演练过程中的安全保障方案和措施。

(6) 应急演练应周密安排、结合实际、从难从严、注重过程、实事求是、科学评估。

(7) 不得影响和妨碍生产系统的正常运转及安全。

二、应急演练计划及演练内容

1. 应急演练计划

应急演练计划应以本部门、本行业(领域)或本单位安全生产应急预案为基本依据,针对可能发生的突发事件,着重提高初期应急处置和协同救援的能力。演练频次应满足应急预案的规定,演练范围应有一定的覆盖面。

应针对本部门(单位)安全生产特点对应急演练活动进行整体规划,编写应急演练年度计划,内容通常包括:演练的目的、类型、形式、时间、地点、内容、参与演练的部门、人员、演练经费预算等。

2. 应急演练的基本内容

(1) 预警与通知。接警人员接到报警后,按照应急预案规定的时间、方式、方法和途径,迅速向可能受到突发事件波及区域的相关部门和人员发出预警通知,同时报告上级主管部门或当地政府有关部门、应急机构,以便采取相应的应急行动。

(2) 决策与指挥。根据应急预案规定的响应级别,建立统一的应急指挥、协调和决策机构,迅速有效地实施应急指挥,合理高效地调配和使用应急资源,控制事态发展。

(3) 应急通讯。保证参与预警、应急处置与救援的各方,特别是上级与下级、内部与外部相关人员通讯联络的畅通。

(4) 应急监测。对突发事件现场及可能波及区域的气象、有毒有害物质等进行有效监控并进行科学分析和评估,合理预测突发事件的发展态势及影响范围,避免发生次生或衍生事故。

(5) 警戒与管制。建立合理警戒区域,维护现场秩序,防止无关人员进入应急处置与救援现场,保障应急救援队伍、应急物资运输和人群疏散等的交通畅通。

(6) 疏散与安置。合理确定突发事件可能波及区域,及时、安全、有效的撤离、疏散、转移、妥善安置相关人员。

(7) 医疗与卫生保障。调集医疗救护资源对受伤人员合理检伤并分级,及时采取有效的现场急救及医疗救护措施,做好卫生监测和防疫工作。

(8) 现场处置。应急处置与救援过程中,按照应急预案规定及相关行业技术标准采取的有效技术与安全保障措施。

(9) 公众引导。及时召开新闻发布会,客观、准确地公布有关信息,通过新闻媒体与社会公众建立良好的沟通。

(10) 现场恢复。应急处置与救援结束后,在确保安全的前提下,实施有效洗消、现场清理和基本设施恢复等工作。

(11) 总结与评估。对应急演练组织实施中发现的问题和应急演练效果进行评估总结,以便不断改进和完善应急预案,提高应急响应能力和应急装备水平。

(12) 其他。根据相关行业(领域)安全生产特点所包含的其他应急功能。

三、应急演练活动的筹备

综合演练活动的筹备包括:

1. 筹备方案

综合演练活动,特别是有多个部门联合组织或者具有示范性的大型综合演练活动,为确保应急演练活动的安全、有序,达到预期效果,应当制定应急演练活动筹备方案。筹备方案通常包括成立组织机构、演练策划与编写演练文件、确定演练人员、演练实施等方面的内容。负责演练筹备的单位,可根据演练规模的大小,对筹备演练的组织机构与职责进行合理调整,在确保相应职责能够得到有效落实的前提下,缩减或增加组织领导机构。

2. 组织机构与职责

综合演练活动可以成立综合演练活动领导小组,下设策划组、执行组、保障组、技术组、评估组等若干专业工作组。

（1）领导小组。综合演练活动领导小组负责演练活动筹备期间和实施过程中的领导与指挥工作，负责任命综合演练活动总指挥与现场总指挥。组长、副组长一般由应急演练组织部门的领导担任，具备调动应急演练筹备工作所需人力和物力的权力。总指挥、现场总指挥可由组长、副组长兼任。

（2）策划组。负责制定综合演练活动工作方案，编制综合演练实施方案；负责演练前、中、后的宣传报道，编写演练总结报告和后续改进计划。

（3）执行组。负责应急演练活动筹备及实施过程中与相关单位和工作组内部的联络、协调工作；负责情景事件要素设置及应急演练过程中的场景布置；负责调度参演人员、控制演练进程。

（4）保障组。负责应急演练筹备及实施过程中安全保障方案的制定与执行；负责所需物资的准备，以及应急演练结束后上述物资的清理归库；负责人力资源管理及经费的使用管理；负责应急演练过程中通信的畅通。

（5）技术组。负责监控演练现场环境参数及其变化，制定应急演练过程中应急处置技术方案和安全措施，并保障其正确实施。

（6）评估组。负责应急演练的评估工作，撰写应急演练评估报告，提出具有针对性的改进意见和建议。

3. 应急演练的策划

（1）确定应急演练要素。应急演练策划就是在应急预案的基础上，进行应急演练需求分析，明确应急演练目的和目标，确定应急演练范围，对应急演练的规模、参演单位和人员、情景事件及发生顺序、响应程序、评估标准和方法等进行的总体策划。

（2）分析应急演练需求。在对现有应急管理工作情况以及应急预案进行认真分析的基础上，确定当前面临的主要和次要风险、存在的问题、需要训练的技能、需要检验或测试的设施和装备、需要检验和加强的应急功能和需要演练的机构和人员。

（3）明确应急演练目的。根据应急演练需求分析确定应急演练目的，明确需要检验和改进的应急功能。

（4）确定应急演练目标。根据应急演练目的确定应急演练目标，提出应急演练期望达到的标准或要求。

（5）确定应急演练规模。根据应急演练目标确定演练规模。演练规模通常包括：演练区域、参演人员以及涉及的应急功能。

（6）设置情景事件。一般情况下设置单一情景事件。有时，为增加难度，也可以设置复合情景事件。即在前一个情景事件应急演练的过程中，诱发次生情景事件，以不断提出新问题考验演练人员，锻炼参演人员的应急反应能力。在设置情景事件时，应按照突发事件的内在变化规律，设置情景事件的发生时间、地点、状态特征、波及范围以及变化趋势等要素，并进行情景描述。

(7) 应急行动与应对措施。根据情景描述，对应急演练过程中应当采取的预警、应急响应、决策与指挥、处置与救援、保障与恢复、信息发布等应急行动与应对措施应预先设定和描述。

(8) 需要注意的问题。①策划人员应熟悉本部门(单位)的工艺与流程、设备状况、场地分布、周边环境等实际情况；②情景事件的时间应使用北京时间。如因其他原因，应在应急演练前予以说明；③应急演练中应尽量使用当时当地的气象条件或环境参数；④应充分考虑应急演练过程中发生真实事故的可能性，必须制定切实有效的保障措施，确保安全。

4. 编写应急演练文件

(1) 应急演练方案。应急演练方案是指导应急演练实施的详细工作文件，通常包括：①应急演练需求分析；②应急演练的目的；③应急演练的目标及规模；④应急演练的组织与管理；⑤情景事件与情景描述；⑥应急行动与应对措施预先设定和描述；⑦各类参演人员的任务及职责。

(2) 应急演练评估指南和评估记录。应急演练评估指南是对评估内容、评估标准、评估程序的说明，通常包括：①相关信息：应急演练目的和目标、情景描述，应急行动与应对措施简介等；②评估内容：应急演练准备、应急演练方案、应急演练组织与实施、应急演练效果等；③评估标准：应急演练目标实现程度的评判指标，应具有科学性和可操作性；④评估程序：为保证评估结果的准确性，针对评估过程做出的程序性规定。

应急演练评估记录是根据评估标准记录评估内容的照片、录像、表格等，用于对应急演练进行评估总结。

(3) 应急演练安全保障方案。应急演练安全保障方案是防止在应急演练过程中发生意外情况而制定的，通常包括：①可能发生的意外情况；②意外情况的应急处置措施；③应急演练的安全设施与装备；④应急演练非正常终止条件与程序。

(4) 应急演练实施计划和观摩指南。对于重大示范性应急演练，可以依据应急演练方案把应急演练的全过程写成应急演练实施计划(分镜头剧本)，详细描述应急演练时间、情景事件、预警、应急处置与救援及参与人员的指令与对白、视频画面与字幕、解说词等。根据需要，编制观摩指南供观摩人员理解应急演练活动内容，包括应急演练的主办及承办单位名称，应急演练时间、地点、情景描述、主要环节及演练内容等。

5. 确定参与应急演练活动人员

(1) 控制人员。控制人员是指按照应急演练方案，控制应急演练进程的人员，通常包括总指挥、现场总指挥以及专业工作组人员。控制人员在应急演练过程中的主要任务是:确保应急演练方案的顺利实施,以达到应急演练目标;确保应急演练活动对于演练人员既具有确定性,又富有挑战性;解答演练人员的疑问,解决应急演练过程中出现的问题。

(2) 演练人员。演练人员是指在应急演练过程中,参与应急行动和应对措施等具体任务的人员。演练人员承担的主要任务是:按照应急预案的规定,实施预警、应急响应、决策与指挥、处置与救援、应急保障、信息发布、环境监控、警戒与管制、疏散与安置等任务,安全、有序完成应急演练工作。

(3) 模拟人员。模拟人员是指在应急演练过程中扮演、代替某些应急机构管理者或情景事件中受害者的人员。

(4) 评估人员。评估人员是指负责观察和记录应急演练情况,采取拍照、录像、表格记录等方法,对应急演练准备、应急演练组织和实施、应急演练效果等进行评估的人员。评估人员可以由相应领域内的专家、本单位的专业技术人员、主管部门相关人员担任,也可委托专业评估机构进行第三方评估。专项应急演练的筹备可参考综合应急演练的筹备程序和内容,由于只涉及部分应急功能,负责演练筹备的单位可以根据需要进行适当调整。

四、应急演练的实施、总结及后续工作

1. 应急演练实施

1) 现场应急演练的实施

(1) 熟悉演练方案。应急演练领导小组正、副组长或成员召开会议,重点介绍有关应急演练的计划安排,了解应急预案和演练方案,做好各项准备工作。

(2) 安全措施检查。确认演练所需的工具、设备、设施以及参演人员到位。对应急演练安全保障方案以及设备、设施进行检查确认,确保安全保障方案的可行性,安全设备、设施的完好性。

(3) 组织协调。应在控制人员中指派必要数量的组织协调员,对应急演练过程进行必要的引导,以防出现发生意外事故。组织协调员的工作位置和任务应在应急演练方案中作出明确的规定。

(4) 紧张有序开展应急演练。应急演练总指挥下达演练开始指令后,参演人员针对情景事件,根据应急预案的规定,紧张有序地实施必要的应急行动和应急措施,直至完成全部演练工作。

(5) 注意事项。①应急演练过程要力求紧凑、连贯,尽量反映真实事件下采取预警、应急处置与救援的过程。②应急演练应遵照应急预案有序进行,同时要具有必要的灵活性。③应急演练应重视评估环节,准确记录发现的问题和不足,并实施

后续改进。④应急演练实施过程应作必要的评估记录,包括文字、图片和声像记录等,以便对演练进行总结和评估。

2) 桌面应急演练的实施

桌面应急演练的实施可以参考现场应急演练实施的程序,但是由于桌面应急演练的组织形式、开展方式与现场应急演练不同,其演练内容主要是模拟实施预警、应急响应、指挥与协调、现场处置与救援等应急行动和应对措施,因此需要注意以下问题:

(1) 桌面应急演练一般设一名主持人,可以由应急演练的副总指挥担任,负责引导应急演练按照规定的程序进行。

(2) 桌面应急演练可以在实施过程中加入讨论的内容,以便于验证应急预案的可操作性、实用性,做出正确的决策。

(3) 桌面应急演练在实施过程中可以引入视频,对情景事件进行渲染,引导情景事件的发展,推动桌面应急演练顺利进行。

2. 应急演练的评估和总结

1) 应急演练讲评

应急演练的讲评必须在应急演练结束后立即进行。应急演练组织者、控制人员和评估人员以及主要演练人员应参加讲评会。

评估人员对应急演练目标的实现情况、参演队伍及人员的表现、应急演练中暴露的主要问题等进行讲评,并出具评估报告。对于规模较小的应急演练,评估也可以采用口头点评的方式。

2) 应急演练总结

应急演练结束后,评估组汇总评估人员的评估总结,撰写评估总结报告,重点对应急演练组织实施中发现的问题和应急演练效果进行评估总结,也可对应急演练准备、策划等工作进行简要总结分析。

应急演练评估总结报告通常包括以下内容:①本次应急演练的背景信息;②对应急演练准备的评估;③对应急演练策划与应急演练方案的评估;④对应急演练组织、预警、应急响应、决策与指挥、处置与救援、应急演练效果的评估;⑤对应急预案的改进建议;⑥对应急救援技术、装备方面的改进建议;⑦对应急管理人员、应急救援人员培训方面的建议。

3. 应急演练后续行动

(1) 应急演练资料的归档与备案。应急演练活动结束后,将应急演练方案、应急演练评估报告、应急演练总结报告等文字资料,以及记录演练实施过程的相关图片、视频、音频等资料归档保存;对主管部门要求备案的应急演练资料,演练组织部门(单位)将相关资料报主管部门备案。

(2) 应急预案的修改完善。根据应急演练评估报告对应急预案的改进建议，由应急预案编制部门按程序对预案进行修改完善。

(3) 应急管理工作的持续改进。应急演练结束后，组织应急演练的部门(单位)应根据应急演练评估报告、总结报告提出的问题和建议，督促相关部门和人员，制定整改计划，明确整改目标，制定整改措施，落实整改资金，并应跟踪督查整改情况。

第三节　企业应急预案培训和演练过程参考示例

应急培训和演练是应急管理的核心环节，企业应根据自身实际每年开展应急方面培训和演练，提高员工的应急反应能力。下面给出企业应急预案培训和演练实施过程参考示例供参考。

一、应急预案培训实施方案参考示例

近年来，我国事故灾难、社会安全、公共卫生等多种突发事件频现，严重影响了人民群众的生活，在社会上产生了较大的反响，引起了国家各级政府的广泛关注。化工行业作为国家重工业经济命脉的支柱行业之一，其在国民经济中的重要性不言而喻。虽然国家相关部门有对其进行监控和指导，但经常还是会发生重大的化工事故，原因在何？很多时候是由于工人疏于防范，违规操作而导致的，或企业为节约成本违规生产等人为因素酿成灾难的产生。血的教训是惨痛的，作为企业或个人都须防患于未然，具有一定的应急管理知识和能力，才能保护自己的人身安全，企业也能持续经营下去。为深入开展应急管理工作宣传教育，做好应急预案的宣传、解读和预防、避险、自救、互救、减灾等应急防护知识的普及工作，增强公众的公共安全意识和社会责任意识，提高员工对应对突发公共事件的综合素质，本部分将以化工企业为例，制定应急预案培训实施方案。

某化工企业应急预案培训实施方案

1. 指导思想

以邓小平理论和“三个代表”重要思想为指导，按照市委、市政府和市应急办的要求，认真贯彻落实全国和全省应急管理工作会议精神，切实加强对应急管理科普宣教工作的组织指导，充分发挥各级工信委部门的作用，深入开展应急管理科普宣教工活动，大力提高公众的公共安全意识和自我防护素质，提高基层单位应突发公共事件的能力，保护人民生命财产安全，维护国家安全和社会稳定，有力推动社会主义和谐社会的建设。

2. 培训课程内容

表 7-1 培训课程内容

编号	课 程 设 置	培训方式	授课教师
001	应急管理概论与危化品安全	课堂授课	* * *
002	国内外危险化工品安全管理概况	课堂授课、案例	* * *
003	化工企业应急管理体系的构建	课堂授课	* * *
004	危化品安全的风险评估与应急预警	课堂授课	* * *
005	生产安全应急救援技术与装备保障能力建设	课堂授课	* * *
006	安全生产事故应急处置能力建设	课堂授课	* * *
007	突发事件的应急沟通与协调	课堂授课、情景模拟	* * *
008	危化品典型事故的案例分析	案例分析	* * *
009	应急演练的组织和实施	实战演练	* * *
……	……	……	

3. 培训对象

化工企业的一线工人，基层管理人员，企业的设备维修人员，研发人员等。

4. 培训目标

根据单位的培训需求，针对性的面向各级领导和工作人员，分别从应急管理概论与危化品安全、国内外危险化工品安全管理概况、化工企业应急管理体系的构建、危化品安全的风险评估与应急预警、生产安全应急救援技术与装备保障能力建设、安全生产事故应急处置能力建设等当前重点问题进行研讨和培训，以此达到提升参训人员应急管理实践水平的目的，全面提升单位整体应急管理能力。

5. 培训特色

依据培训需求结构建立网络化的培训体系，坚持"课堂教学＋模拟实训＋参观考察"的培训模式，完成指定理论课程学习同时，要通过模拟案例的实训汇演。培训体系从纵向划分为基础、中层、高层三个层次，不同层次相互衔接，层级递进，满足培训人员技能培训、能力提升和战略意识塑造的多层次需求。同时，在每个层次上，又横向考虑政府和企事业单位全员参与、应急管理负责人、应急管理监管领导三个层面，每个层面建立有单独的培训体系。

通过学习应急知识，大力提高员工的预防、避险、自救、互救和减灾等能力。按照灾前、灾中、灾后的不同情况，分类宣传普及应急知识。灾前教育以了解突发公共事件的种类、特点和危害为重点，掌握预防、避险的基本技能；灾中教育以自救、互救知识为重点，普及基本逃生手段和防护措施，告知公众在事发后第一时间如何迅速做出反应，如何开展自救、互救。

二、应急预案演练实施

企业进行应急预案演练制定应急计划（见表7-2），编写演练实施报告（见表7-3），演练效果评审（见表7-4）。

表7-2　应急预案演练实施计划

申报部门：　　　　年　　月　　日

应急预案名称：	
演练地点：	
参加部门：	
内容与要求： 应急演练组织者：	 应急演练负责人： 总经理签署：
演练过程：	
预期效果：	

表7-3　应急预案演练实施报告

年　　月　　日

附表7-3(1)

应急预案演练实施记录

组织单位：　　　　演练地点：

序号	参加人员	单位	职务	主要职责和任务	演练效果、职责落实
……	……				

附表 7-3(2)

应急预案演练实施记录

应急内容	时　间	反映时间	处置情况	其他说明
报　警				
接　警				
联　络				
现场紧急情况处理				
人员疏散				
救　护				
上　报				
现场恢复及初步调查				
其他情况				

注:应急演练情况实施记录可另附页。

表 7-4　应急预案演练效果评审

年　　月　　日

附表 7-4(1)

应急预案演练意见收集

序　号	姓　名	预案存在的问题	预案改进建议

附表 7-4(2)

应急预案演练效果分析

应急内容	演练结果	存在问题	改进措施	验　证
报　警				
接　警				
联　络				
现场紧急情况处理				
人员疏散				
救　护				

（续表）

应急内容	演练结果	存在问题	改进措施	验　证
上　报				
现场恢复及初步调查				
结　论	批准：　　年　　月　　日			

附表 7-4(3)

应急预案演练效果评审组成员

	姓　名	部　门	职　务	备　注
组　长				
副组长				
成　员				
……	……			

三、某公司消防演练方案实例

1. 演练的目的

增强员工的消防意识，提高对火灾扑救工作的组织能力和处理能力，更好地了解公司的防火制度及消防逃生路径，提高自救能力。

2. 消防演练的频次

公司消防演练原则上每年至少进行一次，特殊情况下，经防火负责人批准可以增加演练次数。

3. 参加消防演练的人员

(1) 公司防火负责人及各部门管理人员。

(2) 全体保安员。

(3) 各部门义务消防队员。

(4) 公司防火负责人和工作人员。

4. 演练的组织

公司演练的组织由行政部具体负责，其他部门配合。消防演练准备工作步骤如下：

(1) 行政部部拟订消防演练方案。

(2) 保安队在消防演练前两周内对现有的保安员进行消防集训，锻炼队员的耐力和意志，使全体队员能熟练掌握各种器材的性能和使用方法，以达到备战目的。

（3）演练前公司组织一次消防设施设备检查，确保大厦现有消防设备正常使用。

（4）公司确定演练日期和时间后，提前一周发文通知各部门，并要求各部门提供参加演练人员名单。

5. 消防演练过程

（1）报警程序（保安队负责）。

① 发生火警，首先把火警地点报告保安值班室，值班人员立即到现场确认。

② 经确认火警属实，立即通知行政部经理，按计划迅速召集各部门义务消防队员尽快到火灾现场。

③ 行政经理指挥到场人员进行灭火和救人工作。

（2）疏散抢救（生产部负责）。

① 负责引导人员向安全区疏散，护送行为不便者撤离险境，然后检查人员是否有人留在火房内；安置好从着火层疏散出来的人员，并安抚稳定其情绪。

② 疏散次序：先从着火部位开始，由内到外，由上到下逐步疏散。并安抚人员，使其不到处乱跑。

③ 引导自救。组织义务消防员引导员工沿着走火撤离。派人带领不能从预定消防通道撤离的人员利用毛巾、口罩等捂住口鼻从其他地方撤离，并组织水枪喷射掩护。

（3）组织灭火（保安部及义务消防队员负责）。

① 启动消防水泵，铺设水带做好灭火准备。

② 关闭防火分区的防火门。

③ 携带灭火工具到着火房间的相邻房和上下层的房间通道查明是否有火势蔓延的可能，并及时扑灭蔓延过来的火焰。

④ 针对不同的燃烧采用不同的灭火方法。

（4）安全警戒（保安部负责）。

① 公司外围警戒任务是清除路障，指导车辆离开现场，劝导过路行人及无关人员离开现场，维护好公司外围的秩序。

② 车间、办公室出口警戒任务是不准无关人员进入里面，指导疏散人员离开，看管好着火处疏散出来的物件。

（5）医疗救护（人力资源部、财务部负责）。由部分人员组成医疗救护小组，配备所需要的急救药品和器材，设立临时救护站。其余人员对各自部门的重要资料和账簿进行保护及转移。

6. 总结消防演练的效果

每次消防演练结束后，行政部须书面总结演练效果和经验教训；总经办部负责搜集汇总各部门对消防演练的反馈意见；以上两份总结呈报总经理审阅后存档。

 复习思考题

1. 简述应急预案宣教和培训的程序。

2. 简述事故预案培训内容。

3. 简述应急训练的类型。

4. 简述应急演练分类。

5. 选择一个典型企业编写应急演练计划、应急演练方案及应急演练总结分析报告。

6. 某市有一化工园区，其中规模最大的企业是甲石化厂。该化工园区内，与甲石化厂相邻的有乙、丙、丁三家化工厂。针对该化工园区的火灾、爆炸、中毒和环境污染风险，该市编制了《C市危险化学品重大事故应急救援预案》。在应急救援预案颁布后，该市在甲石化厂进行了事故应急救援演练。以下是应急救援演练的相关情况。模拟事故：甲石化厂液化石油气球罐发生严重泄漏，泄漏的液化石油气对相邻化工厂和行人造成威胁，如发生爆炸会造成供电线路和市政供水管道损坏。演练的参与人员：市领导，市应急办、安监、公安、消防、环保、卫生等部门相关人员，甲石化厂有关人员，有关专家。演练地点：甲石化厂厂区内。演练过程：2009年7月11日13时55分，甲石化厂主要负责人接到液化石油气罐区员工关于罐区发生严重泄漏的报告后，启动了甲石化厂事故应急救援预案，同时向市应急办报告。市应急办立即报告市领导，市领导指示启动C市危险化学品重大事故应急救援预案。按照预案要求，市应急办通知相关部门、救援队伍、专家组立即赶赴事故现场。市领导到达事故现场时，消防队正在堵漏、控制泄漏物，医务人员正在抢救受伤人员。市领导简要听取甲石化厂主要负责人的汇报后，指示成立现场应急救援指挥部，并采取相应应急处理措施。为了减小影响，没有通知相邻化工厂。16时30分，现场演练结束，市领导在指挥部进行了口头总结后，宣布演练结束。

提问：(1) 此次应急救援演练为哪种类型的演练。

(2) 说明此次应急救援演练现场应采取哪些应急措施。

(3) 指出此次应急救援演练存在的主要不足之处。

第八章　事故应急情景构建

本章学习目标

1. 了解情景构建发展背景。熟悉非常规事件的特点。掌握突发事件情景分类。
2. 熟悉情景的结构和内容。掌握情景构建步骤。掌握情景构建方法,熟悉情景构建原则。
3. 熟悉贝叶斯定理,并能运用贝叶斯理论对一些简单的事故进行情景构建。

情景构建是从假设情景出发对未来进行规划的工具,从可能影响事态演化发展的各种驱动因素入手,采取措施进行应对。情景构建在研究不确定性事件,发现突发事件趋势与规律方面具有优势,适用于非常规突发事件的应急管理研究。如何应对非常规突发事件,正在从"预测-应对"向"情景-应对"进行转变,但尚未形成独特和成熟的理论体系。目前,突发事件情景构建理论与方法是一个处于快速发展中的新研究领域。情景分析方法能将定量与定性方法相结合,适合解决突发事件应急管理问题。本书提到事故应急情景构建主要是指非常规突发事件情景构建。

第一节　非常规突发事件情景构建概述

一、情景构建发展背景

情景构建又可称为情景分析方法,在西方有几十年的应用历史。该方法最早是用在军事上,20 世纪 40 年代末,美国的兰德公司国防分析员首先对核武器被敌对国家所利用的各种可能情形进行描述,这是情景分析的开始;后来,兰德公司通过为美国国防部的导弹防御计划做咨询的过程进一步发展了情景分析。

壳牌(Shell)公司是首个将情景分析法成功应用于商业领域的企业,运用情景分析成功的应对了中东石油危机和全球石油过剩。1971 年,中东的石油生产国内部出现了一些动荡迹象。当时,几乎所有的石油公司都没有发觉这些迹象的含义。他们一直认为,不久中东的紧张关系就会缓和,西方会想办法保证中东的稳定。壳牌公司规划部的研究员 Mr. Wack 和 Mr. Newland 运用情景分析方法来分析中东的局势，得出的结论是阿拉伯世界的变化将会使被西方石油公司主宰25年的石油体系失去稳定性，之后石油价格可能会从当时的2美元每桶上涨到10美元每桶，发生能源危机将不可避免。Wack和Newland根据分析提出了几种应对的方案，使壳牌公司管理层不但意识到这种可能的危机，而且能做好应对的准备。1973年6月爆发的中东战争，10月油价从3美元每桶上涨到5.11美元每桶，1974年1月油价涨到每桶11.65美元，到1975年上涨到了每桶13美元。1979年伊朗爆发革命，石油的生产减少，石油价格上涨到每桶37美元，几乎所有西方石油公司都受到重创，壳牌公司却是个例外。80年代初，石油生产进入泡沫时期。石油交易商却都认为石油价格会继续上涨，因而依旧购进大量期货，推动石油价格持续上涨。但壳牌公司战略规划研究员对市场提出了石油将出现过剩的不同见解。由于欧佩克分裂，能源需求出现放缓，石油产业开始调整。许多人仍然不相信壳牌公司的看法，但壳牌在其他石油公司依然储备大量石油的情况下，卖出了多余的储备。随后3年石油价格出现大幅下跌，产业重组，许多石油公司处境艰难，传统的7大石油公司中的3家被兼并。壳牌公司在石油行业公司世界排名中由第六上升到第二。壳牌公司预测的成功得益于情景分析方法，使壳牌能有效把握石油行业发展的趋势并做好充分准备。

除了壳牌石油公司以外，德国贝思福集团、戴姆勒--奔驰集团和美国波音集团等著名跨国公司都使用情景分析法来规划发展战略。此外，政府部门也采用情景分析方法。比如南非前白人政府利用情景分析研究比较了各种选择的结果后，做出决定对种族隔离制度进行和平变革。

近年来，由于突发公共事件呈现逐步升级的趋势，情景构建作为一个新兴的研究手段被应用于应急领域的研究，特别是在“9·11”恐怖袭击事件之后，美国政府为明确国家应急准备目标，组织实施《国家应急规划情景》重大研究计划，对未来可能发生重大突发事件的风险做了系统分析与评估，对可能发生事件的初始来源、破坏严重性、波及范围、复杂程度以及长期潜在影响作了系统归纳和集成收敛。其成果《国家应急规划情景》被认为是近年应急管理科技领域最重要的研发成果之一。目前，情景构建已经逐渐被应用于突发事件多方面的研究，包括事件演化、决策模型等方面的研究，但是对情景的概念、结构及其内容还处在进一步的研究和探索阶段。

二、情景构建研究对象

随着我国社会经济的快速发展，各种自然灾害、事故灾难、公共卫生事件和社会安全等领域各类非常规突发事件的危害日益突出，爆发频率急剧上升，破坏程度越来越大，其危害性给人们的生产、生活带来了严重影响，并严重制约了社会的可持续发展。因此，如何有效地应对各类非常规突发事件，提高面对非常规突发事件的应急管理能力已引起社会各界的广泛关注。目前，对面向“情景-应对”的非常规突发事件应急处置相关问题的研究已引起社会各界的重视，并成为一个新的研究热点，非常规突发事件成为情景构建的重要研究对象。

1. 非常规突发事件定义

对于“非常规突发事件”的概念，在国外并未将其与“突发事件”进行严格区分，而是统一称之为“突发事件”。我国国家自然科学基金委员会于2008年启动实施“非常规突发事件应急管理研究”重大研究计划中明确指出：非常规突发事件是指前兆不充分，具有明显的复杂性特征和潜在次生衍生危害，破坏性严重，采用常规管理方式难以应对处置的突发事件。在此基础上，一些学者又对其概念进行了进一步阐述。韩传峰等人认为：“非常规突发事件特指社会没有或极少经历过的、缺乏对其演化规律的知识和处置经验的突发事件，分为自然灾难、事故灾难、公共卫生事件和社会安全事件四大类。马庆国等人指出：“非常规突发事件，是日常进程中几乎不发生的(一年，甚至几年、十几年都不发生)，因此很难被纳入常规的管理范围。例如，以往从来没有出现过的流行病，人口密集地区的超强地震等。事件发生时，当事人没有或者很少有相应的规则可以依循。同时，非常规突发事件的影响面很大，且容易发生次生灾害(由灾害后果如引起的灾害，例如地震中死亡者的尸体腐烂所引起的疾病流行)，从而带来长期的不可控负面影响。康青春等人指出：所谓非常规突发事件是指那些历史上不曾发生过(如“非典”、“甲流感”事件)，或者虽然发生过但是发生的条件、规模发生了很大变化(如南方雪灾、“汶川”地震等)，且涉及范围极广、造成的影响极大、所需动用的救援资源远远超过本地(甚至本国)能力的事件。

可见，与突发事件相比较，非常规突发事件的“非常规性”主要体现在三个层面：

(1) 第一层是造成事件发生的因素一般为前兆不明显、复杂多变的非常规因素，且事件发展、演化多环节、多阶段，具有高度的不确定性和非常规性；

(2) 第二层是事件造成的人员、财产损失极大，严重影响公民生产、生活秩序，危及公共安全甚至国家安全；

(3) 第三层是没有或极少经历过的事件，当事人缺乏对其发生、发展、演化规律的知识和处置经验，因此难以应对，必须采取非常规方法来应对。

2. 非常规突发事件与常规突发事件的区别

与“非常规突发事件”相对应的是“常规突发事件”。所谓常规是指日常生产、生活进程中可能多次突然发生，当事主体或应急决策主体在相应的演化规律、应对处置上具有丰富的知识和经验，能够运用常规的管理手段和方法进行处理的突发事件，例如一般性的火灾、交通事故等，尽管对于当事主体，事件具有突发性，没有明显的前兆，事件也有可能造成严重的人员、财产损失，严重影响公民生产、生活秩序，但因此类事件发生的次数较多，且当事主体或应急决策主体在相应的致因机理、演化规律、应对处置上具有较丰富的知识和经验，能够运用事先制定好的应急处置方案和常规性的管理手段进行处理，因此其属于常规突发事件。非常规突发事件与常规突发事件相比，在发生概率、日常管理措施、次生灾害、决策与救援等方面存在明显的不同：

（1）从事件发生概率方面来看，虽然常规与非常规突发事件都是低概率事件，但与常规突发事件发生概率相比，非常规突发事件发生概率更低，甚至是有人类以来没有发生过的。如 2003 年我国爆发的 SARS、2008 年 5·12 汶川大地震等。

（2）从日常管理措施方面来看，常规突发事件一般有相应决策规则和经验可以依循与借鉴，日常管理规章制度比较完善；而面对非常规突发事件，社会各界缺乏对该突发事件演化规律的认识与处置该事件的经验，应对该事件的管理制度、条例、规则很少，甚至没有。

（3）从次生衍生灾害方面来看，大多数常规突发事件次生衍生灾害不严重，涉及范围不大，形成灾害或影响有时候很快就消失；而大多数非常规突发事件有非常严重的和大范围次生灾害，带来灾害或影响很长时间都难以消除。如 2008 年 5·12汶川大地震带来的泥石流和流行病等次生灾害。

（4）从决策与救援方面来看，由于非常规突发事件发生的不确定性及其影响力的迅速扩张、破坏性较大，事件发生以后要求各级政府及相关部门必须立即启动紧急救援，尽最大可能降低灾害破坏程度，而人们在短时间不能充分掌握信息，也难以对相关信息进行加工分析并做出正确的判断，也不能采取最优的处置措施，使得非常规突发事件造成更大的负面效应。同时，这样的性质也决定了非常规突发事件的应急决策与常规事件的决策不同。

但非常规突发事件的“非常规性”是一个相对的、模糊的、难定量化的概念。因此，“非常规突发事件”与“常规突发事件”之间并无明显的界限，并且两者间存在着一定的联系性和转化性。一些突发事件因其发生在不同时间、不同地点、导致因素不同、针对不同的当事主体可以将其划分为常规突发事件，也可将其划分为非常规突发事件。如煤矿特别重大瓦斯事故就我国范围内而言，虽然其具有较强的破坏性和影响后果，但仅 2000—2010 年死亡 30 人以上的煤矿特别重大瓦斯事故就发生了 43 起，平均每年发生 4.3 起，其发生的频率较高，相应的致因机理、演化规律知识尚较丰富，且在应急处置方面基本上在国家的常规性管理范围之内，具有常规性，可以划分为常规突发事件；而在不同的时空条件下，对一个煤矿而言，其致因因素又具有很大的不确定性和复杂性，特别重大瓦斯事故是没有或极少经历过的，在相应的演化规律知识和处置经验上尚较缺乏，容易发生次生灾害，具有一定的非常规性，亦可划分为非常规突发事件。此外，一些非常规突发事件随着发生次数的不断增加、发生频率的不断提高以及人们对其发生、发展、演化规律知识的不断积累和应急处置经验的不断丰富，会逐渐由非常规突发事件转化为常规突发事件，如近两年频繁发生的地震灾害；一些常规突发事件由于前期处置工作的失误，可能引发严重的或罕见的次生灾害，由常规突发事件转化为非常规突发事件，如 2005 年松花江水体污染事件。

根据上述内容的描述与分析看出，非常规突发事件与常规突发事件均属于突发事件的范畴，且研究内涵、涉及的内容均有交叉性，具体关系如图 8-1 所示。此外，突发事件除了包括常规突发事件和非常规突发事件外，还包括一些特殊性突发事件，如我国近期发生的富士康员工连续跳楼事件和校园连续暴力砍人事件等，其既不属于常规突发事件的范畴，在发生、发展规律和危害性等方面又不同于非常规突发事件，因此将其归为特殊性突发事件。

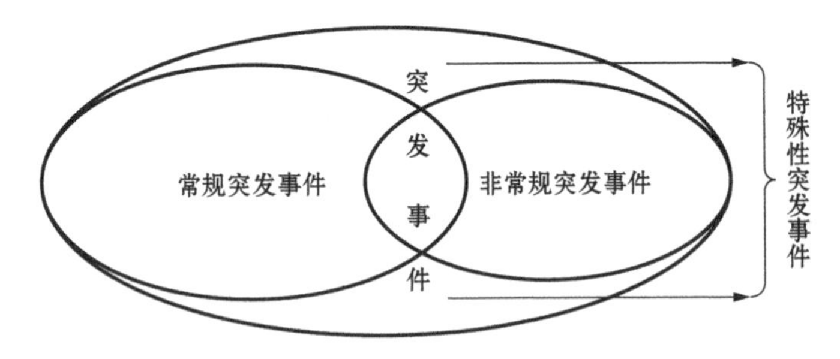

图 8-1 常规突发事件与非常规性突发事件关系

3. 非常规突发事件的特征

与常规突发事件一样，非常规突发事件也具有随机性、突然性和危害性等典型特征。但非常规突发事件在发生发展机理、演化方式、影响后果、应对过程等方面又具有其特殊性，其是一种典型的重大突发事件，极易引发社会连锁响应和严重后果，并可能危及社会稳定。

1）明显的罕见性和不可预测性

非常规突发事件的发生概率很低，具有明显的罕见性，主要体现在：一是事件发生的时间间隔比较长，可能是十年不遇或百年不遇的重大事件，甚至是人类历史上从来都没有发生过的事件；二是虽然历史上曾经发生过，但是由于社会环境、地理环境、生态环境等发生条件、发生规模等有了很大变化，使得突然爆发的事件没有先例。其次非常规突发事件的发生没有明显征兆，何时发生，在什么地方发生，以什么方式发生，都是很难预测的，如 2001 年美国“9·11”恐怖袭击事件，2003 年 SARS 的首次出现和蔓延，都是历史上从未发生过的，具有明显的罕见性，对于认知和决策主体是陌生的，且其前兆不明显，发生、发展和演化规律难以预见。

2）高度的衍生性和连锁动态性

非常规突发事件在发展过程中往往会引起其他领域突发事件的发生，并相互作用，形成一连串的连锁反应。地方性的事件可能演变为区域性的事件，甚至演变为国际性的事件，非政治性事件可能演变为政治性事件，自然性的事件可能演变为社会性的事件，特别是在当今全球化和信息化的世界尤是如此。由于各种非常规突发事件有着自身的产生机理和发展、演化特征，相关的影响因素很多，影响关系复杂多变、难以权衡，且其发展和演化过程受到多元认知和决策主体的互动影响，带有很大的不确定性和动态性，所以单一事件的演化机理及其多个事件间的耦合作用机理是非常复杂的，呈现动态系统的复杂特征。如前苏联 1986 年发生的切尔诺贝利核电站泄漏事件，由于决策主体决策迟缓、处置不力，造成大约 50 吨放射性物质进入大气，2.5 万平方公里的 1 750 万人受到辐射，酿成了人类历史上和平时期最大的核灾难。2008 年春节前后我国南方发生的雨雪冰冻灾害，大雪导致道路积雪，继而交通不畅难以进行抢险施工；积雪压断高压线，导致火车停运、旅客滞留与电煤难运，进而导致火电停止，居民基本生活难以保障，引发各种社会问题。

3）典型的灾难后果与不可控制性

大部分非常规突发事件突然发生，导致大量的人员伤亡、经济损失等灾难性后果，且事件爆发过程都具有较强的不可控制性。如“5・12”汶川大地震造成近 10 万人死亡，对当地社会经济造成了毁灭性打击，但地震本身的强度和烈度，都是无法控制的。鼠疫、非典、H1N1 甲型流感等一旦蔓延传播开，在缺乏有效治疗药物的情况，也会导致失控，造成大量的人员伤亡以及各行各业严重的经济影响，甚至瘫痪，后果不堪设想。2004 年印度洋海啸的爆发对印度、巴基斯坦等南亚和东南亚的很多国家造成了巨大的人员伤亡和经济损失，其在几个小时内就蔓延了数十个国家。2006 年美国卡特里娜飓风也大有淹没整个城市而必须重建的危害。2010 年美国墨西哥湾原油泄漏事件，尽管四分之三外泄原油经多种途径得以清除，但引发的重大生态灾难无法避免，原油已经渗入墨西哥湾区域食物链乃至食物网，影响会持续数年。

4）严重的社会恐慌和危机性

非常规突发事件由于影响范围广，涉及领域多，经济损失巨大，给公众利益、社会基本结构等带来严重威胁；且人们对其发生、发展、演化规律认识不够，没有现成的应急预案可循。因此若对事态不及时加以控制或应对不力的话容易造成社会公众的恐慌，对现有社会秩序造成冲击，甚至引发社会混乱和动荡。如非典危机期间，谣言和不实信息，在不明真相的人们之间传播，使问题更加复杂化，一度引发了社会抢购风潮,社会恐慌,认为世界末日即将到来。2010年的山西地震谣言事件,导致山西晋中、太原、吕梁、长治、阳泉等地部分群众半夜不睡觉,走出家门挤上街道,焦虑地等"地震",使当地居民的生产生活秩序遭到了一定的破坏。此外,近年来国内不断发生的苏丹红、红心鸭蛋、福寿螺、多宝鱼、三鹿奶粉、毒豇豆、地沟油、圣元奶粉等食品安全事件,不仅造成极其恶劣的社会影响,引发了严重的社会恐慌,而且成为一些国家将其作为"贸易战"制裁我国的依据,直接影响了国家的形象和对外贸易的发展。

可见,正是由于非常规突发事件明显的罕见性和不可预测性,高度的衍生性和连锁动态性,典型的灾难后果与不可控制性,以及严重的社会恐慌和危机性等特征,给政府管理决策以及相关的救援工作带来了很大的困难,无法基于现有的知识和以往的经验进行预测和超前准备。采用传统的"预测-应对"模式难以应对非常规突发事件的应急处置,其应急处置应是"情景-应对"型,即在事件发生后随着事件的发展、演化,动态地进行认知和应对。如何使非常规突发事件决策主体能够实时掌握和预测事件情景动态变化规律,做出科学、有效的应急处置就成为非常规突发事件"情景-应对"的关键问题。因此,"情景-应对"模式下非常规突发事件应急处置将成为情景构建的核心内容。

三、情景构建相关成果

目前,已有部分学者基于情景构建对非常规突发事件的情景概念、情景分类、演化机理、情景分析、"情景-应对"型应急决策与管理、模型构建等领域进行了一定探索,提出了一些具有参考价值的研究成果。

1. 情景与情景集

国内学者主要从主观和客观两方面对突发事件的情景进行定义。主观上,情景是决策者正面对的突发事件发生、发展的过程具有一定主观色彩的各种状态组合。客观上,情景是一个包含了很多重要参数的集合。任意突发事件发生、发展和演变的过程中,情景都不是单一存在的,应急决策者在决策过程中会遇到许多不一样的情景,它们共同构成了一个集合,称之为情景集。

1) 单一事件演变过程中的情景集

对于单一事件的情景在空间上一般采用情景树来表示它的演化分解。情景的演化过程开始于单个初始情景,初始情景可能会有不同的演化路径,按照不同的路线进行演化,会产生和经历各种不同的中间情景,演化路径最终会达到一个结束情景,然后整个事件就会到达终止状态。在突发事件实际的演变过程中,有可能按照任意的一条演化路径进行演化。最终会选择哪条路径主要是取决于不同演化路径的概率和应急决策者所采取的措施。图8-2采用情景树表示单一事件的情景演化路线。

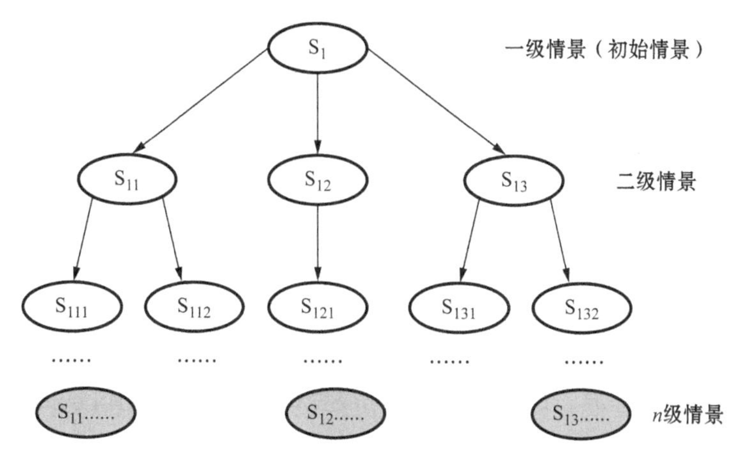

图 8-2　单一事件情景演化路线

由图 8-2 所示，初始情景也称为一级情景，在情景树中属于根情景；而从二级情景到 $n-1$ 级情景，是情景树的茎情景；最后的 n 级情景，是情景树的叶情景。图 8-2所示是单一情景定格在某一时间点时，对其在空间上的分解，没有考虑到情景在时间轴上的演化。如果考虑情景在时间轴上的演化，某个时间点的情景可以看成是在各个空间上的情景整合，即每个时间点的情景都可以用图 8-3 进行表示从而构成一幅连续的不断变化的画面。

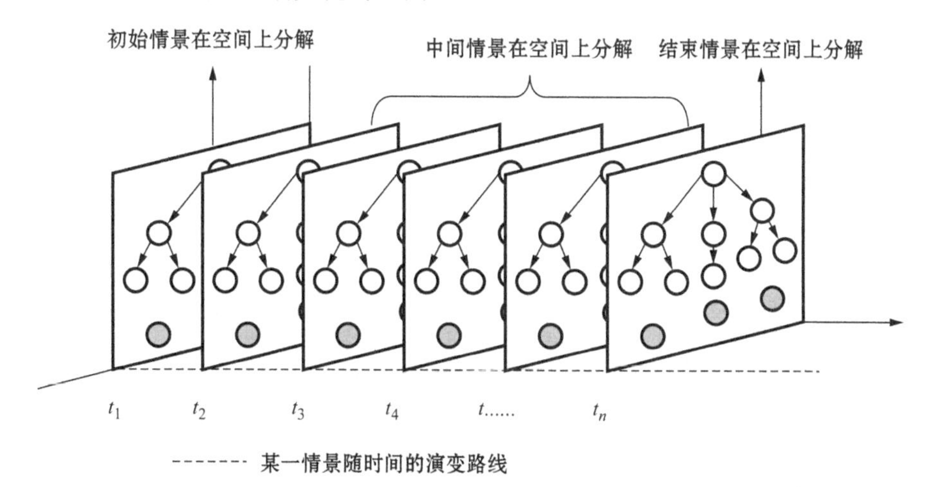

图 8-3　单一情景随时间的演变路线

在现实的突发事件中，情景随着时间的推移不断演变，应当是一幅连续并且不断变化的画面，但图 8-3 所表示只是其中一些时点的画面。因为在处置突发事件时,不可能对一个连续时间轴上所有的情景进行决策,而只能将情景演变过程人为的划分为一些关键的决策时间点,然后再对这些决策时间点上的情景进行应急响应和处置。

图 8-3 中所示的每一个平面图都是某一关键决策点的情景在空间上的展开。图中的虚线表示初始情景在空间上某点展开后的情景随时间的持续而演变的线路。需要注意的是,图中并没有明示出一些子情景可能会随着时间的演变而提前进入结束状态,也就是说,t_1 时刻所展示出的情景在时间轴上的其他时刻可能并不会全部出现。一些已经结束的情景在决策时无需考虑。那么,图中虚线所示的线路可能并没有到达整个事件处置结束时的时点,很有可能在中间的某一时点中止。所以图 8-3 中的情景不一定在每个时点都存在,而且每个时点存在的情景可能都会与前后时点存在差异。这些在同一空间或者在同一时间上的情景都共同构成了情景集。

2) 历史事件的情景集

历史事件,即已发生的非常规突发事件中的所有情景构成了一个情景集,如表 8-1所示,自然灾害类中的典型案例所涉及的情景可构成了一个自然灾害类历史事件情景集,还可根据灾害类型进行细分,如地震情景集、洪水情景集、泥石流情景集等。对于历史上已经发生过的各类突发事件进行分级分类,可以在较短的时间内对它有定性的认识,对这些历史事的处置措施和过程进行整理,对构建类似情景事件具有指导作用。

表 8-1 非常规突发历史事件情景集(部分)

类型	范 围	典 型 案 例
自然灾害	主要是指地质灾害、水旱灾害、气象灾害以及森林火灾和重大生物灾害等	1976 年中国唐山大地震
		1998 年中国长江流域的特大洪水灾害
		2004 年印度洋地震海啸
		2008 年 5・12 汶川特大地震
		2008 年中国南部的强烈雨雪灾害
		2010 年中国部分地区的特大旱灾和洪灾
		2006 年美国卡特里娜飓风及产生的巨大社会震动
		2009 年澳大利亚维多利亚州的山火灾害
		2009 年菲律宾热带风暴引发的大洪水
		2010 年俄罗斯夏季罕见的高温和干旱天气引发的森林火灾
		2010 年中国甘肃舟曲特大泥石流灾害

（续表）

类型	范　围	典 型 案 例
事故灾难	主要是指重大交通运输事故，各类重大的生产安全事故、造成重大影响和损失的城市突发性事故、核辐射事故、重大环境污染和生态破坏事故等	1980 年印度博帕尔中毒事件
		1986 年切尔诺贝利核电站核泄漏
		2003 年中国重庆开县的天然气井喷事故并引发硫化氢中毒
		2010 年美国墨西哥湾原油泄漏事件
		2010 年中国大连输油管道爆炸事件并引发原油泄漏
公共卫生事件	主要是指突然发生，造成或可能造成社会公共健康严重损害的重大传染病疫情、群体性不明原因疾病、重大食物和职业中毒，以及其他严重影响公众健康的事件	公元 6 世纪地中海地区及欧洲第一次鼠疫（黑死病）
		2003 年 SARS 病毒的首次出现和蔓延
		2005 年禽流感的首次出现和发作
		2005 年松花江水体污染事件
		2008 年中国的三鹿奶粉事件
		2008 年甲型 H1N1 流感病毒
社会安全事件	主要是指重大刑事案件、涉外突发事件、恐怖袭击事件以及规模较大的群体性突发事件	2000 年辽宁省杨家杖子钼矿因破产引发的万人骚乱事件
		2001 年美国“9・11”恐怖袭击事件
		2003 年陕西省西北大学抗日游行示威事件
		2008 年次贷危机引发的全球的金融风暴
		2009 年中国新疆“7・5”打砸抢烧杀暴力犯罪事件
		2010 年柬埔寨发生的严重踩踏事故

3）情景关系分析

对于单一事件演变过程的情景间关系分析，可以从三个方面展开：一是分析某一情景在空间上根情景、茎情景和叶情景之间的关系；二是分析事件情景树的茎情景之间、叶情景之间存在的相互关系；三是分析在同一发生地点，随着时间变化而改变的情景间的关系。

对于历史事件构成的情景集的关系分析，主要有两种，一种是情景之间具有共同的要素，如事件类型相同或发生地点相同，存在相交的关系；另一种是情景间完全没有相关或相同的要素，它们之间为独立关系。

对于当前事件中的情景与历史事件情景之间的关系分析，重点要分析当前事件中的情景与历史事件情景集中的情景关系，有价值的关系包括情景相交关系与情景包含关系。

分析情景间的相似性，关键就是要研究两者之间的相交关系和包含关系。情景之间的相似性是有强弱之分的，如果它们之间拥有的共同要素越多，情景间的相似性表现得越强。情景间的关系情况总结如表 8-2。

表 8-2 情景关系分析

<table>
<tr><th colspan="2">情景属性</th><th>情景间的关系</th></tr>
<tr><td rowspan="3">单一事件演变过程中的情景关系</td><td>根情景、茎情景与叶情景之间的关系</td><td>包含关系</td></tr>
<tr><td>茎情景之间以及叶情景之间的关系</td><td>相交关系</td></tr>
<tr><td>不同时点情景之间的关系</td><td>因果关系、顺序关系、相交关系</td></tr>
<tr><td colspan="2">历史事件情景的关系分析</td><td>相交关系、独立关系</td></tr>
<tr><td colspan="2">当前事件的情景与历史事件情景之间的关系分析</td><td>相交关系、包含关系</td></tr>
</table>

2. 情景分类

美国国土安全部与联邦多个部门合作，在应急领域发起了一场关于全世界范围内重大突发事件的调研。众多的应急管理学者和专家经过一段时间的调研，总结近年来发生在美国本土以及全世界范围内的重大突发事件中具有典型性的案例。他们将这些案例出现的情景整合在一起，再根据他们的特征分成了 8 个情景组，如表 8-3 所示。这些情景是美国可能会面临的最重要的风险和挑战。对非常规突发事件进行情景分类有助于非常规突发事件情景的构建研究。

表 8-3 美国重要情景组和国家预案制定情景关系

重要情景组	国家预案制定情景
1 爆炸物攻击——使用自制爆炸装置进行爆炸	情景 12:爆炸物攻击——使用自制爆炸装置进行爆炸
2 核攻击	情景 1:核爆炸——自制核装置
3 辐射攻击——辐射扩散装置	情景 11:辐射学攻击——辐射学扩散装置
4 生物学攻击——附病原体附件	情景 2:生物学攻击——炭疽气溶胶 情景 4:生物学攻击 情景 13:生物学攻击——食品污染 情景 14:生物学攻击——体表损伤皮肤疾病
5 化学攻击——附各种毒剂附件	情景 5:化学攻击 情景 6:化学攻击——有毒工业化学品 情景 7:化学攻击——神经毒剂 情景 8:化学攻击——氯容器爆炸
6 自然灾害——副各种灾害附件	情景 9:自然灾害——特大地震 情景 10:自然灾害——大飓风
7 计算机网络攻击	情景 15:计算机网络攻击
8 传染病流感	情景 3:生物学疾病爆发——传染性流感

值得特别关注的是:在表 8-3 列出的 15 个重大突发事件情景中，只有 4 个在

美国的历史上曾经发生过，而另 11 件不但在美国本土从未发生，即使在全世界范围内也极为罕见，甚至从未出现，但专家坚持认为，这些重大突发事件情景仍然是美国今后公共安全最主要威胁，同时一再强调，就是因为国内从未发生，反而才更有必要做好应急准备。

每个突发事件都会不同程度带有地域、社会、经济和文化的特别属性，差别甚大，但无论形式如何变化，基本都是源于自然灾害、技术事故和社会事件这三方面，其发生、发展、演化和结束的一般动力学行为也大体表现出相似的规律。根据事件情景的性质分类、强度级别、情景特点三个维度的特性，得出基于风险特征的分级分类矩阵，如表 8-4 所示。

表 8-4　重大突发事件情景矩阵

级别＼性质	自然(N)	技术(T)	社会(S)	合计
一级 巨灾(危机)	疫病大流行 特大地震 飓风	核泄漏 危险化学品泄漏	恐怖袭击(爆炸、生物袭击或核爆)暴乱	7
二级 灾难级	洪水 大坝失效 森林大火	特大交通事故 空难 海难	种族、宗教和经济纠纷等导致激烈冲突 网络	8
三级 事故(件)集	局部极端气象条件 地质灾害	工业与环境事故 重大火灾 重大交通事故	公共集聚 大规模工潮	7
合计	8	8	6	22

表 8-4 中第一级是巨灾或者危机情景，是所有情景中级别最高的。这类事件的主要特点是极小概率，但会严重威胁社会公共安全，对社会经济造成严重的损害，同时波及范围较为广泛，影响可能会跨区域甚至覆盖全国，或跨越国界。这些情景的情况十分复杂，经常会产生次生、衍生灾害，需要长时间恢复，或很可能会难以恢复。这些情景一般需要动员国家的力量才能应对。表中共列出 7 组巨灾情景。

第二级为灾难级，相对于危机情景，事件发生的概率相对较低，但破坏强度像第一级一样很大，事件产生的后果较为严重，影响的范围可能是周边的几个城市、也可能是整个省或者跨越省，情景的情况比较复杂，恢复过程需要经过一段比较长的时间。第二级共列出了 8 组突发事件情景。

第三级为事故级，这些事件相对于另两级情景的事件发生的概率比较高，但是事件产生的破坏性没有它们的强度大，影响的范围一般在市县级范围内，灾情的情景比较单一，较短的时间内可恢复的突发事件。

列入矩阵中的这22个情景基本反映了各类突发事件共性特点和公共安全面临主要威胁，这样基本可以保障用最少量的、最有代表性和最可靠的情景，明确应急准备的方向与范围，指导综合性应急预案的编制和组织培训与演练实施。

3. 应急决策中的情景界定与分析

若非常规突发事件的预报、预警失败，事件将会进入全面的爆发阶段，但由于事件的罕见性，应急决策主体必须针对事件具体的发展、演化情景做出实时决策。所以依据事件当前的状态，对未来发展趋势进行有效分析，即情景分析与推演，是非常规突发事件有效应急决策的前提。

1）非常规突发事件原理性机理

根据非常规突发事件的特征，可得到非常规突发事件应急决策的原理性机理，原理性机理刻画事件发生、发展、演化规律，以及应急决策从启动到结束的全部处理过程规律和时态框架。非常规突发事件应急决策的原理性机理如图8-4所示。

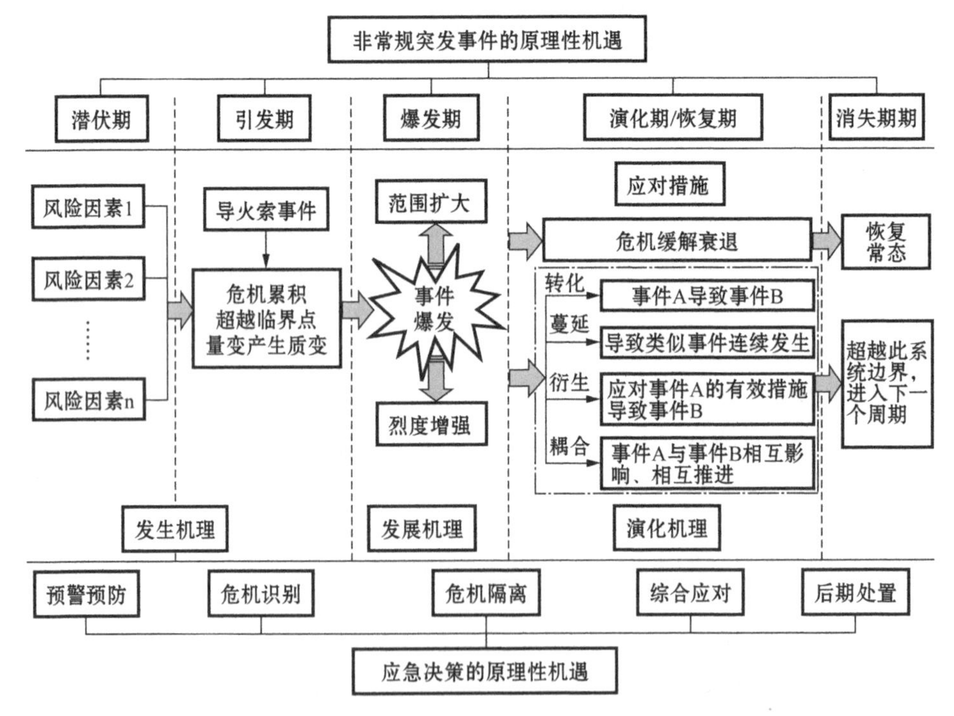

图8-4　非常规突发事件应急决策的原理性机理

非常规突发事件的原理性机理根据其时态框架可以分为发生机理、发展机理、演化机理。发生机理表示在多种危险因素的作用下能量不断积聚直至事件爆发的过程。发展机理可以按照范围上的扩大和烈度上的增强来进行分析。由于一个事件的发生一方面可能是由于其他事件诱发，另一方面则可能会造成更多的事件。

对于多个事件之间存在的这种关系，用“演化机理”来说明，其进一步细分可分为“转化机理”、“蔓延机理”、“衍生机理”和“耦合机理”。其中，“转化机理”是指事件A导致事件B发生，例如爆炸事故引发火灾、地震引发海啸等。“蔓延机理”主要说明的是同类灾害不断发生，如某一个工作面的瓦斯爆炸，引发其他工作面或巷道的二次瓦斯爆炸，造成同类事故不断发生。“衍生机理”主要是指因为应对某个事件采取的一些积极措施会造成另外的事件，很可能后面这个事件比前一个还要严重。例如瓦斯积聚浓度严重超限后，在有风流短路而未检查通风系统的情况下加大通风，导致瓦斯随风流进入其他工作面引起瓦斯爆炸，这就属于由应对措施衍生出其他事件的情况。“耦合机理”是指两个或两个以上的事件相互影响、相互作用导致事件后果的进一步加剧。例如在某处煤矿发生瓦斯爆炸的情况下突然发生其他灾害，例如地震、水灾等，使得事故烈度增加，伤亡损失与破坏程度加剧。针对非常规突发事件的发生、发展、演化机理（具体包括潜伏期、引发期、爆发期、演化期或恢复期和消失期），相应地应急决策贯穿于预警预防、危机识别、危机隔离、综合应对和后期处置等五个阶段。

2）应急决策中的情景界定

根据非常规突发事件的原理性机理，可将非常规突发事件的情景分为发生情景、发展情景、演化情景和消失情景。发生情景是非常规突发事件发生时所呈现的态势，对于某一具体的非常规突发事件，发生情景一般是确定的。发展情景是发生情景经过自身各种因素的影响以及外界手段的干扰，随着能量的不断释放，规模在空间、强度上不断扩大而呈现出的态势。演化情景是事件在发展情景的基础上，由于各系统间的关联性，往往会引发其他次生突发事件的发生，且有时相互影响、相互作用，形成一连串的连锁反应。演化情景一般包括蔓延情景、衍生情景、转化情景、耦合情景。消失情景是非常规突发事件应急处理结束后系统所处的状态。

其次，按照情景演变的时间规律，情景亦可分为初始情景、中间情景、结束情景。从非常规突发事件的整个应急管理过程来看，初始情景是非常规突发事件发生时所呈现出的态势，即发生情景，亦指一个情景发展前的基础情景，即亦可是发展情景或演化情景中某一情景。中间情景是初始情景经过自身演变以及外界干扰所达到的一种中间状态，这种状态往往面临着关键决策点。结束情景是突发事件应急处理结束时所处的状态。它可能是由于时间限制而强制中止的状态，也可能是由于事件按自身发展规律逐渐消亡，直至其所造成的后果达到决策主体所能容忍的范围之内。对于某一具体的非常规突发事件，初始情景、中间情景和结束情景不是绝对不变的，而是相对而言的。非常规突发事件的情景演变会受到多种影响因素的交互作用而存在多条发展、演化路径，因而可能存在多种可能，其情景演变规律图如图8-5所示。

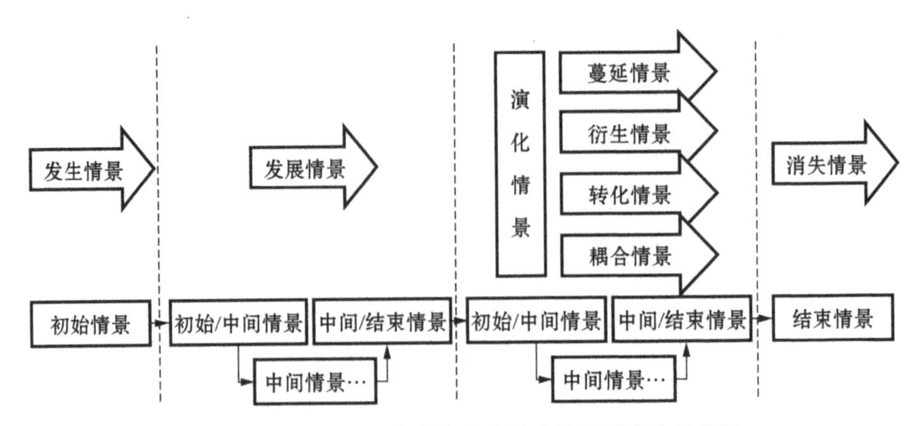

图 8-5　非常规突发事件应急决策中的情景演变规律图

对于可划分为多个关键阶段的非常规突发事件，整个事件的发生情景是第一个关键阶段的初始情景。而整个事件的消失情景是最后一个关键阶段的结束情景。整个事件的发展情景、演化情景中则可能包括某一关键阶段的初始情景、中间情景和结束情景。可见，非常规突发事件全过程中的发生情景是整个事件的初始情景，消失情景是整个事件的结束情景，而发展情景的结束情景对于演化情景而言是初始情景，而对于整个事件而言则是中间情景。

非常规突发事件情景的演变，去除发生情景（最初的初始情景）和消失情景（最终的结束情景），主要是发展情景、演化情景等一系列中间情景的演变，其是由非常规突发事件自身的演变以及外界环境、人为干扰共同决定的。因此，非常规突发事件的应急决策的第二个关键工作，即发展演化→情景分析→隔离应对措施选择与实施，主要是对一系列中间情景进行科学的分析、研判和态势估计、预测，以采取有效的应急管理对策，使中间情景的演变在较短的时间内、以较小的成本和较快的速度向好的方向发展，演变为消失情景，其关键技术就是情景分析与应急方案选择。

3）情景分析

非常规突发事件的情景分析是决策主体在对事件当前状态充分认识的基础上，通过科学的手段以及个人或集体的洞察力对事件未来发展趋势进行预测和推演，其是一个多层次、多目标、多对象的模式识别过程，也是一个复杂的数据融合与分析过程。其主要内容可以分为情景知识的表示、情景网络的构建、情景的推演三个阶段，如图 8-6 所示。

（1）情景知识表示。

情景知识表示是根据各级部门的信息管理平台，结合情景的各种要素（客观、主观），对收集的数据进行分析、整理，删除多余的、重复的、决策者不感兴趣的数据，过滤掉不可靠的数据，对有用的数据进行组织和匹配，获得情景要素。然后将

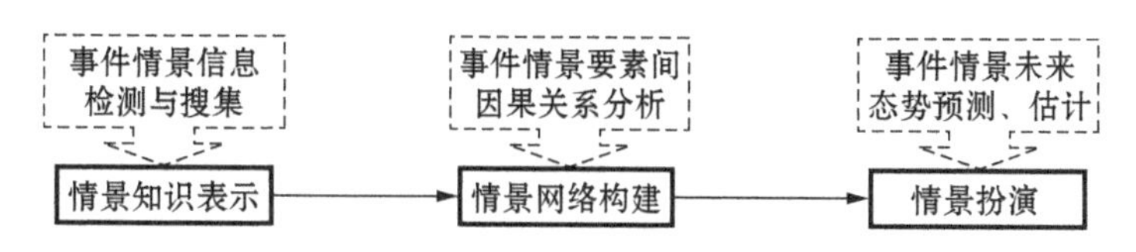

图 8-6　常规突发事件情景分析的三个阶段

有用的情景要素进行分组、聚类，表示为情景知识。

对于非常规突发事件而言，其是多因素、多部门共同作用的复杂系统，其情景知识的表示至少需要获得以下几方面的要素：

基本信息：包括事件发生的时间、地点、类型、环境描述、报告人、联络电话等；

事件状态信息：包括事故原因、经过，事件破坏能力、波及范围、危险等级，人员伤亡、被困情况，关键设施破坏情况，周围自然资源或建筑物的破坏情况等；

响应信息：指应急管理主体根据事件状态，采取的一定应急措施，包括危机隔离措置，人员、物资的疏散措施，救援措施等。

有效的情景知识表示不仅要求与检测系统、人机交互系统、地理信息系统的实时交互，也需要与其他政府管理部门密切配合。

情景知识表示的主要任务是完成：数据→信息→态，即完成由广泛收集的数据转换为有用的信息，并对当前信息作出直观量化的解释，从而获得当前非常规突发事件的主要状态。

(2) 情景网络构建。

情景网络构建是根据事件各阶段的情景知识表示，分析并确定事件演变过程中每个情景的各个要素间的因果关系，以及发生、发展、演化中情景与情景间的因果关系，进而构建事件情景演变的网络结构图。情景网络构建过程中，要充分考虑其在空间和时间上的传播，从时间和空间两个角度进行情景关联，不但要在整个空间范围内确定情景要素间的相互关系，也要把由于某种原因而暂时中断的前后几部分轨迹关联起来，从不同的角度形成情景网络。

(3) 情景推演。

情景推演是在构建的情景网络中对事件当前情景 S_i 要素分析的基础上，对下一个时间段可能发生情景 $S_{i+t}(t>0)$ 的要素进行预测和估计。在情景推演中，可以通过数据样本统计和专家经验指定等方式，对数据进行抽象理解，形成合适的假设集，即情景 S_i 各要素的条件概率；然后运用贝叶斯网络理论、模糊推理理论、人工神经网络理论、D-S 证据推理、物元分析理论、专家评审法等方法获得下一个时间段可能发生情景 S_{i+t} 各要素发生的状态概率，进而综合分析和构建事件的未来情景。由上可知，情景构建主要完成：态→势，即通过各种系统实现方法对非常规突发事件的发展、演化等进行预测，得到事件当前状态基础上未来的发展趋势。

由以上分析，可得出非常规突发事件情景分析的流程如图 8-7 所示。非常规突发事件情景分析本身是一个多源信息融合过程，主要完成："数据→信息→态→势"的过程。情景分析是其应急决策与处置的前提，直接影响着应急管理的效果，应急管理效果又进而反映在事件发展、演化情景中。因此，非常规突发事件的情景分析、应急决策、应急处置是一个循环反复的过程。

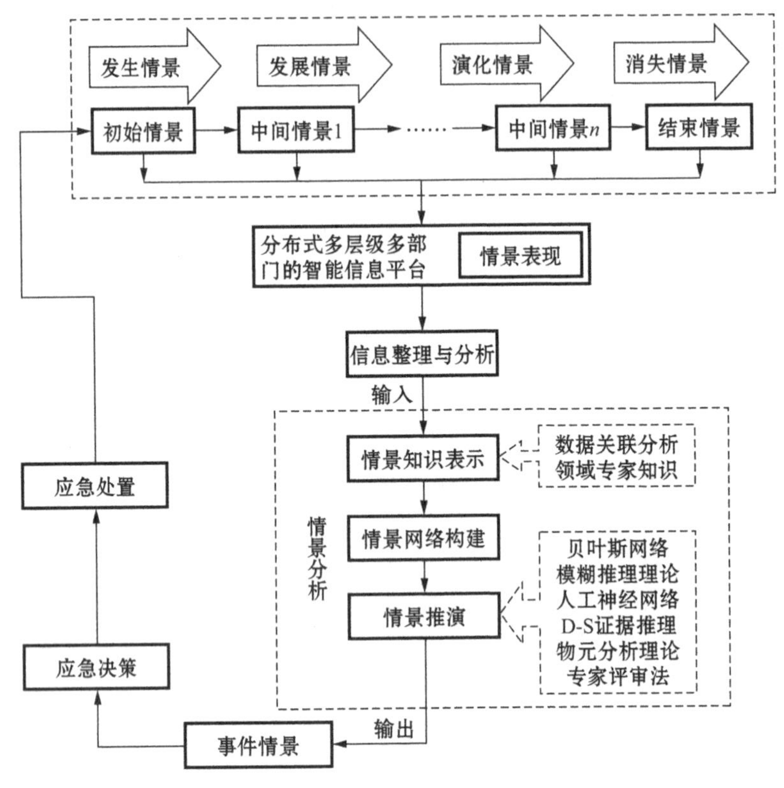

图 8-7 非常规突发事件情景分析的流程

第二节 非常规突发事件情景构建方法

一、情景的结构与内容

情景的结构和内容关系着突发事件各个阶段任务的完成。应急响应的目标会因突发事件的类型发生改变，但是事件的情景需要遵循共同的框架结构，这样才能保证与应急响应目标一致。图 8-8 是基于三个维度的情景结构与内容，所有的情景都按照这个共同的框架结构进行描述。情景的结构和内容是按照一定的逻辑顺序，首先要对情景的基本情况进行描述，包括情景的地理信息、环境信息、气象信息等情况，完整的描述情景概要；其次是根据情景概要的具体描述，对事件可能产生的各种后果进行有根据的假设；最后根据产生的后果，提出能消除或减轻不良后果的应对任务。

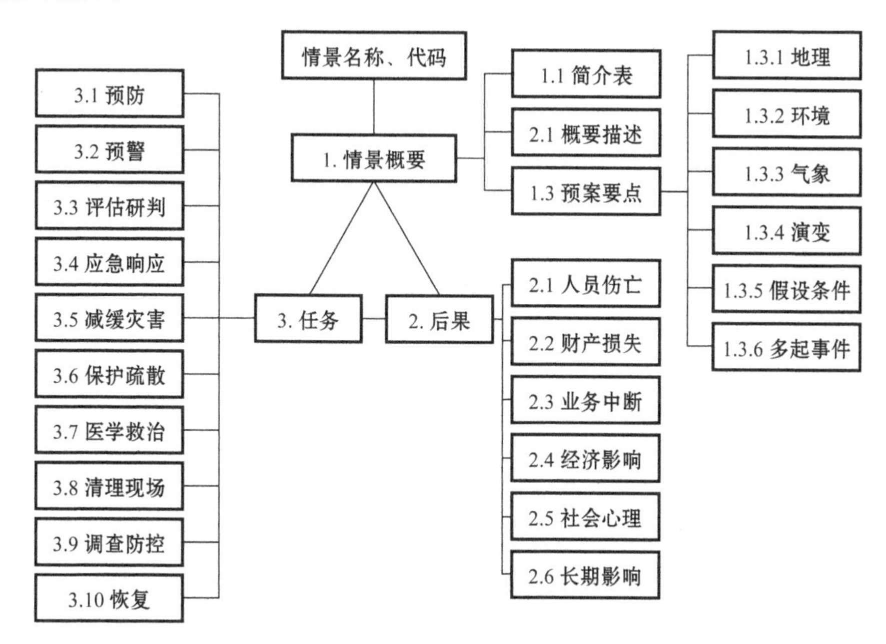

图 8-8 突发事件情景原型结构与内容模拟

从情景三个维度的结构和内容中，可以看出情景与任务之间存在着明显的映射关系。情景的相关基本信息决定着情景在此演变过程中可能出现的各种态势，同时可以根据这些信息预测出该情景可能产生的预期后果。而应急任务则是为了避免或者减轻该情景产生的后果，每个应急任务都有其针对性。应急任务的完成情况在某种程度上决定着该情景后果所产生的变化，应急任务所要实现的目标是将情景可能产生的后果和损失减少到最低。

总结起来，突发事件情景构建是以明确的假设为背景，以符合逻辑的方式对突发事件全过程(包括孕育阶段、发生阶段、扩大阶段、消退阶段)进行描述，尽可能提高细节化的程度，并明确事故发生发展过程中的关键情景节点，同时通过严密的推理与详细的分析来构想可行的应对方案，最终得出相应结论的一种研究方法。突发事件情景构建的本质特征包括：

(1) 情景是由无数同类事件和预期风险的集合，不是一个具体事件的投影，突出强调影响事件发生发展的共性关键因素，是基于普遍规律和特定要素的全过程、全方位、全景式的系统描述。

(2) 情景分析法是定性和定量分析融为一体的创新分析方法，运用许多源自其他有关学科的信息和技术，具备预测学、心理学和统计学等多种学科特征。

(3) 情景构建的目的在于为应急“预防、准备、响应、恢复”四阶段的应急处置工作做指导，其核心是在如何做好应急准备工作。

(4) 事件可能出现多种发展趋势，预测的结果也是多方面的。但所构建的情景中应具备最广泛的风险与任务代表性，具备开放性，并可持续改进。

二、情景构建步骤

由于非常规突发事件特点，对非常规突发事件进行情景构建时，首先应该研究实时信息下情景要素的选取与表达方法，继而可利用超网络理论、贝叶斯网络等研究方法对情景要素进行分析，通过模糊推理技术与情景分析法等手段实现情景的推理与预测。非常规突发事件情景构建的大体步骤如下：

1) 情景事件的背景搭建

情景构建的背景包括情景发生的背景环境(事件主体信息，地理环境信息，气象信息，情景假设条件等)和情景事件后果(事故人员伤亡，财产损失，环境影响等)。用于情景构建的资料与信息主要来源于三部分：一是近年来(至少应十年以上)国家或辖区内已发生的各类突发事件典型案例，案例要描述和解释事件的原因、经过、后果和采取的应对措施及其经验教训等；二是应收集其他国家或地区类似事件的相关资讯；三是依据国际、国内和地区经济社会发展形势变化以及环境、地理、地质、社会和文化等方面出现的新情况和新动向，预期可能产生最具有威胁性非常规突发事件风险，包括来源与类型等。

2) 情景演化过程设计

突发事件情景演化过程一般将事件情景划分为发生情景、发展情景、演化情景和消失情景。发生情景是非常规突发事件发生时所呈现的态势，对于某一具体的非常规突发事件，发生情景一般是确定的。发展情景是发生情景经过自身各种因素的影响以及外界手段的干扰，随着能量的不断释放，规模在空间、强度上不断扩大而呈现出的态势。演化情景是事件在发展情景的基础上，由于各系统间的关联性，往往会引发其他次生突发事件的发生，且有时相互影响、相互作用，形成一连串的连锁反应。演化情景一般包括蔓延情景、衍生情景、转化情景、耦合情景。消失情景是非常规突发事件应急处理结束后系统所处的状态。

情景演化过程设计需依靠专业人员和专业技术方法对近乎海量的数据进行聚类和同化，主要完成三个任务：一是以突发事件影响因素的组合为基础，鉴别和确定影响系统发展变化的主要因素，分析影响因素在系统中的作用性质和关联度大小，同时分析各因素之间相互作用关系，构建因素之间的逻辑关联，从而建立各类事件的逻辑结构。二是将各个阶段的情景具体化，按时间序列描述事件发生、发展过程，分析事件演化的主要动力学行为，明确情景关键节点，并分析关键节点可能出现的各种情况。三是建立所有事件情景重要度和优先级的排序，再次对事件情景进行整合与补充，结合各因素之间的因果关系设定几条典型的系统发展路径，作为要重点研究的几种情景。

3）情景应急处置动态推演

在分析情景演化过程的基础上，综合考虑情景信息和作用关系不完全、演化过程动态多阶段、信息实时更新等特点，进行情景应急处置动态推演，构建突发事件应急情景的演化路网。应急处置动态推演以情景演化过程中的关键节点为研究对象，通过梳理各个关键节点中的应急处置任务，明确应急处置主体在情景关键节点事件中需承担和完成的各类应急任务要求，包括应急救援决策、应急资源以及心理影响因素等。这些任务不但应涵盖预防、监测预警、应急响应和现场恢复等各项工作，还应描述每个单位或职责岗位的具体活动。通过情景应急处置动态推演，有助于对应急预案的职责和内容进行整合与分配，避免职能的重叠与交叉，也有助于应急处置主体预测灾情，明确应急资源需求等，同时，也可为应急能力考核、评估提供衡量标准。

4）情景结果与应对实效评估

针对“情景-应对”型的应急管理，对情景结果和应对方案两个方面进行实效评估，以便检测应急处置的有效性，发现不足，及时调整应急方案。情景结果实效评估，即根据情景推演的结果，对突发事件的危害程度进行综合评判，建立多层次、多维度、多角度的评估体系，运用不确定推理来实现对推演结果评估。应对方案实效评估，即对多个应急方案的实效性进行评估，查看应急处置效率及可行性，优化应急处置程序，总结经验并形成“情景-应对”型应急管理案例，为应急管理方法提供现实基础。

在非常规突发事件情景构建的全过程中，不但应该有政府官员、科学家和各类专业人员的直接参与，还要注意不断征求来自社会各界的意见，尤其是注意倾听各类不同的社会反映，使情景能被大多数人理解和接受。同时，这一过程还有助于提高公众对重大突发事件风险感知力，尤其引导公众对未来风险（从未发生事件）的关注。

三、情景构建方法与原则

不同的研究领域在运用情景构建时，形式方法各有不同，针对情景构建的不同步骤也会采用不同的研究方法。在情景事件的背景搭建以及情景事件演化过程设计中常用到的方法有：

(1) 历史事件情景法。是指以历史上曾经发生的突发事件为基础,构建情景。

(2) 典型事件情景法。是指对研究系统中一个或多个构成要素变化的模拟来构建可能情景,如模拟危险化学品事故中的有毒气体泄漏,电力行业中的发电厂火灾等。

(3) 假设事件情景法。是指依据研究系统中已发生的事故类型,设想可能导致的次生衍生灾害或人为设定的自然灾害如地震、暴雨等,从而构建未来情景。通过分析这些假设的特殊事件对研究系统的影响。

(4) “底线思维”情景法。是指根据特定研究对象和设定的环境特点,估计该系统可能面对的最大损失,构建该系统的极端情景。研究的对象往往是重特大突发事件,通过“底线思维”情景法,梳理情景应对任务,指导应急准备工作。

对情景要素进行分析,构建情景应急处置动态推演模型以及对情景结果与应对实效进行评估时常用的理论方法有:

(1) 系统动力学理论。运用系统动力学构建的推演模型,是对突发事件的形成和发展基本要素的研究基础上,应用系统动力学理论分析突发事件孕育、发生、发展和激变的动力学特征,从而进一步认识突发事件发生演化过程及其主要影响因素。运用系统动力学构建的推演模型多是针对于某个或者某类突发事件,且限定在特定的情境。非常规突发事件的发生是不可预测的,而且在不同的区域会产生不同的灾害后果,系统动力学模型并不能根据具体的情况快速地为应急响应决策者提供决策依据。

(2) 贝叶斯网络理论。在合理构建突发事件应急情景演化路网的基础上,提取不同阶段下突发事件应急情景演化的关键情景要素,并量化不同要素对应急情景演化的影响程度,运用贝叶斯网络理论从情景应对的角度来研究突发事件的演化机理,通过构建突发事件贝叶斯网络模型,用于对突发事件演化趋势进行预测。

贝叶斯网络是用来表示变量间连接概率的图形模式,它提供了一种自然的表示因果信息的方法,用来发现数据间的潜在关系。在这个网络中,用节点表示变量,有向边表示变量间的依赖关系。贝叶斯方法以其独特的不确定性知识表达形式、丰富的概率表达能力、综合先验知识的增量学习特性等成为当前数据挖掘众多方法中最为引人注目的焦点之一。

(3) 元胞自动机理论。元胞自动机是有 Von Neumann 提出的一种时间、空间和状态都离散的动力系统,可以通过简单的规则产生复杂的现象,常用于模拟复杂系统。元胞自动机在突发事件领域多用于模拟某一具体突发事件发生的过程,根据具体的事件抽取规则,并没有试图从共性出发,找出这些事件造成灾害后果的共性规律构建推演模型。

(4) 复杂网络理论。复杂网络是对复杂系统的抽象和描述方式,任何包含大量组成单元(或子系统)的复杂系统,当把构成单元抽象成节点、单元之间的相互关系抽象为边时,都可以当作复杂网络来研究。复杂网络是研究复杂系统的一种角度和方法,它关注系统中个体相互关联作用的拓扑结构,是理解复杂系统性质和功能的基础。此外,对突发事件的推演机理进行研究的相关网络理论还有超网络理论等。

由于目前还没有一套通用的情景构建方法,不论采用以上的何种方法对非常规突发事件进行情景构建时均应遵循以下三个原则:

(1) 构建多个不同的情景来体现系统的各种可能性,情景之间在逻辑上必须协调且有比较明显的差别,避免过多的情景所造成的操作不便。

(2) 情景中的各个关键情景节点以及演变发展规律必须以真实环境和真实事件为依托,具备发生的可能性。

(3) 构建的情景必须与研究的目的一致。通过全面的构建情景提供有价值的思路和情境,为制定后续的策略和方案提供依据。构建的情景应尽量完整,其中关键的指标应该尽可能量化。

第三节　非常规突发事件情景构建实例分析

参照"7・6大连输油管道爆炸事件"、"11・22青岛输油管道爆炸事件"、"8・1台湾高雄燃气管线爆炸事件"等输油管道爆炸事故,在对历史案例进行分析归纳的基础上,找出此类事故的共性特点,进行情景构建。下面以某市输油管道爆炸事故为例,从情景概要、后果和应对任务等做一个简要情景构建示范,描述如下:

一、情景概要

1. 某市输油管道爆炸事故情景简介表

发生地点	某市某区
伤亡情况	100人死亡、400人受伤
疏散人口	10000人被通知疏散避险
经济损失	7.5亿元人民币
恢复时间	3个月

2. 情景概要描述

原油即石油,也称黑色金子,是一种黏稠的、深褐色(有时有点绿色的)液体,是石油刚开采出来未经提炼或加工的物质。它由不同的碳氢化合物混合组成,其主要组成成分是烷烃，此外石油中还含硫、氧、氮、磷、钒等元素。原油蒸气与空气混合，会有发生爆炸事故的可能，原油蒸气爆炸极限范围随温度升高而变宽，在150℃时爆炸极限为4.24%～15.62%。这一情景中，由于输油管道年久失修，受腐蚀减薄导致管道破裂，原油泄漏。受海水倒灌影响，泄漏原油及其混合气体在排水暗渠内蔓延、扩散、积聚，原油泄漏后，现场处置人员采用液压破碎锤在暗渠盖板上打孔破碎，产生撞击火花，引发暗渠内油气爆炸。事故造成大量人员伤亡和巨大经济损失。

3. 制定应急预案要点提示

(1) 地理信息。以泄漏点为中心、周边10km×10km矩形区域的地形及社会环境条件。

(2) 环境条件。事发周边区域人口密度每平方公里300人。

(3) 气象条件。风速，影响原油蒸汽的扩散以及爆炸后火焰的蔓延等；温度，影响原油蒸气的爆炸极限；湿度，高湿度可影响燃烧导致的有毒气体扩散和吸入；降水，无论是雨雪天气都可降低毒性气体的有害作用。

(4) 原油泄漏爆炸模型。依据原油的物理化学特性，参照地理和气象条件给出不同条件下原油泄漏及爆炸的实验模拟和数学模型，以及不同暴露人群的冲击波强度负荷模型。

(5) 次生与耦合事件。受影响区域人群恐慌造成踩踏，周边地区道路机动车事故，甚至出现社会混乱。

二、事件后果

(1) 人员伤亡。在爆炸区域及周边辐射区域死亡人数可达到100人，伤亡人数300人，10 000人疏散或避险，另外可能因恐慌逃生时发生的踩踏和交通事故发生，伤害包括肢体残缺、骨折和脑震荡等，受伤人数为100人左右。

(2) 财产损失。直接财产损失主要来自输油管线破坏、道路及周边建筑车辆损毁，以及对环境的清理和恢复。

(3) 服务中断。输油管道难以在短期恢复正常使用，辖区行政管理受到冲击，医疗卫生、通讯网络和公共服务系统影响很大，短期内很难形成应对再次发生重大突发事件的准备能力。

(4) 经济影响。现场恢复重建、输油管线改造等成本可达数亿元人民币。

(5) 长期健康影响。幸存者4～6个月才能康复，许多人造成永久伤残，对遇难者亲友、受伤者和经历过这次事件的公众乃至应急人员心理健康具有灾难性影响。

三、应对任务

(1) 预防。加强对输油管道的安全管理工作,加强人员培训教育。

(2) 监测和预警。输油管道泄漏后,立即发出警报并派遣专业人员现场采样、检测、监测和危害评估,应急管理人员有能力尽量在大规模伤亡之前识别出可能产生伤亡的程度和范围,保护进入现场应急人员安全。

(3) 评估研判。依据已搜集的情报信息,从专业立场对事件原因、演变过程、灾难后果、预期困难和应对措施效果及其负面影响进行分析,为指挥行动做出初始评估并提出方案建议,可使用事先设定的各种数学模型针对现场环境、泄漏时长及范围等实际情况推算爆炸可能性,并给出以泄漏点为中心的个人风险值的等值线图和社会风险值的函数图。

(4) 应急响应。应急指挥平台和联合信息中心激活后,立即开展应急响应行动,持续发出警报和各类应急响应通告,保持与参加响应活动的相关单位建立联系和保持通畅,加强对重要基础设施和特殊人群的保护,为现场提供必备资源,接受申请和求救资讯并做出反应。以联合信息中心为主要平台,统一对外发布事件相关信息,使公众和媒体尽快了解事件真相并鼓励公众积极配合相关应急响应活动。

(5) 减灾行动。原油泄漏导致爆炸后立即建立隔离区和警戒带,划定危险区域,保护现场,协调指挥现场救援活动,减少灾害后果。

(6) 疏散与庇护。紧急疏散现场和危险区域人员,应急指挥部应立即启动预设的避难场所和设施,有组织地接待和保护疏散的人员,提供有效服务,可启动应急指挥疏散的模拟推演系统,对大规模人群疏散活动进行组织干预。

(7) 医学救援。事件发生可致数千人受到不同程度的伤害,需进行健康监护,可能有数百人需要立即现场急救并送医院治疗,应急管理中心和医疗单位立即进入“紧急医疗”状态:灾情通报、急救、搜索、救护、治疗、患者筛检、分诊、净化处置、病人运送、住院家属通知和病人状态统计报告。收集核实死者遗体并采取保护措施,采集影像和遗传学资料并建立死者备查档案。

(8) 清理现场。在确定安全前提下,及时对现场做清污、消毒处理,处理相关污染废物并定时进行环境监测,及时报告。

(9) 调查防控。对相关责任人调查、控制、追踪和抓捕。

(10) 恢复。取消应急响应状态,对事件全过程组织调查评估,完善应急准备体系,使之能更有效应对下一次任何重大突发事件。

上面介绍的这部分内容只是对输油管道爆炸事故情景提纲挈领式的简介,在对情景演化过程设计时,可将油管道爆炸事故情景分为事件孕育阶段、事件发展阶段、事件扩大阶段以及事件控制阶段,并找出各个阶段事故演化发展的关键节点,构建出情景演化的框架。对于事件演化发展过程的设计需要经过严密的论证得出，这里由于篇幅有限，对事件演化发展过程进行简化处理，仅给出各个阶段的关键节点及其发生时间，并采用贝叶斯网络对情景应急处置进行动态推演，如图 8-9 所示。

如图 8-9 所示，P(Press)表示事件面临的威胁或压力；R(Response)表示针对事件所采取的措施，即响应；S(Situation)表示事件的状态，即情景；e(evolution)表示事件情景的发展；f(fade)表示事件情景的消退；IS(Initial Situation)表示事件的初始状态。

对事件进行简化如下：输油管道由于管理不善，受腐蚀变薄，且未得到及时维护，导致原油管道泄漏，并进入雨水管线，初始事件为 $IS=\{P_{IS},S_{IS}\}$，事件面临的威胁或压力为 P_{IS}，事件当前状态为 S_{IS}。针对此初始情景应急管理部门可采取多种应急响应措施，不同的措施使事件情景沿着不同的演变路径发展：

(1) 针对发生情景 $IS=\{P_{IS},S_{IS}\}$，采取有效措施 R_{fs1}，输油管道的泄漏点很快被控制，没有进一步扩散，得到事件消失情景 $f_{s1}=\{P_{fs1},S_{fs1},R_{fs1}\}$。若采取措施 R_{es1}，输油管道的泄漏点没有得到控制，且由于操作错误导致输油管道发生火灾，雨水涵道发生爆炸，事件情景发展为 $e_{s1}=\{P_{es1},S_{es1},R_{es1}\}$。

(2) 针对情景 e_{s1}，若采取有效措施 R_{fs2}，抢修作业现场顺利抢修完毕，事件进入消失情景 $f_{s2}=\{P_{fs2},S_{fs2},R_{fs2}\}$；若采取措施 R_{es2}，火势没有得到控制，引燃附近的一个原油储罐，事件发展为情景 $e_{s2}=\{P_{es2},S_{es2},R_{es2}\}$。

(3) 针对情景 e_{s2}，若采取有效措施 R_{fs3}，原油储罐被有效隔离，火势被扑灭，没有进一步扩散，事件进入消失情景 $f_{s3}=\{P_{fs3},S_{fs3},R_{fs3}\}$；若采取措施 R_{es3}，原油储罐火势没有得到控制，原油储罐爆炸，大量原油泄漏，事件发展为情景 $e_{s3}=\{P_{es3},S_{es3},R_{es3}\}$。

(4) 针对情景 e_{s3}，若采取有效措施 R_{fs4}，爆炸的原油储罐被隔离控制，且泄漏原油被隔离，未造成次生灾害，得到事件消失情景 $f_{s4}=\{P_{fs4},S_{fs4},R_{fs4}\}$；若采取措施 R_{es4}，爆炸的原油储罐虽然被隔离控制，但泄漏的大量原油流入附近海域，附近海域被污染，造成严重次生灾害，事件演化为情景 $e_{s4}=\{P_{es4},S_{es4},R_{es4}\}$。

(5) 针对情景 e_{s4}，采取有效措施 R_{fs5}，泄漏的原油被打捞或消除，海域污染得到控制，事件未进一步扩散，得到事件消失情景 $f_{s5}=\{P_{fs5},S_{fs5},,R_{fs5}\}$。

从简化角度出发，假定针对同一情景可采取最好的“响应”(R_{fs})和采取最差的“响应”(R_{es})，假定每个情景有 2 个离散的状态：出现(True)和不出现(False)。

贝叶斯网络构建时，需要输入每一个情景出现的概率和不出现的概率，可通过演化过程设计中事件的发展、演化及应急处置情况来设定概率，并结合专家经验作适当调整，指定每个节点的条件概率。该例中假定每一个情景的条件概率见表 8-5。

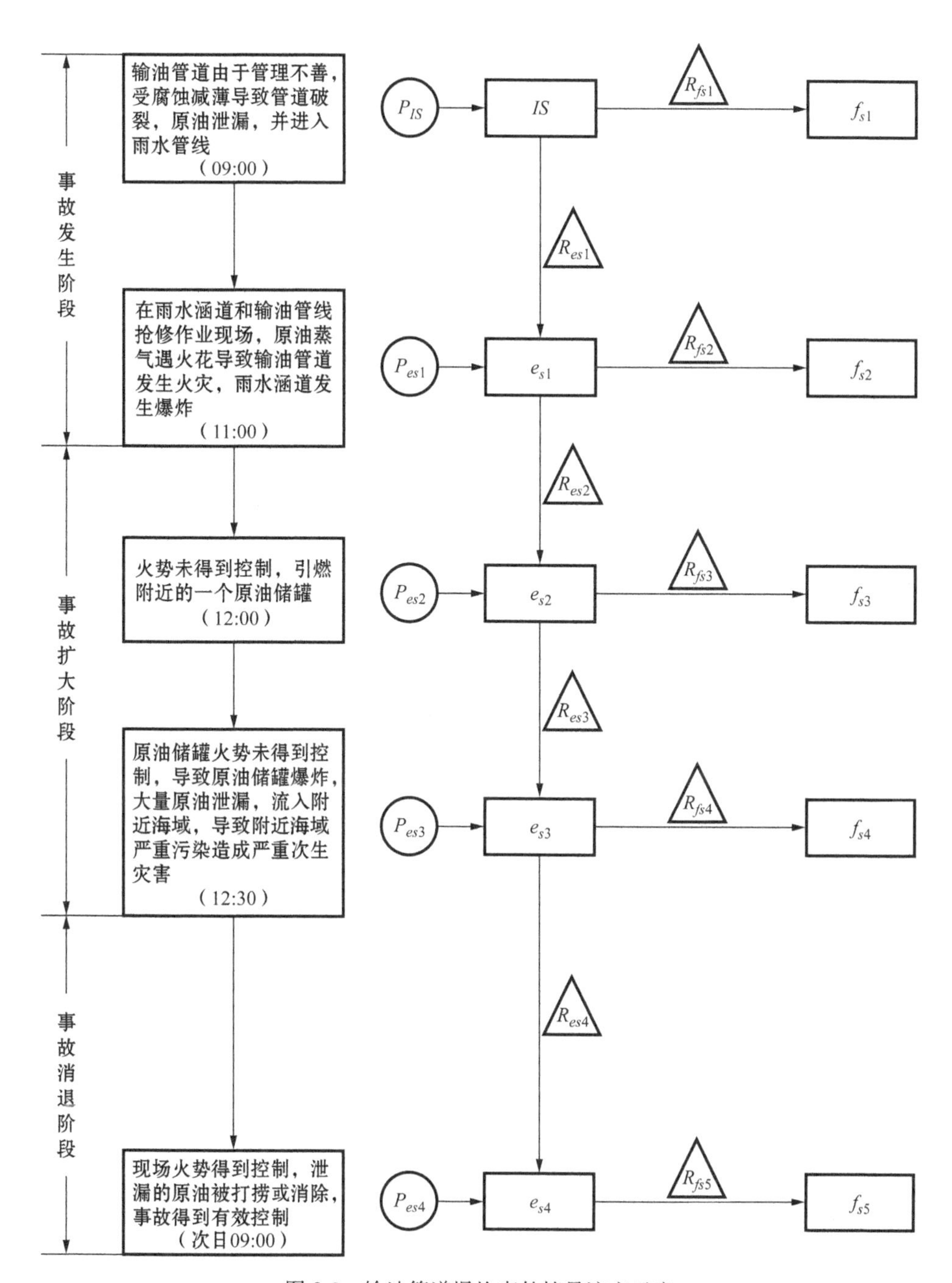

图 8-9　输油管道爆炸事件情景演变示意

表 8-5　事件关键情景条件概率表

$S=\{P_{IS},S_{IS}\}$			$f_{s1}=\{P_{fs1},S_{fs1},R_{fs1}\}$	$IS=$True	$IS=$False
True	1		True	0.1	0
False	0		False	0.9	1
$e_{s1}=\{P_{es1},S_{es1},R_{es1}\}$	$IS=$True	$IS=$False	$f_{s2}=\{P_{fs2},S_{fs2},R_{fs2}\}$	$e_{s1}=$True	$e_{s1}=$False
True	0.9	0	True	0.3	0
False	0.1	1	False	0.7	1
$e_{s2}=\{P_{es2},S_{es2},,R_{es2}\}$	$e_{s1}=$True	$e_{s1}=$False	$f_{s3}=\{P_{fs3},S_{fs3},R_{fs3}\}$	$e_{s2}=$True	$e_{s2}=$False
True	0.95	0.2	True	0.5	0
False	0.05	0.8	False	0.5	1
$e_{s3}=\{P_{es3},S_{es3},R_{es3}\}$	$e_{s2}=$True	$e_{s2}=$False	$f_{s4}=\{P_{fs4},S_{fs4},R_{fs4}\}$	$e_{s3}=$True	$e_{s3}=$False
True	0.8	0.1	True	0.9	0.3
False	0.2	0.9	False	0.1	0.7
$e_{s4}=\{P_{es4},S_{es4},R_{es4}\}$	$e_{s3}=$True	$e_{s3}=$False	$f_{s5}=\{P_{fs5},S_{fs5},,R_{fs5}\}$	$e_{s4}=$True	$e_{s4}=$False
True	0.9	0.05	True	1	0
False	0.1	0.95	False	0	1

利用贝叶斯定理，从图 8-9 的顶点开始计算，可以得到该事件情景演变过程中几个关键情景的状态概率。如 $e_{s1}=\{P_{es1},S_{es1},R_{es1}\}$ 的状态概率分为 e_{s1} 发生的概率和 e_{s1} 不发生的概率。

当 $e_{s1}=$True，即 e_{s1} 发生的概率为：

$P(e_{s1}=\text{True})=P[(e_{s1}=\text{True})/(IS=\text{True})]\times P(IS=\text{True})+P[(e_{s1}=\text{True})/(IS=\text{False})]\times P(IS=\text{False})$

当 $e_{s1}=$False，即 e_{s1} 不发生的概率为：

$P(e_{s1}=\text{False})=P[(e_{s1}=\text{False})/(IS=\text{True})]\times P(IS=\text{True})+P[(e_{s1}=\text{False})/(IS=\text{False})]\times P(IS=\text{False})$

通过查表 8-5，可知 $P(e_{s1}=\text{True})=0.9\times1+0\times0=0.9$；$P(e_{s1}=\text{False})=0.1\times1+1\times0=0.1$。同理可得出 e_{s2}、e_{s2}、e_{s2}、e_{s2}、f_{s1}、f_{s2}、f_{s3}、f_{s4}、f_{s5} 的发生概率。由表 8-5 的条件概率表可得出事件情景关键节点状态概率，如表 8-6 所示。

表 8-6　事件情景关键节点状态概率表

$S=\{P_{IS}, S_{IS}\}$		$f_{s1}=\{P_{fs1}, S_{fs1}, R_{fs1}\}$	
True	1	True	0. 1×1+0×0=0. 1
False	0	False	0. 9×1+1×0=0. 9
$e_{s1}=\{P_{es1}, S_{es1}, R_{es1}\}$		$f_{s2}=\{P_{fs2}, S_{fs2}, R_{fs2}\}$	
True	0. 9×1+0×0=0. 9	True	0. 3×0. 9+0×0. 1=0. 27
False	0. 1×1+1×0=0. 1	False	0. 7×0. 9+1×0. 1=0. 73
$e_{s2}=\{P_{es2}, S_{es2}, , R_{es2}\}$		$f_{s3}=\{P_{fs3}, S_{fs3}, R_{fs3}\}$	
True	0. 95×0. 9+0. 2×0. 1=0. 875	True	0. 5×0. 875+0×0. 125=0. 4375
False	0. 05×0. 9+0. 8×0. 1=0. 125	False	0. 5×0. 875+1×0. 125=0. 5625
$e_{s3}=\{P_{es3}. S_{es3}, R_{es3}\}$		$f_{s4}=\{P_{fs4}, S_{fs4}, R_{fs4}\}$	
True	0. 8×0. 875+0. 1×0. 125=0. 712 5	True	0. 9×1. 712 5+0. 3×0. 287 5=0. 727 5
False	0. 2×0. 875+0. 9×0. 125=0. 287 5	False	0. 1×0. 727 5+0. 7×0. 287 5=0. 272 5
$e_{s4}=\{P_{es4}, S_{es4}, R_{es4}\}$		$f_{s5}=\{P_{fs5}, S_{fs5}, , R_{fs5}\}$	
True	0. 9×0. 712 5+0. 05×0. 287 5=0. 655 625	True	1×0. 655 625+0×0. 344 375=0. 655 625
False	0. 1×0. 712 5+0. 95×0. 287 5=0. 344 375	False	0×0. 655 625+1×0. 344 375=0. 344 375

四、情景构建结论分析

由事件关键情景状态概率结果的分析可知：

(1) 针对事件的关键情景，采取不同的应急处理措施，事件情景的发展、演化路径截然不同。

(2) 无论采取怎样的措施，事件的关键恶化情景 e_{s1}，e_{s2}，e_{s3} 出现的可能性依然很大，需要决策主体尽早做好迎接下一个危机情景的准备，以尽量控制事态发展。

(3) 由于事件情景发展、演化的迅速性、紧迫性，即使采取最好的“响应”，事件消失情景出现的概率依然很低，如消失情景 f_{s1}，f_{s2}，而消失情景 f_{s3}，f_{s4} 出现的概率分别为 0. 437 5，0. 727 5，相对来说较高，尤其是消失情景 f_{s4}，说明情景 e_{s2} 和 e_{s3} 是应急管理出现转机的最佳时期，决策主体若能抓住此最佳时期，采取最恰当的危机处置措施，危机状态最有可能在较短的时间内缓解和消失。

(4) 尽管即使采取最好的“响应”，情景 IS 和情景 e_{s1} 朝着最悲观的方向发展的概率依然很高，但并不意味着此时的决策不影响事件结果，此时采取有效的危机隔离措施，不仅能够在一定程度上降低事件损失，而且能够控制事件的迅速发展，为下一步的决策与管理争取宝贵的时间。

上述推理中，对案例事件情景的演变过程进行了简化，即“响应”和发展、演化路径都仅为 2 个，并对事件概率进行了假设。事实中，针对同一情景可采取多种“响应”，情景的发展、演化有多条路径。因此，实际应用中可根据上述推理方法针对具体的事件情景进行多“响应”、多路径的推理分析，以全面、系统地分析事件情景的演变情况。

本次实例分析中，对案例事件情景的演变过程进行了简化，并采用贝叶斯网络分析法对案例事件情景的演变过程进行推演，基于贝叶斯网络的情景分析模型能够实现定性与定量相结合的推理过程，为非常规突发事件情景分析的研究提供一种新视角和新方法。此外，还可根据实际情况和要求运用其他方法进行情景构建。

复习思考题

1. 简述突发事件情景分类。

2. 简述突发事件情景构建的本质特征。

3. 试述情景构建步骤。

4. 简述情景构建方法及原则。

5. 按事故孕育阶段、事故发生阶段、事故扩大阶段、事故控制与消退阶段，完善案例中情景事件的演化过程，并做出严密的推理论证，并尝试对具体的事件情景进行多“响应”、多路径的推理分析。

附　　录

附录1　应急物资分类表

种类	适用范围	应急物资
防护用品	卫生防疫	防护服(衣、帽、鞋、手套、眼镜),测温计(仪)
	化学放射污染	防毒面具,防护服
	消防	防火服,头盔,手套,面具,消防靴
	海难	潜水服(衣),水下呼吸器
	爆炸	防爆服,排爆杆,排爆球
	防爆	盾牌,盔甲
	通用	安全帽(头盔),安全鞋,水靴,呼吸面具
生命救助	外伤	止血绷带,骨折固定托架(板),快速止血粉,消毒药水,强酸强碱洗消剂
	海难	救捞船,救生圈,救生衣,救生艇(筏),救生缆索,减压舱
	高空坠落	保护气垫,防护网,充气滑梯,云梯
	掩埋	红外探测器,生物传感器
	通用	担架(车),保温毯,氧气机(瓶、袋),直升机救生吊具(索具、网),生命探测仪
生命支持	窒息	便携呼吸机
	呼吸中毒	高压氧舱
	食物中毒	洗胃设备
	通用	输液设备,输氧设备,急救药品,防疫药品
救援运载	防疫	隔离救护车,隔离担架
	海难	医疗救生船(艇)
	空投	降落伞,缓冲底盘
	通用	救护车,救生飞机(直升、水上、短距起降、土地草地跑道起降)
临时食宿	饮食	炊事车(轮式、轨式),炊具,餐具
	饮用水	供水车,水箱,瓶装水,过滤净化机(器),海水淡化机
	食品	压缩食品,罐头,真空包装食品
	住宿	帐篷(普通、保温),宿营车(轮式、轨式),移动房屋(组装、集装箱式、轨道式、轮式),棉衣,棉被
	卫生	简易厕所(移动、固定),简易淋浴设备(车)

（续表）

种类	适用范围	应 急 物 资
污染清理	防疫	消毒车（船、飞机），喷雾器，垃圾焚烧炉
	污染处置	化学事故救援车，污染现场处置车，垃圾箱（车、船），垃圾袋
	环境监测	环境应急监测车，环境监测采样设备，环境监测分析仪
	核辐射	消洗车
	通用	杀菌灯，消毒杀菌药品，堵漏材料，消油剂，吸油材料，围油栏，收油机，溢油分散剂，吸油索，吸油枕，活性炭，常用化学处理药剂
动力燃料	发电	发电车（轮式、轨式），燃油发电机组，便携式发电机
	配电	防爆防水电缆，配电箱（开关），电线杆
	气源	移动式空气压缩机，乙炔发生器，工业氧气瓶
	燃料	煤油，柴油，汽油，液化气
	通用	干电池，蓄电池（配充电设备）
工程设备	岩土	推土机，挖掘机，铲运机，压路机，破碎机，打桩机，工程钻机，凿岩机，平整机，翻土机
	水工	抽水机，潜水泵，深水泵
	通风	通风机，强力风扇，鼓风机
	起重	吊车（轮式、轨式），叉车
	机械	电焊机，切割机
	气象	灭雹高射炮，气象雷达
	牵引	牵引车（轮式、轨式），拖船，拖车，拖拉机
	消防	消防车（普通、高空），消防船，灭火飞机
	海难	打捞船（仪器），扫测船（仪器）
器材工具	起重	葫芦，索具，浮桶，绞盘，撬棍，滚杠，千斤顶
	破碎紧固	手锤，钢钎，电钻，电锯，油锯，断线钳，张紧器，液压剪
	消防	灭火器，灭火弹，风力灭火机
	声光报警	警报器（电动、手动），照明弹，信号弹，烟雾弹，警报灯，发光（反光）标记
	观察	防水望远镜，工业内窥镜，潜水镜，红外望远镜，夜视镜
	爆炸	测爆仪
	海难	应急浮标
	通用	普通五金工具，绳索
照明设备	工作照明	手电，矿灯，风灯，潜水灯
	场地照明	探照灯，应急灯，防水灯
	海难	强光（聚光）电筒，防爆电筒
通讯广播	无线通讯	海事卫星电话，电台（移动、便携、车载），移动电话，对讲机（含VHF）
	广播	有线广播器材，广播车，扩音器（喇叭），电视转发台（车）

（续表）

种类	适用范围	应急物资
交通运输	桥梁	舟桥，吊桥，钢梁桥，吊索桥
	陆地	越野车
	水上	气垫船，沼泽水橇，汽车轮渡，登陆艇
	空中	货运，空投飞机或直升机，临时跑道
工程材料	防水防雨抢修	帆布，苫布，防水卷材，快凝快硬水泥
	临时建筑构筑物	型钢，薄钢板，厚钢板，钢丝，钢丝绳（钢绞线），桩（钢管桩、钢板桩、混凝土桩、木桩），上下水管道，混凝土建筑构件，纸面石膏板，纤维水泥板，硅酸钙板，水泥，砂石料
	防洪	麻袋（编织袋），防渗布料涂料，土工布，铁丝网，铁丝，钉子，铁锹，排水管件，抽水机组

附录 2　企业应急救援组织机构职责分工表

组织结构	职责分工	人员组成
总指挥	(1) 进行态势评估，确定升高或降低级别 (2) 指挥协调应急反应行动 (3) 协调应急物资的调配 (4) 决定请求外部资源 (5) 决定应急撤离	由企业法人代表担任或现场最高级别领导担任
副总指挥	(1) 协助总指挥开展应急处置工作 (2) 提出具体应急处置对策和建议 (3) 指挥现场应急救援工作 (4) 协调、组织和获取应急所需的其他资源，设备以支援现场的应急处置 (5) 组织相关技术和管理人员对施工场区生产过程各危险源进行风险评估 (6) 定期检查各常设应急反应组织和部门的日常工作和应急反应准备状态 (7) 与周边企业、消防队或医院建立共同救援应急网络和制定应急救援协议	副总指挥可由多人担任，包括企业安全机构的负责人、应急救援队负责人、公司管安全的副总、消防队负责人等
综合协调组	协调各部门开展应急处置工作，进行信息的整合与传递	通常设立于现场指挥部，由企业内安全机构的工作人员组成
工程抢险组	根据事故现场的特点，及时向应急指挥提供科学的工程技术方案和技术支持，有效地指导应急反应行动中的工程技术工作	由企业内相关技术人员或工程抢险队伍组成

（续表）

组织结构	职责分工	人员组成
风险评估组	(1) 根据企业特点以及生产安全过程的危险源进行科学的风险评估 (2) 完善危险源的风险评估资料信息，为应急反应的评估提供科学的合理的、准确的依据 (3) 确定各种可能发生事故，制定所需的人力计划和应急物资	由企业内安全机构的工作人员、相关技术负责人组成
后勤保障组	(1) 协助制订企业的应急资源的储备计划，检查、监督、落实应急物资的储备数量，收集和建立并归档 (2) 定期更新应急物资资源档案和人力计划 (3) 应急预案启动后，按应急总指挥的部署，有效地组织应急资源及人员的调配，保障现场应急处置工作的顺利开展	由企业内后勤主管部门的人员组成
安全疏散组	(1) 根据企业环境特点以及可能发生的事故特点，制定科学合理的逃生路线 (2) 组织企业人员及周边人员的有序疏散	由企业内安全管理人员组成
灭火救援组	(1) 搜寻、转移现场伤员 (2) 进行事态控制，扑灭火灾 (3) 保证现场救援通道的畅通	由应急救援队伍、消防队伍组成
医疗救护组	(1) 抢救伤员 (2) 伤情评估	由企业内安全机构的工作人员、医疗救援队伍组成
善后处置组	(1) 做好伤亡人员及家属的稳定工作，确保事故发生后伤亡人员及家属思想能够稳定 (2) 做好受伤人员医疗救护的跟踪工作，协调处理医疗救护单位的相关矛盾 (3) 与保险部门一起做好伤亡人员及财产损失的理赔工作 (4) 慰问有关伤员及家属	由企业代表、医疗部门、公安部门、地方政府、监察部门、工会等组成
事故调查组	(1) 保护事故现场 (2) 对现场的有关实物资料进行取样封存 (3) 调查了解事故发生的主要原因及相关人员的责任 (4) 按“三不放过”的原则对相关人员进行处罚、教育、总结	由企业代表、公安部门、地方政府、工会、保险公司等组成

附录 3　生产经营单位安全生产事故应急预案编制导则(AQ/T 9002—2006)

1. 范围

本标准规定了生产经营单位编制安全生产事故应急预案(以下简称应急预案)的程序、内容和要素等基本要求。

本标准适用于中华人民共和国领域内从事生产经营活动的单位。生产经营单位结合本单位的组织结构、管理模式、风险种类、生产规模等特点,可以对应急预案框架结构等要素进行调整。

2. 术语和定义

下列术语和定义适用于本标准。

2.1　应急预案 emergency response plan

针对可能发生的事故,为迅速、有序地开展应急行动而预先制定的行动方案。

2.2　应急准备 emergency preparedness

针对可能发生的事故,为迅速、有序地开展应急行动而预先进行的组织准备和应急保障。

2.3　应急响应 emergency response

事故发生后,有关组织或人员采取的应急行动。

2.4　应急救援 emergency rescue

在应急响应过程中,为消除、减少事故危害,防止事故扩大或恶化,最大限度地降低事故造成的损失或危害而采取的救援措施或行动。

2.5　恢复 recovery

事故的影响得到初步控制后,为使生产、工作、生活和生态环境尽快恢复到正常状态而采取的措施或行动。

3　应急预案的编制

3.1　编制准备

编制应急预案应做好以下准备工作:

a) 全面分析本单位危险因素、可能发生的事故类型及事故的危害程度;

b) 排查事故隐患的种类、数量和分布情况,并在隐患治理的基础上,预测可能发生的事故类型及其危害程度;

c）确定事故危险源，进行风险评估；

d）针对事故危险源和存在的问题，确定相应的防范措施；

e）客观评价本单位应急能力；

f）充分借鉴国内外同行业事故教训及应急工作经验。

3.2 编制程序

3.2.1 应急预案编制工作组

结合本单位部门职能分工，成立以单位主要负责人为领导的应急预案编制工作组，明确编制任务、职责分工，制定工作计划。

3.2.2 资料收集

收集应急预案编制所需的各种资料（相关法律法规、应急预案、技术标准、国内外同行业事故案例分析、本单位技术资料等）。

3.2.3 危险源与风险分析

在危险因素分析及事故隐患排查、治理的基础上，确定本单位的危险源、可能发生事故的类型和后果，进行事故风险分析，并指出事故可能产生的次生、衍生事故，形成分析报告，分析结果作为应急预案的编制依据。

3.2.4 应急能力评估

对本单位应急装备、应急队伍等应急能力进行评估，并结合本单位实际，加强应急能力建设。

3.2.5 应急预案编制

针对可能发生的事故，按照有关规定和要求编制应急预案。应急预案编制过程中，应注重全体人员的参与和培训，使所有与事故有关人员均掌握危险源的危险性、应急处置方案和技能。应急预案应充分利用社会应急资源，与地方政府预案、上级主管单位以及相关部门的预案相衔接。

3.2.6 应急预案评审与发布

应急预案编制完成后，应进行评审。评审由本单位主要负责人组织有关部门和人员进行。外部评审由上级主管部门或地方政府负责安全管理的部门组织审查。评审后，按规定报有关部门备案，并经生产经营单位主要负责人签署发布。

4 应急预案体系的构成

应急预案应形成体系，针对各级各类可能发生的事故和所有危险源制订专项应急预案和现场应急处置方案，并明确事前、事发、事中、事后的各个过程中相关部门和有关人员的职责。生产规模小、危险因素少的生产经营单位，综合应急预案和专项应急预案可以合并编写。

4.1　综合应急预案

综合应急预案是从总体上阐述处理事故的应急方针、政策，应急组织结构及相关应急职责，应急行动、措施和保障等基本要求和程序，是应对各类事故的综合性文件。

4.2　专项应急预案

专项应急预案是针对具体的事故类别（如煤矿瓦斯爆炸、危险化学品泄漏等事故）、危险源和应急保障而制定的计划或方案，是综合应急预案的组成部分，应按照综合应急预案的程序和要求组织制定，并作为综合应急预案的附件。专项应急预案应制定明确的救援程序和具体的应急救援措施。

4.3　现场处置方案

现场处置方案是针对具体的装置、场所或设施、岗位所制定的应急处置措施。现场处置方案应具体、简单、针对性强。现场处置方案应根据风险评估及危险性控制措施逐一编制，做到事故相关人员应知应会，熟练掌握，并通过应急演练，做到迅速反应、正确处置。

5　综合应急预案的主要内容

5.1　总则

5.1.1　编制目的

简述应急预案编制的目的、作用等。

5.1.2　编制依据

简述应急预案编制所依据的法律法规、规章，以及有关行业管理规定、技术规范和标准等。

5.1.3　适用范围

说明应急预案适用的区域范围，以及事故的类型、级别。

5.1.4　应急预案体系

说明本单位应急预案体系的构成情况。

5.1.5　应急工作原则

说明本单位应急工作的原则，内容应简明扼要、明确具体。

5.2　生产经营单位的危险性分析

5.2.1　生产经营单位概况

主要包括单位地址、从业人数、隶属关系、主要原材料、主要产品、产量等内容，以及周边重大危险源、重要设施、目标、场所和周边布局情况。必要时，可附平面图进行说明。

5.2.2 危险源与风险分析

主要阐述本单位存在的危险源及风险分析结果。

5.3 组织机构及职责

5.3.1 应急组织体系

明确应急组织形式,构成单位或人员,并尽可能以结构图的形式表示出来。

5.3.2 指挥机构及职责

明确应急救援指挥机构总指挥、副总指挥、各成员单位及其相应职责。应急救援指挥机构根据事故类型和应急工作需要,可以设置相应的应急救援工作小组,并明确各小组的工作任务及职责。

5.4 预防与预警

5.4.1 危险源监控

明确本单位对危险源监测监控的方式、方法,以及采取的预防措施。

5.4.2 预警行动

明确事故预警的条件、方式、方法和信息的发布程序。

5.4.3 信息报告与处置

按照有关规定,明确事故及未遂伤亡事故信息报告与处置办法。

a) 信息报告与通知

明确 24 小时应急值守电话、事故信息接收和通报程序。

b) 信息上报

明确事故发生后向上级主管部门和地方人民政府报告事故信息的流程、内容和时限。

c) 信息传递

明确事故发生后向有关部门或单位通报事故信息的方法和程序。

5.5 应急响应

5.5.1 响应分级

针对事故危害程度、影响范围和单位控制事态的能力,将事故分为不同的等级。按照分级负责的原则,明确应急响应级别。

5.5.2 响应程序

根据事故的大小和发展态势,明确应急指挥、应急行动、资源调配、应急避险、扩大应急等响应程序。

5.5.3 应急结束

明确应急终止的条件。事故现场得以控制,环境符合有关标准,导致次生、衍生事故隐患消除后,经事故现场应急指挥机构批准后,现场应急结束。

应急结束后,应明确:

a）事故情况上报事项；

b）需向事故调查处理小组移交的相关事项；

c）事故应急救援工作总结报告。

5.6 信息发布

明确事故信息发布的部门，发布原则。事故信息应由事故现场指挥部及时准确向新闻媒体通报事故信息。

5.7 后期处置

主要包括污染物处理、事故后果影响消除、生产秩序恢复、善后赔偿、抢险过程和应急救援能力评估及应急预案的修订等内容。

5.8 保障措施

5.8.1 通信与信息保障

明确与应急工作相关联的单位或人员通信联系方式和方法，并提供备用方案。建立信息通信系统及维护方案，确保应急期间信息通畅。

5.8.2 应急队伍保障

明确各类应急响应的人力资源，包括专业应急队伍、兼职应急队伍的组织与保障方案。

5.8.3 应急物资装备保障

明确应急救援需要使用的应急物资和装备的类型、数量、性能、存放位置、管理责任人及其联系方式等内容。

5.8.4 经费保障

明确应急专项经费来源、使用范围、数量和监督管理措施，保障应急状态时生产经营单位应急经费的及时到位。

5.8.5 其他保障

根据本单位应急工作需求而确定的其他相关保障措施（如：交通运输保障、治安保障、技术保障、医疗保障、后勤保障等）。

5.9 培训与演练

5.9.1 培训

明确对本单位人员开展的应急培训计划、方式和要求。如果预案涉及社区和居民，要做好宣传教育和告知等工作。

5.9.2 演练

明确应急演练的规模、方式、频次、范围、内容、组织、评估、总结等内容。

5.10 奖惩

明确事故应急救援工作中奖励和处罚的条件和内容。

5.11 附则

5.11.1 术语和定义

对应急预案涉及的一些术语进行定义。

5.11.2 应急预案备案

明确本应急预案的报备部门。

5.11.3 维护和更新

明确应急预案维护和更新的基本要求，定期进行评审，实现可持续改进。

5.11.4 制定与解释

明确应急预案负责制定与解释的部门。

5.11.5 应急预案实施

明确应急预案实施的具体时间。

6 专项应急预案的主要内容

6.1 事故类型和危害程度分析

在危险源评估的基础上，对其可能发生的事故类型和可能发生的季节及其严重程度进行确定。

6.2 应急处置基本原则

明确处置安全生产事故应当遵循的基本原则。

6.3 组织机构及职责

6.3.1 应急组织体系

明确应急组织形式，构成单位或人员，并尽可能以结构图的形式表示出来。

6.3.2 指挥机构及职责

根据事故类型，明确应急救援指挥机构总指挥、副总指挥以及各成员单位或人员的具体职责。应急救援指挥机构可以设置相应的应急救援工作小组，明确各小组的工作任务及主要负责人职责。

6.4 预防与预警

6.4.1 危险源监控

明确本单位对危险源监测监控的方式、方法，以及采取的预防措施。

6.4.2 预警行动

明确具体事故预警的条件、方式、方法和信息的发布程序。

6.5 信息报告程序

主要包括：

a）确定报警系统及程序；

b）确定现场报警方式，如电话、警报器等；

c) 确定 24 小时与相关部门的通讯、联络方式;

d) 明确相互认可的通告、报警形式和内容;

e) 明确应急反应人员向外求援的方式。

6.6　应急处置

6.6.1　响应分级

针对事故危害程度、影响范围和单位控制事态的能力,将事故分为不同的等级。按照分级负责的原则,明确应急响应级别。

6.6.2　响应程序

根据事故的大小和发展态势,明确应急指挥、应急行动、资源调配、应急避险、扩大应急等响应程序。

6.6.3　处置措施

针对本单位事故类别和可能发生的事故特点、危险性,制定的应急处置措施(如:煤矿瓦斯爆炸、冒顶片帮、火灾、透水等事故应急处置措施,危险化学品火灾、爆炸、中毒等事故应急处置措施)。

6.7　应急物资与装备保障

明确应急处置所需的物质与装备数量、管理和维护、正确使用等。

7　现场处置方案的主要内容

7.1　事故特征

主要包括:

a) 危险性分析,可能发生的事故类型;

b) 事故发生的区域、地点或装置的名称;

c) 事故可能发生的季节和造成的危害程度;

d) 事故前可能出现的征兆。

7.2　应急组织与职责

主要包括:

a) 基层单位应急自救组织形式及人员构成情况;

b) 应急自救组织机构、人员的具体职责,应同单位或车间、班组人员工作职责紧密结合,明确相关岗位和人员的应急工作职责。

7.3　应急处置

主要包括以下内容:

a) 事故应急处置程序。根据可能发生的事故类别及现场情况,明确事故报警、各项应急措施启动、应急救护人员的引导、事故扩大及同企业应急预案的衔接的程序。

b) 现场应急处置措施。针对可能发生的火灾、爆炸、危险化学品泄漏、坍塌、水患、机动车辆伤害等,从操作措施、工艺流程、现场处置、事故控制,人员救护、消防、现场恢复等方面制定明确的应急处置措施。

c) 报警电话及上级管理部门、相关应急救援单位联络方式和联系人员,事故报告的基本要求和内容。

7.4 注意事项

主要包括:

a) 佩戴个人防护器具方面的注意事项;

b) 使用抢险救援器材方面的注意事项;

c) 采取救援对策或措施方面的注意事项;

d) 现场自救和互救注意事项;

e) 现场应急处置能力确认和人员安全防护等事项;

f) 应急救援结束后的注意事项;

g) 其他需要特别警示的事项。

8 附件

8.1 有关应急部门、机构或人员的联系方式

列出应急工作中需要联系的部门、机构或人员的多种联系方式,并不断进行更新。

8.2 重要物资装备的名录或清单

列出应急预案涉及的重要物资和装备名称、型号、存放地点和联系电话等。

8.3 规范化格式文本

信息接收、处理、上报等规范化格式文本。

8.4 关键的路线、标识和图纸

主要包括:

a) 警报系统分布及覆盖范围;

b) 重要防护目标一览表、分布图;

c) 应急救援指挥位置及救援队伍行动路线;

d) 疏散路线、重要地点等标识;

e) 相关平面布置图纸、救援力量的分布图纸等。

8.5 相关应急预案名录

列出直接与本应急预案相关的或相衔接的应急预案名称。

8.6 有关协议或备忘录

与相关应急救援部门签订的应急支援协议或备忘录。

附录 A　（资料性附录）应急预案编制格式和要求

A.1　封面

应急预案封面主要包括应急预案编号、应急预案版本号、生产经营单位名称、应急预案名称、编制单位名称、颁布日期等内容。

A.2　批准页

应急预案必须经发布单位主要负责人批准方可发布。

A.3　目次

应急预案应设置目次，目次中所列的内容及次序如下：

——批准页；

——章的编号、标题；

——带有标题的条的编号、标题（需要时列出）；

——附件，用序号表明其顺序。

A.4　印刷与装订

应急预案采用 A4 版面印刷，活页装订。

附录 4　生产经营单位生产安全事故应急预案编制导则（GB/T 29639—2013）

1　范围

本标准规定了生产经营单位编制生产安全事故应急预案（以下简称应急预案）的编制程序、体系构成以及综合应急预案、专项应急预案、现场处置方案和附件的主要内容。

本标准适用于生产经营单位的应急预案编制工作，其他社会组织和单位的应急预案编制可参照本标准执行。

2　规范性引用文件

下列文件对于本标准的应用是必不可少的。凡是注日期的引用文件，仅注日期的版本适用于本标准。凡是不注日期的引用文件，其最新版本（包括所有的修改单）适用于本文件。

GB/T 20000.4 标准化工作指南　第 4 部分：标准中涉及安全的内容

AQ/T 9007 生产安全事故应急演练指南

3 术语和定义

下列术语和定义适用于本文件。

3.1 应急预案 emergency plan

为有效预防和控制可能发生的事故，最大程度减少事故及其造成损害而预先制定的工作方案。

3.2 应急准备 emergency preparedness

针对可能发生的事故，为迅速、科学、有序地开展应急行动而预先进行的思想准备、组织准备和物资准备。

3.3 应急响应 emergency response

针对发生的事故，有关组织或人员采取的应急行动。

3.4 应急救援 emergency rescue

在应急响应过程中，为最大限度地降低事故造成的损失或危害，防止事故扩大，而采取的紧急措施或行动。

3.5 应急演练 emergency exercise

针对可能发生的事故情景，依据应急预案而模拟开展的应急活动。

4 应急预案编制程序

4.1 概述

生产经营单位编制应急预案包括成立应急预案编制工作组、资料收集、风险评估、应急能力评估、编制应急预案和应急预案评审 6 个步骤。

4.2 成立应急预案编制工作组

生产经营单位应结合本单位部门职能和分工，成立以单位主要负责人(或分管负责人)为组长，单位相关部门人员参加的应急预案编制工作组，明确工作职责和任务分工，制定工作计划，组织开展应急预案编制工作。

4.3 资料收集

应急预案编制工作组应收集与预案编制工作相关的法律法规、技术标准、应急预案、国内外同行业企业事故资料，同时收集本单位安全生产相关技术资料、周边环境影响、应急资源等有关资料。

4.4 风险评估

主要内容包括：

a) 分析生产经营单位存在的危险因素，确定事故危险源；

b) 分析可能发生的事故类型及后果，并指出可能产生的次生、衍生事故；

c) 评估事故的危害程度和影响范围，提出风险防控措施。

4.5　应急能力评估

在全面调查和客观分析生产经营单位应急队伍、装备、物资等应急资源状况基础上开展应急能力评估，并依据评估结果，完善应急保障措施。

4.6　编制应急预案

依据生产经营单位风险评估及应急能力评估结果，组织编制应急预案。应急预案编制应注重系统性和可操作性，做到与相关部门和单位应急预案相衔接。应急预案编制格式和要求见附录A。

4.7　应急预案评审

应急预案编制完成后，生产经营单位应组织评审。评审分为内部评审和外部评审，内部评审由生产经营单位主要负责人组织有关部门和人员进行。外部评审由生产经营单位组织外部有关专家和人员进行评审。应急预案评审合格后，由生产经营单位主要负责人(或分管负责人)签发实施，并进行备案管理。

5　应急预案体系

5.1　概述

生产经营单位的应急预案体系主要由综合应急预案、专项应急预案和现场处置方案构成。生产经营单位应根据本单位组织管理体系、生产规模、危险源的性质以及可能发生的事故类型确定应急预案体系，并可根据本单位的实际情况，确定是否编制专项应急预案。风险因素单一的小微型生产经营单位可只编写现场处置方案。

5.2　综合应急预案

综合应急预案是生产经营单位应急预案体系的总纲，主要从总体上阐述事故的应急工作原则，包括生产经营单位的应急组织机构及职责、应急预案体系、事故风险描述、预警及信息报告、应急响应、保障措施、应急预案管理等内容。

5.3　专项应急预案

专项应急预案是生产经营单位为应对某一类型或某几种类型事故，或者针对重要生产设施、重大危险源、重大活动等内容而制定的应急预案。专项应急预案主要包括事故风险分析、应急指挥机构及职责、处置程序和措施等内容。

5.4　现场处置方案

现场处置方案是生产经营单位根据不同事故类别，针对具体的场所、装置或设施所制定的应急处置措施，主要包括事故风险分析、应急工作职责、应急处置和注意事项等内容。生产经营单位应根据风险评估、岗位操作规程以及危险性控制措施，组织本单位现场作业人员及相关专业人员共同进行编制现场处置方案。

6 综合应急预案主要内容

6.1 总则

6.1.1 编制目的

简述应急预案编制的目的。

6.1.2 编制依据

简述应急预案编制所依据的法律、法规、规章、标准和规范性文件以及相关应急预案等。

6.1.3 适用范围

说明应急预案适用的工作范围和事故类型、级别。

6.1.4 应急预案体系

说明生产经营单位应急预案体系的构成情况,可用框图形式表述。

6.1.5 应急工作原则

说明生产经营单位应急工作的原则,内容应简明扼要、明确具体。

6.2 事故风险描述

简述生产经营单位存在或可能发生的事故风险种类、发生的可能性以及严重程度及影响范围等。

6.3 应急组织机构及职责

明确生产经营单位的应急组织形式及组成单位或人员,可用结构图的形式表示,明确构成部门的职责。应急组织机构根据事故类型和应急工作需要,可设置相应的应急工作小组,并明确各小组的工作任务及职责。

6.4 预警及信息报告

6.4.1 预警

根据生产经营单位监测监控系统数据变化状况、事故险情紧急程度和发展势态或有关部门提供的预警信息进行预警,明确预警的条件、方式、方法和信息发布的程序。

6.4.2 信息报告

按照有关规定,明确事故及事故险情信息报告程序,主要包括:

a) 信息接收与通报

明确24小时应急值守电话、事故信息接收、通报程序和责任人。

b) 信息上报

明确事故发生后向上级主管部门或单位报告事故信息的流程、内容、时限和责任人。

c）信息传递

明确事故发生后向本单位以外的有关部门或单位通报事故信息的方法、程序和责任人。

6.5　应急响应

6.5.1　响应分级

针对事故危害程度、影响范围和生产经营单位控制事态的能力，对事故应急响应进行分级，明确分级响应的基本原则。

6.5.2　响应程序

根据事故级别和发展态势，描述应急指挥机构启动、应急资源调配、应急救援、扩大应急等响应程序。

6.5.3　处置措施

针对可能发生的事故风险、事故危害程度和影响范围，制定相应的应急处置措施，明确处置原则和具体要求。

6.5.4　应急结束

明确现场应急响应结束的基本条件和要求。

6.6　信息公开

明确向有关新闻媒体、社会公众通报事故信息的部门、负责人和程序以及通报原则。

6.7　后期处置

主要明确污染物处理、生产秩序恢复、医疗救治、人员安置、善后赔偿、应急救援评估等内容。

6.8　保障措施

6.8.1　通信与信息保障

明确与可为本单位提供应急保障的相关单位或人员通信联系方式和方法，并提供备用方案。同时，建立信息通信系统及维护方案，确保应急期间信息通畅。

6.8.2　应急队伍保障

明确应急响应的人力资源，包括应急专家、专业应急队伍、兼职应急队伍等。

6.8.3　物资装备保障

明确生产经营单位的应急物资和装备的类型、数量、性能、存放位置、运输及使用条件、管理责任人及其联系方式等内容。

6.8.4　其他保障

根据应急工作需求而确定的其他相关保障措施（如：经费保障、交通运输保障、治安保障、技术保障、医疗保障、后勤保障等）。

6.9 应急预案管理

6.9.1 应急预案培训

明确对本单位人员开展的应急预案培训计划、方式和要求，使有关人员了解相关应急预案内容，熟悉应急职责、应急程序和现场处置方案。如果应急预案涉及社区和居民，要做好宣传教育和告知等工作。

6.9.2 应急预案演练

明确生产经营单位不同类型应急预案演练的形式、范围、频次、内容以及演练评估、总结等要求。

6.9.3 应急预案修订

明确应急预案修订的基本要求，并定期进行评审，实现可持续改进。

6.9.4 应急预案备案

明确应急预案的报备部门，并进行备案。

6.9.5 应急预案实施

明确应急预案实施的具体时间、负责制定与解释的部门。

7 专项应急预案主要内容

7.1 事故风险分析

针对可能发生的事故风险，分析事故发生的可能性以及严重程度、影响范围等。

7.2 应急指挥机构及职责

根据事故类型，明确应急指挥机构总指挥、副总指挥以及各成员单位或人员的具体职责。应急指挥机构可以设置相应的应急救援工作小组，明确各小组的工作任务及主要负责人职责。

7.3 处置程序

明确事故及事故险情信息报告程序和内容，报告方式和责任人等内容。根据事故响应级别，具体描述事故接警报告和记录、应急指挥机构启动、应急指挥、资源调配、应急救援、扩大应急等应急响应程序。

7.4 处置措施

针对可能发生的事故风险、事故危害程度和影响范围，制定相应的应急处置措施，明确处置原则和具体要求。

8 现场处置方案主要内容

8.1 事故风险分析

主要包括：

a) 事故类型;

b) 事故发生的区域、地点或装置的名称;

c) 事故发生的可能时间、事故的危害严重程度及其影响范围;

d) 事故前可能出现的征兆;

e) 事故可能引发的次生、衍生事故。

8.2　应急工作职责

根据现场工作岗位、组织形式及人员构成,明确各岗位人员的应急工作分工和职责。

8.3　应急处置

主要包括以下内容:

a) 事故应急处置程序。根据可能发生的事故及现场情况,明确事故报警、各项应急措施启动、应急救护人员的引导、事故扩大及同生产经营单位应急预案的衔接的程序。

b) 现场应急处置措施。针对可能发生的火灾、爆炸、危险化学品泄漏、坍塌、水患、机动车辆伤害等,从人员救护、工艺操作、事故控制,消防、现场恢复等方面制定明确的应急处置措施。

c) 明确报警负责人以及报警电话及上级管理部门、相关应急救援单位联络方式和联系人员,事故报告基本要求和内容。

8.4　注意事项

主要包括:

a) 佩戴个人防护器具方面的注意事项;

b) 使用抢险救援器材方面的注意事项;

c) 采取救援对策或措施方面的注意事项;

d) 现场自救和互救注意事项;

e) 现场应急处置能力确认和人员安全防护等事项;

f) 应急救援结束后的注意事项;

g) 其他需要特别警示的事项。

9　附件

9.1　有关应急部门、机构或人员的联系方式

列出应急工作中需要联系的部门、机构或人员的多种联系方式,当发生变化时及时进行更新。

9.2　应急物资装备的名录或清单

列出应急预案涉及的主要物资和装备名称、型号、性能、数量、存放地点、运输

和使用条件、管理责任人和联系电话等。

9.3 规范化格式文本

应急信息接报、处理、上报等规范化格式文本。

9.4 关键的路线、标识和图纸

主要包括：

a）警报系统分布及覆盖范围；

b）重要防护目标、危险源一览表、分布图；

c）应急指挥部位置及救援队伍行动路线；

d）疏散路线、警戒范围、重要地点等的标识；

e）相关平面布置图纸、救援力量的分布图纸等。

9.5 有关协议或备忘录

列出与相关应急救援部门签订的应急救援协议或备忘录。

附录 4-A （资料性附录）应急预案编制格式和要求

A.1 封面

应急预案封面主要包括应急预案编号、应急预案版本号、生产经营单位名称、应急预案名称、编制单位名称、颁布日期等内容。

A.2 批准页

应急预案应经生产经营单位主要负责人（或分管负责人）批准方可发布。

A.3 目次

应急预案应设置目次，目次中所列的内容及次序如下：

——批准页；

——章的编号、标题；

——带有标题的条的编号、标题（需要时列出）；

——附件，用序号表明其顺序。

A.4 印刷与装订

应急预案推荐采用 A4 版面印刷，活页装订。

附录 5 国家突发公共事件总体应急预案

1 总则

1.1 编制目的

提高政府保障公共安全和处置突发公共事件的能力，最大程度地预防和减少突发公共事件及其造成的损害，保障公众的生命财产安全，维护国家安全和社会稳定，促进经济社会全面、协调、可持续发展。

1.2　编制依据

依据宪法及有关法律、行政法规，制定本预案。

1.3　分类分级

本预案所称突发公共事件是指突然发生，造成或者可能造成重大人员伤亡、财产损失、生态环境破坏和严重社会危害，危及公共安全的紧急事件。

根据突发公共事件的发生过程、性质和机理，突发公共事件主要分为以下四类：

(1) 自然灾害。主要包括水旱灾害，气象灾害，地震灾害，地质灾害，海洋灾害，生物灾害和森林草原火灾等。

(2) 事故灾难。主要包括工矿商贸等企业的各类安全事故，交通运输事故，公共设施和设备事故，环境污染和生态破坏事件等。

(3) 公共卫生事件。主要包括传染病疫情，群体性不明原因疾病，食品安全和职业危害，动物疫情，以及其他严重影响公众健康和生命安全的事件。

(4) 社会安全事件。主要包括恐怖袭击事件，经济安全事件和涉外突发事件等。

各类突发公共事件按照其性质、严重程度、可控性和影响范围等因素，一般分为四级：Ⅰ级(特别重大)、Ⅱ级(重大)、Ⅲ级(较大)和Ⅳ级(一般)。

1.4　适用范围

本预案适用于涉及跨省级行政区划的，或超出事发地省级人民政府处置能力的特别重大突发公共事件应对工作。

本预案指导全国的突发公共事件应对工作。

1.5　工作原则

(1) 以人为本，减少危害。切实履行政府的社会管理和公共服务职能，把保障公众健康和生命财产安全作为首要任务，最大程度地减少突发公共事件及其造成的人员伤亡和危害。

(2) 居安思危，预防为主。高度重视公共安全工作，常抓不懈，防患于未然。增强忧患意识，坚持预防与应急相结合，常态与非常态相结合，做好应对突发公共事件的各项准备工作。

(3) 统一领导，分级负责。在党中央、国务院的统一领导下，建立健全分类管理、分级负责，条块结合、属地管理为主的应急管理体制，在各级党委领导下，实行行政领导责任制，充分发挥专业应急指挥机构的作用。

(4) 依法规范，加强管理。依据有关法律和行政法规，加强应急管理，维护公众的合法权益，使应对突发公共事件的工作规范化、制度化、法制化。

（5）快速反应，协同应对。加强以属地管理为主的应急处置队伍建设，建立联动协调制度，充分动员和发挥乡镇、社区、企事业单位、社会团体和志愿者队伍的作用，依靠公众力量，形成统一指挥、反应灵敏、功能齐全、协调有序、运转高效的应急管理机制。

（6）依靠科技，提高素质。加强公共安全科学研究和技术开发，采用先进的监测、预测、预警、预防和应急处置技术及设施，充分发挥专家队伍和专业人员的作用，提高应对突发公共事件的科技水平和指挥能力，避免发生次生、衍生事件；加强宣传和培训教育工作，提高公众自救、互救和应对各类突发公共事件的综合素质。

1.6 应急预案体系

全国突发公共事件应急预案体系包括：

（1）突发公共事件总体应急预案。总体应急预案是全国应急预案体系的总纲，是国务院应对特别重大突发公共事件的规范性文件。

（2）突发公共事件专项应急预案。专项应急预案主要是国务院及其有关部门为应对某一类型或某几种类型突发公共事件而制定的应急预案。

（3）突发公共事件部门应急预案。部门应急预案是国务院有关部门根据总体应急预案、专项应急预案和部门职责为应对突发公共事件制定的预案。

（4）突发公共事件地方应急预案。具体包括：省级人民政府的突发公共事件总体应急预案、专项应急预案和部门应急预案；各市（地）、县（市）人民政府及其基层政权组织的突发公共事件应急预案。上述预案在省级人民政府的领导下，按照分类管理、分级负责的原则，由地方人民政府及其有关部门分别制定。

（5）企事业单位根据有关法律法规制定的应急预案。

（6）举办大型会展和文化体育等重大活动，主办单位应当制定应急预案。

各类预案将根据实际情况变化不断补充、完善。

2 组织体系

2.1 领导机构

国务院是突发公共事件应急管理工作的最高行政领导机构。在国务院总理领导下，由国务院常务会议和国家相关突发公共事件应急指挥机构（以下简称相关应急指挥机构）负责突发公共事件的应急管理工作；必要时，派出国务院工作组指导有关工作。

2.2 办事机构

国务院办公厅设国务院应急管理办公室，履行值守应急、信息汇总和综合协调职责，发挥运转枢纽作用。

2.3 工作机构

国务院有关部门依据有关法律、行政法规和各自的职责，负责相关类别突发公共事件的应急管理工作。具体负责相关类别的突发公共事件专项和部门应急预案的起草与实施，贯彻落实国务院有关决定事项。

2.4 地方机构

地方各级人民政府是本行政区域突发公共事件应急管理工作的行政领导机构，负责本行政区域各类突发公共事件的应对工作。

2.5 专家组

国务院和各应急管理机构建立各类专业人才库，可以根据实际需要聘请有关专家组成专家组，为应急管理提供决策建议，必要时参加突发公共事件的应急处置工作。

3 运行机制

3.1 预测与预警

各地区、各部门要针对各种可能发生的突发公共事件，完善预测预警机制，建立预测预警系统，开展风险分析，做到早发现、早报告、早处置。

3.1.1 预警级别和发布

根据预测分析结果，对可能发生和可以预警的突发公共事件进行预警。预警级别依据突发公共事件可能造成的危害程度、紧急程度和发展势态，一般划分为四级：Ⅰ级（特别严重）、Ⅱ级（严重）、Ⅲ级（较重）和Ⅳ级（一般），依次用红色、橙色、黄色和蓝色表示。

预警信息包括突发公共事件的类别、预警级别、起始时间、可能影响范围、警示事项、应采取的措施和发布机关等。

预警信息的发布、调整和解除可通过广播、电视、报刊、通信、信息网络、警报器、宣传车或组织人员逐户通知等方式进行，对老、幼、病、残、孕等特殊人群以及学校等特殊场所和警报盲区应当采取有针对性的公告方式。

3.2 应急处置

3.2.1 信息报告

特别重大或者重大突发公共事件发生后，各地区、各部门要立即报告，最迟不得超过 4 小时，同时通报有关地区和部门。应急处置过程中，要及时续报有关情况。

3.2.2 先期处置

突发公共事件发生后，事发地的省级人民政府或者国务院有关部门在报告特别重大、重大突发公共事件信息的同时，要根据职责和规定的权限启动相关应急预案，及时、有效地进行处置，控制事态。

在境外发生涉及中国公民和机构的突发事件，我驻外使领馆、国务院有关部门和有关地方人民政府要采取措施控制事态发展，组织开展应急救援工作。

3.2.3 应急响应

对于先期处置未能有效控制事态的特别重大突发公共事件，要及时启动相关预案，由国务院相关应急指挥机构或国务院工作组统一指挥或指导有关地区、部门开展处置工作。

现场应急指挥机构负责现场的应急处置工作。

需要多个国务院相关部门共同参与处置的突发公共事件，由该类突发公共事件的业务主管部门牵头，其他部门予以协助。

3.2.4 应急结束

特别重大突发公共事件应急处置工作结束，或者相关危险因素消除后，现场应急指挥机构予以撤销。

3.3 恢复与重建

3.3.1 善后处置

要积极稳妥、深入细致地做好善后处置工作。对突发公共事件中的伤亡人员、应急处置工作人员，以及紧急调集、征用有关单位及个人的物资，要按照规定给予抚恤、补助或补偿，并提供心理及司法援助。有关部门要做好疫病防治和环境污染消除工作。保险监管机构督促有关保险机构及时做好有关单位和个人损失的理赔工作。

3.3.2 调查与评估

要对特别重大突发公共事件的起因、性质、影响、责任、经验教训和恢复重建等问题进行调查评估。

3.3.3 恢复重建

根据受灾地区恢复重建计划组织实施恢复重建工作。

3.4 信息发布

突发公共事件的信息发布应当及时、准确、客观、全面。事件发生的第一时间要向社会发布简要信息，随后发布初步核实情况、政府应对措施和公众防范措施等，并根据事件处置情况做好后续发布工作。

信息发布形式主要包括授权发布、散发新闻稿、组织报道、接受记者采访、举行新闻发布会等。

4 应急保障

各有关部门要按照职责分工和相关预案做好突发公共事件的应对工作，同时根据总体预案切实做好应对突发公共事件的人力、物力、财力、交通运输、医疗卫生及通信保障等工作，保证应急救援工作的需要和灾区群众的基本生活，以及恢复重建工作的顺利进行。

4.1　人力资源

公安(消防)、医疗卫生、地震救援、海上搜救、矿山救护、森林消防、防洪抢险、核与辐射、环境监控、危险化学品事故救援、铁路事故、民航事故、基础信息网络和重要信息系统事故处置，以及水、电、油、气等工程抢险救援队伍是应急救援的专业队伍和骨干力量。地方各级人民政府和有关部门、单位要加强应急救援队伍的业务培训和应急演练，建立联动协调机制，提高装备水平；动员社会团体、企事业单位以及志愿者等各种社会力量参与应急救援工作；增进国际间的交流与合作。要加强以乡镇和社区为单位的公众应急能力建设，发挥其在应对突发公共事件中的重要作用。

中国人民解放军和中国人民武装警察部队是处置突发公共事件的骨干和突击力量，按照有关规定参加应急处置工作。

4.2　财力保障

要保证所需突发公共事件应急准备和救援工作资金。对受突发公共事件影响较大的行业、企事业单位和个人要及时研究提出相应的补偿或救助政策。要对突发公共事件财政应急保障资金的使用和效果进行监管和评估。

鼓励自然人、法人或者其他组织(包括国际组织)按照《中华人民共和国公益事业捐赠法》等有关法律、法规的规定进行捐赠和援助。

4.3　物资保障

要建立健全应急物资监测网络、预警体系和应急物资生产、储备、调拨及紧急配送体系，完善应急工作程序，确保应急所需物资和生活用品的及时供应，并加强对物资储备的监督管理，及时予以补充和更新。

地方各级人民政府应根据有关法律、法规和应急预案的规定，做好物资储备工作。

4.4　基本生活保障

要做好受灾群众的基本生活保障工作，确保灾区群众有饭吃、有水喝、有衣穿、有住处、有病能得到及时医治。

4.5　医疗卫生保障

卫生部门负责组建医疗卫生应急专业技术队伍，根据需要及时赴现场开展医疗救治、疾病预防控制等卫生应急工作。及时为受灾地区提供药品、器械等卫生和医疗设备。必要时，组织动员红十字会等社会卫生力量参与医疗卫生救助工作。

4.6 交通运输保障

要保证紧急情况下应急交通工具的优先安排、优先调度、优先放行，确保运输安全畅通；要依法建立紧急情况社会交通运输工具的征用程序，确保抢险救灾物资和人员能够及时、安全送达。

根据应急处置需要，对现场及相关通道实行交通管制，开设应急救援“绿色通道”，保证应急救援工作的顺利开展。

4.7 治安维护

要加强对重点地区、重点场所、重点人群、重要物资和设备的安全保护，依法严厉打击违法犯罪活动。必要时，依法采取有效管制措施，控制事态，维护社会秩序。

4.8 人员防护

要指定或建立与人口密度、城市规模相适应的应急避险场所，完善紧急疏散管理办法和程序，明确各级责任人，确保在紧急情况下公众安全、有序的转移或疏散。

要采取必要的防护措施，严格按照程序开展应急救援工作，确保人员安全。

4.9 通信保障

建立健全应急通信、应急广播电视保障工作体系，完善公用通信网，建立有线和无线相结合、基础电信网络与机动通信系统相配套的应急通信系统，确保通信畅通。

4.10 公共设施

有关部门要按照职责分工，分别负责煤、电、油、气、水的供给，以及废水、废气、固体废弃物等有害物质的监测和处理。

4.11 科技支撑

要积极开展公共安全领域的科学研究；加大公共安全监测、预测、预警、预防和应急处置技术研发的投入，不断改进技术装备，建立健全公共安全应急技术平台，提高我国公共安全科技水平；注意发挥企业在公共安全领域的研发作用。

5 监督管理

5.1 预案演练

各地区、各部门要结合实际，有计划、有重点地组织有关部门对相关预案进行演练。

5.2 宣传和培训

宣传、教育、文化、广电、新闻出版等有关部门要通过图书、报刊、音像制品和电子出版物、广播、电视、网络等，广泛宣传应急法律法规和预防、避险、自救、互救、减灾等常识，增强公众的忧患意识、社会责任意识和自救、互救能力。各有关方面要有计划地对应急救援和管理人员进行培训，提高其专业技能。

5.3 责任与奖惩

突发公共事件应急处置工作实行责任追究制。

对突发公共事件应急管理工作中做出突出贡献的先进集体和个人要给予表彰和奖励。

对迟报、谎报、瞒报和漏报突发公共事件重要情况或者应急管理工作中有其他失职、渎职行为的，依法对有关责任人给予行政处分；构成犯罪的，依法追究刑事责任。

6 附则

6.1 预案管理

根据实际情况的变化，及时修订本预案。

本预案自发布之日起实施。

附录6 国家安全生产事故灾难应急预案

1 总则

1.1 编制目的

规范安全生产事故灾难的应急管理和应急响应程序，及时有效地实施应急救援工作，最大程度地减少人员伤亡、财产损失，维护人民群众的生命安全和社会稳定。

1.2 编制依据

依据《中华人民共和国安全生产法》、《国家突发公共事件总体应急预案》和《国务院关于进一步加强安全生产工作的决定》等法律法规及有关规定，制定本预案。

1.3 适用范围

本预案适用于下列安全生产事故灾难的应对工作：

(1) 造成30人以上死亡(含失踪)，或危及30人以上生命安全，或者100人以上中毒(重伤)，或者需要紧急转移安置10万人以上，或者直接经济损失1亿元以上的特别重大安全生产事故灾难。

(2) 超出省(区、市)人民政府应急处置能力，或者跨省级行政区、跨多个领域(行业和部门)的安全生产事故灾难。

(3) 需要国务院安全生产委员会(以下简称国务院安委会)处置的安全生产事故灾难。

1.4 工作原则

(1) 以人为本,安全第一。把保障人民群众的生命安全和身体健康、最大程度地预防和减少安全生产事故灾难造成的人员伤亡作为首要任务。切实加强应急救援人员的安全防护。充分发挥人的主观能动性,充分发挥专业救援力量的骨干作用和人民群众的基础作用。

(2) 统一领导,分级负责。在国务院统一领导和国务院安委会组织协调下,各省(区、市)人民政府和国务院有关部门按照各自职责和权限,负责有关安全生产事故灾难的应急管理和应急处置工作。企业要认真履行安全生产责任主体的职责,建立安全生产应急预案和应急机制。

(3) 条块结合,属地为主。安全生产事故灾难现场应急处置的领导和指挥以地方人民政府为主,实行地方各级人民政府行政首长负责制。有关部门应当与地方人民政府密切配合,充分发挥指导和协调作用。

(4) 依靠科学,依法规范。采用先进技术,充分发挥专家作用,实行科学民主决策。采用先进的救援装备和技术,增强应急救援能力。依法规范应急救援工作,确保应急预案的科学性、权威性和可操作性。

(5) 预防为主,平战结合。贯彻落实"安全第一,预防为主"的方针,坚持事故灾难应急与预防工作相结合。做好预防、预测、预警和预报工作,做好常态下的风险评估、物资储备、队伍建设、完善装备、预案演练等工作。

2 组织体系及相关机构职责

2.1 组织体系

全国安全生产事故灾难应急救援组织体系由国务院安委会、国务院有关部门、地方各级人民政府安全生产事故灾难应急领导机构、综合协调指挥机构、专业协调指挥机构、应急支持保障部门、应急救援队伍和生产经营单位组成。

国家安全生产事故灾难应急领导机构为国务院安委会,综合协调指挥机构为国务院安委会办公室,国家安全生产应急救援指挥中心具体承担安全生产事故灾难应急管理工作,专业协调指挥机构为国务院有关部门管理的专业领域应急救援指挥机构。

地方各级人民政府的安全生产事故灾难应急机构由地方政府确定。

应急救援队伍主要包括消防部队、专业应急救援队伍、生产经营单位的应急救援队伍、社会力量、志愿者队伍及有关国际救援力量等。

国务院安委会各成员单位按照职责履行本部门的安全生产事故灾难应急救援和保障方面的职责,负责制订、管理并实施有关应急预案。

2.2　现场应急救援指挥部及职责

现场应急救援指挥以属地为主，事发地省（区、市）人民政府成立现场应急救援指挥部。现场应急救援指挥部负责指挥所有参与应急救援的队伍和人员，及时向国务院报告事故灾难事态发展及救援情况，同时抄送国务院安委会办公室。

涉及多个领域、跨省级行政区或影响特别重大的事故灾难，根据需要由国务院安委会或者国务院有关部门组织成立现场应急救援指挥部，负责应急救援协调指挥工作。

3　预警预防机制

3.1　事故灾难监控与信息报告

国务院有关部门和省（区、市）人民政府应当加强对重大危险源的监控，对可能引发特别重大事故的险情，或者其他灾害、灾难可能引发安全生产事故灾难的重要信息应及时上报。

特别重大安全生产事故灾难发生后，事故现场有关人员应当立即报告单位负责人，单位负责人接到报告后，应当立即报告当地人民政府和上级主管部门。中央企业在上报当地政府的同时应当上报企业总部。当地人民政府接到报告后应当立即报告上级政府，国务院有关部门、单位、中央企业和事故灾难发生地的省（区、市）人民政府应当在接到报告后2小时内，向国务院报告，同时抄送国务院安委会办公室。

自然灾害、公共卫生和社会安全方面的突发事件可能引发安全生产事故灾难的信息，有关各级、各类应急指挥机构均应及时通报同级安全生产事故灾难应急救援指挥机构，安全生产事故灾难应急救援指挥机构应当及时分析处理，并按照分级管理的程序逐级上报，紧急情况下，可越级上报。

发生安全生产事故灾难的有关部门、单位要及时、主动向国务院安委会办公室、国务院有关部门提供与事故应急救援有关的资料。事故灾难发生地安全监管部门提供事故前监督检查的有关资料，为国务院安委会办公室、国务院有关部门研究制订救援方案提供参考。

3.2　预警行动

各级、各部门安全生产事故灾难应急机构接到可能导致安全生产事故灾难的信息后，按照应急预案及时研究确定应对方案，并通知有关部门、单位采取相应行动预防事故发生。

4　应急响应

4.1　分级响应

Ⅰ级应急响应行动（具体标准见1.3）由国务院安委会办公室或国务院有关部

门组织实施。当国务院安委会办公室或国务院有关部门进行Ⅰ级应急响应行动时，事发地各级人民政府应当按照相应的预案全力以赴组织救援，并及时向国务院及国务院安委会办公室、国务院有关部门报告救援工作进展情况。

Ⅱ级及以下应急响应行动的组织实施由省级人民政府决定。地方各级人民政府根据事故灾难或险情的严重程度启动相应的应急预案，超出其应急救援处置能力时，及时报请上一级应急救援指挥机构启动上一级应急预案实施救援。

4.1.1 国务院有关部门的响应

Ⅰ级响应时，国务院有关部门启动并实施本部门相关的应急预案，组织应急救援，并及时向国务院及国务院安委会办公室报告救援工作进展情况。需要其他部门应急力量支援时，及时提出请求。

根据发生的安全生产事故灾难的类别，国务院有关部门按照其职责和预案进行响应。

4.1.2 国务院安委会办公室的响应

(1) 及时向国务院报告安全生产事故灾难基本情况、事态发展和救援进展情况。

(2) 开通与事故灾难发生地的省级应急救援指挥机构、现场应急救援指挥部、相关专业应急救援指挥机构的通信联系，随时掌握事态发展情况。

(3) 根据有关部门和专家的建议，通知相关应急救援指挥机构随时待命，为地方或专业应急救援指挥机构提供技术支持。

(4) 派出有关人员和专家赶赴现场参加、指导现场应急救援，必要时协调专业应急力量增援。

(5) 对可能或者已经引发自然灾害、公共卫生和社会安全突发事件的，国务院安委会办公室要及时上报国务院，同时负责通报相关领域的应急救援指挥机构。

(6) 组织协调特别重大安全生产事故灾难应急救援工作。

(7) 协调落实其他有关事项。

4.2 指挥和协调

进入Ⅰ级响应后，国务院有关部门及其专业应急救援指挥机构立即按照预案组织相关应急救援力量，配合地方政府组织实施应急救援。

国务院安委会办公室根据事故灾难的情况开展应急救援协调工作。通知有关部门及其应急机构、救援队伍和事发地毗邻省(区、市)人民政府应急救援指挥机构，相关机构按照各自应急预案提供增援或保障。有关应急队伍在现场应急救援指挥部统一指挥下，密切配合，共同实施抢险救援和紧急处置行动。

现场应急救援指挥部负责现场应急救援的指挥，现场应急救援指挥部成立前，事发单位和先期到达的应急救援队伍必须迅速、有效地实施先期处置，事故灾难发生地人民政府负责协调，全力控制事故灾难发展态势，防止次生、衍生和耦合事故(事件)发生，果断控制或切断事故灾害链。

中央企业发生事故灾难时，其总部应全力调动相关资源，有效开展应急救援工作。

4.3 紧急处置

现场处置主要依靠本行政区域内的应急处置力量。事故灾难发生后，发生事故的单位和当地人民政府按照应急预案迅速采取措施。

根据事态发展变化情况，出现急剧恶化的特殊险情时，现场应急救援指挥部在充分考虑专家和有关方面意见的基础上，依法及时采取紧急处置措施。

4.4 医疗卫生救助

事发地卫生行政主管部门负责组织开展紧急医疗救护和现场卫生处置工作。

卫生部或国务院安委会办公室根据地方人民政府的请求，及时协调有关专业医疗救护机构和专科医院派出有关专家、提供特种药品和特种救治装备进行支援。

事故灾难发生地疾病控制中心根据事故类型，按照专业规程进行现场防疫工作。

4.5 应急人员的安全防护

现场应急救援人员应根据需要携带相应的专业防护装备，采取安全防护措施，严格执行应急救援人员进入和离开事故现场的相关规定。

现场应急救援指挥部根据需要具体协调、调集相应的安全防护装备。

4.6 群众的安全防护

现场应急救援指挥部负责组织群众的安全防护工作，主要工作内容如下：

(1) 企业应当与当地政府、社区建立应急互动机制，确定保护群众安全需要采取的防护措施。

(2) 决定应急状态下群众疏散、转移和安置的方式、范围、路线、程序。

(3) 指定有关部门负责实施疏散、转移。

(4) 启用应急避难场所。

(5) 开展医疗防疫和疾病控制工作。

(6) 负责治安管理。

4.7 社会力量的动员与参与

现场应急救援指挥部组织调动本行政区域社会力量参与应急救援工作。

超出事发地省级人民政府处置能力时，省级人民政府向国务院申请本行政区域外的社会力量支援，国务院办公厅协调有关省级人民政府、国务院有关部门组织社会力量进行支援。

4.8 现场检测与评估

根据需要，现场应急救援指挥部成立事故现场检测、鉴定与评估小组，综合分析和评价检测数据，查找事故原因，评估事故发展趋势，预测事故后果，为制订现场抢救方案和事故调查提供参考。检测与评估报告要及时上报。

4.9 信息发布

国务院安委会办公室会同有关部门具体负责特别重大安全生产事故灾难信息的发布工作。

4.10 应急结束

当遇险人员全部得救，事故现场得以控制，环境符合有关标准，导致次生、衍生事故隐患消除后，经现场应急救援指挥部确认和批准，现场应急处置工作结束，应急救援队伍撤离现场。由事故发生地省级人民政府宣布应急结束。

5 后期处置

5.1 善后处置

省级人民政府会同相关部门(单位)负责组织特别重大安全生产事故灾难的善后处置工作，包括人员安置、补偿，征用物资补偿，灾后重建，污染物收集、清理与处理等事项。尽快消除事故影响，妥善安置和慰问受害及受影响人员，保证社会稳定，尽快恢复正常秩序。

5.2 保险

安全生产事故灾难发生后，保险机构及时开展应急救援人员保险受理和受灾人员保险理赔工作。

5.3 事故灾难调查报告、经验教训总结及改进建议

特别重大安全生产事故灾难由国务院安全生产监督管理部门负责组成调查组进行调查；必要时，国务院直接组成调查组或者授权有关部门组成调查组。

安全生产事故灾难善后处置工作结束后，现场应急救援指挥部分析总结应急救援经验教训，提出改进应急救援工作的建议，完成应急救援总结报告并及时上报。

6 保障措施

6.1 通信与信息保障

建立健全国家安全生产事故灾难应急救援综合信息网络系统和重大安全生产事故灾难信息报告系统；建立完善救援力量和资源信息数据库；规范信息获取、分析、发布、报送格式和程序，保证应急机构之间的信息资源共享，为应急决策提供相关信息支持。

有关部门应急救援指挥机构和省级应急救援指挥机构负责本部门、本地区相关信息收集、分析和处理，定期向国务院安委会办公室报送有关信息，重要信息和

变更信息要及时报送，国务院安委会办公室负责收集、分析和处理全国安全生产事故灾难应急救援有关信息。

6.2　应急支援与保障

6.2.1　救援装备保障

各专业应急救援队伍和企业根据实际情况和需要配备必要的应急救援装备。专业应急救援指挥机构应当掌握本专业的特种救援装备情况，各专业队伍按规程配备救援装备。

6.2.2　应急队伍保障

矿山、危险化学品、交通运输等行业或领域的企业应当依法组建和完善救援队伍。各级、各行业安全生产应急救援机构负责检查并掌握相关应急救援力量的建设和准备情况。

6.2.3　交通运输保障

发生特别重大安全生产事故灾难后，国务院安委会办公室或有关部门根据救援需要及时协调民航、交通和铁路等行政主管部门提供交通运输保障。地方人民政府有关部门对事故现场进行道路交通管制，根据需要开设应急救援特别通道，道路受损时应迅速组织抢修，确保救灾物资、器材和人员运送及时到位，满足应急处置工作需要。

6.2.4　医疗卫生保障

县级以上各级人民政府应当加强急救医疗服务网络的建设，配备相应的医疗救治药物、技术、设备和人员，提高医疗卫生机构应对安全生产事故灾难的救治能力。

6.2.5　物资保障

国务院有关部门和县级以上人民政府及其有关部门、企业，应当建立应急救援设施、设备、救治药品和医疗器械等储备制度，储备必要的应急物资和装备。

各专业应急救援机构根据实际情况，负责监督应急物资的储备情况、掌握应急物资的生产加工能力储备情况。

6.2.6　资金保障

生产经营单位应当做好事故应急救援必要的资金准备。安全生产事故灾难应急救援资金首先由事故责任单位承担，事故责任单位暂时无力承担的，由当地政府协调解决。国家处置安全生产事故灾难所需工作经费按照《财政应急保障预案》的规定解决。

6.2.7　社会动员保障

地方各级人民政府根据需要动员和组织社会力量参与安全生产事故灾难的应急救援。国务院安委会办公室协调调用事发地以外的有关社会应急力量参与增援时，地方人民政府要为其提供各种必要保障。

6.2.8 应急避难场所保障

直辖市、省会城市和大城市人民政府负责提供特别重大事故灾难发生时人员避难需要的场所。

6.3 技术储备与保障

国务院安委会办公室成立安全生产事故灾难应急救援专家组，为应急救援提供技术支持和保障。要充分利用安全生产技术支撑体系的专家和机构，研究安全生产应急救援重大问题，开发应急技术和装备。

6.4 宣传、培训和演习

6.4.1 公众信息交流

国务院安委会办公室和有关部门组织应急法律法规和事故预防、避险、避灾、自救、互救常识的宣传工作，各种媒体提供相关支持。

地方各级人民政府结合本地实际，负责本地相关宣传、教育工作，提高全民的危机意识。

企业与所在地政府、社区建立互动机制，向周边群众宣传相关应急知识。

6.4.2 培训

有关部门组织各级应急管理机构以及专业救援队伍的相关人员进行上岗前培训和业务培训。

有关部门、单位可根据自身实际情况，做好兼职应急救援队伍的培训，积极组织社会志愿者的培训，提高公众自救、互救能力。

地方各级人民政府将突发公共事件应急管理内容列入行政干部培训的课程。

6.4.3 演习

各专业应急机构每年至少组织一次安全生产事故灾难应急救援演习。国务院安委会办公室每两年至少组织一次联合演习。各企事业单位应当根据自身特点，定期组织本单位的应急救援演习。演习结束后应及时进行总结。

6.5 监督检查

国务院安委会办公室对安全生产事故灾难应急预案实施的全过程进行监督检查。

7 附则

7.1 预案管理与更新

随着应急救援相关法律法规的制定、修改和完善，部门职责或应急资源发生变化，以及实施过程中发现存在问题或出现新的情况，应及时修订完善本预案。

本预案有关数量的表述中，“以上”含本数，“以下”不含本数。

7.2　奖励与责任追究

7.2.1　奖励

在安全生产事故灾难应急救援工作中有下列表现之一的单位和个人，应依据有关规定给予奖励：

(1) 出色完成应急处置任务，成绩显著的。

(2) 防止或抢救事故灾难有功，使国家、集体和人民群众的财产免受损失或者减少损失的。

(3) 对应急救援工作提出重大建议，实施效果显著的。

(4) 有其他特殊贡献的。

7.2.2　责任追究

在安全生产事故灾难应急救援工作中有下列行为之一的，按照法律、法规及有关规定，对有关责任人员视情节和危害后果，由其所在单位或者上级机关给予行政处分；其中，对国家公务员和国家行政机关任命的其他人员，分别由任免机关或者监察机关给予行政处分；属于违反治安管理行为的，由公安机关依照有关法律法规的规定予以处罚；构成犯罪的，由司法机关依法追究刑事责任：

(1) 不按照规定制订事故应急预案，拒绝履行应急准备义务的。

(2) 不按照规定报告、通报事故灾难真实情况的。

(3) 拒不执行安全生产事故灾难应急预案，不服从命令和指挥，或者在应急响应时临阵脱逃的。

(4) 盗窃、挪用、贪污应急工作资金或者物资的。

(5) 阻碍应急工作人员依法执行任务或者进行破坏活动的。

(6) 散布谣言，扰乱社会秩序的。

(7) 有其他危害应急工作行为的。

7.3　国际沟通与协作

国务院安委会办公室和有关部门积极建立与国际应急机构的联系，组织参加国际救援活动，开展国际间的交流与合作。

7.4　预案实施时间

本预案自印发之日起施行。

附录 7　人员救助常用方法

7.1　救援呼吸方法

序号	内容		急救方法
1	抢救步骤		畅通气道、建立呼吸、建立循环。
2	判断意识		用手拍病人肩部,在双耳侧大声呼唤。
3	摆正患者的位置		患者一般取仰卧位,如果患者在其他体位,应转动患者使其处于仰卧位。首先,伸直患者的臂和腿,然后朝向救援者转动患者使其呈仰卧位;用一只手支撑其头和颈部,用另一只手放在患者的胯部下方,掌拉其身体,保持患者身体不发生扭曲。松开患者的围巾及紧身衣服,放松裤带。冬季要注意为患者保暖。将患者的头侧向救援者,有手掰开患者的嘴巴,用手指清除患者口腔中的异物,如假牙、分泌物、血块、呕吐物等。
4	抢救	畅通气道	方法是仰头举颏法。将一只手放在患者前额部,用手掌用力向后加压,将另一只手放在颏部附近下颌骨,支持并抬举下颌,颏部应指向直上,头向后仰使下颌向前移动。 注意:抢救的最佳时机只有 4 分钟。手的力量主要用于前额部。手指尖放在颏部附近的下颌骨。以手指支持和抬举下颌,但不要使口闭合。不要压咽部软组织,以免堵塞气道。必要时用拇指轻拉下唇以保持口不闭合。
		建立呼吸	在救援者做仰头举颏动作时,就将耳朵放在受难者的口部附近并观察胸部。通过视、听及感觉 3～5 秒钟。如确定患者无呼吸,即刻给予两口充分和缓慢的呼吸。呼吸时保持患者头后仰,控制其鼻孔以防止向患者口中吹气时,气流从鼻孔溢出。呼吸后,放开患者鼻孔,使其能呼吸。 口对口呼吸:救援者深吸一口气并张大口腔完全覆盖住患者的口腔,不留空隙,做两次充分和缓慢的呼吸,每次历时 1～1.5 秒,在两次呼吸之间,离开患者口腔,时间要长到足以使患者肺部排出气体。 口对鼻呼吸:采用仰头举颏法,使患者头后仰。关闭患者口腔,推举颏部,不要推举喉部以免阻塞气道。其他步骤同口对口呼吸。 注意:始终保持患者头部后仰,吹气时适当,刚好使患者胸部升起。呼吸之间的间歇足以使患者排空和室救援者能再次进行呼吸。患者发生呕吐时,将其头和身体转向侧方,迅速擦净呕吐物,继续进行抢救。若患者有假牙,可以取出假牙。
		建立循环	在给予两次充分和缓慢的呼吸之后,检查患者的脉搏。可以检查患者的颈部,用一只手保持患者头后仰,另一只手指尖放在患者的喉结上,然后将手指尖滑向颈部侧方的沟内,检查时间为 5～10 秒。若患者没有呼吸但有脉搏,则给予呼吸救援;若患者没有呼吸及脉搏,则需要做心肺复苏。
		注意	救援呼吸可以按保证患者头后仰;再次捏住患者鼻孔;救援者深吸一口气,张大口腔覆盖住患者的口腔,向患者口中吹气并观察胸部升起;听和感觉气流,观察胸部回落的步骤重复进行。每 12 次呼吸(约 1 分钟),检查脉搏一次(约 5～10 秒),第一分钟后,要频繁检查脉搏,直至患者能够自主呼吸。
5	后续处理		保持患者仰卧位和舒适的温度。若患者可以移动下肢,应抬高下肢。若患者有呼吸困难,应抬高头部和肩部。不要用枕头以防止呼吸道堵塞。呼叫救护车,将患者送往医院。

7.2　单人心肺复苏救护方法

序号	内容	急救方法
1	定义	心肺复苏(CPR)就是呼吸及胸部按压的联合。救援呼吸给肺供氧,胸部按压使血压循环。
2	步骤	(1) 救援者将手放在患者的肋弓下缘。 (2) 用中指和食指沿肋源上滑动到肋骨和胸骨回合处的切迹,该处是下胸部的中心。 (3) 保持中指在切迹处,并将挨着的食指放在胸骨下端。将另一只手的手掌紧挨食指放在胸骨上。 (4) 再将另一只手的手掌放在已置于胸骨上的手的上面,保持手指离开胸壁,以免按压时肋骨骨折。 (5) 保持手指交叉,手指上翘,或用另一只手握紧腕部,采用自己认为最适当的方式。 (6) 救援者要跪着,不要蹲着,两膝分开约等于肩宽。肩部正对着患者的胸骨。救援者保持两手同自己的身体中线一致,使用自己身体的重量垂直向下按压,两肘垂直。 (7) 对成年患者,按压深度 4～5cm,按压频率 80～100 次/分钟。
3	注意事项	(1) 患者要放在硬表面上。若在软表面上,患者的背部需垫硬板。 (2) 在进行心肺复苏期间,患者的头部应处于心脏同一水平或略低于心脏水平。 (3) 应尽快抬高患者的下肢,帮助血液返回心脏。抬高时不要停止心肺复苏,可由另一人抬高。 (4) 按压时,救援者弯曲臀部而不弯曲膝部。 (5) 按压要平稳,按压时间为一半对一半。放松时,完全不对胸部施加压力,但手掌不要离开胸部,并保持正确位置。 (6) 胸部按压和救援呼吸的配合,单人法,心肺复苏 80～100 次/分钟,每按压 15 次,进行两次充分和缓慢的呼吸,每次 1～1.5 秒。保持 15 次按压、两次呼吸的比例(15∶2)不间断的重复进行。
4	不进行和停止心肺复苏的指征	(1) 已经无呼吸和无脉搏 10 分钟以上。 (2) 高级心肺复苏 30 分钟后无反应。 (3) 高级心肺复苏 10 分钟以上无室性心电图活动(心室停搏)。

7.3　外伤救护方法流程

序号	内容	急救方法
1	急救原则	(1) 首先观察伤员的呼吸、脉搏、血压、体温等生命体征,以及意识状态、面容、体位姿势等,尤其注意有无窒息、昏迷等现象。 (2) 观察受伤的原因及受伤的部位,如头皮、颅骨、瞳孔、耳道、鼻腔、反射、腹肌紧张等。 (3) 对于开放性损伤,须仔细观察伤口及伤面,注意出血、污染、渗出物等。

（续表）

序号	内容		急救方法
2	止血		一般采用加压包扎止血。当动脉出血时，可用指压法紧急止血，但不能持久，随后可用加压包扎或屈肢加垫止血。止血带只能用于其他方法无效时使用。临床有手指压和绷带扎、屈肘膝加垫填塞法。
3	包扎	头部及面部外伤包扎	(1) 头面部风帽式包扎法。头面部都有伤时可采用此包扎方法。先在三角巾顶角和底部中央各打一个结，形式像风帽一样。把顶角结放在前额处，底结放在后脑部下方，抱住头顶，然后再将两底角往面部拉紧，向外反折成三、四指宽，包绕下颌，最后拉至后脑枕部打结固定。 (2) 头顶式包扎法。当外伤在头顶部时可采用此包扎方法。把三角巾底边折成两指宽，中央放在前额，顶角拉向后脑，两底角拉紧，经两耳上方绕到头的后枕部，压着顶角，再交叉返回前额打结。如果没有三角巾，也可以改用毛巾。先将毛巾横盖在头顶上，前两角反折后拉到后脑打结，后两角各系一根布袋，左右交叉后绕到前额打结。 (3) 面部面具式包扎法。当面部受伤时可采用此包扎方法。先在三角巾顶角打一结，使头向下，提起左右两个底角，形式像面具一样。再将三角巾顶结套住下颌，罩住头面，底边拉向后脑枕部，左右角拉紧，交叉压在底部，再绕至前额打结。包扎后，可根据情况在眼和口鼻处剪开小洞。 (4) 单眼包扎法。如果眼部受伤，可将三角巾折成四横指宽的带形，斜盖在受伤的眼睛上。三角巾长度的三分之一向上，三分之二向下。下部的一端从耳下绕道后脑，再从另一只耳上绕到前额，压住眼上部的一端，然后将上部的一端向外翻转，向脑后拉紧，与另一端打结。
		四肢外伤包扎	(1) 手足部受伤的三角巾包扎法：将手掌（或脚掌）心向下放在三角巾的中央，手（脚）指朝向三角巾的顶角，底边横向腕部，把顶角折回，两底角分别围绕手（脚）掌左右交叉压住顶角后，在腕部打结，最后把顶角折回，用顶角上的布带固定。 (2) 三角巾上肢包扎法：如果上肢受伤，可把三角巾的一底角打结后套在受伤的那只手臂的手指上，把另一底角拉到对侧肩上，用顶角缠绕伤臂，并用顶角上的小布带包扎。然后，把手上的前臂弯曲到胸前，成近直角形，最后把两底角打结。
		躯干包扎	(1) 当背部受伤时，可采用背部三角巾包扎法。 (2) 当胸部受伤时，可采用胸部三角巾包扎法。 (3) 当下腹部和会阴部受伤时，可采用下腹部及会阴部包扎法。
4	固定		(1) 上肢肱骨骨折固定法：用一块夹板放在骨折部位的外侧，中间垫上棉花或毛巾，再用绷带或三角巾固定。若现场无夹板，则用三角巾将上臂固定于躯干上，方法是：三角巾折叠成宽带后通过上臂骨折部绕过胸部在对折打结固定，前臂悬吊于胸前。 (2) 股骨骨折固定法：用两块夹板，其中一块的长度与腋窝至足跟的长度相当，另一块的长度与伤员的腹股沟到足跟的长度相当。长的一块放在伤肢外侧腋窝下并和下肢平行，短的一块放在两腿之间，用棉花或毛巾垫好身体，再用三角巾或绷带分段绑扎固定。

（续表）

<table>
<tr><th>序号</th><th colspan="2">内容</th><th>急救方法</th></tr>
<tr><td rowspan="2">5</td><td rowspan="2">搬运</td><td>扶、抱、背搬运法</td><td>(1) 单人扶着行走：左手拉着伤员的手，右手轻扶住伤员的腰部，慢慢行走。此法适于伤员伤势较轻，神志清醒时使用。
(2) 肩膝手抱法：伤员不能行走，但上肢还有力量，可让伤员的手钩在搬运者颈上。此法禁用于脊柱骨折的伤员。
(3) 背驮法：先将伤员支起，然后背着行走。
(4) 双人平抱着走：两个搬运者站在同侧，抱起伤员运走。</td></tr>
<tr><td>不同伤情的不同搬运方法</td><td>(1) 脊柱骨折搬运：使用木板做的硬担架，应由 2～4 人抬，步调一致，切忌一人抬胸、一人抬腿。
(2) 颅脑伤昏迷搬运：搬运时要两人重点保护头。放在担架上应采取半卧位，头部侧向一边，以免呕吐时呕吐物阻塞气道而窒息。
(3) 颈椎骨折搬运：搬运时应由一人稳定头部，其他人平抬担架，头部左右两侧用衣物、软枕加以固定。
(4) 腹部损伤搬运：严重腹部损伤者，多有腹腔脏器从伤口脱出，可采用布带、绷带固定。搬运时采取仰卧位，并使下肢屈曲。</td></tr>
<tr><td>6</td><td colspan="2">伤员转送注意事项</td><td>(1) 迅速：伤员经过现场处理后，应争取时间尽快移动到已联系好的医院或急救中心，通知医院可能到达的时间。
(2) 安全：在搬运和转移途中应避免对伤者的再次创伤，更应防止医源性损伤，如输液过快引起的水肿、脑水肿，输入血制品引起溶血反应等。对有呕吐和神志不清的伤员，要防止胃内容物吸入气管而引起窒息。应持续监护，发生病危时，及时抢救。
(3) 平稳：在救护车内一般应保持伤员足向车头，头向车尾平卧。驾车要稳，刹车要缓。为使伤员情绪稳定，转运途中须镇痛，记录止痛药的名称、药量和使用时间。颅脑损伤时，要慎用麻醉止痛药。</td></tr>
</table>

7.4　不同受伤部位急救要点

序号	内容	急救方法
1	颅脑外伤	伤者一般表现为昏迷、头痛剧烈、呕吐频繁、左右瞳孔大小不同等症状。对颅脑外伤的伤员急救要点如下： (1) 应让伤者平卧，尽量减少不必要的活动，不要让其坐起和行走。需要运送时，最好是一人抱头，一人托腰，一人抬起臀部平稳地放在担架或木板上。 (2) 对伤口内(尤其是嵌入头颅里)的异物，如木片、碎石子、金属等物，不能随便去除，一旦不恰当的取出，常可能弄断神经、碰破血管，造成严重后果。 (3) 不要马上给伤者服用止痛片、打止痛针，以免在接受医生检查时，掩盖病情真相，贻误治疗。而且颅脑外伤者容易呕吐，也不宜口服药物。 (4) 有鼻、耳出血者，不能用药棉填塞，以免加重颅内积血和感染，应任其外流。只有耳廓或鼻部表面皮肤破损出血，才能用压迫法止血。 (5) 意识不清或昏迷伤者绝对不要用粗蛮办法弄醒，要注意其呼吸道通畅，以免呕吐物及痰阻塞气道。

（续表）

<table>
<tr><th>序号</th><th colspan="2">内容</th><th>急救方法</th></tr>
<tr><td>1</td><td colspan="2">颅脑外伤</td><td>(6) 脑组织（即脑浆）从伤口流出时，不可把流出的脑组织再送回伤口，也不可用力包扎，应在伤口周围用消毒纱布做成保护圈，必要时用一清洁小碗盖在伤口上，用干纱布适当包扎止血，以防止脑受压。
(7) 尽快送伤者到就近医院抢救，运送途中应把伤者头转向一侧，便于清除痰和呕吐物。</td></tr>
<tr><td rowspan="2">2</td><td rowspan="2">胸部创伤</td><td>封闭性创伤</td><td>封闭性创伤是因肋骨折断，刺进肺中而造成的。主要表现为伤者局部疼痛，深呼吸或咳嗽时疼痛加重。其急救要点如下：
(1) 如发现伤者咳出红色的泡沫状血液，应扶起伤者上身，使其身体倾向受伤一侧。接着将受伤一侧的手臂斜放在伤者胸前，其手掌安放在另一侧的肩头上。
(2) 可用三角巾裹扎伤者手臂，使其位置比臂悬巾高。然后将三角巾底边一端置于伤者未受伤一侧的肩头上，另一巾头则拉至肘部以下。整幅悬巾应垂下，盖住受伤一侧的手部和前臂。
(3) 将悬巾底边轻轻地摺入伤者手部、前臂和肘部之下，再拿起底边下端，绕过背部至没受伤一侧的肩头上，把上下两端在锁骨窝上打个结。
(4) 将三角巾的另一巾尖端推人肘下，用别针扣好或用胶布贴牢，也可塞进绷带内。如可能的话，让伤者用另一只手托住悬巾。
(5) 如肺被刺破严重，肺里的空气漏出来就会充满一侧胸腔，肺就会缩小，还会把心脏推向健康的一侧肺并将其压瘪。如果伤者出现呼吸困难的症状，应立即进行急救，可用几根粗针头插进伤侧锁骨中线第二肋和第三肋之间排气，以降低胸膜腔内的压力，使肺组织回复，恢复肺的功能。
(6) 如伤者表现为咳嗽时喷出血液或休克，伤侧胸廓肋间饱满，说明胸腔内有大量出血，应急送就近医院抢救，切勿延误。</td></tr>
<tr><td>吸气性创伤</td><td>吸气性创伤多是胸壁为利器刺穿，或折断的肋骨凸出胸壁外而造成。伤者呼吸时，空气不经过呼吸道，而是直接从伤口吸入胸内，同时带血的液体会由伤口冒泡而出。其急救要点为：
(1) 应让伤者躺下，然后扶起伤者的上身，使其身体倾向受伤一侧，以免伤者胸内的血流向另一侧，可以避免未受伤的肺受到波及。可用椅垫或自己的膝部支撑伤者的上半身。
(2) 替伤者止血，先在伤者吸气时，用手按住伤口，继而在伤口处用纱布、毛巾等物堵住伤口。如怀疑伤者肋骨已断，切勿在伤口施压。
(3) 如发现空气从伤口进出肺部，可先用手迅速将伤口盖住，接着换用纱布、毛巾等敷料；并用胶布贴牢。切勿让伤口再透气，以免伤者肺部缩陷。
(4) 然后，将受伤一侧的手臂斜放于伤者的胸部，系三角巾，加以固定。
(5) 注意伤者躺卧姿势是否舒适，立即送往附近医院治疗。</td></tr>
<tr><td>3</td><td colspan="2">腹部外伤</td><td>腹腔内有肝、脾、胃、肠、膀胱等器官，腹部受伤时上述脏器有可能发生破裂，对伤者生命造成威胁。其主要表现为：剧烈腹痛，由局部波及全腹，面色苍白，全身湿冷，脉搏细弱，发热，排尿困难等。腹部外伤分为内脏凸出体外的和无内脏凸出体外的腹部创伤。内脏凸出体外的腹部创伤，其急救要点为：</td></tr>
</table>

（续表）

序号	内容	急救方法
3	腹部外伤	(1) 让伤者平直仰卧，伤口若是纵向的，双脚用褥垫或衣服稍微垫高，切勿垫高头部。伤口若是横向的，膝部弯曲，头和肩垫高。 (2) 轻轻掀开伤口部位的衣服，使伤口露出，以便于护理。切勿直对伤口咳嗽、打喷嚏、喘气。以免伤口细菌感染。 (3) 切勿用手触及伤口，有肠、胃等内脏脱出时禁忌挤压和回纳，用消毒碗覆盖其上，或用大块纱布或清洁的布料，浸温水后拧干围住脱出的脏器，然后用三角巾或绷带轻轻地包扎，不可用力。 (4) 禁止给伤者喝水或吃东西。给伤者盖上毯子或外衣保暖。上肢露在外面，以便检查伤者的脉搏。 (5) 应尽快召来救护人员，但不可离开太久。要经常检查伤者脉搏和呼吸情况，密切注视其变化。 无内脏凸出体外的腹部创伤，其急救要点为： (1) 应使伤者平直仰卧，并将其脚部稍微垫高。这种姿势有助于伤口闭合，但需注意，切勿用枕头、衣服置于伤者脑后。 (2) 将伤者腹部受伤部位的衣服轻轻掀开，使伤口露出，然后在伤口处敷上纱布或清洁的布块，用以止血。 (3) 用绷带或其他布带裹住伤口，但不可裹得太紧。绷带如要打结，切勿打在伤口处，以免与伤口发生摩擦，损坏伤口。 (4) 如果伤者咳嗽或呕吐，应轻按敷料以保护其伤口，防止内脏凸出。不要让伤者进食，如果伤者口干，可用水给他润一润嘴唇。 (5) 用毯子或上衣覆盖伤者身体，任其上肢露在外面。应松开伤者领部和腰部的衣服，以利于伤者的呼吸和血液循环。 (6) 尽快召来急救人员，或者尽快送伤者去医院抢救。
4	骨折	人体发生骨折后，主要表现为：受伤部位软组织肿胀、皮下淤血；肢体局部畸形。如是上肢骨折，则表现为不能伸屈胳膊；下肢骨折则表现为无法行走等症状。对于骨折伤员的急救要点为： (1) 处理伤口。 ①对出血伤口或大面积软组织撕裂伤，应立即用急救包、绷带或清洁布等予以压迫包扎，绝大多数可达到止血的目的。有条件者，在包扎前先用双氧水和凉开水清洗伤口，再用酒精消毒，作初期清创处理。 ② 对伤口处外露的骨折断端、肌肉等组织，切忌把它们送回伤口内，以防将细菌和异物带进伤口深部而引起化脓性感染。如有条件，可用消毒液冲洗伤口后，再用无菌敷料或干净布暂时包扎，送到医院后再作进一步处理。 ③ 骨折部位随着时间的推移会越来越肿，即使起初包扎得很好，也会变得不舒服，所以应每隔 30 分钟重新包扎一次。 (2) 固定断骨。 及时正确地固定断骨，可减少伤者的疼痛及周围组织的继发损伤，同时也便于伤者的搬运和转送。固定断骨的工具可就地取材，如棍、树枝、木板、拐杖、硬纸板等都可作为固定器材，但其长短要以固定住骨折处上下两个关节或不使断骨处错动为准。如一时找不到固定的硬物，也可用布带直接将伤肢绑在身上。

(续表)

序号	内容	急救方法
4	骨折	(3) 适当止痛。 骨折会使人疼痛难忍，特别是有多处骨折，容易导致伤者发生疼痛休克，因此，可以给伤者口服止痛片等，作止痛处理。 (4) 安全转运。 ① 经过现场紧急处理后，应将伤者迅速、安全地转运到医院进一步救治。转运伤者过程中，要注意动作轻稳，防止震动和碰撞伤处，以减少伤者的疼痛。同时还要注意伤者的保暖和适当的体位，昏迷伤者要保持呼吸道畅通。 ② 在搬运伤者时，不可采取一人抱头、一人抱脚的抬法，也不应让伤者屈身侧卧，以防骨折处错移、摩擦而导致的疼痛和损伤周围的血管、神经及重要器官。抬运伤者时，要多人同时缓缓用力平托；运送时，必须用木板或硬材料，不能用布担架或绳床。木板上可垫棉被，但不能用枕头，颈椎骨骨折伤者的头须放正，两旁用沙袋将头夹住，不能让头随便晃动。 ③ 脊柱骨折或颈部骨折时，除非是特殊情况，如室内失火，否则应让伤者留在原地，等待携有医疗器材的医护人员来搬动。多处受伤的伤者，急救应以关键部位为主。
5	肢体切断	断肢(指)后，易造成伤者因流血或疼痛发生休克，所以应设法首先止血，防止伤员休克。其急救要点为： (1) 让伤者躺下，用一块纱布或清洁布块(如翻出干净手帕的内面)，放在断肢伤口上，再用绷带固定位置。如果找不到绷带，也可用围巾包扎。 (2) 如是手臂切断，用绷带把断臂挂在胸前，固定位置；若是一条腿断了，则与另一条腿扎在一起。 (3) 料理好伤者后，设法找回断肢。倘若离断的伤肢(指)仍在机器中，不能将肢体强行拉出，或将机器倒开(转)，应拆开机器后取出。 (4) 取下断落的肢(指)体后，立即用无菌纱布或干净布片包扎，然后放入塑料袋或橡皮袋中，结扎袋口。若一时未准备好袋子或消毒纱布，可暂置于4℃的冰箱内(不应放在冰冻室内，以免冻伤)。运送时应将装有断伤肢体的袋子放入合适的容器中，如广口保温桶等，周围用冰块或冰棍冷冻，迅速同伤员一起送医院以备断肢(指)再植。 (5) 离断后的伤肢，如有少许皮肤或其他肌腱相连，不能将其离断，应放在夹板或阔竹片上，然后包扎，立即送到医院作紧急处理。 (6) 严禁在离断伤肢(指)的断端涂抹各种药物及药水(包括消毒剂)，更不能涂抹牙膏、灶灰之类试图止血。忌将断指浸入酒精等消毒液中，以防细胞变质。 (7) 严禁将断落后的肢体浸泡在酒精或福尔马林液中，否则会造成肢体组织细胞凝固、变性，失去再植机会；同样，也不能浸在高渗葡萄糖液或低渗液中。装有断肢(指)的袋子不能有破裂，应防止冰块与其直接接触，以免冻伤。
6	烧伤	烧伤因伤员丧失体液，创面暴露时，可发生休克、感染等严重后果，甚至危及伤员生命，所以应及时、适当地进行烧伤人员的现场救护，减轻病情，抢救生命。主要急救要点为：

（续表）

序号	内容	急救方法
6	烧伤	(1) 发生伤情后，现场人员必须沉着冷静。对多人烧伤应区别轻重缓急，有条不紊地进行急救。 (2) 迅速脱离火、热源，消除致伤根源。将伤员搬离现场，尽快脱去着火或沸液浸渍的衣服；如果来不及脱去着火的衣服，就应慢慢地滚动或用手边材料覆盖着火处，或用水浇灭，或跳入附近水池中。严禁奔跑呼叫或用双手扑打火焰，以免引起头面部、呼吸道和双手烧伤。 (3) 除烧伤外，检查有无其他伤害，如有休克、窒息、大出血、骨折时应首先处理。 (4) 用敷料或干净被单、衣服等包裹创面。创面不可涂有色外用药如紫药水等，以免影响到医院后对烧伤面积和深度的估计。切忌用手指触摸烧伤处或用口吹烧伤处。 (5) 如伤员口渴，可饮少量淡盐水、不可喝生水或过多喝开水。经以上初步处理后，迅速送往附近医院。
7	眼内异物	(1) 异物进入眼睛后，千万不要用手去揉眼。伤者可以反复眨眼，激发流泪，让眼泪将异物冲出来。 (2) 用手轻轻把患眼的眼睑提起，眼球同时上翻，泪腺会分泌出泪水把异物冲出来，也可以同时咳嗽几声，把灰尘或沙粒咳出来。 (3) 取一盆清水，吸一口气，将头浸入水中，反复眨眼，用水漂洗，或用装满清水的杯子罩在眼上，冲洗眼睛。也可以侧卧，用温水冲洗眼睛。 (4) 如果异物仍留在眼内，可请人翻开上眼皮，检查上眼睑的内表面。或者拿一根火柴杆或大小相同的物体抵住伤者的上眼皮，另一只手翻起伤者下眼皮，检查下眼睑的内表面。一旦发现异物所在，用棉签或干净手帕的一角或湿水后将异物擦掉，也可用舌头舔下。 (5) 若异物在黑眼球部位，应让患者转动眼球几次，让异物移至眼白处再取出。 (6) 如果异物是铁屑类物质，先找一块磁铁洗净擦干，将眼皮翻开贴在磁铁上，然后慢慢转动眼球，铁屑可能被吸出。如果不易取出，不应勉强挑除，以免加重损伤引起危险。应立即送医院处理。 (7) 异物取出后，可适当滴人一些消毒眼药水或挤入眼药膏，以预防感染。 (8) 眼睛如被强烈的弧光照射，产生异物感或疼痛，可用鲜牛奶或人乳滴眼，一日数次，一至两天即可治愈。 (9) 采用上述方法无效或愈加严重，或异物嵌入眼球无法取出，或虽已被剔除，患者仍诉说感到持续性疼痛时，应用厚纱布垫覆盖患眼，请医生诊治。
8	眼睛刺伤	(1) 让伤者仰躺，设法支撑住头部，并尽可能使之保持静止不动。伤者应避免躁动啼哭。 (2) 物体刚人眼内，切勿自行拔除，以免引起不能补救的损失。 (3) 切忌对伤眼随便进行擦拭或清洗，更不可压迫眼球。 (4) 见到眼球鼓出，或从眼球脱出东西，不可把它推回眼内，以免将可以恢复的伤眼弄坏。 (5) 用消毒纱布，轻轻盖上，再用绷带松包扎，以不使覆盖的纱布脱落移位为宜。如没有消毒纱布，可用刷洗过的手帕或未用过的新毛巾覆盖伤眼，再缠上布条。不可用力，以不压及伤眼为原则。

（续表）

序号	内容	急救方法
8	眼睛刺伤	(6) 如有物体刺在眼上或眼球脱落等情况，可用纸杯或塑料杯盖在眼睛上，保护眼睛，千万不要碰触或施压。然后再用绷带包扎。 (7) 包扎时应注意进行双眼包扎，可减少因健康眼睛的活动而带动受伤眼睛的转动，避免伤眼因摩擦和挤压而加重伤口出血和眼内容物继续流出等不良后果。 (8) 包扎时不要滴用眼药水，以免增加感染的机会，更不应涂眼药膏，以免给医生进行手术修补伤口时带来困难。 (9) 立即送医院医治，途中病人应采取平卧位，并尽量减少震动。

附录 8　脱离电源的常用方法

情形	步骤	方　法
脱离低压电源的方法	切断电源	(1) 触电地点附近有电源开关或插销，应立即拉开电源开关或拔下电源插头，以切断电源如拉开电源开关或刀闸，拔除电源插头等。 (2)如果距离电源开关、闸刀较远，应迅速用绝缘良好的电工钳或有干燥木柄的利器(刀、斧、锹等)砍断电线，或用干燥的木棒、竹竿、硬塑料管等物体迅速将电线拔离触电者。 (3) 如果电流通过触电者入地，并且触电者紧握电线，可设法用干木板塞到身下，与地隔离，也可用干木把斧子或有绝缘柄的钳子等将电线剪断。剪断电线要分相，一根一根地剪断，并尽可能站在绝缘物体或干木板上。
	拖开触电者	救护者可戴绝缘手套，或用几层干燥的衣服将手包裹好，站在干燥的木板上，拉触电者的衣服，使其脱离电源。
脱离高压电源的方法	拉闸停电	立即电话通知供电部门拉闸停电。
	使高压线路短路	若不可能迅速切断电源开关的，可采用抛挂足够截面的适当长度的金属短路线方法，使电源开关跳闸。抛挂前，将短路线一端固定在铁塔或接地引下线上，另一端系重物，但抛掷短路线时，应注意防止电弧伤人或断线危及人员安全。
	拉开断路器	救护人员可穿戴绝缘手套和绝缘鞋，利用相应电压等级的绝缘工具按顺序拉开高压开关。具体的顺序是：断开低压各分路空气开关，隔离开关；断开低压总开关；断开高压油开关；断开高压隔离开关

（续表）

情形	步骤	方　法
脱离高压电源的方法	拖开触电者	（1）如果触电者触及断落在地上的带电高压导线，且尚未确证线路无电，救护人员在未做好安全措施（如穿绝缘靴或临时双脚并紧跳跃地接近触电者）前，不能接近断线点至8～10m范围内，防止跨步电压伤人，可用高压绝缘杆挑开触电者身上的电线。 （2）触电者脱离带电导线后亦应迅速带至8～10m以外后立即开始触电急救。只有在确证线路已经无电，才可在触电者离开触电导线后，立即就地进行急救。

附录9　常见初期火灾扑救方法

火灾类型	初期火灾扑救方法
固体火灾扑救方法	如果遇到家具、沙发等一般可燃物火灾，可直接用水或灭火器进行灭火，也可采用湿棉被直接覆盖在起火物上的方法进行灭火。如果房间里着火，看到浓烟和火焰时，应立即盛水浇灭火焰，不应大开门窗，防止房间里的空气与室外的空气形成对流，助长火势蔓延。若火势未得到有效控制，有增大趋势，则应抓紧时间撤离至安全处，等待公安消防队前来救援。
易燃液体火灾扑救方法	汽油、柴油等易燃液体发生火灾，不能用水来灭火。因为水比油轻，如果用水灭火，油会浮在水面上，形成流淌火，造成火势扩大蔓延。针对此类火灾的最好方法是窒息法，用不燃材料覆盖在起火的油上，使其与空气隔绝而熄灭。通常用的是黄沙，其灭火效果好，是经济实惠的灭火原料。若火势未得到有效控制，参加灭火的人员应迅速撤离火场，等待公安消防队前来救援。
可燃气体泄漏处置方法	煤气、液化气作为日常中使用的可燃气体，其泄漏可能引起火灾爆炸。当闻到煤气味时，不可划火柴或使用打火机去寻找漏气源，也不能采取易产生火花的行为，如开灯、关灯、点蜡烛或抽烟等。因为当煤气、液化气与空气的混合性气体达到爆炸极限时，遇到手机、BP机开关发出的静电都会发生爆炸。首先要关闭煤气阀门，切断气源；其次，要赶快打开门窗进行通风，稀释气体浓度，消除爆炸起火的威胁，并立即通知煤气公司派人前来检查、维修。如果煤气泄漏严重，还应向消防队报警，并告知邻居熄灭火种，迅速向安全地方疏散。
电气火灾扑救方法	对于一般电气线路、电器设备的火灾，首先应切断电源，然后才考虑对不同的对象采取不同的措施进行扑救。只有当确定电路或电器无电时，才可用水进行扑救，在没有采取断电措施前，不能用水、泡沫灭火剂进行灭火，因为水是导电的导体，着火电器上的电流可以通过水、泡沫等导体电击救火的人。对于电视机、微波炉等电器火灾，在断电后，用棉被、毛毯等覆盖住着火的电器，防止电器着火后爆炸伤人，再把水浇在棉被、毛毯上，彻底地进行灭火。

(续表)

火灾类型	初期火灾扑救方法
油锅火灾扑救方法	日常食用的油类主要有豆油、菜子油、花生油等植物油以及猪油、鸭油、牛油等动物油。无论是植物油还是动物油，都属于可燃液体，在锅内加热到450℃左右时，就会发生自燃，串起数尺高的火焰。遇到油锅突然起火，难免会惊慌失措，甚至采取错误的灭火措施，导致火势扩大。扑灭油锅火灾的常用方法及注意事项如下： (1) 窒息法。用锅盖盖住起火的油锅，使燃烧的油火接触不到空气，油锅里的火便会因缺氧而立即熄灭。锅盖灭火方法简便易行，而且不会被污染锅里的油，人体也不会被火烧伤。或者用手边的大块湿抹布覆盖住起火的油锅，也能与锅盖起到异曲同工的效果，但要注意覆盖时不能留下空隙。 (2) 冷却法。如果厨房里有切好的蔬菜或其他生冷食物，可沿着锅的边缘倒入锅内，利用蔬菜、食物与油的温度差，使锅里油温迅速下降。当油温达不到自燃点时，火就自动熄灭了。 (3) 注意事项。油锅一旦起火，不能用水往锅里浇。因为冷水遇到高温油会形成“炸锅”，使油火到处飞溅，很容易造成火灾和人员伤亡。为防止油锅起火，在炒菜或煎炸食品时，须注意控制油温，锅下的火苗不能太高。当热油开始冒烟时，应用小火或把火熄掉，以降低温度。

附录 10　危险化学品火灾事故应急处置

10.1　易燃气体火灾事故

序号	内容		处 置 方 案
1	保持火焰稳定燃烧		扑救气体火灾时，切忌盲目扑灭火势，即使在扑救周围火势以及冷却过程中，不小心把泄漏处的火焰扑灭了，在没有采取堵漏措施的情况下，也必须立即用长点火棒将火点燃，使其恢复稳定燃烧。
2	切断火源蔓延途径		首先应扑灭外围被火源引燃的可燃物火势，切断火势蔓延途径，控制燃烧范围，并积极抢救受伤和被困人员。
3	冷却火场中的压力容器		如果火势中有压力容器或有受到火焰辐射热威胁的压力容器，能疏散的应尽量在水枪的掩护下疏散到安全地带，不能疏散的应部署足够的水枪进行冷却保护。为防止容器爆裂伤人，进行冷却的人员应尽量采用低姿射水或利用现场坚实的掩蔽体进行防护。对卧式贮罐，冷却人员应选择贮罐四侧角作为射水阵地。
4	堵漏	关闭输气管道阀门	如果是输气管道泄漏着火，应首先设法找到阀门并将其关闭。
		堵漏准备	储罐或管道泄漏关阀无效时，应根据火势大小判断气体压力和泄漏口的大小及其形状，准备好相应的堵漏材料(如软木塞、橡皮塞、气囊塞、粘合剂、弯管、卡管工具等)。

（续表）

<table>
<tr><th>序号</th><th colspan="2">内容</th><th>处 置 方 案</th></tr>
<tr><td rowspan="4">4</td><td rowspan="4">堵漏</td><td>灭火剂</td><td>采用大量水、干粉、二氧化碳、泡沫灭火。</td></tr>
<tr><td>灭火、堵漏</td><td>堵漏工作准备就绪后，即可用水扑救火势，也可用干粉、二氧化碳灭火，但仍需用水冷却储罐或管壁。火扑灭后，应立即用堵漏材料堵漏，同时用雾状水稀释和驱散泄漏出来的气体。</td></tr>
<tr><td>再次堵漏</td><td>一般情况下完成了堵漏也就基本完成了灭火工作，但有时一次堵漏不一定能成功，如果一次堵漏失败，再次堵漏需一定时间，应立即用长点火棒将泄漏处点燃，使其恢复稳定燃烧，以防止较长时间泄漏出来的大量可燃气体与空气混合后形成爆炸性混合物，从而存在发生爆炸的危险，并准备再次灭火堵漏。</td></tr>
<tr><td>无法堵漏，则需保持火焰稳定燃烧</td><td>如果确认泄漏口很大，根本无法堵漏，只需冷却着火容器及其周围容器和可燃物品，控制着火范围，一直到燃气燃尽，火势自动熄灭。</td></tr>
<tr><td>5</td><td colspan="2">发现险情，及时撤离</td><td>现场指挥部应密切注意各种危险征兆，遇有火势熄灭后较长时间未能恢复稳定燃烧或受热辐射的容器安全阀火焰变亮耀眼、尖叫、晃动等爆裂征兆时，指挥长必须适时做出准确判断，及时下达撤退命令。现场人员看到或听到事先规定的撤退信号后，应迅速撤退至安全地带。</td></tr>
</table>

10.2　易燃液体火灾事故

<table>
<tr><th>序号</th><th>内容</th><th>处 置 方 案</th></tr>
<tr><td>1</td><td>查明原因</td><td>及时了解和掌握着火液体的品名、比重、水溶性以及有无毒害、腐蚀、沸溢、喷溅等危险性，以便采取相应的灭火和防护措施。</td></tr>
<tr><td>2</td><td>抢救受伤人员</td><td>积极抢救受伤及被困人员。</td></tr>
<tr><td>3</td><td>关阀堵漏，切断火源蔓延途径。冷却和疏散受火势威胁的压力及密闭容器和可燃物</td><td>(1) 首先应切断火势蔓延途径，设法找到输送管道并关闭进、出阀门。
(2) 如果管道阀门已损坏或贮罐泄漏，应迅速准备好堵塞材料，然后先用泡沫、干粉、二氧化碳或雾状水等扑灭地上的流淌火焰，为堵漏扫清障碍。其次扑灭泄漏处的火焰，并迅速采取堵漏措施。与气体堵塞不同的是，液体一次堵漏失败，可连续堵几次，只要用泡沫覆盖地面，并堵住液体流淌和控制好周围火源，不必点燃泄漏处的液体。
(3) 如有液体流淌时，应筑堤（或用围油栏）拦截流淌的易燃液体或挖沟导流。
(4) 如果火势中有压力容器或有受到火焰辐射威胁的压力容器，能疏散的应尽量在水枪的掩护下疏散到安全地带，不能疏散的应部署足够的水枪进行冷却保护。为防止容器爆裂伤人，进行冷却的人员应尽量采用低姿射水或利用现场坚实的掩蔽体进行防护。对卧式贮罐，冷却人员应选择贮罐四侧角作为射水阵地。</td></tr>
</table>

（续表）

序号	内容		处置方案
4	灭火	灭火剂	中、低、高闪点易燃液体：采用泡沫、干粉、二氧化碳灭火。 甲醇、乙醇、丙酮：采用抗溶泡沫灭火。
		正确选择灭火方法	(1) 对较大的贮罐或流淌火灾，应准确判断着火面积。小面积液体火灾，可用雾状水扑灭。用泡沫、干粉、二氧化碳、卤代烷将更有效。大面积($>50m^2$)液体火灾则必须根据其相对密度(比重)、水溶性和燃烧面积大小，选择正确的灭火剂扑救。 (2) 比水轻又不溶于水的液体(如汽油、苯等)，用直流水、雾状水灭火往往无效，可用普通氟蛋白泡沫或轻水泡沫扑灭。用干粉、卤代烷扑救时灭火效果要视燃烧面积大小和燃烧条件而定，最好用水冷却罐壁。 (3)比水重又不溶于水的液体(如二硫化碳)起火时用水及泡沫灭火有效。用干粉、卤代烷扑救时灭火效果要视燃烧面积大小和燃烧条件而定，最好用水冷却罐壁。 (4)具有水溶性的液体(如醇类，酮类等)，最好用抗溶性泡沫扑救。用干粉、卤代烷扑救时，灭火效果要视燃烧面积大小和燃烧条件而定，也需用水冷却罐壁。
5	人员防护		扑救毒害性、腐蚀性或燃烧产物毒害性较强的易燃液体火灾，扑救人员必须佩戴防护面具，采取防护措施。对特殊物品的火灾，应使用专用防护服。考虑到过滤式防毒面具范围的局限性，在扑救毒害品火灾时应尽量使用隔绝式空气呼吸器。如发现头晕、呕吐、呼吸困难、面色发青等中毒症状，立即离开现场，移到空气新鲜处或做人工呼吸，重者送医院诊治。
6	发现险情，及时撤离		扑救闪点不同黏度较大的介质混合物，如原油和重油等具有沸溢和喷溅危险的液体火灾，应及时采取放水、搅拌等防止沸溢和喷溅的措施。同时，必须注意计算可能发生沸溢，喷溅的时间，并观察是否有沸溢、喷溢的征兆。一旦现场指挥发现危险征兆时应迅即作出准确判断，及时下达撤退命令，避免造成人员伤亡和装备损失。扑救人员看到或听到统一撤退信号后，应立即撤退至安全地带。

10.3 固体爆炸品火灾事故

序号	内容		处置方案
1	查明原因，抓住时机		迅速判断和查明再次发生爆炸的可能性和危险性，紧紧抓住爆炸后和再次发生爆炸之前的有利时机，采取一切可能的措施，全力制止再次爆炸的发生。
2	抢救受伤人员		积极抢救受伤及被困人员。
3	灭火	灭火剂	黑药：采用雾状水灭火。 化合物：采用雾状水、水灭火。

（续表）

序号	内容		处置方案
3	灭火	正确选择灭火方法	(1) 迅速组织力量及时疏散着火区周围的爆炸物品，使着火区周围形成一个隔离带。 (2) 灭火人员应尽量利用现成的掩体或尽量采用卧姿等低姿射水，尽可能地采取自我保护措施。扑救爆炸物品堆垛时，水流应采用吊射，避免强力水流直接冲击堆垛，以免堆垛倒塌再次引起爆炸。 (3) 切忌用砂土覆盖，以免增强爆炸物品爆炸时的威力。 (4) 消防车辆不要停靠在离爆炸物品太近的水源。 (5) 扑救有毒性的爆炸品火灾时，灭火人员应佩戴防毒面具。
4	发现险情，及时撤离		现场指挥应准确判断，发现再次爆炸征兆时，应立即下达撤退命令，避免造成人员伤亡和装备损失。扑救人员看到或听到统一撤退信号后，应立即撤退至安全地带。

10.4　遇湿易燃品火灾事故

序号	内容		处置方案
1	查明原因		及时了解和掌握着火物品的品名、数量、是否与其他物品混存、燃烧范围、火势蔓延途径等，以便采取相应的灭火和防护措施。
2	抢救受伤人员		积极抢救受伤及被困人员。
3	灭火	灭火剂	一般遇湿易燃物品：采用干粉、二氧化碳、卤代烷灭火，禁用水灭火。钾、钠、镁等物品用二氧化碳、卤代烷灭火无效，最好用石墨粉、氯化钠及专用的轻金属灭火剂。
		正确选择灭火方法	(1) 此类物品发生火灾时，应迅速将未燃物品从火场撤离或与燃烧物进行有效隔离，用干砂、干粉进行扑救。 (2) 如果只有极少量(一般50g以内)，则不管是否与其他物品混存，仍可用大量的水或泡沫扑救。水或泡沫刚接触着火点时，短时间内可能会使火势增大，但少量遇湿易燃物品燃尽后，火势很快就会熄灭或减少。 (3) 如果遇湿易燃物品数量较多，且没有与其他物品混存时，绝对禁止采用水、泡沫、酸碱灭火器等进行扑救，而应采用干粉、二氧化碳、卤代烷灭火。 (4) 如果遇湿易燃物品数量较多，且与其他物品混存时，则应先查明是哪类物质着火，可先用水枪向着火点吊射少量的水进行试探，如未见火势明显增大，证明遇湿易燃物未着火，包装也未损坏，应立即用大量水或泡沫扑救。如火势明显增大，证明遇湿易燃物已着火，包装已损坏，应禁止用水、泡沫、酸碱灭火器等进行扑救。若是液体，应用干粉等灭火；若是固体，应用水泥、干砂、干粉、硅藻土等覆盖，如遇钾、钠、铝等轻金属发生火灾，最好用石墨粉、氯化钠及专用的轻金属灭火剂。

（续表）

序号	内容		处置方案
3	灭火	正确选择灭火方法	(5) 如果其他物品威胁到相邻的较多遇湿易燃物，应先用油布或塑料薄膜等防水布将遇湿易燃物盖好，然后再在上面盖上棉被并淋上水。如果说堆放处地势不高，可用土筑一道防水堤。 (6) 与酸或氧化剂等反应的物质，禁用酸碱和泡沫灭火剂扑救。 (7) 锂的火灾只能用石墨粉来扑救。 (8) 对镁粉、铝粉等粉尘，切忌喷射有压力的灭火剂，以防止将粉尘吹扬起来，引起粉尘爆炸。

10.5 易燃固体、自燃物品火灾事故

序号	内容		处置方案
1	查明原因		迅速查明着火物品的品名、数量、燃烧范围、火势蔓延途径等。
2	抢救受伤人员		积极抢救受伤及被困人员。
3	灭火	灭火剂	(1) 一般易燃固体：采用水、泡沫灭火。 发乳剂：采用水、干粉灭火，禁用酸碱泡沫灭火。 硫化磷：采用干粉灭火，禁用水灭火。 (2) 一般自燃物品：采用水、泡沫灭火。 烃基金属化合物：采用干粉灭火，禁用水灭火。
		正确选择灭火方法	(1) 一般易燃固体火灾均可用水或泡沫扑救。着火后只要控制住燃烧范围，逐步扑灭即可。 (2) 有爆炸危险的易燃固体如硝基化合物禁用砂土压盖。 (3) 遇水或酸产生剧毒气体的易燃固体，如磷的化合物和硝基化合物(包括硝化棉)、氮化合物、硫磺等，燃烧时产生有毒和刺激性气体，严禁用酸碱、泡沫灭火剂扑救，扑救时必须注意戴好防毒面具。 (4) 与水能发生反应的物品如三乙基铝、铝铁溶剂等，可用干粉灭火剂灭火，禁用水扑救。 (5) 少数易燃固体和自燃物品不能用水和泡沫扑救，如三硫化二磷、铝粉、钛粉、烷基铝、保险粉等，应根据具体情况区别处理，宜选用干砂和不用压力喷射的干粉扑救。 (6) 一些特殊的化学品，如二硝基苯甲醚、二硝基萘、萘、黄磷等是能升华的固体，受热发出易燃蒸汽，火灾时可用雾状水、泡沫切断火势蔓延途径，但应注意，不能以为明火焰扑灭即已完成灭火任务，因为受热以后升华的易燃蒸汽能在不知不觉中飘逸，在上层与空气能形成爆炸性混合物，尤其是在室内，易发生爆燃。在扑救过程中应不时在燃烧区域上空及周围喷射雾状水，并用水浇灭燃烧区域及其周围的一切火源。

（续表）

序号	内容		处置方案
3	灭火	正确选择灭火方法	(7) 赤磷在高温下会转化为黄磷，变成自燃物品，处理时应谨慎。黄磷是自燃点很低在空气中能很快氧化升温并自燃的物品，遇黄磷火灾时，首先应切断蔓延途径，控制燃烧范围，对着火的黄磷应用低压水或雾状水扑救。高压直流水冲击能引起黄磷飞溅，导致灾害扩大，黄磷溶液液体流淌时，应用泥土、砂袋等筑堤拦截并用雾状水冷却。对磷块和冷却后固化的黄磷，应用钳子钳入储水容器中，来不及用钳子时，可先用砂土覆盖，做好标记，等火势扑灭后，在逐步集中到储水容器中。扑救时应穿防护服，戴防毒面具。

10.6　氧化剂、有机过氧化物火灾事故

序号	内容		处置原则
1	查明原因		迅速查明着火或反应的氧化剂和有机过氧化物以及其他燃烧物品的品名、数量、主要危险性、燃烧范围、火势蔓延途径、能否用水、泡沫扑救。
2	抢救受伤人员		积极抢救受伤及被困人员。
3	灭火	灭火剂	一般氧化剂和有机过氧化物：采用雾状水灭火。 过氧化钠、钾、镁、钙等：采用干粉灭火，禁用水灭火。 有机过氧化物、金属过氧化物：只能用砂土、干粉、二氧化碳灭火剂扑救。
		正确选择灭火方法	(1) 氧化剂和有机氧化物火灾有的不能用水和泡沫扑救，有的不能用二氧化碳扑救，酸碱灭火器几乎都不适用。 (2) 能用水或泡沫扑救的，应尽一切可能切断火势蔓延，使着火区孤立，限制燃烧范围。 (3) 不能用水、泡沫、二氧化碳扑救时，用水泥、干砂覆盖。用水泥、干砂覆盖应先从着火区域四周尤其是下风等火势主要蔓延方向覆盖起，形成孤立火势的隔离带，然后逐步向着火点进逼。 (4) 大多数氧化剂和有机过氧化物遇酸会发生剧烈反应甚至爆炸，如过氧化钠、过氧化钾、氯酸钾、高锰酸钾等。活泼金属过氧化物等一部分氧化剂也不能用水、泡沫、二氧化碳扑救，因此，专门生产、储存、经营、运输、使用这类物品的场合不要配备酸碱灭火剂，对泡沫和二氧化碳也应慎用。 (5) 扑救时应佩戴防毒面具。

10.7　毒害品、腐蚀品火灾事故

序号	内容	处置原则
1	查明原因	迅速查明着火物品的品名、数量、燃烧范围、火势蔓延途径。

（续表）

序号	内容		处置原则
2	抢救受伤人员		积极抢救受伤及被困人员，努力限制燃烧范围。
3	灭火堵漏	灭火剂	一般采用水、干粉等灭火。
		灭火堵漏	(1) 扑救毒害品和腐蚀品的火灾时，应尽量使用低压水流或雾状水，避免腐蚀品、毒害品溅出。遇酸类或碱类腐蚀品最好调制相应的中和剂稀释中和。 (2) 遇毒害性、腐蚀性容器泄漏，在扑灭火势后，应采取堵漏措施，腐蚀品需用防腐剂材料堵漏。 (3) 浓硫酸遇水能放出大量的热，会导致飞溅。扑救浓硫酸与其他物品接触发生的火灾，浓硫酸数量不多时，可用大量低压水快速扑救。如果浓硫酸量很大，应采用二氧化碳、干粉、卤代烷等灭火，然后再把着火物品与浓硫酸分开。
4	人员防护		灭火人员必须穿防护服，佩戴防毒面具。一般情况下，采取全身防护即可，对有特殊要求的物品着火，应使用专用防护服。考虑到过滤式防毒面具防毒范围的局限性，在扑救毒害品火灾时，应尽量使用隔绝式氧气或空气面具，尽可能站在上风方向。

附录 11 常见的中毒窒息事故及其处置

11.1 氯气中毒窒息事故

特别警示	剧毒，吸入高浓度气体可致死；包装容器受热有爆炸的危险。
理化特性	常温常压下为黄绿色、有刺激性气味的气体。常温下、709kPa 以上压力时为液体，液氯为金黄色。微溶于水，易溶于二硫化碳和四氯化碳。分子量为 70.91，熔点 −101℃，沸点 −34.5℃，气体密度 3.21g/L，相对蒸气密度（空气＝1）2.5，相对密度（水＝1）1.41（20℃），临界压力 7.71MPa，临界温度 144℃，饱和蒸气压 673kPa（20℃），log pow（辛醇/水分配系数）0.85。 主要用途：用于制造氯乙烯、环氧氯丙烷、氯丙烯、氯化石蜡等；用作氯化试剂，也用作水处理过程的消毒剂。
危害信息	(1) 燃烧和爆炸危险性： 本品不燃，但可助燃。一般可燃物大都能在氯气中燃烧，一般易燃气体或蒸气也都能与氯气形成爆炸性混合物。受热后容器或储罐内压增大，泄漏物质可导致中毒。 (2) 活性反应： 强氧化剂，与水反应，生成有毒的次氯酸和盐酸。与氢氧化钠、氢氧化钾等碱反应生成次氯酸盐和氯化物，可利用此反应对氯气进行无害化处理。液氯与可燃物、还原剂接触会发生剧烈反应。与汽油等石油产品、烃、氨、醚、松节油、醇、乙炔、二硫化碳、氢气、金属粉末和磷接触能形成爆炸性混合物。接触烃基膦、铝、锑、胂、铋、硼、黄铜、碳、二乙基锌等物

（续表）

特别警示	剧毒，吸入高浓度气体可致死；包装容器受热有爆炸的危险。
危害信息	质会导致燃烧、爆炸，释放出有毒烟雾。潮湿环境下，严重腐蚀铁、钢、铜和锌。 （3）健康危害： 氯是一种强烈的刺激性气体，经呼吸道吸入时，与呼吸道粘膜表面水分接触，产生盐酸、次氯酸，次氯酸再分解为盐酸和新生态氧，产生局部刺激和腐蚀作用。 急性中毒：轻度者有流泪、咳嗽、咳少量痰、胸闷，出现气管-支气管炎或支气管周围炎的表现；中度中毒发生支气管肺炎、局限性肺泡性肺水肿、间质性肺水肿或哮喘样发作，病人除有上述症状的加重外，还会出现呼吸困难、轻度紫绀等；重者发生肺泡性水肿、急性呼吸窘迫综合征、严重窒息、昏迷或休克，可出现气胸、纵隔气肿等并发症。吸入极高浓度的氯气，可引起迷走神经反射性心跳骤停或喉头痉挛而发生“电击样”死亡。眼睛接触可引起急性结膜炎，高浓度氯可造成角膜损伤。皮肤接触液氯或高浓度氯，在暴露部位可有灼伤或急性皮炎。 慢性影响：长期低浓度接触，可引起慢性牙龈炎、慢性咽炎、慢性支气管炎、肺气肿、支气管哮喘等。可引起牙齿酸蚀症。 列入《剧毒化学品目录》。 职业接触限值：MAC（最高容许浓度）（mg/m^3）：1。
安全措施	（1）一般要求： ① 操作人员必须经过专门培训，严格遵守操作规程，熟练掌握操作技能，具备应急处置知识。 ② 严加密闭，提供充分的局部排风和全面通风，工作场所严禁吸烟。提供安全淋浴和洗眼设备。 ③ 生产、使用氯气的车间及贮氯场所应设置氯气泄漏检测报警仪，配备两套以上重型防护服。戴化学安全防护眼镜，穿防静电工作服，戴防化学品手套。工作场所浓度超标时，操作人员必须佩戴防毒面具，紧急事态抢救或撤离时，应佩戴正压自给式空气呼吸器。 ④ 液氯气化器、储罐等压力容器和设备应设置安全阀、压力表、液位计、温度计，并应装有带压力、液位、温度带远传记录和报警功能的安全装置。设置整流装置与氯压机、动力电源、管线压力、通风设施或相应的吸收装置的联锁装置。氯气输入、输出管线应设置紧急切断设施。 ⑤ 避免与易燃或可燃物、醇类、乙醚、氢接触。 ⑥ 生产、储存区域应设置安全警示标志。搬运时轻装轻卸，防止钢瓶及附件破损。吊装时，应将气瓶放置在符合安全要求的专用筐中进行吊运。禁止使用电磁起重机和用链绳捆扎、或将瓶阀作为吊运着力点。 ⑦ 配备相应品种和数量的消防器材及泄漏应急处理设备。倒空的容器可能存在残留有害物时应及时处理。 （2）操作安全： ① 氯化设备、管道处、阀门的连接垫料应选用石棉板、石棉橡胶板、氟塑料、浸石墨的石棉绳等高强度耐氯垫料，严禁使用橡胶垫。 ② 采用压缩空气充装液氯时，空气含水应≤0.01%。采用液氯气化器充装液氯时，只许用温水加热气化器，不准使用蒸汽直接加热。 ③ 液氯气化器、预冷器及热交换器等设备，必须装有排污装置和污物处理设施，并定期分析三氯化氮含量。如果操作人员未按规定及时排污，并且操作不当，易发生三氯化氮

（续表）

特别警示	剧毒，吸入高浓度气体可致死；包装容器受热有爆炸的危险。
安全措施	爆炸、大量氯气泄漏等危害。 ④ 严禁在泄漏的钢瓶上喷水。 ⑤ 充装量为 50kg 和 100kg 的气瓶应保留 2kg 以上的余量，充装量为 500kg 和 1000kg 的气瓶应保留 5kg 以上的余量。充装前要确认气瓶内无异物。 ⑥ 充装时，使用万向节管道充装系统，严防超装。 (3) 储存安全： ① 储存于阴凉、通风仓库内，库房温度不宜超过 30℃，相对湿度不超过 80%，防止阳光直射。 ② 应与易(可)燃物、醇类、食用化学品分开存放，切忌混储。储罐远离火种、热源。保持容器密封，储存区要建在低于自然地面的围堤内。气瓶储存时，空瓶和实瓶应分开放置，并应设置明显标志。储存区应备有泄漏应急处理设备。 ③ 对于大量使用氯气钢瓶的单位，为及时处理钢瓶漏气，现场应备应急堵漏工具和个体防护用具。 ④ 禁止将储罐设备及氯气处理装置设置在学校、医院、居民区等人口稠密区附近，并远离频繁出入处和紧急通道。 ⑤ 应严格执行剧毒化学品“双人收发，双人保管”制度。 (4) 运输安全： ① 运输车辆应有危险货物运输标志、安装具有行驶记录功能的卫星定位装置。未经公安机关批准，运输车辆不得进入危险化学品运输车辆限制通行的区域。不得在人口稠密区和有明火等场所停靠。夏季应早晚运输，防止日光暴晒。 ② 运输液氯钢瓶的车辆不准从隧道过江。 ③ 汽车运输充装量 50kg 及以上钢瓶时，应卧放，瓶阀端应朝向车辆行驶的右方，用三角木垫卡牢，防止滚动，垛高不得超过 2 层且不得超过车厢高度。不准同车混装有抵触性质的物品和让无关人员搭车。严禁与易燃物或可燃物、醇类、食用化学品等混装混运。车上应有应急堵漏工具和个体防护用品，押运人员应会使用。 ④ 搬运人员必须注意防护，按规定穿戴必要的防护用品；搬运时，管理人员必须到现场监卸监装；夜晚或光线不足时、雨天不宜搬运。若遇特殊情况必须搬运时，必须得到部门负责人的同意，还应有遮雨等相关措施；严禁在搬运时吸烟。 ⑤ 采用液氯气化法向储罐压送液氯时，要严格控制气化器的压力和温度，釜式气化器加热夹套不得包底，应用温水加热，严禁用蒸汽加热，出口水温不应超过 45℃，气化压力不得超过 1MPa。
应急处置原则	(1) 急救措施： ① 吸入：迅速脱离现场至空气新鲜处。保持呼吸道通畅。如呼吸困难，给氧，给予 2%至 4%的碳酸氢钠溶液雾化吸入。呼吸、心跳停止，立即进行心肺复苏术。就医。 ② 眼睛接触：立即分开眼睑，用流动清水或生理盐水彻底冲洗。就医。 ③ 皮肤接触：立即脱去污染的衣着，用流动清水彻底冲洗。就医。 (2) 灭火方法： 本品不燃，但周围起火时应切断气源。喷水冷却容器，尽可能将容器从火场移至空旷处。消防人员必须佩戴正压自给式空气呼吸器，穿全身防火防毒服，在上风向灭火。由于火场中可能发生容器爆破的情况，消防人员须在防爆掩蔽处操作。有氯气泄漏时，使用细

（续表）

特别警示	剧毒，吸入高浓度气体可致死；包装容器受热有爆炸的危险。
应急处置原则	水雾驱赶泄漏的气体，使其远离未受波及的区域。 灭火剂：根据周围着火原因选择适当灭火剂灭火。可用干粉、二氧化碳、水（雾状水）或泡沫。 （3）泄漏应急处置： 根据气体扩散的影响区域划定警戒区，无关人员从侧风、上风向撤离至安全区。建议应急处理人员穿内置正压自给式空气呼吸器的全封闭防化服，戴橡胶手套。如果是液体泄漏，还应注意防冻伤。禁止接触或跨越泄漏物。勿使泄漏物与可燃物质（如木材、纸、油等）接触。尽可能切断泄漏源。喷雾状水抑制蒸气或改变蒸气云流向，避免水流接触泄漏物。禁止用水直接冲击泄漏物或泄漏源。若可能翻转容器，使之逸出气体而非液体。防止气体通过下水道、通风系统和限制性空间扩散。构筑围堤堵截液体泄漏物。喷稀碱液中和、稀释。隔离泄漏区直至气体散尽。泄漏场所保持通风。 不同泄漏情况下的具体措施： ① 瓶阀密封填料处泄漏时，应查压紧螺帽是否松动或拧紧压紧螺帽；瓶阀出口泄漏时，应查瓶阀是否关紧或关紧瓶阀，或用铜六角螺帽封闭瓶阀口。 ② 瓶体泄漏点为孔洞时，可使用堵漏器材（如竹签、木塞、止漏器等）处理，并注意对堵漏器材紧固，防止脱落。上述处理均无效时，应迅速将泄漏气瓶浸没于备有足够体积的烧碱或石灰水溶液吸收池进行无害化处理，并控制吸收液温度不高于 45℃、pH 不小于 7，防止吸收液失效分解。 ③ 隔离与疏散距离：小量泄漏，初始隔离 60m，下风向疏散白天 400m、夜晚 1 600m；大量泄漏，初始隔离 600m，下风向疏散白天 3 500m、夜晚 8 000m。

11.2　氨气中毒窒息事故

特别警示	与空气能形成爆炸性混合物；吸入可引起中毒性肺水肿。
理化特性	常温常压下为无色气体，有强烈的刺激性气味。20℃、891kPa 下即可液化，并放出大量的热。液氨在温度变化时，体积变化的系数很大。溶于水、乙醇和乙醚。分子量为 17.03，熔点－77.7℃，沸点－33.5℃，气体密度 0.7708g/L，相对蒸气密度（空气＝1）0.59，相对密度（水＝1）0.7（－33℃），临界压力 11.40MPa，临界温度 132.5℃，饱和蒸气压 1013kPa（26℃），爆炸极限 15%～30.2%（体积比），自燃温度 630℃，最大爆炸压力 0.580MPa。 主要用途：主要用作致冷剂及制取铵盐和氮肥。
危害信息	（1）燃烧和爆炸危险性： 极易燃，能与空气形成爆炸性混合物，遇明火、高热引起燃烧爆炸。 （2）活性反应： 与氟、氯等接触会发生剧烈的化学反应。 （3）健康危害： 对眼、呼吸道黏膜有强烈刺激和腐蚀作用。急性氨中毒引起眼和呼吸道刺激症状，支气管炎或支气管周围炎，肺炎，重度中毒者可发生中毒性肺水肿。高浓度氨可引起反射性呼吸和心搏停止。可致眼和皮肤灼伤。 PC-TWA（时间加权平均容许浓度）（mg/m^3）：20；PC-STEL（短时间接触容许浓度）（mg/m^3）：30。

（续表）

特别警示	与空气能形成爆炸性混合物；吸入可引起中毒性肺水肿。
安全措施	(1) 一般要求： ① 操作人员必须经过专门培训，严格遵守操作规程，熟练掌握操作技能，具备应急处置知识。 ② 严加密闭，防止泄漏，工作场所提供充分的局部排风和全面通风，远离火种、热源，工作场所严禁吸烟。生产、使用氨气的车间及贮氨场所应设置氨气泄漏检测报警仪，使用防爆型的通风系统和设备，应至少配备两套正压式空气呼吸器、长管式防毒面具、重型防护服等防护器具。戴化学安全防护眼镜，穿防静电工作服，戴橡胶手套。工作场所浓度超标时，操作人员应该佩戴过滤式防毒面具。可能接触液体时，应防止冻伤。 ③ 储罐等压力容器和设备应设置安全阀、压力表、液位计、温度计，并应装有带压力、液位、温度远传记录和报警功能的安全装置，设置整流装置与压力机、动力电源、管线压力、通风设施或相应的吸收装置的联锁装置。重点储罐需设置紧急切断装置。 ④ 避免与氧化剂、酸类、卤素接触。 ⑤ 生产、储存区域应设置安全警示标志。在传送过程中，钢瓶和容器必须接地和跨接，防止产生静电。搬运时轻装轻卸，防止钢瓶及附件破损。禁止使用电磁起重机和用链绳捆扎、或将瓶阀作为吊运着力点。配备相应品种和数量的消防器材及泄漏应急处理设备。 (2) 操作安全： ① 严禁利用氨气管道做电焊接地线。严禁用铁器敲击管道与阀体，以免引起火花。 ② 在含氨气环境中作业应采用以下防护措施： ——根据不同作业环境配备相应的氨气检测仪及防护装置，并落实人员管理，使氨气检测仪及防护装置处于备用状态； ——作业环境应设立风向标； ——供气装置的空气压缩机应置于上风侧； ——进行检修和抢修作业时，应携带氨气检测仪和正压式空气呼吸器。 ③ 充装时，使用万向节管道充装系统，严防超装。 (3) 储存安全： ① 储存于阴凉、通风的专用库房。远离火种、热源。库房温度不宜超过 30℃。 ② 与氧化剂、酸类、卤素、食用化学品分开存放，切忌混储。储罐远离火种、热源。采用防爆型照明、通风设施。禁止使用易产生火花的机械设备和工具。储存区应备有泄漏应急处理设备。 ③ 液氨气瓶应放置在距工作场地至少 5m 以外的地方，并且通风良好。 ④ 注意防雷、防静电，厂（车间）内的氨气储罐应按《建筑物防雷设计规范》（GB50057）的规定设置防雷、防静电设施。 (4) 运输安全： ① 运输车辆应有危险货物运输标志、安装具有行驶记录功能的卫星定位装置。未经公安机关批准，运输车辆不得进入危险化学品运输车辆限制通行的区域。 ② 槽车运输时要用专用槽车。槽车安装的阻火器（火星熄灭器）必须完好。槽车和运输卡车要有导静电拖线；槽车上要备有 2 只以上干粉或二氧化碳灭火器和防爆工具；防止阳光直射。 ③ 车辆运输钢瓶时，瓶口一律朝向车辆行驶方向的右方，堆放高度不得超过车辆的防护

（续表）

特别警示	与空气能形成爆炸性混合物；吸入可引起中毒性肺水肿。
安全措施	栏板，并用三角木垫卡牢，防止滚动。不准同车混装有抵触性质的物品和让无关人员搭车。运输途中远离火种，不准在有明火地点或人多地段停车，停车时要有人看管。发生泄漏或火灾时要把车开到安全地方进行灭火或堵漏。 ④ 输送氨的管道不应靠近热源敷设；管道采用地上敷设时，应在人员活动较多和易遭车辆、外来物撞击的地段，采取保护措施并设置明显的警示标志；氨管道架空敷设时，管道应敷设在非燃烧体的支架或栈桥上。在已敷设的氨管道下面，不得修建与氨管道无关的建筑物和堆放易燃物品；氨管道外壁颜色、标志应执行《工业管道的基本识别色、识别符号和安全标识》(GB7231)的规定。
应急处置原则	(1) 急救措施： ① 吸入：迅速脱离现场至空气新鲜处。保持呼吸道通畅。如呼吸困难，给氧。如呼吸停止，立即进行人工呼吸。就医。 ② 皮肤接触：立即脱去污染的衣着，应用2%硼酸液或大量清水彻底冲洗。就医。 ③ 眼睛接触：立即提起眼睑，用大量流动清水或生理盐水彻底冲洗至少15分钟。就医。 (2) 灭火方法： 消防人员必须穿全身防火防毒服，在上风向灭火。切断气源。若不能切断气源，则不允许熄灭泄漏处的火焰。喷水冷却容器，尽可能将容器从火场移至空旷处。 灭火剂：雾状水、抗溶性泡沫、二氧化碳、砂土。 (3) 泄漏应急处置： ① 消除所有点火源。根据气体的影响区域划定警戒区，无关人员从侧风、上风向撤离至安全区。建议应急处理人员穿内置正压自给式空气呼吸器的全封闭防化服。如果是液化气体泄漏，还应注意防冻伤。禁止接触或跨越泄漏物。尽可能切断泄漏源。防止气体通过下水道、通风系统和密闭性空间扩散。若可能翻转容器，使之逸出气体而非液体。构筑围堤或挖坑收容液体泄漏物。用醋酸或其他稀酸中和。也可以喷雾状水稀释、溶解，同时构筑围堤或挖坑收容产生的大量废水。如有可能，将残余气或漏出气用排风机送至水洗塔或与塔相连的通风橱内。如果钢瓶发生泄漏，无法封堵时可浸入水中。储罐区最好设水或稀酸喷洒设施。隔离泄漏区直至气体散尽。漏气容器要妥善处理，修复、检验后再用。 ② 隔离与疏散距离：小量泄漏，初始隔离30m，下风向疏散白天100m、夜晚200m；大量泄漏，初始隔离150m，下风向疏散白天800m、夜晚2 300m。

11.3　硫化氢中毒窒息事故

特别警示	强烈的神经毒物，高浓度吸入可发生猝死，谨慎进入工业下水道(井)、污水井、取样点、化粪池、密闭容器，下敞开式、半敞开式坑、槽、罐、沟等危险场所；极易燃气体。
理化特性	无色气体，低浓度时有臭鸡蛋味，高浓度时使嗅觉迟钝。溶于水、乙醇、甘油、二硫化碳。分子量为34.08，熔点−85.5℃，沸点−60.7℃，相对密度(水＝1)1.539g/L，相对蒸气密度(空气＝1)1.19，临界压力9.01MPa，临界温度100.4℃，饱和蒸气压2026.5kPa(25.5℃)，闪点−60℃，爆炸极限4.0%～46.0%(体积比)，自燃温度260℃，最小点火能0.077mJ，最大爆炸压力0.490MPa。 主要用途：主要用于制造无机硫化物，还用作化学分析如鉴定金属离子。

（续表）

危害信息	(1) 燃烧和爆炸危险性： 极易燃，与空气混合能形成爆炸性混合物，遇明火、高热能引起燃烧爆炸。气体比空气重，能在较低处扩散到相当远的地方，遇火源会着火回燃。 (2) 活性反应： 与浓硝酸、发烟硝酸或其他强氧化剂剧烈反应可发生爆炸。 (3) 健康危害： ① 本品是强烈的神经毒物，对黏膜有强烈刺激作用。 ② 急性中毒：高浓度（1 000mg/m^3以上）吸入可发生闪电型死亡。严重中毒可留有神经、精神后遗症。急性中毒出现眼和呼吸道刺激症状，急性气管-支气管炎或支气管周围炎，支气管肺炎，头痛，头晕，乏力，恶心，意识障碍等。重者意识障碍程度达深昏迷或呈植物状态，出现肺水肿、多脏器衰竭。对眼和呼吸道有刺激作用。 ③ 慢性影响：长期接触低浓度的硫化氢，可引起神经衰弱综合征和植物神经功能紊乱等。 职业接触限值：MAC(最高容许浓度)(mg/m^3)：10。
安全措施	(1) 一般要求： ① 操作人员必须经过专门培训，严格遵守操作规程，熟练掌握操作技能，具备应急处置知识。 ② 严加密闭，防止泄漏，工作场所建立独立的局部排风和全面通风，远离火种、热源。工作场所严禁吸烟。硫化氢作业环境空气中硫化氢浓度要定期测定，并设置硫化氢泄漏检测报警仪，使用防爆型的通风系统和设备，配备两套以上重型防护服。戴化学安全防护眼镜，穿防静电工作服，戴防化学品手套，工作场所浓度超标时，操作人员应该佩戴过滤式防毒面具。 ③ 储罐等压力设备应设置压力表、液位计、温度计，并应装有带压力、液位、温度远传记录和报警功能的安全装置。设置整流装置与压力机、动力电源、管线压力、通风设施或相应的吸收装置的联锁装置。重点储罐等设置紧急切断设施。 ④ 避免与强氧化剂、碱类接触。 ⑤ 生产、储存区域应设置安全警示标志。防止气体泄漏到工作场所空气中。搬运时轻装轻卸，防止钢瓶及附件破损。配备相应品种和数量的消防器材及泄漏应急处理设备。 (2) 操作安全： ① 产生硫化氢的生产设备应尽量密闭。对含有硫化氢的废水、废气、废渣，要进行净化处理，达到排放标准后方可排放。 ② 进入可能存在硫化氢的密闭容器、坑、窑、地沟等工作场所，应首先测定该场所空气中的硫化氢浓度，采取通风排毒措施，确认安全后方可操作。操作时做好个人防护措施，佩戴正压自给式空气呼吸器，使用便携式硫化氢检测报警仪，作业工人腰间缚以救护带或绳子。要设监护人员做好互保，发生异常情况立即救出中毒人员。 ③ 脱水作业过程中操作人员不能离开现场，防止脱出大量的酸性气。脱出的酸性气要用氢氧化钙或氢氧化钠溶液中和，并有隔离措施，防止过路行人中毒。 (3) 储存安全： 储存于阴凉、通风仓库内，库房温度不宜超过 30℃。储罐远离火种、热源，防止阳光直射，保持容器密封。采用防爆型照明、通风设施。禁止使用易产生火花的机械设备和工具。储存区应备有泄漏应急处理设备。

（续表）

安全措施	(4) 运输安全： ① 运输车辆应有危险货物运输标志、安装具有行驶记录功能的卫星定位装置。未经公安机关批准，运输车辆不得进入危险化学品运输车辆限制通行的区域。夏季应早晚运输，防止日光曝晒。 ② 运输时运输车辆应配备相应品种和数量的消防器材。装运该物品的车辆排气管必须配备阻火装置，禁止使用易产生火花的机械设备和工具装卸。 ③ 采用钢瓶运输时必须戴好钢瓶上的安全帽。钢瓶一般平放，瓶口一律朝向车辆行驶方向的右方，堆放高度不得超过车辆的防护栏板，并用三角木垫卡牢，防止滚动。严禁与氧化剂、碱类、食用化学品等混装混运。运输途中远离火种，不准在有明火地点或人多地段停车，停车时要有人看管。 ④ 输送硫化氢的管道不应靠近热源敷设；管道采用地上敷设时，应在人员活动较多和易遭车辆、外来物撞击的地段，采取保护措施并设置明显的警示标志；硫化氢管道架空敷设时，管道应敷设在非燃烧体的支架或栈桥上。在已敷设的硫化氢管道下面，不得修建与硫化氢管道无关的建筑物和堆放易燃物品。硫化氢管道外壁颜色、标志应执行《工业管道的基本识别色、识别符号和安全标识》(GB7231)的规定。
应急处置原则	(1) 急救措施： 吸入：迅速脱离现场至空气新鲜处。保持呼吸道通畅。如呼吸困难，给氧。呼吸心跳停止时，立即进行人工呼吸和胸外心脏按压术。就医。 (2) 灭火方法： 切断气源。若不能切断气源，则不允许熄灭泄漏处的火焰。喷水冷却容器，尽可能将容器从火场移至空旷处。 灭火剂：雾状水、泡沫、二氧化碳、干粉。 (3) 泄漏应急处置： ① 根据气体扩散的影响区域划定警戒区，无关人员从侧风、上风向撤离至安全区。消除所有点火源(泄漏区附近禁止吸烟、消除所有明火、火花或火焰)。作业时所有设备应接地。应急处理人员戴正压自给式空气呼吸器，泄漏、未着火时应穿全封闭防化服。在保证安全的情况下堵漏。隔离泄漏区直至气体散尽。 ② 隔离与疏散距离：小量泄漏，初始隔离 30m，下风向疏散白天 100m、夜晚 100m；大量泄漏，初始隔离 600m，下风向疏散白天 3500m、夜晚 8000m。

11.4　苯中毒窒息事故

特别警示	确认为人类致癌物；易燃液体，不得使用直流水扑救(闪点很低，用水灭火无效)。
理化特性	无色透明液体，有强烈芳香味。微溶于水，与乙醇、乙醚、丙酮、四氯化碳、二硫化碳和乙酸混溶。分子量 78.11，熔点 5.51℃，沸点 80.1℃，相对密度(水=1)0.88，相对蒸气密度(空气=1)2.77，临界压力 4.92MPa，临界温度 288.9℃，饱和蒸气压 10kPa(20℃)，折射率 1.4979(25℃)，闪点−11℃，爆炸极限 1.2%～8.0%(体积比)，自燃温度 560℃，最小点火能 0.20mJ，最大爆炸压力 0.880MPa。 主要用途：主要用作溶剂及合成苯的衍生物、香料、染料、塑料、医药、炸药、橡胶等。

（续表）

危害信息	(1) 燃烧和爆炸危险性： 高度易燃，蒸气与空气能形成爆炸性混合物，遇明火、高热能引起燃烧爆炸。蒸气比空气重，能在较低处扩散到相当远的地方，遇火源会着火回燃和爆炸。 (2) 健康危害： ① 吸入高浓度苯对中枢神经系统有麻醉作用，引起急性中毒；长期接触苯对造血系统有损害，引起白细胞和血小板减少，重者导致再生障碍性贫血。可引起白血病。具有生殖毒性。皮肤损害有脱脂、干燥、皲裂、皮炎。 ② 职业接触限值：PC-TWA(时间加权平均容许浓度)(mg/m^3)：6(皮)；PC-STEL(短时间接触容许浓度)(mg/m^3)：10(皮)。 ③ IARC：确认人类致癌物。
安全措施	(1) 一般要求： ① 操作人员必须经过专门培训，严格遵守操作规程，熟练掌握操作技能，具备应急处置知识。 ② 密闭操作，防止泄漏，加强通风。远离火种、热源，工作场所严禁吸烟。生产、使用苯的车间及贮苯场所应设置泄漏检测报警仪，使用防爆型的通风系统和设备，配备两套以上重型防护服。戴化学安全防护眼镜，穿防静电工作服，戴橡胶手套，建议操作人员佩戴过滤式防毒面具(半面罩)。 ③ 储罐等容器和设备应设置液位计、温度计，并应装有带液位、温度远传记录和报警功能的安全装置，重点储罐等应设置紧急切断装置。 ④ 避免与氧化剂、酸类、碱金属接触。 ⑤生产、储存区域应设置安全警示标志。灌装时应控制流速，且有接地装置，防止静电积聚。配备相应品种和数量的消防器材及泄漏应急处理设备。 (2) 操作安全： ① 一旦发生物品着火，应用干粉灭火器、二氧化碳灭火器、砂土灭火。 ② 苯生产和使用过程中注意以下事项： ——必须穿戴好劳动保护用品； ——系统漏气时要站在上风口，同时佩戴好防毒面具进行作业； ——接触高温设备时要防止烫伤； ——设备的水压、油压保持正常，有关管线要畅通。 ③ 生产设备的清洗污水及生产车间内部地坪的冲洗水须收入应急池，经处理合格后才可排放。 ④ 充装时使用万向节管道充装系统，严防超装。 (3) 储存安全： ① 储存于阴凉、通风良好的专用库房或储罐内，远离火种、热源。库房温度不宜超过37℃，保持容器密封。 ② 应与氧化剂、酸类、碱金属等分开存放，切忌混储。采用防爆型照明、通风设施。禁止使用易产生火花的机械设备和工具。在苯储罐四周设置围堰，围堰的容积等于储罐的容积。储存区应备有泄漏应急处理设备和合适的收容材料。 ③ 注意防雷、防静电，厂(车间)内的储罐应按《建筑物防雷设计规范》(GB50057)的规定设置防雷防静电设施。

（续表）

安全措施	④ 每天不少于两次对各储罐进行巡检，并做好记录，发现跑、冒、滴、漏等隐患要及时联系处理，重大隐患要及时上报。 (4) 运输安全： ① 运输车辆应有危险货物运输标志、安装具有行驶记录功能的卫星定位装置。未经公安机关批准，运输车辆不得进入危险化学品运输车辆限制通行的区域。 ② 苯装于专用的槽车（船）内运输，槽车（船）应定期清理；用其他包装容器运输时，容器须用盖密封。槽车安装的阻火器（火星熄灭器）必须完好。槽车上要备有2只以上干粉或二氧化碳灭火器和防爆工具。禁止使用易产生火花的机械设备和工具装卸。运输车辆进入厂区，必须安装静电接地装置和阻火器，车速不超过5km/h。 ③ 严禁与氧化剂、酸类、碱金属等混装混运。运输时运输车辆应配备泄漏应急处理设备。不得在人口稠密区和有明火等场所停靠。高温季节应早晚运输，防止日光暴晒。运输苯容器时，应轻装轻卸。严禁抛、滑、滚、碰。严禁用电磁起重机和链绳吊装搬运。装运时，应妥善固定。 ④ 苯管道输送时，注意以下事项： ——苯管道架空敷设时，苯管道应敷设在非燃烧体的支架或栈桥上。在已敷设的苯管道下面，不得修建与苯管道无关的建筑物和堆放易燃物品； ——管道不应穿过非生产苯所使用的建筑物； ——管道消除静电接地装置和防雷接地线，单独接地。防雷的接地电阻值不大于10Ω，防静电的接地电阻值不大于100Ω； ——苯管道不应靠近热源敷设； ——管道采用地上敷设时，应在人员活动较多和易遭车辆、外来物撞击的地段，采取保护措施并设置明显的警示标志； ——苯管道外壁颜色、标志应执行《工业管道的基本识别色、识别符号和安全标识》(GB7231)的规定； ——室内管道不应敷设在地沟中或直接埋地，室外地沟敷设的管道，应有防止泄漏、积聚或窜入其他沟道的措施。
应急处置原则	(1) 急救措施： ① 吸入：迅速脱离现场至空气新鲜处。保持呼吸道通畅。如呼吸困难，给氧。如呼吸停止，立即进行人工呼吸。就医。 ② 食入：饮足量温水，催吐。就医。 ③ 皮肤接触：脱去污染的衣着，用肥皂水或清水彻底冲洗皮肤。 ④ 眼睛接触：提起眼睑，用流动清水或生理盐水冲洗。就医。 (2) 灭火方法： 喷水冷却容器，尽可能将容器从火场移至空旷处。处在火场中的容器若已变色或从安全泄压装置中产生声音，必须马上撤离。 灭火剂：泡沫、干粉、二氧化碳、砂土。用水灭火无效。 (3) 泄漏应急处置： ① 消除所有点火源。根据液体流动和蒸气扩散的影响区域划定警戒区，无关人员从侧风、上风向撤离至安全区。建议应急处理人员戴正压自给式空气呼吸器，穿防毒、防静电服。作业时使用的所有设备应接地。禁止接触或跨越泄漏物。尽可能切断泄漏源。防止泄漏物进入水体、下水道、地下室或密闭性空间。小量泄漏：用砂土或其他

（续表）

应急处置原则	不燃材料吸收。使用洁净的无火花工具收集吸收材料。大量泄漏：构筑围堤或挖坑收容。用泡沫覆盖，减少蒸发。喷水雾能减少蒸发，但不能降低泄漏物在受限制空间内的易燃性。用防爆泵转移至槽车或专用收集器内。 ② 作为一项紧急预防措施，泄漏隔离距离至少为 50m。如果为大量泄漏，下风向的初始疏散距离应至少为 300m。

11.5 二氧化硫中毒窒息事故

特别警示	对粘膜有强烈的刺激作用。
理化特性	无色有刺激性气味的气体。溶于水，水溶液呈酸性。溶于丙酮、乙醇、甲酸等有机溶剂。分子量 64.06，熔点 −75.5℃，沸点 −10℃，气体密度 3.049g/L，相对密度（水＝1）1.4（−10℃），相对蒸气密度（空气＝1）2.25，临界压力 7.87MPa，临界温度 157.8℃，饱和蒸气压 330kPa（20℃）。 主要用途：主要用于制造硫酸和保险粉等。
危害信息	(1) 燃烧和爆炸危险性： 不燃。 (2) 健康危害： ① 对眼及呼吸道黏膜有强烈的刺激作用，大量吸入可引起肺水肿、喉水肿、声带痉挛而致窒息。液体二氧化硫可引起皮肤及眼灼伤，溅入眼内可立即引起角膜浑浊，浅层细胞坏死。严重者角膜形成瘢痕。 ② 职业接触限值：PC-TWA（时间加权平均容许浓度）（mg/m^3）：5；PC-STEL（短时间接触容许浓度）（mg/m^3）：10。
安全措施	(1) 一般要求： ① 操作人员必须经过专门培训，严格遵守操作规程，熟练掌握操作技能，具备应急处置知识。 ② 严加密闭，防止气体泄漏到工作场所空气中，提供充分的局部排风和全面通风。提供安全淋浴和洗眼设备。 ③ 生产、使用及贮存场所设置二氧化硫泄漏检测报警仪，配备两套以上重型防护服。空气中浓度超标时，操作人员应佩戴自吸过滤式防毒面具（全面罩）。紧急事态抢救或撤离时，建议佩戴正压自给式空气呼吸器。建议操作人员穿聚乙烯防毒服、戴橡胶手套。 ④ 储罐等压力容器和设备应设置安全阀、压力表、液位计、温度计，并应装有带压力、液位、温度远传记录和报警功能的安全装置，设置整流装置与压力机、动力电源、管线压力、通风设施或相应的吸收装置的联锁装置。重点储罐、输入输出管线等设置紧急切断装置。 ⑤ 避免与氧化剂、还原剂接触，远离易燃、可燃物。 ⑥ 生产、储存区域应设置安全警示标志。工作现场禁止吸烟、进食或饮水。搬运时轻装轻卸，防止钢瓶及附件破损。禁止使用电磁起重机和用链绳捆扎、或将瓶阀作为吊运着力点。配备相应品种和数量的消防器材及泄漏应急处理设备。倒空的容器可能存在残留有害物时应及时处理。

（续表）

安全措施	支气管哮喘和肺气肿等患者不宜接触二氧化硫。 (2) 操作安全： ① 在生产企业设置必要紧急排放系统及事故通风设施。设置碱池，进行废气处理。 ② 根据职工人数及巡检需要配置便携式二氧化硫浓度检测报警仪。进入密闭受限空间或二氧化硫有可能泄漏的空间之前应先进行检测，并进行强制通风，其浓度达到安全要求后进行操作，操作人员应佩戴防毒面具，并派专人监护。 (3) 储存安全： ① 储存于阴凉、通风的库房。远离火种、热源。库房内温不宜超过 30℃。 ② 应与易(可)燃物、氧化剂、还原剂、食用化学品分开存放，切忌混储。储存区应备有泄漏应急处理设备。 (4) 运输安全： ① 运输车辆应有危险货物运输标志、安装具有行驶记录功能的卫星定位装置。未经公安机关批准，运输车辆不得进入危险化学品运输车辆限制通行的区域。 ② 车辆运输钢瓶，立放时，车厢高度应在瓶高的 2/3 以上；卧放时，瓶阀端应朝向车辆行驶的右方，用三角木垫卡牢，防止滚动，垛高不得超过 5 层且不得超过车厢高度。不准同车混装有抵触性质的物品和让无关人员搭车。禁止在居民区和人口稠密区停留。高温季节应早晚运输，防止日光曝晒。 ③ 搬运人员必须注意防护，按规定穿戴必要的防护用品；搬运时，管理人员必须到现场监卸监装；夜晚或光线不足时、雨天不宜搬运。若遇特殊情况必须搬运时，必须得到部门负责人的同意，还应有遮雨等相关措施；严禁在搬运时吸烟。
应急处置原则	(1) 急救措施： ① 吸入：迅速脱离现场至空气新鲜处。保持呼吸道通畅。如呼吸困难，给氧。如呼吸停止，立即进行人工呼吸。就医。 ② 皮肤接触：立即脱去污染的衣着，用大量流动清水冲洗。就医。 ③ 眼睛接触：提起眼睑，用流动清水或生理盐水冲洗。就医。 (2) 灭火方法： 本品不燃，但周围起火时应切断气源。喷水冷却容器，尽可能将容器从火场移至空旷处。消防人员必须佩戴正压自给式空气呼吸器，穿全身防火防毒服，在上风向灭火。由于火场中可能发生容器爆破的情况，消防人员须在防爆掩蔽处操作。有二氧化硫泄漏时，使用细水雾驱赶泄漏的气体，使其远离未受波及的区域。 灭火剂：根据周围着火原因选择适当灭火剂灭火。可用二氧化碳、水(雾状水)或泡沫。 (3) 泄漏应急处置： ① 根据气体的影响区域划定警戒区，无关人员从侧风、上风向撤离至安全区。建议应急处理人员穿内置正压自给式空气呼吸器的全封闭防化服。如果是液化气体泄漏，还应注意防冻伤。禁止接触或跨越泄漏物。尽可能切断泄漏源。防止气体通过下水道、通风系统和密闭性空间扩散。若可能翻转容器，使之逸出气体而非液体。喷雾状水抑制蒸气或改变蒸气云流向，避免水流接触泄漏物。禁止用水直接冲击泄漏物或泄漏源。隔离泄漏区直至气体散尽。 ② 隔离与疏散距离：小量泄漏，初始隔离 60m，下风向疏散白天 300m、夜晚 1 200m；大量泄漏，初始隔离 400m，下风向疏散白天 2 100m、夜晚 5 700m。

11.6 一氧化碳中毒窒息事故

特别警示	极易燃气体，有毒，吸入可因缺氧致死。
理化特性	无色、无味、无臭气体。微溶于水，溶于乙醇、苯等有机溶剂。分子量28.01，熔点−205℃，沸点−191.4℃，气体密度1.25g/L，相对密度(水=1)0.79，相对蒸气密度(空气=1)0.97，临界压力3.50MPa，临界温度−140.2℃，爆炸极限12%～74%(体积比)，自燃温度605℃，最大爆炸压力0.720MPa。 主要用途：主要用于化学合成，如合成甲醇、光气等，及用作精炼金属的还原剂。
危害信息	(1) 燃烧和爆炸危险性： 极易燃，与空气混合能形成爆炸性混合物，遇明火、高热能引起燃烧爆炸。 (2) 健康危害： 一氧化碳在血中与血红蛋白结合而造成组织缺氧。 ① 急性中毒：轻度中毒者出现剧烈头痛、头晕、耳鸣、心悸、恶心、呕吐、无力，轻度至中度意识障碍但无昏迷，血液碳氧血红蛋白浓度可高于10%；中度中毒者除上述症状外，意识障碍表现为浅至中度昏迷，但经抢救后恢复且无明显并发症，血液碳氧血红蛋白浓度可高于30%；重度患者出现深度昏迷或去大脑强直状态、休克、脑水肿、肺水肿、严重心肌损害、锥体系或锥体外系损害、呼吸衰竭等，血液碳氧血红蛋白可高于50%。部分患者意识障碍恢复后，约经2～60天的“假愈期”，又可能出现迟发性脑病，以意识精神障碍、锥体系或锥体外系损害为主。 ② 慢性影响：能否造成慢性中毒，是否对心血管有影响，无定论。 ③ 职业接触限值：PC-TWA(时间加权平均容许浓度)(mg/m^3)：20；PC-STEL(短时间接触容许浓度)(mg/m^3)：30。
安全措施	(1) 一般要求： ① 操作人员必须经过专门培训，严格遵守操作规程，熟练掌握操作技能，具备应急处置知识。 ② 密闭隔离，提供充分的局部排风和全面通风。远离火种、热源，工作场所严禁吸烟。 ③ 生产、使用及贮存场所应设置一氧化碳泄漏检测报警仪，使用防爆型的通风系统和设备。空气中浓度超标时，操作人员必须佩戴自吸过滤式防毒面具(半面罩)，穿防静电工作服。紧急事态抢救或撤离时，建议佩戴正压自给式空气呼吸器。 ④ 储罐等压力容器和设备应设置安全阀、压力表、温度计，并应装有带压力、温度远传记录和报警功能的安全装置。 ⑤ 生产和生活用气必须分路。防止气体泄漏到工作场所空气中。 ⑥ 避免与强氧化剂接触。 ⑦ 在可能发生泄漏的场所设置安全警示标志。配备相应品种和数量的消防器材及泄漏应急处理设备。 ⑧ 患有各种中枢神经或周围神经器质性疾患、明显的心血管疾患者，不宜从事一氧化碳作业。 (2) 操作安全： ① 配备便携式一氧化碳检测仪。进入密闭受限空间或一氧化碳有可能泄漏的空间之前

（续表）

安全措施	应先进行检测，并进行强制通风，其浓度达到安全要求后进行操作，操作人员佩戴自吸过滤式防毒面具，要求同时有2人以上操作，万一发生意外，能及时互救，并派专人监护。 ② 充装容器应符合规范要求，并按期检测。 (3) 储存安全： ① 储存于阴凉、通风的库房。远离火种、热源，防止阳光直晒。库房内温不宜超过30℃。 ② 禁止使用易产生火花的机械设备和工具。储存区应备有泄漏应急处理设备。搬运储罐时应轻装轻卸，防止钢瓶及附件破损。 ③ 注意防雷、防静电，厂(车间)内的储罐应按《建筑物防雷设计规范》(GB50057)的规定设置防雷设施。 (4) 运输安全： ① 运输车辆应有危险货物运输标志、安装具有行驶记录功能的卫星定位装置。未经公安机关批准，运输车辆不得进入危险化学品运输车辆限制通行的区域。 ② 装运该物品的车辆排气管必须配备阻火装置，禁止使用易产生火花的机械设备和工具装卸。在传送过程中，钢瓶和容器必须接地和跨接，防止产生静电。槽车上要备有2只以上干粉或二氧化碳灭火器和防爆工具。高温季节应早晚运输，防止日光暴晒。 ③ 车辆运输钢瓶时，瓶口一律朝向车辆行驶方向的右方，堆放高度不得超过车辆的防护栏板，并用三角木垫卡牢，防止滚动。不准同车混装有抵触性质的物品和让无关人员搭车。中途停留时应远离火种、热源。禁止在居民区和人口稠密区停留。
应急处置原则	(1) 急救措施： 吸入：迅速脱离现场至空气新鲜处。保持呼吸道通畅。如呼吸困难，给氧。呼吸心跳停止时，立即进行人工呼吸和胸外心脏按压术。就医。 (2) 灭火方法： 灭火剂：雾状水、泡沫、二氧化碳、干粉。切断气源。若不能切断气源，则不允许熄灭泄漏处的火焰。喷水冷却容器，尽可能将容器从火场移至空旷处。 (3) 泄漏应急处置： ① 消除所有点火源。根据气体的影响区域划定警戒区，无关人员从①侧风、上风向撤离至安全区。建议应急处理人员戴正压自给式空气呼吸器，穿防静电服。作业时使用的所有设备应接地。尽可能切断泄漏源。喷雾状水抑制蒸气或改变蒸气云流向。防止气体通过下水道、通风系统和密闭性空间扩散。隔离泄漏区直至气体散尽。 ② 隔离与疏散距离：小量泄漏，初始隔离30m，下风向疏散白天100m、夜晚100m；大量泄漏，初始隔离150m，下风向疏散白天700m、夜晚2700m。

附录 12　常用带压堵漏技术及其适用性

常用带压堵漏技术		适用部位	适用介质	适用温度	适用压力	说　明
机械堵漏	钢带拉紧技术	直管、三通弯头、变径、短接、法兰盘根部	石油类、燃气类、水、蒸汽、酸、碱、苯、氯、氮类	−50℃～350℃	1.2mm×30mm钢带≤1.8MPa 1.2mm×60mm钢带≤4.3MPa	在管线泄漏处，应用钢板、耐油胶皮、钢带等材料快速对泄漏部位进行堵漏。主要是在金属、有色金属、玻璃钢、塑料管道上使用，适合于油气管线比较密集，无法采取补焊、管道连接修补的情况。拉紧技术产品定型无需预制，克服了卡箍预制时间长的缺陷。对泄漏现场应变能力强。
	包扎捆扎技术	直管、弯头、三通、活节头、法兰缝、法兰焊口等位置	各种易燃易爆液体、气体介质	≤200℃	≤2.4MPa	从结构上可分为固持和密封两部分，主要采用捆扎带进行捆扎，随着捆扎带的增厚，不断产生挤压力，从而达到堵漏的目的。对于小管径泄漏的堵漏效果比较好，堵漏后对泄漏处有加强修复作用。
带压焊接堵漏	逆向焊接堵漏技术	可焊设备，裂纹缺陷，不适合点状或孔洞状泄漏	非易燃易爆介质，泄漏介质对人体无毒副作用	温度范围有限，应满足使焊接人员能接近焊缝	≤2MPa	逆向焊接堵漏技术属于动态密封作业，不影响正常生产，能迅速消除泄漏，不需要配备特殊的工具器，普通焊机即可进行作业。但只适用于可焊接设备、管道上出现的裂纹，不能用于焊缝缺陷：如气孔、夹渣引起的点状及孔洞状泄漏。
	引流焊接堵漏技术	裂纹，腐蚀冲刷造成的孔洞，如弯头三通等转向处泄漏	非易燃易爆介质，泄漏介质对人体无毒副作用	温度范围有限，应满足使焊接人员能接近焊缝	≤3MPa	引流焊接堵漏技术属动态堵漏作业，不影响正常生产。适用范围广，不仅适用于裂缝，也适用于孔洞，能迅速消除泄漏。无需配备特殊的工具器，只需要电焊机就可作业，但必须具备动火条件方能采用。
粘接堵漏	填塞粘接法	常压或静压设备及管道	无毒性液体、气体介质	泄漏点温度过底可能影响施工，必要时可进行热风加热	≤0.2MPa	常用的填塞粘堵法有楔入堵漏法和注胶堵漏法两种。特点是依靠人手产生的外力，将事先调配好的胶粘剂压在泄漏缺陷部位，形成填塞效应，将泄漏强行止住，待胶粘剂完全固化后，达到动态密封堵漏的目的。施工简单，堵漏时不需专用工器具及复杂的工艺过程，借助专用的胶粘剂的特性，就可达到堵漏的目的，应用范围广。

（续表）

常用带压堵漏技术		适用部位	适用介质	适用温度	适用压力	说　明
粘接堵漏	顶压粘接法	焊口、弯头、三通、法兰等小孔泄漏	各种无毒性液体、气体介质	≤320℃	无限制	在泄漏部位固定好顶压工具，在顶压螺杆前端装上铆钉，旋进顶压螺杆，迫使泄漏停止。用事先配制好的堵漏胶粘剂将铆钉粘接在泄漏部位，待胶粘剂固化后，撤除顶压工具，修平铆钉。
	引流粘接法	腐蚀产生的特殊泄漏点	各种无毒性液体、气体介质	温度较低	气压较小	将具有极易降压、排放泄漏介质作用的引流器粘在泄漏点上，待胶粘剂充分固化后，封堵引流孔，实现动态密封的目的。
	磁力压固粘接法	磁性材料发生的泄漏	各种无毒性液体、气体介质	无要求	低压、中压、高压	借助磁铁产生的强大压力，使涂有胶粘剂的非磁性材料与泄漏部位粘合，达到止漏密封的目的。其步骤为：将泄漏孔周围的污染物清除；将预备好的板材涂覆胶粘剂，并粘于泄漏处；在板材上加磁铁，借助磁力止漏，待胶粘剂固化后，在上面涂覆一层带有胶粘剂的玻璃布。
	T型螺栓粘接法	泄漏缺陷较大的孔洞，圆形等有固定形状的泄漏点	各种无毒性液体、气体介质	无要求	低压	根据泄漏孔的大小，设计T型螺栓，将配制好胶粘剂涂覆在泄漏部位和T型螺栓上，利用螺栓的压力将带胶粘剂的T型螺栓压入泄漏孔，并固定螺栓使泄漏停止。待胶粘剂固化后再用玻璃布补强。
注剂式带压堵漏	注剂密封技术	直管、弯管、法兰、阀门等疑难位置的泄漏	石油天然气	合理选择注剂类型，一般为−198℃～1000℃	≤32MPa	采用注剂式带压堵漏技术对泄漏设备进行封堵，需综合考虑专用密封剂、专用夹具、专用工器具、操作技术之间的协调互补作用。当管道的泄漏量较大、泄漏介质压力较高时，采用该技术最安全、最可靠。由于注剂密封技术成功地解决了动态条件下的再密封问题，该技术已经越来越多地受到人们的重视。

参 考 文 献

[1] 吴宗之，刘茂. 重大事故应急救援系统及预案导论[M]. 北京：冶金工业出版社，2003.

[2] 邢娟娟. 企业事故应急救援与预案编制技术[M]. 北京：气象出版社，2008.

[3] 国家安全生产应急救援指挥中心. 安全生产应急管理[M]. 北京：煤炭工业出版社，2007.

[4] 苗金明. 事故应急救援与处置[M]. 北京：清华大学出版社，2012.

[5] 王起全，徐德蜀，等. 安全评价操作实务[M]. 北京：气象出版社，2009.

[6] 刘铁民. 应急体系建设和应急预案编制[M]. 北京：企业管理出版社出版，2004.

[7] 徐德蜀，王起全. 健康、安全、环境管理体系[M]. 北京：化学工业出版社，2005.

[8] 邢娟娟，郑双忠，郝秀清，等. 企业重大事故应急管理与预案编制[M]. 北京：航空工业出版社，2005.

[9] 王仕国. 消防应急救援概论[M]. 济南：山东大学出版社，2010.

[10] 孙玉叶，夏登友. 危险化学品事故应急救援与处置[M]. 北京：化学工业出版社，2008.

[11] 刘诗飞，詹予忠. 重大危险源辨识及危害后果分析[M]. 北京：化学工业出版社，2004.

[12] 吴宗之，高进东，等. 重大危险源辨识与控制[M]. 北京：冶金工业出版社，2003.

[13] 刘铁民，张兴凯，刘功智. 安全评价方法应用指南[M]. 北京：化学工业出版社，2005.

[14] 国家安全生产监督管理局. 安全评价（修订版）[M]. 北京：煤炭工业出版社，2004.

[15] 吴宗之，高进东，魏利军编著. 危险评价方法及其应用[M]. 北京：冶金工业出版社，2001.

[16] 全国注册安全工程师职业资格考试辅导教材编审委员会. 安全生产管理知识（2011 版）[M]. 北京：中国大百科全书出版社，2011.

[17] 王起全. 主要负责人及管理人员安全健康培训教程[M]. 北京：化学工业出版社，2010.

[18] 孙斌. 公共安全应急管理[M]. 北京：气象出版社，2007.

[19] 计雷，池宏，等. 突发事件应急管理[M]. 北京：高等教育出版社，2006.

[20] 肖鹏军. 公共危机管理导论[M]. 北京：中国人民大学出版社，2006.

[21] 刘铁民，李湖生，邓云峰. 突发公共事件应急救援信息系统平战结合[J]. 中国安全生产科学技术，2005(5)：3-7.

[22] 张兴凯，李彪. 城市应急救援信息系统建设与开发[J]. 劳动保护，2004(4)：26-31.

[23] 王起全，等. 大型活动拥挤踩踏事故人群疏散研究分析[J]. 三峡大学学报（人文社会科学版，2008(30)：34-37.

[24] 张小良. 基于 Simulex 的书城疏散评价和人机学改进设计[J]. 上海应用技术学院学报，2008，8(3)：182-186.

[25] 肖洋. 基于情景模式的电力应急演练仿真平台研究[D]. 上海交通大学硕士学位论文，2013.

[26] 王延钊. 基于改进元胞自动机地下空间人员疏散模拟研究[D]. 重庆大学硕士学位论

文,2008.
[27] 李庆,等.浅谈用 EVACNET4 软件建立建筑网络模型[J].消防科学与技术,2004,23(5):442-445.
[28] 代伟.群集应急疏散影响因素及时间模型研究[D].中南大学博士学位论文,2012.
[29] 宋卫国,等.一种考虑摩擦与排斥的人员疏散元胞自动机模型[J].中国科学,2005,35(7):725-736.
[30] 郭四玲.元胞自动机交通流模型的相变特性研究和交通实测分析[D].广西大学硕士学位论文,2006.
[31] 卢文刚.基于政府主导的城市电力应急能力综合评价指标体系构建[J].中国行政管理,2010(6):43-47.
[32] 沈桂城.电力应急能力评估指标体系的构建[J].电力安全技术,2012,14(7):31-34.
[33] 朱桂明.石化企业应急救援能力评估研究[J].中国安全生产科学技术,2010(6):82-87.
[34] 史波.煤矿企业应急管理系统构建与应急能力评价研究[D].哈尔滨工业大学博士学位论文,2008.
[35] 陈威威.基于模糊数学的施工企业应急能力评价研究[J].淮阴工学院学报,2010,19(2):71-74.
[36] 郭太生.重点单位突发事件应急能力评价指标体系研究[J].中国人民公安大学学报(社会科学版),2010(3):80-88.
[37] 王起全,等.大型活动拥挤踩踏事故灰色层次分析[J].辽宁工程技术大学学报(社会科学版),2008,10(5):500-503.
[38] 梁承刚.上海港危险货物码头环境应急能力评估研究[D].华东理工大学硕士学位论文,2010.
[39] 王明涛.多指标综合评价中权数确定的离差、均方差决策方法[J].中国软科学,1999(8):100-107.
[40] 刘春艳.基于均方差决策分析法的吉林市土地资源承载力动态评价[J].农村经济与科技,2012,23(10):12-15.
[41] 林杉.高速公路隧道交通流模型与应急交通控制预案研究[D].长安大学博士学位论文,2012.
[42] 王起全.灰色层次分析法在航空工业企业事故中的分析运用[J].中国安全科学学报,2010,20(9):27-31.
[43] 郭金玉.层次分析法的研究与应用[J].中国安全科学学报,2008,18(5):148-152.
[44] 王起全,等.服装批发市场应急能力评估分析[A].第二十届海峡两岸及香港、澳门地区职业安全健康学术研讨会论文集,2012:417-424.
[45] 李建华,黄郑华.事故现场应急施救[M].北京:化学工业出版社,2010.
[46] 应急救援系列丛书编委会.煤矿应急救援必读[M].北京:中国石化出版社,2008.
[47] 丁忠.初期火灾扑救方法和原则[J].企业文化,2011(1):153.
[48] 刘苛,等.应对突发低压触电事故现场处置方案[J].农村电工,2013(5):27-28.

[49] 张远平,等. 炸药类爆炸事故应急预案的制定[A]. 第五届全国强动载效应及防护学术会议暨复杂介质/结构的动态力学行为创新研究群体学术研讨会,2013:64-69.

[50] 应志刚,等. 粉尘爆炸的特点与防控[J]. 消防科学与技术,2013,32(3):247-251.

[51] 薄涛,等. 粉尘爆炸事故预防及其扑救对策研究[J]. 武警学院学报,2008,24(4):46-49.

[52] 宋元宁,等. 可燃性粉尘爆炸事故分析[J]. 安全,2008(8):29-31.

[53] 王建成,等. 浅谈建筑施工中如何防止物体打击事故[J]. 科技信息,2011(10):698.

[54] 王保凯. 特种设备事故预防研究[D]. 山东大学硕士学位论文,2012.

[55] 王斌. 锅炉爆炸事故分析与安全对策[J]. 科协论坛,2010(1):33-35.

[56] 彭忍社,等. 输气管道法兰泄漏在线治理技术方案[J]. 油气储运,2012,31(12):917.

[57] 王丽梅. 埋地长输管道泄漏事故应急关键技术研究[D]. 北京工业大学硕士学位论文,2012.

[58] 赵东峰. 压力容器事故应急策略研究[J]. 中国新技术新产品,2013(12):244-245.

[59] 杨梅,等. 压力容器泄漏事故应急决策系统研究[J]. 压力容器,2012(1):58-62.

[60] 马世宁,等. 应急维修技术——快速粘结堵漏技术[J]. 中国修船,2003(2):38-40.

[61] 王金荣. 注剂式带压堵漏技术[J]. 中国设备工程,2007(6):63-64.

[62] 陈华. 电梯事故的救援和预防[J]. 武警学院学报,2008,24(6):12-15.

[63] 徐庆钊. 电梯事故应急救援体系研究[D]. 华南理工大学专业学位硕士学位论文,2010.

[64] 勾晓波. 电梯事故原因分析及预防措施[J]. 机械电子,2011(33):90.

[65] 陈仕佺,等. 浅谈电梯事故的原因及应急救援措施探讨[J]. 中国公共安全(学术版),2012,4(2):53-55.

[66] 李达之. 起重伤害事故的特点与预防[J]. 品牌与标准化,2011(75).

[67] 叶明. 场(厂)内机动车辆分类与技术检验浅谈[J]. 中国石油和化工标准与质量,2011(12):206.

[68] 黄国健,等. 场(厂)内专用机动车辆检验典型故障及处理[J]. 起重运输机械,2014(3):115-120.

[69] 程琦. 谈厂内机动车辆的安全管理[J]. 大众标志化,2007,s1:55.

[70] 傅小华. 基于情景分析的电力突发事件应急管理研究[D]. 上海交通大学硕士学位论文,2012.

[71] 舒其林. "情景-应对"模式下非常规突发事件应急资源配置调度研究[D]. 中国科学技术大学博士学位论文,2012.

[72] 刘铁民. 重大事故灾难情景构建理论与方法[J]. 复旦公共行政评论,2013(2):46-59.

[73] 金志敏. 基于情景的应急信息需求分析研究[D]. 暨南大学硕士学位论文,2013.

[74] 姜卉. 基于情景重建的非常规突发事件应急处置方案的快速生成方法研究[J]. 中国应急管理,2012(1):14-20.

[75] 袁晓芳. 基于情景分析与CBR的非常规突发事件应急决策关键技术研究[D]. 西安科技大学博士学位论文,2011.

[76] 刘铁民. 向"防灾准备型"转变,情景构建是关键[N]. 光明日报,2013-5-2.

[77] 王旭平.非常规突发事件情景构建与推演方法体系研究[J].电子科技大学学报(社科版),2013,15(1):22-26.

[78] 刘铁民.应急预案重大突发事件情景构建——基于"情景-任务-能力"应急预案编制技术研究之一[J].中国安全生产科学技术,2012,8(4):5-12.

[79] 张荣.突发事件灾害后果推演模型研究[D].大连理工大学硕士学位论文,2013.

[80] 袁晓芳.基于PSR与贝叶斯网络的非常规突发事件情景分析[J].中国安全科学学报,2011,21(1):169-176.

[81] 李宗浩.突发事件卫生应急培训教材·紧急医学救援[M].北京:人民卫生出版社,2013.